Sustainable Crafts

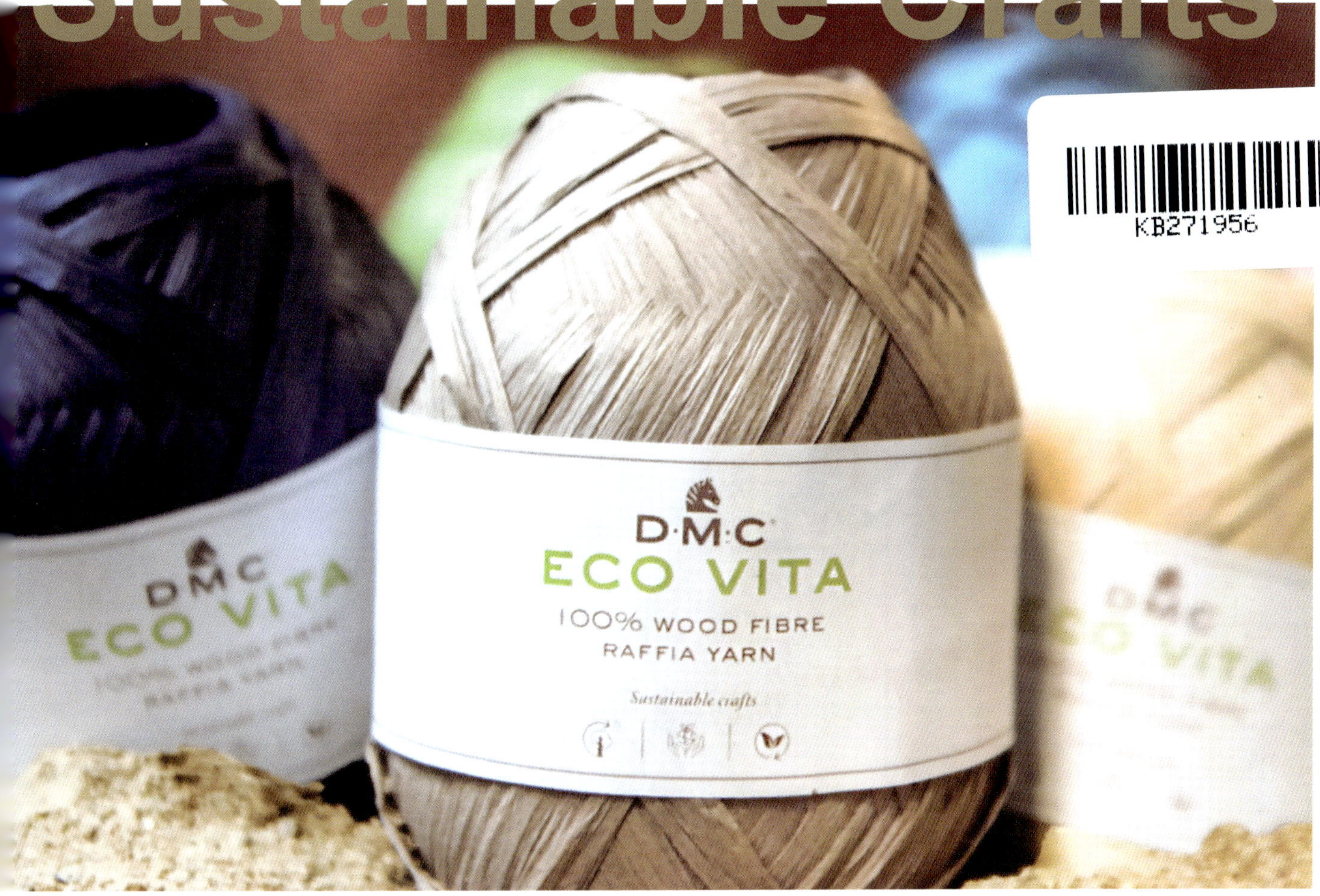

**Value Your
Knitting Time**

뜨앤_THANN since2010

web   @ann.knitting

#100% 우드 파이버 | #에코비타 라피아 얀 / 2026 SS | 뜨앤_THANN

Sweden 스웨덴

스웨덴의 보물, 전통 뜨개 전시회

노르딕 니팅(Nördic knitting)의 두 사람. Nörd(오타쿠)와 Nordic(북유럽)를 결합한 유닛 이름까지 최고!

제가 거주하는 스웨덴 달라르나 지방은 전통문화가 강하게 남아 있는 지역으로, 몇 년 전부터 민속의상을 주제로 여러 행사를 개최하고 있습니다. 민속의상을 입고 수도 스톡홀름을 행진하는 퍼레이드, 새하얀 드레스 대신 달라르나 지역의 화려한 결혼 예복을 입고 참여하는 루시아 축제 콘서트가 사람들의 열정적인 지지를 받으며 대성공을 거두고 있습니다. 손뜨개 업계에서도 '스웨덴 전국 곳곳의 전통 뜨개'와 '북유럽 미튼' 같은 워크숍이 2년 전부터 본격적으

로 개최되고, 특히 예로부터 전해진 전통 뜨개 기법에 관한 관심이 파도처럼 높아만 가고 있습니다. 이런 시기에 팔룬에 있는 달라르나 박물관에서 사흘 동안 민속의상 만들기 행사와 함께 새로운 기획전이 열렸습니다. '스웨덴의 보물, 전통 뜨개'라는 테마로 개최된 전시회는 뜨개질하는 사람이라면 이름을 들어봤을 법한 유명인과 유명 강사가 총출동해서 몇백 년이나 된 보물 같은 자료들을 모아서 개최한 말 그대로 '뜨개의 대향연'이었습니다.

이 전시의 기획자는 2015년부터 노르딕 니팅이라는 팟캐스트를 진행해 온 요한네(Johanne)와 헬레네(Heléne)입니다. 두 사람은 노르웨이와 셰틀랜드를 오가며 뜨개와 관련된 다양한 이야기를 전해왔습니다. 그러던 중 다채로운 스웨덴의 뜨개 문화를 꼭 전해야겠다고 다짐했습니다. 그 후 달라르나 박물관과 힘을 모아 남북으로 길게 뻗은 스웨덴 곳곳의 귀중한 보물을 전시하는 '보물전'을 실현하게 되었습니다.

선홍색을 다양하게 활용해 만든 화사한 상의와 소품은 일요일에 교회나 결혼식 같은 '경사스러운 날'에 활용했습니다. 작업복은 양털의 색을 그대로 쓰기도 합니다. 또 여러 번 기워 붙이기도 하고 소매를 떼서 베

실 2가닥으로 뜨는 달라르나의 전통 투보엔드 기법(Tvåändsstickning)으로 만든 민트들.

민속의상 상의 중 몸판은 펠트로, 소매는 니트로 만든 스웨터도 있었다(위).
전시회 첫날은 전시물과 전시를 보러 온 관람객 모두 민속의상으로 분위기가 한껏 달아올랐다(아래).

스트로 고치기도 하는 등 지혜가 엿보입니다. 실을 풀어서 다시 사용할 수 없을 때는 돌로 잘게 빻아서 울 섬유로 만들고, 다시 실로 자아서 쓰는 등 알뜰하게 재활용했습니다. 재료를 남김없이 사용하는 자세에 고개가 절로 숙여집니다.

실, 천, 손뜨개 편물, 의복까지 모두 직접 만들어야 했던 시대에 이름 없는 서민이 만든 작품들. 오랫동안 쓸 수 있도록, 또

한 무엇보다도 따뜻하게 만들려는 노력 끝에 실 2가닥으로 뜨는 독자적인 기법인 투보엔드(Tvåänd)까지 만들어 냈습니다. 기능은 물론이거니와 착용감도 뛰어나고 무늬에는 아이디어로 가득합니다. 이는 분명 후세에 소중히 전승해야 할 위대한 유산입니다.

취재/마쓰바라 히로코(happysweden.net)

전통 무늬 스와치를 꿰매서 만든 카디건 재킷이 정말 멋지다(왼쪽).
투보엔드 기법의 일인자 카린 칸룬드 씨도 달라르나 출신이다(오른쪽).

The UK 영국
Knit+Stitch in London

영국 최대 규모의 공예 이벤트 니팅 & 스티치 쇼가 〈니트+스티치(Knit+Stitch)〉로 명칭을 바꿔 런던 알렉산드라 팰리스에서 10월 8일부터 11일까지 열렸습니다. 최근 몇 년 사이 바느질(소잉)에 밀려 다소 기세가 꺾인 느낌이었지만 이번에는 니트가 주목을 받으며 활기를 띠었습니다.

전시장에는 '얀 빌리지'라는 공간이 마련되어 손염색실 판매점이 한데 모였습니다. 이곳을 한번 둘러보는 것만으로도 즐거웠습니다. 또 '니트 라운지'에서는 소파나 의자에 앉아서 뜨개를 할 수도, 뜨개 초보자는 배울 수도 있습니다. 매일 다른 실 판매점이 부스를 열어서 나흘 동안 총 4종류의 실과 만날 수 있었습니다.

저는 둘째 날과 넷째 날에 방문했습니다. 둘째 날은 네덜란드의 니트 디자이너 웨스트 니트(Westknit)의 스티븐 씨가 있었습니다. 그는 키가 2미터 가까이 되어, 디자인뿐만 아니라 디자이너 자신의 존재감도 두드러졌습니다. 10~60대까지 폭넓은 팬이 줄을 서서 자신이 직접 뜬 스티븐의 작품을 보여주며 사진을 찍기도 하고 그와 이

야기 나누는 영상을 찍어 인스타그램에 올리는 등 정말 재미있는 시간을 보냈습니다. 기다리는 분에게 물어보니 그의 작품은 멋진 데다가 만드는 방법도 꼼꼼히 설명해서

안 빌리지에 참가한 '얀팅스(Yarntings)'의 샤 메인 씨.

만들기 쉽다고 합니다.

넷째 날은 영국의 울앤더갱(Wool and the Gang)에서 오리지널 털실과 굵은 대바늘로 진행하는 워크숍에 참가했습니다. 평소보다 훨씬 굵은 15mm 바늘로 뜨는 작업은 무척 신선하고 숭덩숭덩 뜨는 감각이 즐거웠습니다. 부인과 함께 처음으로 뜨개에 도전한다는 남성분도 있었습니다.

그 밖에도 십자수, 누빙, 프랑스 자수 등 니들워크 전문점과 비즈, 단추, 원단, 가죽제품 등 공예 전반에 관련된 점포가 모이는 행사였습니다. 오프라인 매장에서 온라인 숍으로 바뀌어 가는 시대지만 이렇게 실제로 상품을 만져보고 마음에 드는 물건을 살 기회가 꼭 필요하다는 사실을 다시금 깨달았습니다. 행사장을 찾은 이들의 미소가 만족감을 대변하고 있었습니다.

취재/요코야마 마사미(Euro Japan Trading Co.)
www.eurojapantrading.com/

위/니트+스티치 쇼 행사장 내부. 전시된 숄은 웨스트 니트 스티븐 씨의 작품. 아래/행사장 입구.

Finland 핀란드
핀란드의 뜨개 합숙

단풍이 곱게 물든 10월 중순에 2박 3일 일정의 니팅 리트리트(retreat)가 탐페레시에서 개최됐습니다. 행사 장소는 핀란드 국교인 루터파 교회가 운영하는 세미나 하우스로 나시 호숫가였습니다. 맞은편에 빌딩이 늘어선 구역과 달리 숲에 둘러싸인 고즈넉한 공간이었습니다.

참가자는 34명. 인근 마을에서 온 사람이 많았는데, 옆 마을의 뜨개 모임 멤버가 대부분이었습니다. 물론 저를 제외하고 모두 핀란드 사람이었습니다. 합숙 정보는 SNS에 공지합니다.

첫날 밤에는 모두 모여서 자기소개를 하고 합숙 기간에 뜰 작품을 발표했습니다. "방을 정리했더니 뜨다 만 작품이 40개 넘게 나오더라고요. 그래서 이번에 그중 4개를 가져왔어요"라고 하는 사람도 있었습니다. 차로만 올 수 있는 장소라서 다들 털실을 많이 가져왔는데, 털실만 한가득 들어 있는 여행 가방을 가지고 온 사람도 있었습니다. 자기소개가 끝나자 주최자가 "편안한 마음으로 뜨개질하는 합숙이니 흥미 없는 프로그램은 참가 안 하셔도 돼요"라

고 알려줬습니다. 단, 식사 시간에는 공지 사항을 전달하니 꼭 오라고 덧붙였습니다.

뜨개를 편하게 즐기기 위해서 저녁 9시 반이 되면 잠들기 전에 스트레칭하는 시간도 가졌습니다. 스티치 마커 워크숍에 참가해 필요 없는 액세서리를 분해해서 마커로 재활용하는 작업도 재미있었습니다. 숙소는 방 3개에 거실, 사우나가 있는 코티지로 2명이 한 방을 사용했는데 거실에서 뜨개와 수다로 이야기꽃이 피었습니다. 둘째 날 밤에는 대형 공용 사우나에서 다른 사람들과 즐거운 시간을 보냈습니다. 아쉽게도 기온이 10도 이하라서 야외에서 뜨개를 즐기지는 못했지만 뜨다가 마음이 내키면 산책도 하고, 식사 준비할 걱정 없이 보내는 시간은 정말 쾌적했습니다.

마지막에는 희망자에 한해 메신저 왓츠앱에 뜨개 그룹을 만들

어 소감도 남기고 다시 만날 약속을 하며 합숙을 마쳤습니다.

취재/란카라 미호코

위/집합소가 된 메인 건물. 아래/워크숍 풍경.

위/숙소에서 본 호수 풍경. 아래/워크숍에서 만든 스티치 마커.

AARDVARK
AARDVARK

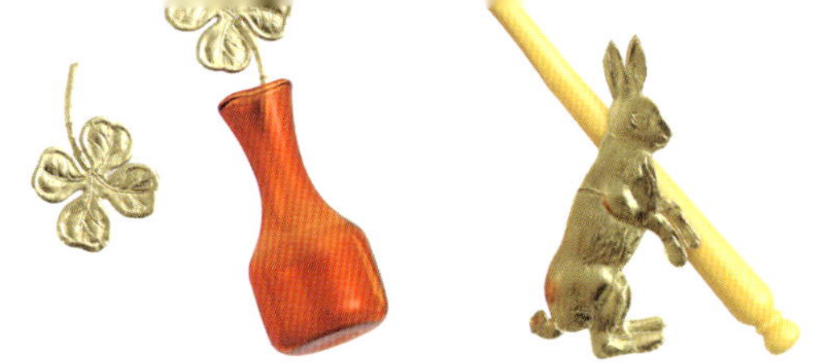

털실타래

keitodama 2026 vol.15 [봄호]

Contents

코바늘뜨기에 푹 빠지다

모티브 잇기의 봄이 왔다 !

… 8

knit design HOBBYRA HOBBYRE
photograph Shigeki Nakashima
styling Kuniko Okabe, Yuumi Sano
hair&make up Hitoshi Sakaguchi
model Hanji
book design Fumie Terayama

Spring Motifs

코바늘뜨기에 푹 빠지다

모티브 잇기의
봄이 왔다!

듬뿍 내리쬐는 밝은 봄 햇살에 잘 어울리는 모티브 잇기.
심플한 모티브는 물론, 꽃 모티브, 입체 모티브, 그래픽 모티브 등 다양한 종류를 소개합니다.
모티브는 초심자에서 베테랑까지 누구나 즐길 수 있습니다.
올봄에도 마음껏 모티브 잇기를 만끽해 보세요! 옷은 M · L 2가지 사이즈를 수록했습니다.

photograph Shigeki Nakashima styling Kuniko Okabe , Yuumi Sano hair&make-up Hitoshi Sakaguchi model Hanji(172cm), Tema(184cm)

모티브 잇기로 뜬 유니섹스 옷은 2단밖에 안 되
는 앙증맞은 그래니 모티브를 타일처럼 배열했
습니다. 한길 긴뜨기끼리 연결해서 이음매도 독
특한 느낌을 풍깁니다. 하얀색, 하늘색, 네이비
조합이 청량감을 줍니다. 모델은 L 사이즈를 착
용했습니다.

Design／이토 나오타카
How to make／P.100
Yarn／퍼피 피마 데님, 피마 베이직

Glasses／글로브 스펙스 에이전트

활기를 주는 라임옐로 색이 인상적인 모티브를 비스듬히 배치해 변화를 줬습니다. 목둘레는 날렵한 브이넥으로 하고, 밑단은 라운드 슬릿으로 부드러움을 더했습니다. 모티브를 이어서 생기는 무늬도 매력이 있습니다. 모델은 L 사이즈를 착용했습니다.

Design／오카다 사오리
Knitter／아틀리에 사이
How to make／P.102
Yarn／퍼피 코튼 코나, 아라비스

큰직한 꽃이 흐드러지게 핀 것 같은 화사한 풀
오버. 꽃 모티브 사이에 생기는 공간은 마지막
단과 같은 색으로 심플한 모티브를 떠서 메웁니
다. 아직 쌀쌀한 시기에는 터틀넥 스웨터 위에
겹쳐 입어도 좋습니다. 모델은 L 사이즈를 착용
했습니다.

Design／가와이 마유미
Knitter／오키타 기미코
How to make／P.106
Yarn／sawada itto 코토리

스폰지 같은 실로 뜨는 모티브는 아주 가벼워
요! 가방에 제격인 빽빽한 모티브도 가뿐하고
힘있게 만들 수 있어요. 구슬뜨기와 걸어뜨기를
사용해 빈틈없이 뜬 모티브 가방은 안감이 없어
도 괜찮아요. 모티브 마지막 단을 배색으로 떠
서 신선한 느낌을 줍니다.

Design／하시모토 마유코
How to make／P.110
Yarn／sawada itto 푸니

큰 모티브를 대담하게 옆면에 배치한 버킷햇이
시선을 사로잡아요. 도톰한 팝콘뜨기가 매력 포
인트랍니다. 매끈하고 서걱거리는 일본 전통 종
이 와시를 섞은 릴리 얀은 봄여름 모자 뜨기에
제격입니다.

Design／호시노 마미
How to make／P.115
Yarn／sawada itto 샤나

알록달록한 모티브가 부담스럽다면 색을 절제
한 시크한 모티브는 어떠세요? 반짝이가 약간
들어가 있어서 어른스럽고 세련돼 보입니다. 여
기에 이너나 하의를 어두운 톤으로 매치하면 느
낌이 확 달라집니다. 사이즈는 옆선의 무늬뜨기
로 조정할 수 있습니다. 모델은 L 사이즈를 착용
했습니다.

Design／기시 무쓰코
How to make／P.95
Yarn／스키 얀 스키 셰이브드 스타

꽃밭을 걸치는 것만 같은 사랑스러운 모티브 잇기. 입체적인 중심의 꽃 모티브는 색이 서서히 변하는 롱 피치 그러데이션 실을 사용한 덕분에 배색하지 않아도 여러 색을 즐길 수 있습니다. 마지막 단을 초록색으로 맞췄기 때문에 연결하면 잎과 덩굴처럼 보입니다. 모델은 L 사이즈를 착용했습니다.

Design／오카 마리코
Knitter／미즈노 준
How to make／P.151
Yarn／스키 얀 스키 스위미, 스키 리넨 실크

구슬뜨기를 훌륭하게 사용한 모티브 잇기는 그래픽적인 멋이 느껴집니다. 중심의 꽃에서부터 연결법까지 모던하고 신선해요. 변형 모티브가 없으니 편안한 마음으로 도전해보세요. 보드라운 실크 혼방 울 실로 떠서 오랜 기간 즐길 수 있습니다. 모델은 L 사이즈를 착용했습니다.

Design／오쿠즈미 레이코
How to make／P.117
Yarn／데오리야 실크 울 코드

심플한 그래니 모티브를 가는 울 실로 공들여
떠서 연결했습니다. 칼라가 달린 반소매 재킷은
단추를 잠그면 셔츠처럼 입을 수 있습니다. 남성
용과 여성용 2가지 도안을 실었는데, 모델은 남
성용을 착용했습니다.

Design／바람공방
How to make／P.120
Yarn／데오리야 태피 울

모티브 잇기라고 하면 흔히 블랭킷이 떠올라요.
모네의 〈수련〉을 이미지화한 배색이 무척 예쁩
니다. 서걱거리는 코튼 릴리 안의 매끈한 촉감
이 기분 좋아요. 블랭킷은 사각 모티브를 곧게
잇는 경우도 많지만 사선으로 배치하면 색달라
보이고, 순서대로 연결했을 때 생기는 이음매도
입체적인 무늬가 됩니다.

Design／호비라 호비레
How to make／P.112
Yarn／호비라 호비레 코튼 셰리

블랭킷과 같은 모티브로 가방을 만들었습니다.
수련이 떠오르는 부드러운 색감에 사용하기 편
한 크기라서 봄여름 외출용으로 제격인 가방입
니다. 산책할 때 함께해 보세요.

Design／호비라 호비레
How to make／P.112
Yarn／호비라 호비레 코튼 셰리

고흐의 〈별이 빛나는 밤〉에서 영감을 받은 모티
브 블랭킷. 크고 작은 그래니 모티브를 조합해
멋스럽게 만들었습니다.

Design／호비라 호비레
How to make／P.130
Yarn／호비라 호비레 코튼 셰리

Spring Motifs Color Variations

P.17
대비되는 2색과 같은 계열의 2색.
배색 순서를 바꾸기만 해도 분위기가 달라져요.

P.16
빨간색·하얀색·그레이·네이비의 다양한
배색 패턴 또는 순서를 바꾸는 것만으로도
이렇게 다릅니다.

P.19
고흐의 〈해바라기〉를
이미지화한 배색

P.18
작품과 같은 색을 써도 뜨는 순서를 바꾸면 다른 모티브 같아요.

P.15
중심을 블루 계열 그러데이션으로 하고 마지막 단을
네이비로 해서 시크하게.

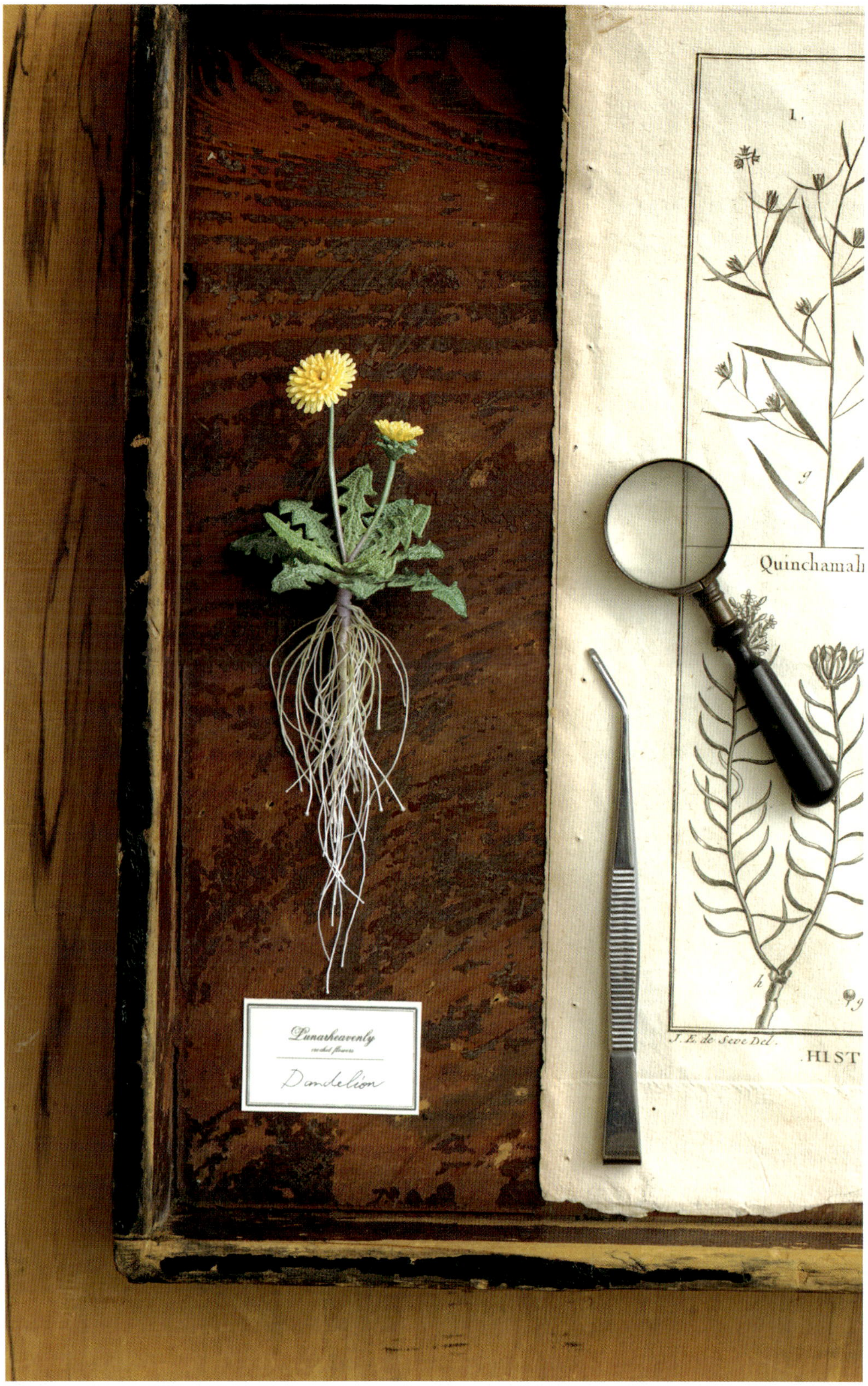

소중한 순간을 담아

평범한 일상의 풍경을 포착해
가만히 들여다보는 시간을 좋아합니다.
표본에 마음이 끌리는 것도 그런 순간이
고스란히 담겼기 때문이겠지요.

민들레 꽃잎 한 장 한 장,
이파리가 돋아난 모양새.
줄기는 초록색에 보랏빛이 감돌아
참으로 오묘한 빛을 띱니다.
소담스러운 들꽃도
찬찬히 살펴보다 보면 미처 알지 못했던
것들이 보이기 시작합니다.

꽃과 식물의 삶을 실로 엮어봅니다.
순간순간 변해가는 모습.
이 모든 것에 저마다 의미가 있는 것처럼
말이죠.
하지만 민들레 꽃씨는 마음처럼 잘되지
않네요.
아직 시행착오를 거듭하며 연구 중입니다.
변해 가는 찰나의 순간을 포착해 그대로
담아두는 일,
그런 자연스러운 모습을 앞으로도 아름답
게 간직하고 싶습니다.

How to make／P.68
Yarn／DMC 콜도넷 스페셜 no.80

Lunarheavenly

나가자토 가나

레이스 뜨개 작가. 2009년 Lunarheavenly를 설립. 극세 레이스실로
만든 꽃으로 정교한 액세서리를 만들어 개인전을 열거나 이벤트에 출
품해 전시하고 있다. 꽃을 완성한 후에 염색하는 방식으로 섬세한 그
러데이션 색 연출과 귀여운 작품으로 정평이 나 있다. 보그학원 강사
로 활동 중이다. 저서로 《루나 헤븐리의 코바늘로 뜬 꽃 장식》외 다수
가 있다.

Instagram: lunarheavenly

노구치 히카루의 다닝을 이용한 리페어 메이크

'리페어 메이크'에는 수선하는 일과 그 과정을 통해 더 발전하고 진보하려는 마음을 담았습니다.

노구치 히카루(野口光)

'hikaru noguchi'라는 브랜드를 운영하는 니트 디자이너. 유럽의 전통적인 의류 수선법 '다닝(Darning)'에 푹 빠져 다닝을 지도하고 오리지널 다닝 기법을 연구하는 등 다양하게 활동하고 있다. 심혈을 기울여 오리지널 다닝 머시룸(다닝용 도구)까지 만들었다. 저서로는 《노구치 히카루의 다닝으로 리페어 메이크》, 제2탄 《수선하는 책》, 《첫 양말 다닝》 등이 있다.
http://darning.net

【이번 타이틀】

얇디얇은 인도산 롱 스카프

photograph Toshikatsu Watanabe styling Akiko Suzuki

이번에는 '다닝 구라게'를 사용했습니다.

자수가 놓인 인도산, 얇디얇은 분홍색 스카프. 군데군데 미어져서 생긴 구멍을 가리키며 "이거 어떻게 다닝하면 좋을까요?" 수강생이 물었지만, 한참 동안 입이 떨어지지 않았습니다. 최고난도 다닝이었거든요. 가능한 한 저도 손대고 싶지 않은, 솔직히 피하고 싶은 부류의 다닝이지만, 의외로 수요가 많습니다. 얇아서 손상되기 쉬운 소재이기 때문입니다. 수강생에게는 일단 맡겨날라고 했습니다. 이 정도로 크게 찢어지면 덧댄 천이 필요한데, 단골 원단 가게에서 같은 소재의 인도산 롱 프린트 천을 발견했습니다. 분홍색 스카프에 잘 어우러지는 초록색과 분홍색 꽃무늬! 꽃 모티브를 오려 가장자리에 올풀림 방지 처리를 했습니다. 찢어진 구멍 위에 올려놓고 25번 자수실 1가닥으로 덧댄 천과 스카프를 조심스럽게 꿰맸습니다. 스카프 양면이 모두 깔끔해 보이는 것이 무엇보다 중요해 매듭 하나까지 신중하게 작업했습니다. 손상된 부분의 다닝이 끝난 뒤에는 전체 균형을 고려해서 손상되지 않은 부분에도 꽃 모티브를 덧댔습니다. 작업 자체는 그리 어렵지 않지만, 덧댄 천을 고르고 얇은 천에 맞는 실을 찾는 것이 최대 숙제입니다.

michiyo의 4 사이즈 니팅

이른 봄부터 오랜 시간 즐길 수 있는 코튼 카디건.
눈에 띄는 투톤 컬러로 나만의 개성을 즐겨 보세요!

photograph Shigeki Nakashima styling Kuniko Okabe , Yuumi Sano hair&make-up Chie Ishikawa model Emma Alderson(165cm)

투톤 컬러의
래글런 카디건

코튼 카디건은 봄기운은 완연하지만, 아직 쌀쌀한 시기에 활용하는 효자템입니다.

이번 작품은 개성 넘치는 바탕 무늬에, 기분이 절로 밝아지는 투톤 컬러로 배색했습니다. 이른 봄부터 입을 수 있도록 편물도 톡톡하게 떴습니다.

무늬뜨기는 뜨개코가 커지기 쉬우므로 바늘 호수를 낮춰서 뜨는데, 원래 느슨하게 뜨는 편이라면 바늘 호수를 더욱 낮추기 바랍니다. 완성 후에는 뜨개코가 너무 촘촘해지지 않도록 잘 잡아당겨서 스팀 다리미질을 하세요.

이번 작품에는 다양한 공정이 들어가 있습니다.

· 무늬에 따라 바늘 호수 바꾸기

· 뜬 코를 풀어서 뜨는 법

· 앞단을 2색으로, 세로로 걸치며 뜨기

· 1코 고무뜨기가 줄어들지 않도록 덮어씌우기와 줄어드는 1코 고무뜨기 코막음.

포인트를 즐기면서 떠 보세요.

투톤 컬러의 2색을 어떤 색으로 할지도 행복한 고민입니다.

꼼꼼하게 천천히 떠보기 바랍니다.

이번에 사용한 실은 케이폭 코튼입니다. 지난 시즌에
새로 등장한 실입니다. 케이폭이란 식물 섬유를 배합
한 코튼 방적실로 완성된 작품은 아주 가볍습니다. 컬
러링에 직접 참여해서 더욱 애정이 가는 실입니다. 대
비가 뚜렷하고 선명한 색으로 구성되어 있으니 나만
의 색 조합을 즐겨 보세요.

How to make／P.132
Yarn／하마나카 케이폭 코튼(Kapok Cotton)

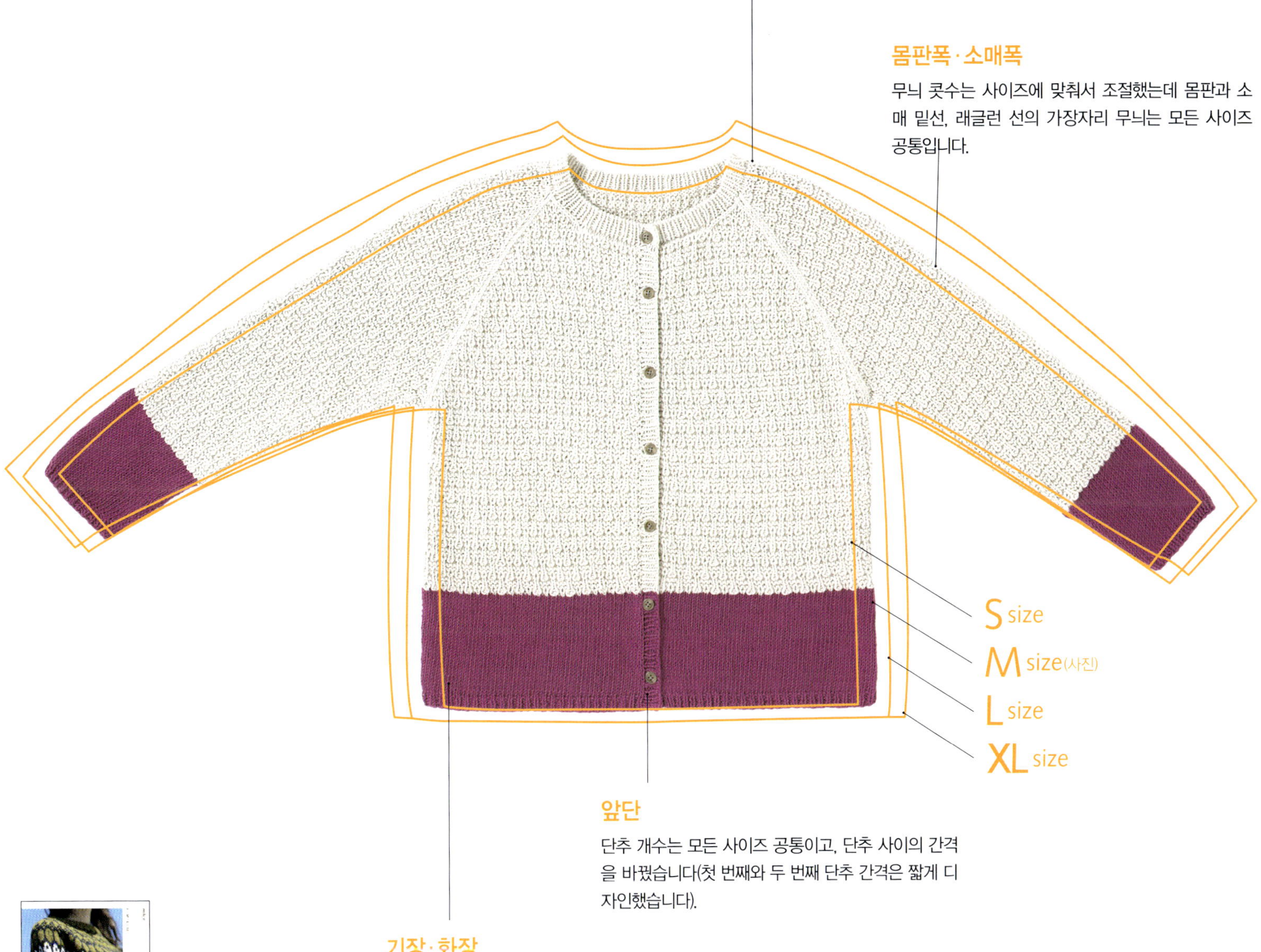

michiyo

어패럴 메이커에서 니트 기획 업무를 하다가 현재는 니트
작가로 활동하고 있다. 아기 옷부터 성인 옷까지, 여러 권
의 저서가 있다. 현재는 온라인 숍(Andemee)를 중심으
로 디자인을 발표하고 있다. 〈털실타래〉에 실린 작품을 모
아서 엮은 책 《michiyo의 4사이즈 니팅》이 일본과 한국
에서 출간되었다.
Instagram: michiyo_amimono

※무늬를 기준으로 한 사이즈이므로 치수 차이는 균등하지 않습니다.

레이스 꽃이 필 때

기타가와 게이

photograph Bunsaku Nakagawa text Hiroko Tagaya

메이지 시대 뜨개 꽃을 재현하는 활동도.

메이지 시대 책에 게재된 소품을 재현한 작품.

코니아쿠프 레이스(Koniaków lace)와 인터넷 옥션에서 수집한 레이스가 전시되어 있다.

기타가와 게이(北川ケイ)

일본 근대 서양 기예사 연구가. 일본 근대 수공예가의 기술력과 열정에 깊이 감명받아서 연구에 매진하고 있다. 공익재단 법인 일본 수예 보급협회 레이스 사범. 일반사단법인 이로도리 레이스 자료실 대표. 레이스 뜨기 강사. 이로도리 레이스 자료실을 가나가와현 유가와라에서 운영하고 있다.

https://blog.livedoor.jp/keikeidaredemo/

이번 게스트는 유가와라에서 '이로도리 자료실'을 운영하는 기타가와 게이 씨입니다. 그녀가 레이스와 처음 만난 것은 49세였습니다.

"대학 졸업 후 바로 맞선보고 결혼했어요. 세 아이가 장성하고 시어머니 병간호를 하려고 직장을 그만뒀을 때가 49살이었죠. 엄격한 가정에서 자라 종갓집 며느리로 살다 보니 그제서야 처음으로 저만의 시간을 가질 수 있었지요."

그 순간 손뜨개가 떠올랐습니다.

"22살에 결혼했을 때 시어머니가 뭐라도 배우라고 하셨어요. 예전에 뜨개질한 경험도 있어서 시에서 주최하는 1년짜리 코스에 다니기 시작했어요. 그곳에서 나이 지긋하신 여성분이 열정적으로 뜨던 모습이 지금도 눈앞에 선하네요."

그곳에서 또 하나의 만남이 있었습니다.

"동네 친구가 쿤스트 레이스를 배워보면 어떠냐고 하더군요. 대바늘이라서 가는 실이라도 코를 빠뜨릴 일도 없고 느슨하게 뜨면 된다면서요. 나도 뜰 수 있는 레이스가 있다니! 이걸 다른 사람들에게도 알려주고 싶어서 도쿄역 주변에서 '쿤스트 레이스 동호회'를 시작했어요. 외국책을 사 보기도 하고 원격교육도 시작했어요. 수강생들과 함께 홋카이도에서 규슈까지 지부를 만들었어요. 회원이 한자리에 모여 도쿄역 야에스 지하상가에서 전시회도 열었지요."

마침내 자택에 자료실을 만들었습니다.

"쿤스트 레이스 책을 인터넷 옥션으로 찾아보는데 1860년대부터 1920년대 책이 헐값에 나왔더라고요. 당시 책은 종이 질이 좋아서 깨끗했어요. 교본을 비롯해 안쪽에 어떤 공부를 했는지 개인의 감상도 쓰여 있어서 읽다 보면 역사

와 이어진 느낌이 들었어요. 이것을 후세에 꼭 남겨야겠다고 결심했지요."

동시에 외국 레이스로도 눈을 돌렸습니다.

"해외 잡지를 살펴보니 가르치는 방법과 뜨개 기호가 다르더라고요. 백화점에서 개최하는 서양 벼룩시장에 갔더니 본고장의 레이스가 천 엔에 잔뜩 쌓여 있길래 정신없이 모아왔어요."

유일하게 해외에서 구입한 레이스는 폴란드의 코니아쿠프 레이스입니다.

"20년 전에 딸과 폴란드에 코니아쿠프 레이스를 찾으러 갔어요. 폭설로 모스크바 공항이 폐쇄되는 바람에 공항 벤치에서 밤을 보내는 대모험이었지요. 호텔의 젊은 여성이 휴일에 차로 코니아쿠프 미술관을 안내해줬답니다. 지역의 풍토와 어우러져 살아 숨 쉬는 레이스를 접하는 순간 제 세계가 확 넓어졌어요."

자택에 꾸린 자료실로는 한계를 느껴 지금 자리로 이전했습니다.

"친구가 유가와라가 좋겠다고 추천했어요. 이 집과는 인연이었는지 미용실에서 읽은 잡지에 실린 걸 봤거든요. 배 모양 집이라니 정말 멋지지 않나요?"

이야기를 듣다 보니 지금 장소에 오게 된 과정이 마치 운명처럼 느껴집니다.

"흐름이라는 게 있는 것 같아요. 제가 이렇게 말하는 것을 좋아하는 사람인 줄 몰랐어요. 저희 할머니한테 배운 옛날 뜨개가 지금도 살아 숨 쉬는 것을 보며 세상에 의미 없는 것은 없다는 생각도 해요. 정기적으로 뜨개 모임을 하는데 푸념을 늘어놓기도 하면서 다 함께 손을 움직이는 시간이 즐거워요."

다양한 경험을 거치며 꽃을 피운 레이스 인생이 주변도 행복하게 합니다. 정말 멋집니다.

1／자료실에는 기증받은 작품과 재현 작품으로 가득하다. 2／라이프워크의 하나로 당시 작품을 재현하고 있다. 3／1860년대부터 1910년대 인기 뜨개 작가 이시이 도미코의 『편물지침서』는 기타가와 씨의 바이블 같은 존재다. 4／1907년 발간된 『구중편 조화법 소나무의 권』(데라니시 미도리쿄)도 전시. 5／행동파인 기타가와 씨의 일화는 끝이 없다. 6／가정용 수편기의 초기 형태도 전시. 7／재현한 뜨개 꽃도 눈앞에서 볼 수 있다. 8／자료실 별관에서 수공예클럽 멤버와 뜨개를 하기도 한다. 9／아름다운 쿤스트레이스 우산. 재현 작품과 오리지널 작품을 전시하고 있다.

레벨별

크로셰 웨어

코바늘뜨기에 익숙해져 이제는 뜨개 옷에 도전하고 싶은 초보자도 부담 없이 시작할 수 있는 작품부터, 상급자의 실력을 마음껏 발휘할 수 있는 작품까지. 이번 봄에는 다 함께 즐겁게 크로셰 웨어를 떠 보세요!

photograph Shigeki Nakashima styling Kuniko Okabe , Yuumi Sano
hair&make-up Chie Ishikawa model Emma Alderson(165cm)

for Beginner
초보자용

뜨개코의 증감 없이 직선으로만 구성한 T자형 상의입니다. 가늘고 부드러운 실로 떠 자연스럽게 몸에 감기는 실루엣을 완성했습니다. 사슬뜨기, 짧은뜨기, 한길 긴뜨기에만 익숙해도 충분히 도전할 수 있습니다. 소맷부리를 조여 사랑스러운 분위기로 마무리했습니다.

Design／오카다 사오리
Knitter／다카기 가쿠코
How to make／P.129
Yarn／Keito 시롤

for Advanced
중급자용

다이내믹한 지그재그 무늬는 그물뜨기 안에
구슬뜨기 무늬를 더해 표현했습니다. 소매산
을 만들고 소매를 달아 완성하는 세트인 슬
리브 스타일의 크로셰 웨어입니다. 진동둘레
와 목둘레의 줄임코, 소매 밑선의 늘림코와
소매산의 줄임코까지 모두 도안이 수록되어
있어, 한 단계 더 실력을 더 키우고 싶은 분들
도 충분히 도전할 수 있습니다.

Design／오쿠즈미 레이코
How to make／P.125
Yarn／Keito 시룰

for Beginner
초보자용

처음 도전하는 크로셰 웨어로 부담 없는 심플한 베스트입니다. 사슬뜨기와 한길 긴뜨기를 규칙적으로 조합해 뜬 사각형 두 장으로 구성했습니다. 은은하게 변화하는 그러데이션 실은 면 혼방 릴리안 소재로 가볍고, 뜨기 편한 굵기 또한 매력입니다. 상급자에게도 충분히 추천할 만한 디자인입니다.

Design／ATELIER *mati*
How to make／P.134
Yarn／스키 얀 지지오
Glasses／글로브 스펙스 에이전트

for Advanced
중급자용

한길 긴뜨기와 사슬뜨기로 만든 모눈뜨기 바탕에 큼직한 꽃무늬와 도트를 더했습니다. 진동둘레와 목둘레는 물론 어깨 경사까지 들어가 있지만, 증감코는 모두 도안이 수록되어 있어 안심하고 뜰 수 있습니다. 소매는 몸판에서 코를 주워 떠 연결 과정 없이 완성할 수 있습니다. 마지막 테두리뜨기는 스캘럽 무늬로 마무리해 사랑스러운 분위기를 더했습니다.

Knitter／시바타 준
How to make／P.137
Yarn／스키 얀 스키 오리가미

Close up

for Expert
상급자용

목둘레부터 떠서 내려가는 톱다운 웨어는 도안이 다소 복잡해 보일 수 있지만, 잇거나 꿰매는 과정이 없어 오히려 편하게 뜰 수 있습니다. 원통으로 뜨면서도 부분적으로 왕복뜨기하는 독특한 방식에 걸어뜨기 무늬까지 있으니, 도안을 꼼꼼히 살펴보며 차분히 도전해보세요.

Design／오카모토 마키코
How to make／P.142
Yarn／다이아몬드케이토 다이아 코스타 브리에

for Expert
상급자용

메인 무늬는 심플하지만, 밑단과 소맷부리, 칼라에는 배색무늬뜨기와 걸어뜨기를 더해 레벨을 높였습니다. 하지만 이 장식이 디자인을 한층 더 돋보이게 해주니 힘내어 도전해 보세요. 어깨 경사가 들어간 깔끔한 라인과 브이넥, 탄탄하게 마감한 칼라도 포인트입니다.

Design／기시 무쓰코
How to make／P.147
Yarn／다이아몬드케이토 다이아 모네, 마스터시드 코튼

Close up

Mohair

가벼운 모헤어

폭신하게 살아 있는 긴 헤어가 사랑스러운 모헤어 얀.
앙고라 특유의 차원이 다른 감촉과 놀라울 만큼 가벼운 무게감이 매력입니다.

photograph Hironori Handa styling Masayo Akutsu
hair&make-up AKI model Syuta(170cm)

아이코드로 마감한 소맷부리와 밑단의 실루엣이
매력적인 라운드 요크 디자인입니다. 생기 넘치는
봄 컬러와 은은한 광택이 돋보이는 모헤어 얀이
고급스러운 분위기를 더합니다. 가슴 부분에 더한
비침무늬는 긴 헤어가 어우러져 은은하게 비치는
투명감을 완성합니다.

Design／바람공방
How to make／P.156
Yarn／sawada itto 리온

Pants／산타모니카 하라주쿠점
Ring／SLOW 오모테산도점

아름다운 색의 변화를 즐길 수 있는 투명감 있는
풀오버입니다. 소맷부리에만 더한 드라이브뜨기
무늬가 손뜨개만의 섬세한 포인트입니다. 봄 새벽
의 여린 빛을 닮은 아름다운 그러데이션은, 네 가
지 색을 세 가닥씩 합사해 표현했습니다.

Design／오카 마리코
Knitter／우치우미 리에
How to make／P.160
Yarn／sawada itto 리온

Pants · Earring／SLOW 오모테산도점

두 가지 메시 무늬로 가볍게 완성한 버튼 리스 카디건입니다. 앞여밈단이 없어 비교적 쉽게 뜰 수 있는 기분 좋은 디자인이지요. 키드 모헤어에 메리노 울과 수피마 코튼을 더해 고급스러운 소재감을 살렸으며, 편안한 착용감을 선사합니다.

Design／우노 지히로
How to make／P.153
Yarn／올림푸스 시젠노 쓰무기 mofu

Earring／SLOW 오모테산도점

부드러운 연둣빛과 메시한 격자무늬가 조화롭게
어우러집니다. 기모 코튼과 모헤어, 울이 만나 기
분 좋은 촉감을 선사해 맨살에도 편안하게 입을
수 있습니다. 봄 분위기를 살린 스타일링으로 블
라우스나 티셔츠와 레이어드해 연출하는 것도 추
천합니다.

Design／다케다 아쓰코
Knitter／이즈카 시즈요
How to make／P.155
Yarn／올림푸스 시젠노 쓰무기 mofu

Pants／하라주쿠 시카고(하라주쿠/진구마에점)
Ring／SLOW 오모테산도점

아시시는 이탈리아 중부 움브리아주에 위치한 인구 3만 명 남짓의 소도시이지만 방문하는 관광객은 연간 100만 명이 넘습니다. 이 도시의 동쪽과 서쪽, 두 개의 성당에 모셔진 두 명의 성인이 꾸준히 관광객들의 발길을 사로잡고 있죠. 한 명은 서쪽 성당의 성 프란체스코로, 12세기부터 13세기에 걸쳐 청빈을 설파하며 사람들의 마음에 평안을 준 인물입니다. 다른 한 명은 동쪽 성당의 성 키아라로, 프란체스코의 삶에 감명을 받아 유복한 집을 떠난 이후 평생을 수도원에서 보냈습니다. 여성들의 마음의 지주로 활약하며, 아시시 자수와도 인연이 깊은 여성으로 알려져 있습니다.

아시시가 위치한 움브리아주는 '이탈리아의 푸른 심장'으로 불립니다. 응회암과 화산재 파편이 쌓인 높은 구릉의 비탈에 자리하며, 그곳에서 사방으로 펼쳐진 올리브밭과 포도밭의 푸른 풍경에서 그 이름이 붙여졌습니다. 도시의 건축물에도 사용된 이 바위는 회색과 새먼핑크 색으로, 그곳을 검정·갈색·회색 등의 수도복을 입은 수녀와 수도사들이 활보하는 모습을 보면, 마치 중세 시대로 시간 여행을 온 듯한 신비로운 느낌이 듭니다. 이렇게 중세와 현대가 교차하는 풍경 속에서 아시시 자수는 태어났습니다.

해 질 녘, 석양에 비친 성 프란체스코 성당. 이 시간부터는 야간 조명이 켜져 어둠 속에서 흰빛을 받으며 마을 서쪽에 우뚝 솟아 있다.

바늘은 펜, 천은 종이 그 안에 새긴 여성들의 기도

아시시 자수

취재·글·사진/가사이 미기와, 편집 협력/가스가 가즈에

보이지 않는 아시시 자수를 찾아서

아시시 자수는 20세기 초에 제1차 세계대전으로 남성 일꾼을 잃은 가난한 여성들의 자립을 돕기 위해 제작·판매가 시작되었습니다. 여성들은 아시시 마을 안에서 창작의 힌트가 될 만한 소재를 찾으려 했고, 12~13세기 무렵부터 남아 있는 성 키아라가 놓았다고 알려진 자수, 교회 장식, 고대 건축물에 새겨진 상상의 생물이나 연속 기하학무늬 등에 주목했습니다. 그리고 아시시 마을과 함께 여성들이 이어온 역사까지 느낄 수 있는, 완전히 새롭고 독창적인 '아시시 자수'를 탄생시켰습니다.

아시시 자수는 천의 올을 세어 수놓는 구획 자수의 일종입니다. 무늬의 윤곽을 홀베인 스티치로 먼저 그리고, 그 바깥쪽만 크로스 스티치로 채우는 독특한 기법으로, 앞뒤가 모두 아름답게 완성되도록 하는 솜씨가 필요합니다. 고전적인 아시시 자수는 아웃라인이 검정색 또는 진갈색이며, 무늬의 바깥쪽에 사용하는 실의 색은 갈색, 파란색, 빨간색, 노란색, 녹색 등이 있습니다. 교회의 제단 덮개, 커튼, 침대 커버, 식탁보 등에 사용됩니다.

제가 아시시 자수를 처음 본 것은 2016년 가을, 대학원에서 인류학 조사를 위해 아시시를 방문했을 때입니다. 그때는 '여성과 바느질의 의의'를 주제로 박사 논문 연구를 진행하고 있었습니다. 인류학 조사는 대상 지역의 언어를 다루고, 그 지역 사람들의 관습과 풍습을 기록합니다. 저는 이탈리아에 유학한 적이 있어 조사 지역을 이탈리아로 정했습니다. 그리고 오래된 세계 수예 백과사전을 펼쳤더니, 거기에 소개되어 있던 이탈리아의 자수는 아시시 자수뿐이었습니다. 오래된 아시시 자수의 사진은 유럽이라기보다 아시아적인 느낌을 주는 무늬로, 새 한 마리가 수놓여 있었습니다. 일본에서 얻을 수 있는 정보는 한정적이라 직접 눈으로 확인하고 싶은 마음에 아시시로 향했습니다.

아시시에 도착해 거리를 산책하던 중 마침내 아시시 자수를 실물로 볼 수 있었습니다. 하지만 상상했던 것과 달리 단순하고 작은 자수였습니다. 그럼에도 제 가슴 속에는 희망의 불씨가 피어올랐습니다. 그 후 얼마 지나지 않아 아시시 자수 공방 겸 가게를 운영하는 자수 장인 엘리자베타 씨를 알게 되었습니다. 엘리자베타 씨는 할머니, 어머니를 잇는 정통 아시시 자수 장인입니다. 그녀의 공방에서는 매년 디자인을 바꾸며 크고 작은 다양한 작품을 만들고 있었습니다. 참신한 모티브와 파스텔 컬러의 조합, 모던한 인테리어와 고전적 아시시다움의 절묘한 조화는 그야말로 현대의 아시시 자수였습니다.

오른쪽/아시시의 구시가지를 거닐며 관광하는 수도사. 분홍빛 거리와 갈색 옷이 한 폭의 그림 같은 분위기를 자아낸다.
아래/안나 리타 선생님 댁의 아시시 자수가 들어간 봉보니에르. 결혼식 등의 행사 때 이 봉보니에르에 작은 사탕이나 쿠키를 싸서 참석한 사람들에게 나누어준다.

A／크리스마스 시기의 성 프란체스코 성당 내부의 아시시 자수가 들어간 제단 덮개. B／아시시의 수호성인, 성 루피노를 모신 성당 정문 옆문에 새겨진 석조상. 공작새 두 마리가 항아리를 사이에 두고 마주 보도록 배치되어 있다. '성 루피노의 항아리'라는 이름으로 아시시 자수 도안에도 특히 즐겨 사용되는 모티브 중 하나. C／안나 리타 선생님 댁의 '성 루피노의 항아리' 램프 갓. D／안나 리타 선생님 댁의 돌고래 모티브 아시시 자수. 산골에 사는 아시시 사람들에게 바다에 사는 생물은 상상의 생물에 가까운 것이었다. E／성체 축일 날, 꽃잎으로 만든 성화 카펫 위를 사제가 걷는 의식 '인피오라타'. 처마 끝에는 대형 아시시 자수 작품이 보인다.

가족의 역사와 비밀의 모티브

전통 자수 기법과 사용되는 재료 및 도구를 조사하고자 아시시 자수 전문학교의 안나 리타 선생님에게 연락하여, 자택에서 직접 레슨을 받을 수 있었습니다. 먼저, 시판 도안집에서 마음에 드는 자수 모티브를 고릅니다.

하지만 거기서 모티브에 어울리는 실 색을 고르고, 도안 배치 등을 끈기 있게 디자인하는 작업이 난관이었습니다. 실제로 해보고 알게 된 것이지만, 이런 공정을 반복함으로써 마침내 자신만의 고유한 모티브를 탄생시킬 수 있습니다.

"결혼이나 출산을 기념해서 만들면 가족과의 특별한 시간이 그 무늬와 색에 담기게 됩니다. 한정된 가족과의 식사나 축하 자리를 이 자수를 통해 공유하면, 가족이 세상을 떠난 뒤에도 그때의 장면과 풍경이 떠올라요"라고 선생님은 말합니다. "바늘은 펜, 천은 종이예요. 이 자수에는 글자보다 많은 이야기가 담겨 있어요." 여성들이 서로 경쟁하며 수많은 모티브를 탄생시켜온 배경을 직접 느낄 수 있었습니다. 이렇게 기법과 무늬에 관한 조사는 선생님과 엘리자베타 씨의 이야기를 들으며 순조롭게 진행되어갔습니다. 하지만 다른 여성들이 가정 안에서 계승해온 자수의 역사에 대해서는 여전히 정보를 얻을 수 없었습니다. 어쩌면 자수를 보여주고 싶지 않은 사람이 있을지도 모른다는 생각에 불안과 초조함이 밀려왔습니

어릴 적부터 자수를 계속해온 리디아 씨. 할머니·어머니에게 이어받은 아시시 자수를 취미로 계속 이어오고 있다. 좋아하는 작품은 해마 모티브.

변화를 받아들이면서, 유연하고 씩씩하게

2025년 가을, 아시시 자수의 창작 활동과 배움을 더욱 깊이 하기 위해 다시 아시시를 방문했습니다. 안나 리타 선생님 댁을 찾아가자 투병 중이시던 남편분은 돌아가시고 다시 뵐 수 없어 지나간 시간을 확실히 실감했습니다. "쓸쓸하지만, 지금은 시간이 생겨서 새로운 작품을 아시시 자수 협회 분들과 만들고 있어요"라고 말하는 선생님의 얼굴을 보자, 이 일 또한 자수의 역사 속에 새겨질지도 모른다고 느꼈습니다.

선생님이 만드신 아시시 자수 컬렉션은 현재 아시시 시내 어느 가게에서도 볼 수 없습니다. 가로세로 2미터 크기의 작품을 판매하려면 재료비와 인건비 급등으로 터무니없는 가격이 되어버립니다. 제작자도 감소하는 추세라 질 좋은 아시시 자수를 사려면, 예전에 만들어진 오래된 아시시 자수를 벼룩시장이나 골동품 장터에서 찾아야 합니다.

이번 아시시 방문에서는 자수 전문점이 줄줄이 문을 닫은 모습을 보고 깜짝 놀랐습니다. 변해버린 마을 분위기에 불안을 느끼면서도 엘리자베타 씨의 가게로 향했습니다. 이전보다 진열해둔 작품은 꽤 크기가 작아진 모습이었지만, 정교함과 아름다움은 여전했습니다. 그

세계 수예 기행
「이탈리아 공화국」
아시시 자수

다. 그러다 문득, 가족의 역사를 잇는 여성들의 역할이 이 자수에 있다는 이야기를 떠올리고, 그렇기에 파는 물건이 아닌 가족이 공유해온 역사를 남에게 보여주지 않으려 하는 것은 자연스러운 일일지도 모른다는 생각이 들었습니다. 그렇게 가정집 조사를 포기하려던 찰나, 선생님이 친구 몇 분을 소개해주어 마침내 집으로 초대받았습니다. 이때 이곳 사람들과 이 자수에 비로소 받아들여진 듯한 안도감을 느꼈습니다.

이렇게 가게 된 가정집에는 판매품보다 몇 배 많은 품과 시간이 들어간 희귀한 모티브가 수놓인 작품이 장롱과 수납장 안에 고스란히 잠들어 있었습니다. 여성들이 직접 말한 건 아니지만, 어쩌면 은밀하게 제작되어온 '비밀의 모티브'일지도 모른다고 생각했습니다. 또, 이 문양이 들어간 대형 작품은 종교 행사 때만큼은 외부에 공개하기도 한다고 들었습니다. 운 좋게 그 행사 때 집 처마 끝에 매달린 아시시 자수를 볼 수 있었습니다. 마치 그곳이 작은 제단이 되어 고요한 기도의 공간이 생겨난 듯한 느낌이 들었습니다. 아시시 자수는 그야말로 매일의 삶 속에 기도가 깃든 수예입니다. 교회 자수나 제의복으로 종교적 모티브가 많이 만들어진 만큼, 특정한 소원을 담기보다는 자기 자신과 대화하는 고요한 시간을 거듭함으로써 자수 자체를 기도의 행위로 이어온 거라 생각합니다. 그 후, 신종 코로나바이러스 유행이 시작된 2019년까지 아시시와 일본을 오가는 생활을 이어갔습니다. 마침내 현지에서 배운 아시시 자수를 일본에서도 가르치게 되었습니다.

녀 역시 변함없는 환한 미소로 맞이해주었습니다. 그럼에도 지난 6년은 그야말로 지옥이었다고 하니, 코로나가 이 도시와 사람들에게 미친 영향은 헤아릴 수 없었을 겁니다.

빠르게 변해가는 세계정세 속에 중세의 거리가 남아 있는 아시시는 신성한 도시의 이미지를 유지하면서도 관광과 순례 사이에서 흔들려왔습니다. 원래는 종교적 모티브가 섬세하게 배치되었던 아시시 자수가 몇 년 전부터 성인의 모티브를 경쾌한 스타일로 재해석해 수놓은 향주머니 등으로 판매되기 시작했습니다. 관광객의 눈길을 끌기 위해 아시시 자수도 컬러와 모티브를 변화시켜온 겁니다. 각 시기별 아시시 자수의 변화를 관찰하다 보면 역사 계승, 사람들의 기억, 신앙심, 가족과의 모습 등이 떠오르는 것 같습니다.

6년 만에 방문한 이 도시는 유연하고 씩씩하게 살아가는 여성들이 바늘과 천으로 만들어온, 말로 다할 수 없는 기도를 다시금 일깨워주었습니다. 제 마음속에서 아시시는 시간의 흐름이 사람들의 기도의 형태를 어떻게 변화시켜왔는지 조용히 계속 이야기해주는 장소가 되었습니다.

평소에는 각 가정에 잠들어 있어 볼 수 없는 대형 아시시 자수. '인피오라타' 행사 때 '곰팡이 방지'라는 명목으로 집 처마 끝에 널린다.

F／여름에 자택 정원에서 아시시 자수를 하는 안나 리타 선생님. 선생님이 젊었을 무렵에는 여름철에 많은 여성들이 야외에서 아시시 자수를 놓았다고 한다. G／마을 잡화점에서 보여준 1970년대에서 1980년대 무렵에 제작된 아시시 자수. 현재는 보기 드문 원형에 드래곤 문양이 수놓여 있다. H／안나 리타 선생님 댁의 공간. 응회암이 그대로 벽에 드러나 있고, 움브리아 도기와 함께 사방에 아시시 자수가 인테리어로 활용되어 있다. 고대부터 이어져온 움브리아의 역사가 그대로 응축된 듯한 느낌이다. I／종교적 모티브로 알려진 두 마리 표범이 마주 보도록 들어간 테이블 장식용 천. J／해마 자수가 들어간 식탁보. 다산의 상징으로 자주 사용된다. K／아시시 자수의 가장 큰 특징 중 하나는 앞뒤 모두 아름답게 수놓는 것. 반복해서 연습하면 앞뒤가 구분되지 않을 만큼 정교하게 수놓을 수 있다.

가사이 미기와(笠井みぎわ)

교토 출신. 아시시 자수 연구가·아시시 자수 강사. 2016년, 문화인류학 조사를 위해 이탈리아 중부 움브리아주 아시시에 반년간 머물며 아시시 자수의 역사와 기법을 현지에서 익혔다. 이후 교토와 아시시를 오가며 아시시 자수 관련 연구·제작·계승 활동을 이어오고 있다. 현재는 간사이를 중심으로 자수 교실을 운영히며 각지에서 워크숍과 인류학 강좌를 진행하고 있다. 교토의 리넨 잡화점 'LINNET'에서 6월 13일(토)〜27일(토)에 개인전 개최 예정.
Instagram : lachiaveblue.mighi

미모사 리스

노란 폼폼을 닮은 작고 동글동글한 꽃을 가지 가득 피워내며 봄의 방문을 알리는 미모사.
유칼립투스 잎을 곁들인 리스로 계절을 담아봐요.

photograph Toshikatsu Watanabe styling Akiko Suzuki

리스

화관이 장식품으로 변모한 리스. 끊임없이 이어
지는 '고리' 모양에는 영원과 행복, 풍작과 무사
귀환을 바라는 뜻도 담겨 있어요.

Design／마쓰모토 가오루
How to make／P.162
Yarn／DARUMA 울 모헤어＋레이스사#20, 가모가
와#18

미니 바구니

쓰기 편한 둥근 바닥 바구니에 가지 하나를 곁들
였어요. 아침 식사나 티타임과 함께, 테이블 위에
서 봄의 숨결을 느껴 보아요.

Design／마쓰모토 가오루
How to make／P.162
Yarn／DARUMA 울 모헤어, 레이스사#20, 가모가
와#18, SASAWASHI

미모사는 '함수초'의 속명(屬名)입니다. 원예에서는 노란 폼
폼을 닮은 꽃을 피우는 아카시아속 식물을 통칭해 미모사
라고 부르며, 일본에서 흔히 볼 수 있는 종류는 후사아카시
아와 은엽아카시아입니다. 국제 여성의 날에는 감사의 마음
을 전하는 꽃이기도 합니다. 꽃은 털이 긴 모헤어로 뜨고,
함수초를 닮은 잎은 레이스사로 와이어를 감싸면서 뜹니다.
둥근 형태의 유칼립투스 잎으로 색감에 변화를 더하고, 리
스와 바구니에는 줄무늬 옷을 입은 귀여운 방문객도 잊지
않습니다.

더웠다 쌀쌀했다… 초봄의 날씨는 변덕쟁이!
입고 벗기 편한 카디건은 이 계절 필수 아이템입니다.

photograph Shigeki Nakashima styling Kuniko Okabe , Yuumi Sano
hair&make-up Hitoshi Sakaguchi model Hanji(172cm)

WHITE
CARDIGAN

모눈뜨기 바탕을 한길 긴뜨기로 블록처럼 채우고,
큰 꽃을 나열한 카디건. 청초한 화이트와 레이스의
은은한 비침이 어우러져 기분까지 설렙니다. 탄탄하
게 뜬 짧은뜨기 칼라가 포인트가 되어 전체적으로
정돈된 느낌을 줍니다.

Design／오타 신코
Knitter／스토 데루요
How to make／P.164
Yarn／DMC 에코 비타 388 리사이클 코튼

BLUE
CARDIGAN

무난하게 입기 좋은 메리야스뜨기 Y넥 카디건은 산
뜻한 더블 스트라이프가 포인트. 1코 고무뜨기부터
뜨기 시작해 앞여밈 부분도 함께 떠나갑니다. 진동
둘레도 직선이라 뜨기와 마무리 모두 편합니다.

Design／가마타 에미코
Knitter／이즈카 시즈코
How to make／P.169
Yarn／DMC 에코 비타 388 리사이클 코튼

glasses／글로브 스펙스 에이전트

GREEN
CARDIGAN

햇살 아래 더욱 빛나는 선명한 컬러가 눈길을 끄는
바구니무늬 돌먼 슬리브 카디건. 깔끔한 실루엣으로
팔 둘레가 편안하며 착용감이 뛰어납니다. 걸기코와
코줄임, 코늘림의 조합이 만들어내는 멋진 무늬를
즐겨 보세요!

Design／효도 요시코
Knitter／사와다 미키
How to make／P.159
Yarn／하마나카 케이폭 코튼

P I N K
C A R D I G A N

무늬 부분은 코바늘로, 테두리 부분은 대바늘로 뜨는 하이브리드 카디건. 에포렛 슬리브풍의 소매산이 퍼프 슬리브 실루엣을 만들고, 소맷부리는 판초 같은 형태를 띤, 뜨개 욕구를 자극하는 재미있는 디자인이 매력적입니다.

Design／오카모토 게이코
Knitter／미야모토 히로코
How to make／P.170
Yarn／하마나카 케이폭 코튼

Enjoy Keito

Spring has come! 뜨개질도 봄기운을 담아 경쾌하게!
Keito 오리지널 얀으로 뜨는 아이템과 함께, 포근한 날씨를 느끼며 외출해요.

photograph Hironori Handa styling Masayo Akutsu hair&make-up AKI model Syuta(170cm)

Keito ururi

케이토 우루리

울 65%, 나일론 30%, 리넨 5%, 색상 수／8, 1볼/100g, 실 길이／약 400m, 실 종류／중세, 권장 바늘／대바늘 3~5호
울과 리넨을 합쳐 '우루리'. 울의 부드러움과 나일론의 내구성을 갖추고, 컬러풀하게 물들인 리넨이 은은한 포인트로 더해진 Keito의 오리지널 실입니다. 나일론이 함유되어 관리가 수월해 양말은 물론 숄이나 의류용으로도 추천합니다.

비늘무늬 양말

올록볼록한 비늘무늬가 귀여운 양말입니다. 나일론이 함유된 '우루리'로 떠서 관리가 쉬우며, 산뜻한 착용감을 선사합니다. 은근히 드러나는 컬러풀한 리넨이 질감에 깊이를 더합니다.

Design／grandma 오쿠무라 아스카
Knitter／스토 데루요
How to make／P.141
Yarn／Keito 우루리
One-piece／하라주쿠 시카고(하라주쿠/진구마에점)

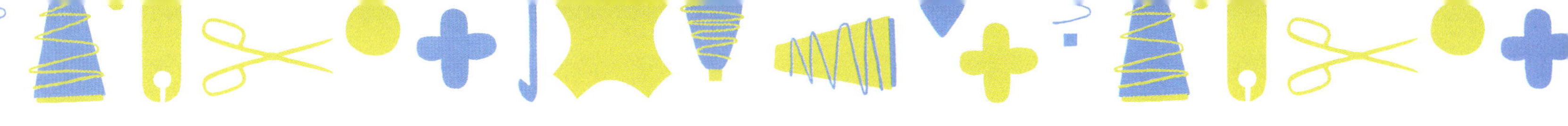

심플하고 귀여운 데일리 옷와 소품
Enjoy Keito 뜨개 다이어리

〈털실타래〉와 〈니트 마르셰〉에서 소개한 인기 아이템을 모은 작품집이 발간됐습니다. 평범한 하루에 자연스럽게 스며드는 일상을 테마로 한 대바늘 옷 10점과 코바늘·대바늘뜨기 숄 8점을 소개합니다. 뜨개 도안에 더해서 심플하게 뜰 수 있는 서술 도안 작품 4점도 실었습니다. 작품에 사용하는 실 모두 Keito 온라인 샵에서 구매할 수 있습니다.

Keito SILOOL
케이토 시루루

실크 54%, 울 46%, 색상 수／4, 1볼/50g, 실 길이／약 460m, 실 종류／극세, 권장 바늘／대바늘 3～6호
실크와 울을 합쳐 '시루루'. 울의 뜨개 적합성과 실크의 통기성을 두루 갖춘 Keito의 오리지널 봄여름 실입니다. 약하게 꼬아 만든 2합사 실로, 산뜻한 촉감과 소박한 멋이 특징입니다. 1가닥으로 섬세하게 뜨거나, 2가닥으로 중세 게이지를 내거나 모헤어 등과 합사해 다양한 아이디어로 즐길 수 있는 실입니다.

레이스 슬리브 풀오버

레이스 무늬가 늘어간 빌문 소매가 로맨틱한 풀오버. 부드럽게 떨어지는 느낌이 인상적입니다. 시루루로 떠서 레이스 무늬가 아름나우며, 매트한 질감이 내추럴한 멋을 더합니다. 일상에서 부담 없이 코디할 수 있도록 완성했습니다.

Design／miu-seyarn
Knitter／스토 데루요
How to make／P.136
Yarn／Keito 시루루

하야시 고토미의 Happy Knitting

photograph Toshikatsu Watanabe, Nobuhiko Honma(process) styling Akiko Suzuki

두 짝을 동시에 뜨는 양말 —Knitting Two Socks at Once—

reprinted from PieceWork magazine, January/February 2009 with permission of Long Thread Media LLC. Photography by Joe Coca

두 짝을 동시에 뜨는 양말 기사가 실린 호. 매호 다양한 수예 배경지식과 실제로 만드는 법도 소개하고 있다.

《전쟁과 평화》는 톨스토이의 대표적인 장편소설. 이 양말 신은 에필로그 제1부 13장에 나온다.

2013년에 출판된 본인 저서. 처음으로 이번에 소개한 방법으로 뜨고, 그 재미에 설레 표지에 사용한 것.

제작 과정 촬영용으로 뜬 양말의 완성품. 우선 각각 다른 색으로 떠서 뜨는 법을 익히는 게 좋을지도 모른다.

양말은 한 짝만 떠도 꽤 신경 쓸 것이 많아서, 크기는 작지만 쉬운 뜨개질이라고는 할 수 없습니다(그만큼 뜨는 재미가 있겠지만요). 특히 한 짝을 완성했어도 한 짝을 마저 떠야 하기 때문에 SSK(single sock knitter)가 되어버리기 쉽습니다. 학생 시절 스웨터의 소매를 한 번에 뜨는 친구가 있었습니다. 긴 바늘에 2개 분량의 기초코를 만들고 각각의 실뭉치를 늘어뜨리고 떴습니다. 2001년에 처음으로 양말을 뜬 뒤 양말에 관심이 생겼고, 또 실제로 신고 싶어져서 뜰 기회가 늘었습니다. 하지만 두 짝을 뜨는 건 꽤 힘든 일입니다. 무슨 좋은 방법이 없을까 하고 생각하다가 2개 분량의 기초코를 만들어 소매를 뜨던 친구가 생각났고, 줄바늘 2개로 뜨는 방법을 나름대로 고안해내《줄바늘로 손뜨개》에서 소개했습니다. 한 번에 완성되긴 하지만 꽤 복잡해서 뜨는 즐거움은 거의 느끼지 못했습니다. 그런데 2009년, 미국 잡지 《Piece Work》에서 신기한 양말 사진을 발견했습니다.

읽어보니 톨스토이의 《전쟁과 평화》에 나오는 양말 뜨는 법이었습니다. 바로 따라했습니다. 바늘 1개에 두 짝 분량의 양말의 기초코를 만들고, 앞쪽 분량(바깥쪽)은 안뜨기로, 뒤쪽 분량(안쪽)은 겉뜨기로 두 짝 분량을 바늘 1개로 떠나갑니다. 두 짝을 따로따로 뜨고 있는지 중간중간 확인하면서 모두 완성했을 때는 만족감으로 가득했습니다. 《Piece Work》에는 《전쟁과 평화》 속의 묘사가 실려 있어, 안나 마카로브나가 평소처럼 양말 한 짝 속에서 다른 한 짝을 꺼내 아이들에게 보여주고, 아이들이 탄성을 지르는 모습을 볼 수 있습니다. 저는 이 기사를 읽고 여러 가지 의문이 생겼습니다. 어떻게 톨스토이가 알고 있는지가 가장 큰 의문이었으므로 실례인 줄 알면서도 '일본 톨스토이 협회'에 메일로 문의해봤습니다. 톨스토이 주변에 이 양말을 뜨던 여성이 있었던 게 아닐까 하는 친절한 답변을 받고 납득했습니다. 이번에 이 기법을 소개하기에 앞서 다시 한번 《Piece Work》를 읽어보니, 이 양말 뜨기 기법은 1875년에 특허를 받았다고 되어 있었습니다. 하지만 《전쟁과 평화》가 집필된 것은 1860년대입니다. 이번에는 다른 의문이 떠올랐습니다. 언제 어디서 누가 이 기법을 생각해냈을까, 톨스토이 주변의 여성은 어떻게 이 기법을 알았을까(톨스토이는 귀족 계급이긴 했지만 시골 마을에 살았다고 합니다), 당시에는 러시아에서만 알려졌던 기법일까. 의문은 커져만 갔습니다. 마침 《하야시 고토미의 패턴 컬렉션》이 러시아어로 번역되면서, 이번 기회

에 러시아 출판사에 문의해보자는 생각으로 일본 보그사 해외 담당자분께 연락을 부탁드려 이것저것 질문할 수 있습니다. 당시 여성들은 도안 없이 뜨개질을 했는데 이는 어머니가 딸에게 전수한 것이었으며, 대바늘뜨기가 성행했다는 사실을 알 수 있었습니다. 기록이 없기 때문에 언제부터 이 방법을 사용했는지는 확실하지 않지만, 제1차 세계대전 무렵에는 유럽에서 이 방법으로 양말을 떠 전장에 보낸 사실도 답변을 통해 알 수 있었습니다. 두 짝을 한 번에 뜨면 확실히 효율적이라고 느꼈을 것 같습니다. 《Piece Work》에도 누가 생각해냈는지는 모르지만 이 방법을 생각해낸 분께 감사하다는 내용이 적혀 있었습니다.

재미있는 기법이지만, 포인트는 두 짝이 하나로 합쳐지지 않도록 주의하며 뜨는 것입니다. 안전한 방법도 있습니다. 하나는 앞쪽의 안뜨기를 할 때는 오른손에, 안쪽의 겉뜨기를 할 때는 왼손에 실을 잡고 뜨고, 안뜨기 실은 항상 앞에 두면 실이 엇갈리지 않습니다. 오른손에 실을 잡고 뜨는 게 어렵다면 안뜨기는 포르투갈식으로 뜨는 것을 추천합니다. 이렇게 하면 실이 엇갈릴 걱정은 없습니다. 사실 이번 작품을 발끝부터 떠보면 어떨까 하고 떠봤습니다. 하지만 마지막의 커프 부분이 이어진 채라서 끝까지 떠도 한 짝을 다른 한 짝 속에서 빼내는 감동을 맛보지 못한다는 걸 알고 커프부터 뜨는 방법으로 한 번 더 새로 떴습니다.

한번 이 재미있는 방법으로 양말을 떠서 안나 마카로브나처럼 '짠!' 하고 누군가에게 보여주고 싶지 않나요.

조금 굵은 실로 룸 삭스라고 부를만한 길이의 짧은 양말을 만들었습니다.
줄무늬로 하면 단수는 알기 쉽지만, 실을 바꿀 때 엉키기 않도록 주의합시다.
포인트는 한 짝씩 뜰 때와 같은 방법으로 뜨는 플랩과 힐 부분.
서두르지 않고 꼼꼼하게 뜨면 문제없어요.
중간중간 제대로 뜨고 있는지도 확인해주세요.

Design／하야시 고토미
How to make／P.179
Yarn／퍼피 셰틀랜드

양말 두 짝을 동시에 뜨는 법
(알아보기 쉽도록 각각 1색으로 설명합니다.)

도구／튤립 주식회사

❶ 입구의 고무뜨기는 두 짝을 따로 뜨고, 각각 다른 바늘에 끼워둡니다.

❷ B의 안쪽에 A를 넣고, 겉면이 서로 마주 보도록 합칩니다.

❸ B의 코와 A의 코를 번갈아 3개째 줄바늘(뜨는 바늘)에 옮깁니다.

❹ 준비가 됐습니다.

❺ 각각의 실이 엇갈리지 않도록 B는 실을 앞쪽에 두고 안뜨기로, A는 실을 뒤쪽에 두고 겉뜨기로 커프 부분을 원형뜨기합니다.

❻ B는 안뜨기로, A는 겉뜨기로 1단 떴습니다. 커프를 단수만큼 뜬 다음,

❼ 커프의 코를 절반 쉬어두고, 힐 플랩을 평면뜨기합니다. 1코 걸러 걸러뜨기를 하며 왕복뜨기합니다. (매 단의 뜨개 시작 코는 걸러뜨기를 합니다.)

❽ 항상 앞쪽은 실을 앞에 둔 채 걸쳐뜨기하고, 안쪽은 걸러뜨기를 합니다.

❾ 힐 플랩을 떴습니다. 계속해서 힐 턴을 뜹니다.

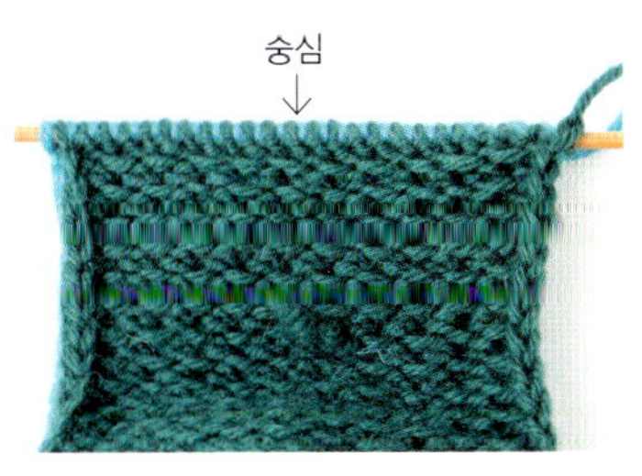

❿ 앞쪽은 안면을 보고, 뒤쪽은 겉면을 보고 뜨게 됩니다. 중심에 표시를 해둡니다.

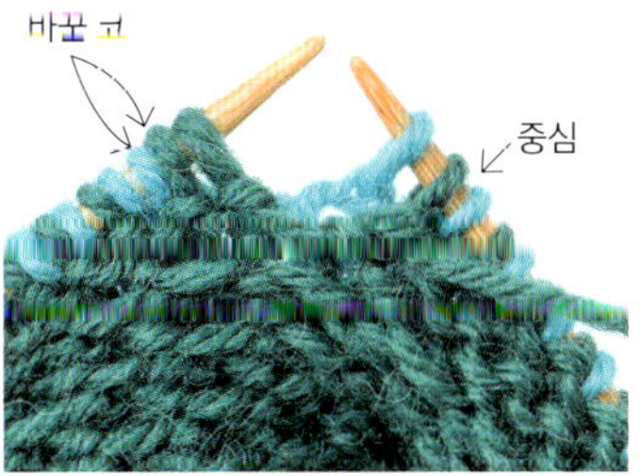

⓫ 각각 중심에서 1코 뜬 다음 2코 모아뜨기합니다. B의 코와 A의 코의 순서를 바꿉니다. 바꿔 놓은 B의 2코를 왼코 위 안뜨기 2코 모아뜨기합니다.

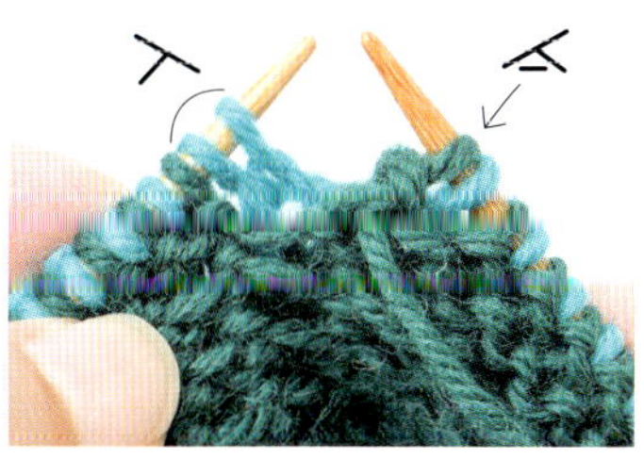

⓬ A는 오른코 위 2코 모아뜨기합니다. 2코에 각각 겉뜨기를 하듯 바늘을 넣고, 오른쪽 바늘에 옮깁니다.

⓭ 화살표처럼 왼쪽 바늘을 넣고,

⓮ 2코 모아뜨기합니다.

⓯ 오른코 위 2코 모아뜨기를 했습니다.

⓰ B, A 각각 1코씩 더 뜬 다음 편물을 뒤집습니다. 뜨개 시작 코는 걸러뜨기입니다.

⓱ 중심에서 1코를 뜬 뒤, 각각 코의 순서를 바꾼 다음 2코 모아뜨기합니다.

⓲ A는 왼코 위 안뜨기 2코 모아뜨기, B는 오른코 위 2코 모아뜨기입니다. 양쪽 모두 1코씩 더 뜹니다.

⓳ ⓫~⓲를 반복하고, 턴 부분을 떴습니다. 바늘에는 총 28코가 남습니다.

⓴ 힐 플랩에서 거싯의 코를 줍습니다. B의 플랩은 겉뜨기 쪽에서 1코 안쪽에 바늘을 넣고, 안뜨기하듯 코를 줍습니다.

㉑ A는 화살표처럼 바늘을 넣고 겉뜨기를 하듯 줍습니다. 각각의 실로 번갈아 코를 줍습니다.

㉒ 힐 플랩에서 1코씩 번갈아 코를 주웠습니다.

㉓ 쉬어둔 발등의 코를 뜨고, 반대쪽의 힐 플랩에서도 1코씩 번갈아 코를 주운 다음, 여기서부터는 원형뜨기합니다.

㉔ 왼쪽 거싯의 줄임코는 코 위치를 바꾸고, 앞쪽은 오른코 위 안뜨기 2코 모아뜨기, 뒤쪽은 왼코 위 2코 모아뜨기합니다.

㉕ 반대쪽(오른쪽)은 앞쪽은 왼코 위 안뜨기 2코 모아뜨기, 뒤쪽은 오른코 위 2코 모아뜨기합니다.

㉖ 거싯을 뜬 뒤, 총 96코를 30단 뜨고 발끝 줄임을 하여 모두 뜬 상태입니다. 실을 자릅니다.

㉗ 남은 코(총 16코)를 2개의 줄바늘에 각각 옮깁니다.

㉘ 실 끝을 돗바늘에 꿰고, A의 코에 1코 걸러 실을 통과시킵니다.

㉙ A의 코를 조입니다. B의 코도 같은 방법으로 조입니다.

㉚ B에서 A를 빼냅니다.

㉛ B의 양말을 겉면으로 뒤집어 완성합니다.

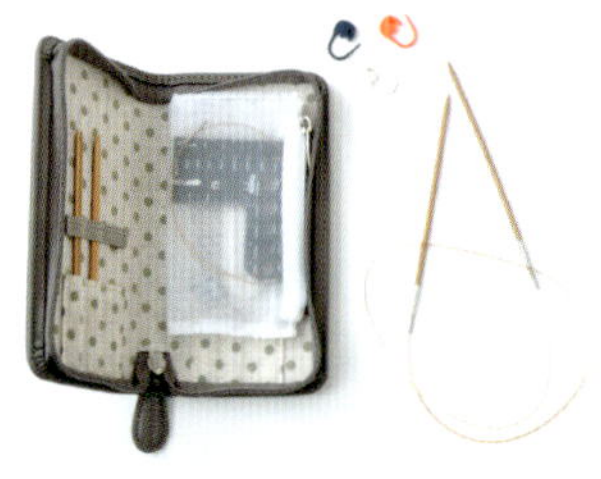

작품을 뜰 때 사용한 바늘. 마커도 있으면 편리합니다.

하야시 고토미(林ことみ)

어릴 적부터 손뜨개가 친숙한 환경에서 자랐으며 학생 때 바느질을 독학으로 익혔다. 출산을 계기로 아동복 디자인을 시작해 핸드 크래프트 관련 서적 편집자를 거쳐 현재에 이른다. 다양한 수예 기법을 찾아 국내외를 동분서주하며 작가들과 교류도 활발하다. 저서로《북유럽 스타일 손뜨개》등 다수가 있다.

ETIMO

Rose

전 세계 니터들의 사랑을 받아온
핑크 그라데이션 코바늘

에티모로즈 모사용코바늘
사이즈 (2/0, 3/0, 4/0, 5/0, 6/0, 7/0
7.5/0, 8/0, 9/0, 10/0, 10.5/0)

Tulip Company Limited 한국공식수입원
(주)튤립코리아   경기도 화성시 만세구 송산산단길 67
E-mail : info@tulip-korea.com, www.tulip-korea.com

Yarn Catalogue

봄·여름 실 연구

**밝고 고운 실에 눈이 가는 봄.
가벼움도 매력적입니다.**

photograph Toshikatsu Watanabe styling Akiko Suzuki

 ### 스키 스위미
스키 모사

울 혼방 단색 실에 5색의 롱 피치 그러데이션 실을 2겹으로 감아 완성했습니다. 다채로운 색을 사용한 화사한 컬러부터 동일 색 계열의 그러데이션 변주까지 다양하게 구성했습니다. 코바늘과 대바늘 모두 즐길 수 있어요.

Data
울 28%, 아크릴 28%, 코튼 26%, 레이온 18%, 색상 수／6, 1볼/40g ·약 160m, 실 종류／합태, 권장 바늘／4〜5호(대바늘)·4/0〜5/0호(코바늘)

Designer's Voice
굵은 부분과 가는 부분의 대비가 커 보이지만 걸림 없이 부드럽게 떠집니다. 가늘고 가벼운 실이라 입체 모티브를 떠도 가볍고 경쾌하게 완성됩니다. (오카 마리코)

지지오
스키 모사

코튼에 아크릴과 나일론을 혼방한 부드럽고 산뜻한 릴리 얀 형태의 실입니다. 멜란지풍의 롱 피치 그러데이션 실로, 뜰수록 색이 자연스럽게 퍼지듯 변합니다. 실의 감촉과 컬러 변화를 즐겨 보세요.

Data
코튼 47%, 아크릴 46%, 나일론 7%, 색상 수／4, 1볼/50g ·약 187m, 실 종류／합태, 권장 바늘／5〜7호(대바늘)·6/0〜7.5/0호(코바늘)

Designer's Voice
굵기가 있는 실로 술술 뜰 수 있어 순식간에 완성했습니다. 그에 비해 무척 가볍고 촉감도 좋은 실입니다. 무엇보다 색감의 변화가 인상적이라 즐겁게 떴습니다. (ATELIER *mati*)

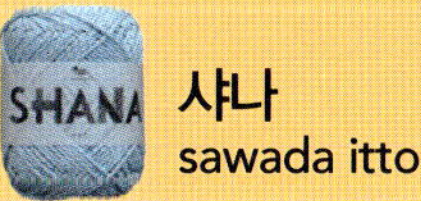

샤나
sawada itto

일본 전통 종이 '와시'를 사용한 가볍고 탄력감이 있는
릴리 얀입니다. 리넨 같은 질감으로 산뜻하고 가벼우며,
단단하게 뜨면 백이나 소품, 느슨하게 뜨면 여름 의류
등 다양한 작품에 활용할 수 있습니다. 와시와 폴리에
스테르를 꼬아 만든 실이라 흡수와 건조가 빠르며, 세
탁기 사용도 가능한 만능 소재입니다.

Data
폴리에스테르 58%, 분류 외 섬유(와시) 42%, 색상 수
／9, 1볼/35g ·약 60m, 실 종류／극태, 권장 바늘／
8〜11호(대바늘)·8/0〜10/0호(코바늘)

Designer's Voice
무척 가벼운 실이라 큼직한 작품이나 빡빡하게 떠 단
단하게 만드는 가방 등에도 적합한 실입니다. 바늘 호
수에 따라 다양한 느낌으로 즐길 수 있습니다. 탄력감
있는 편물로 완성되는 점이 인상적이었습니다. (호시노
마미)

코토리
sawada itto

고급스러운 광택이 아름다운 코튼 테이프사입니다. 일
반 실과 비교해 보풀이 적은 '콤팩트 스핀'으로 제작한
고급 코튼을 사용했습니다. 광택감을 살리는 실켓 가
공을 하고, 릴리 얀 기계로 편평한 테이프 형태로 완성
했습니다. 적당한 가벼움으로 완성되어 의류나 소품 등
폭넓은 디자인에 활용알 수 있습니다.

Data
코튼 100%, 색상 수／10, 1볼/40g ·약 173m, 실 종
류／증세, 권장 바늘／3/0〜4/0호(코바늘)

Designer's Voice
바늘이 매끄럽게 지나가 뜨기 편한 실이었습니다. 사랑
스러운 컬러가 많아 다양한 배색을 즐길 수 있습니다.
드라이한 촉감이지만 부드러운 느낌으로 완성됩니다.
가는 실이라 2겹을 합사해 새로운 컬러를 만드는 것도
추천합니다. (가와이 마유미)

와타보시 라메·코튼
고쇼 산업 게이토피에로

은은한 반짝임이 고급스러우며, 부드럽게 떠지는 약연
사 코튼 반짝이 실입니다. 산뜻하면서도 쫀득한 감촉을
즐길 수 있는 프리미엄 코튼의 부드러움이 느껴집니다.
얇은 편이지만 폭신하고 부드럽게 완성되며, 통기성이
뛰어나 코튼 특유의 쾌적함을 즐길 수 있습니다.

Data
코튼 95%, 폴리에스테르 5%, 색상 수／7, 1볼/40g ·
약 93m, 실 종류／병태, 권장 바늘／5～7호(대바
늘)·4/0～6/0호(코바늘)

Designer's Voice
뜨기 편한 굵기로 걸림 없이 부드럽게 뜰 수 있습니다.
파스텔 톤에 반짝이가 은은하게 들어 있어 가볍고 사
랑스러운 느낌으로 완성될 것 같습니다. 가격도 합리적
이라 뜨개 초보자도 부담 없이 선택하기 좋은 제품입니
다. (가와지 유미코)

사와야카 코튼 병태
고쇼 산업 게이토피에로

산뜻하고 드라이한 질감이지만 폭신한 느낌도 즐길 수
있는 뜨기 편한 병태 타입 실입니다. 은은한 톤부터 선
명한 색까지 다채로운 컬러 변주가 매력적입니다. 의류
부터 소품까지 폭넓게 활용할 수 있습니다.

Data
코튼 100%, 색상 수／15, 1볼/40g ·약 74m, 실 종류
／병태, 권장 바늘／6～8호(대바늘)·5/0호～7/0호(코
바늘)

Designer's Voice
바늘이 매끄럽게 지나가 뜨기 편한 실입니다. 병태사
라 초보자들도 쓰기 좋을 거라 생각합니다. 산뜻한 질
감으로 의류부터 소품까지 폭넓게 활용할 수 있습니
다.(가와이 마유미)

타피 울
데오리야

다채로운 컬러 구성으로 원하는 이미지에 맞는 색상을 선택할 수 있습니다. 강하게 꼰 방모사로 조직감이 탄탄해 배색무늬뜨기 등에 추천합니다.

Data

울 100%, 색상 수／62, 1타래/45～50g ·약 240m(약 50g), 실 종류／중세, 권장 바늘/6～8호(대바늘) 2겹·3/0～4/0호(코바늘)

Designer's Voice

강하게 꼬아 만든 가는 굵기의 실입니다. 코바늘로 떠도 실 갈라짐이 없어 뜨기 좋습니다. 강연사라 편물이 늘어지지 않고 탄탄하며, 코바늘로 떠도 가볍게 완성됩니다. (바람공방)

실크 울 코드
데오리야

울과 아짐사를 혼방해 코드 링테로 꼬아 만든 실입니다. 실크의 은은한 광택과 가볍고 부드러운 감촉이 매력적입니다.

Data

울 80% 실크 20% 색상 수/12 1타래/95～105g · 약 280m(약 100g), 실 종류／합태, 권장 바늘/3～6호(대바늘)·3/0～6/0호(코바늘)

Designer's Voice

뜨기 편한 굵기로, 코바늘로 떠도 촉촉하고 부드럽게 완성됩니다. 다음에는 대바늘로 떠보고 싶습니다. (오쿠즈미 레이코)

에브리니팅의

론다 베스트

오랜 시간 뜨개와 함께한 에브리니팅의 열정이 가득 담긴 베스트를 소개합니다. 서로 다른 무늬와 색의 편물을 이은듯 디자인한 패치워크 스타일의 작품입니다. 하단부터 떠 올라가는 보텀업 방식으로 보는 각도에 따라 새로운 느낌을 줍니다.

도안 디자인 : 에브리니팅 / 촬영 : 김신정 / 사진 제공 : 에브리니팅(P.59 왼쪽 하단, 오른쪽 중앙)

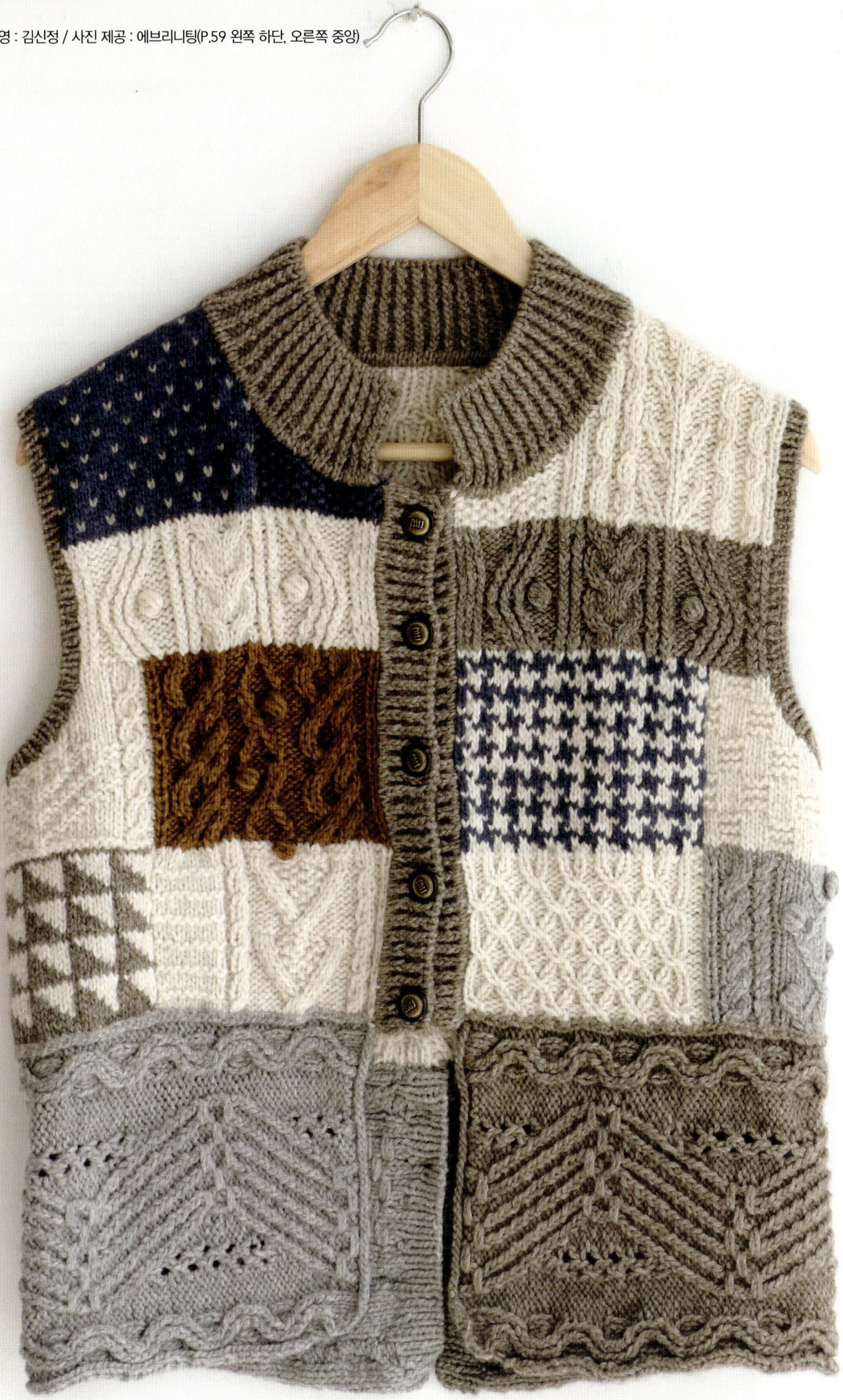

패턴들을 참고해 앞판과 뒤판을 한 번에 뜨고 어깨를 잇습니다. 베스트 하단의 트임은 캐주얼하면서도 독특한 분위기를 더합니다. 여러 가지 색과 무늬가 있지만 전반적인 톤이 차분해 매일 손이 가는 베스트입니다.

Design／에브리니팅
How to make／P.196
Yarn／LANG 야크

Mouche & friends

대바늘 동물 친구들

**머리부터 발까지 잇기 없이 한 번에 뜨는
매력적인 동물 인형 친구들과 옷 & 소품**

**친절한 서술형 설명을 따라 뜨다 보면
대바늘 인형 뜨기가 처음이라도 누구나
근사한 동물 친구를 완성할 수 있어요!**

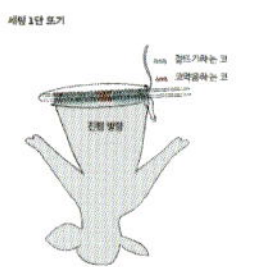

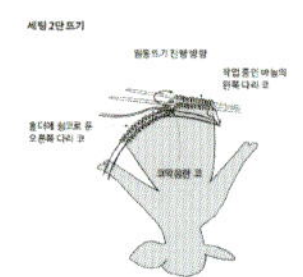

Crocheted lace

레이스 뜨기의 기초

핸드북

초보 니터를 위한
레이스 뜨기의 모든 것 !

작은 모티브나 도일리부터 시작해
장식 칼라, 액세서리, 숄까지
레이스의 아름다움에 빠져 보세요.

Sheep Farm Vest

코실니트의 양떼목장 베스트

포근포근 양들이 사는 목장의 차분한 풍경을 닮은 부클 베스트입니다.
쌀쌀할 때 걸치면 가벼우면서도 따뜻하게 몸을 감싸줄 거예요.
어른 사이즈와 키즈 사이즈 모두 수록해 가족과 함께 입을 수 있습니다.

도안 디자인 : 코실니트 / 촬영 : 김신정 / 사진 제공 : 코실니트(P.63 왼쪽 상단, 오른쪽 상단과 하단)

어깨부터 떠 내려가는 톱다운 방식의 베스트로 둥근 에지 마감과 귀여운 주머니
가 포인트입니다. 원작 샘플은 코와 코 사이가 넓은 것이 특징이라 꼭 게이지를
확인하고 작업을 시작하세요.

Design／코실니트
How to make／P.202
Yarn／알파링구, 어뮤즈, 램스울

신여성의 수예 세계로 타임슬립!
나의 책갈피

실물 자료 : 다이쇼 시대 무렵의 책갈피

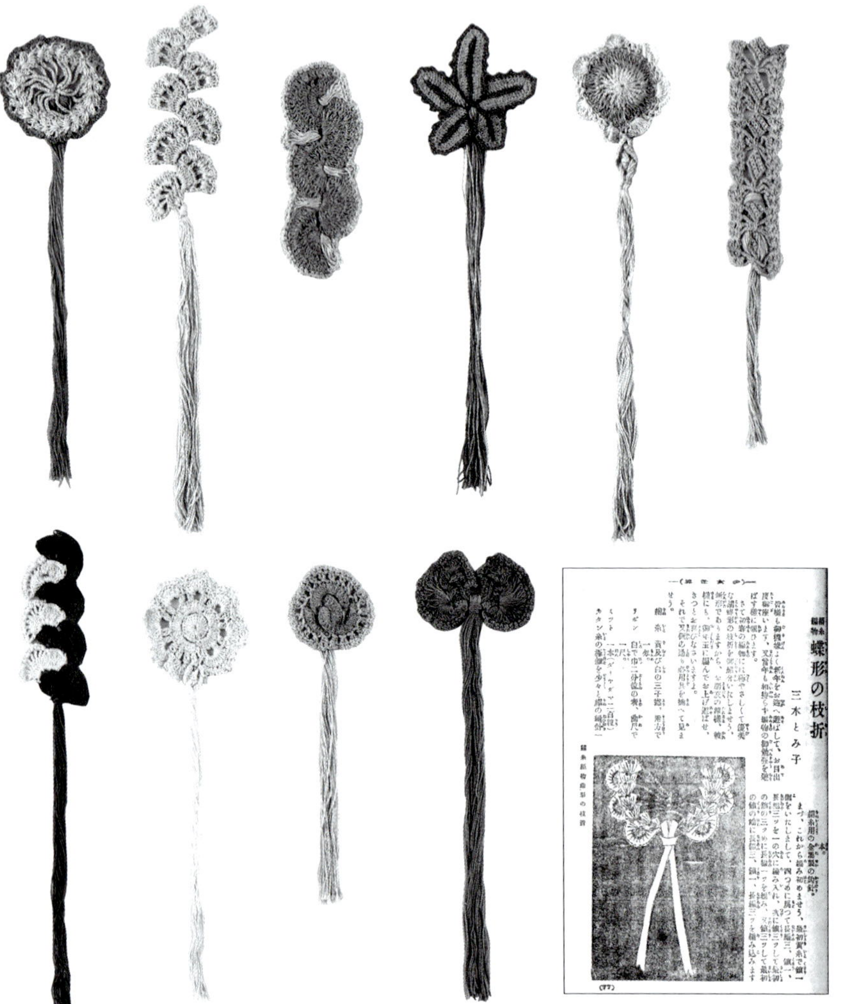

'나비 모양 책갈피'에서

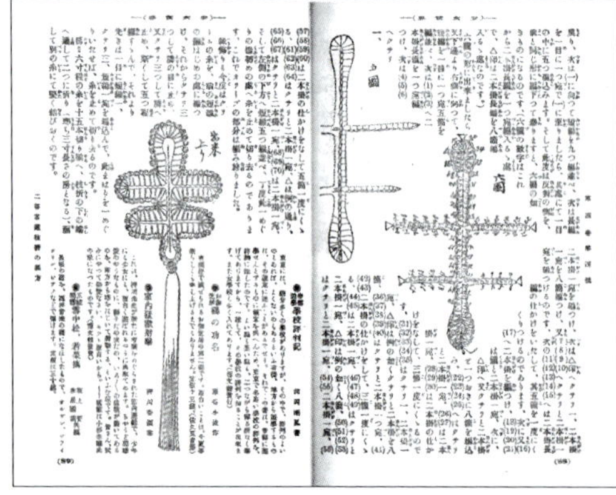

1908년 1월 호 '나비 모양 책갈피'

꼼꼼한 뜨개 기법 취재와 설명

1909년 1월 호 공모전 발표

저는 학창 시절 문고본을 항상 지니고 다녔기 때문에 책갈피는 필수품이었습니다. 책갈피는 귀엽고 예쁜 아이템으로, 학생들에게는 빼놓을 수 없는 굿즈였습니다. 직접 만든 것은 아니지만 제가 좋아하는 건 서점 '쇼센 그랑데'에서 책을 사면 끼워주는 동물 패턴 책갈피로, 그 귀여운 책갈피가 갖고 싶어 일부러 쇼센 그랑데에 책을 사러 갔습니다.

메이지 시대, 다양한 뜨개 기법을 배우기 시작한 신여성들은 책갈피를 떠서 교환했습니다. 그 유행을 이끈 건 하쿠분칸에서 발행했던 《소녀 세계》에 작품을 발표한 인기 손뜨개 작가 이시이 토미코였습니다.

이시이의 보관함에는 뜨개 책갈피가 약 100개 정도 들어 있었고, 일련번호를 매기며 연구했던 것으로 보입니다. 이시이의 기사 앞머리에는 '아가씨들을 위한 위안으로 책갈피 뜨는 법을 소개합니다'라고 써 있습니다. 위안이란 마음을 달래주고 기분을 풀어주는 것입니다. 그녀들은 공부나 집안일 사이사이에 뜰 수 있는 책갈피로 마음을 달랬던 것이겠지요.

1908년 1월 호에 발표한 나비 모양 책갈피는 한 해 계획을 정초에 세우는 학생들이 공부와 뜨개질에 힘쓰기에 딱 맞는 테마입니다. 실은 실크 실로, 비즈와 리본도 곁들인 특별한 책갈피입니다. 이시이는 '친구에게 새해 선물로 떠서 드리세요. 분명 좋아할 거예요'라며 권합니다. 이 두 마디를 계기로 책갈피 붐이 일어나 그해 하쿠분칸은 뜨개질 공모전을 개최했습니다.

응모 작품 수는 1,078점으로, 신여성들의 감각이 돋보이는 작품은 클로버나 단풍, 국화, 부채 등으로 주변에서 쉽게 볼 수 있는 것들을 소재로 만든 것입니다. 이듬해 신년 호에 발표된 것은 1등 1명, 2등 2명, 3등 3명, 가작 10명 등이었습니다.

이시이는 입선에 일희일비했을 신여성들을 위해 우선 1등부터 3등 당선자들의 뜨개법을 자세히 취재한 내용을 지면에 꼼꼼히 실어 설명했습니다. 또한 수상하지 못한 소녀들에게는 특별한 배려를 잊지 않았습니다. 이시이는 말합니다. '여러 차례 말씀드린 대로, 이 작품들은 모두 여러 아가씨들의 열정이 담긴 작품이니 비록 수상하지 못했더라도 되도록 소중히 보관하고, 언젠가 기회가 된다면 아름다운 손뜨개 전시회를 열 수 있기를 바랍니다.' 자신의 작품을 소중히 여기는 마음을 가지고 싶어지네요.

기타가와 게이(北側ケイ)
일본 근대 서양 기예사 연구가. 일본 근대 수예가의 기술력과 열정에 매료되어 연구에 매진하고 있다. 공익재단법인 일본 수예 보급협회 레이스 사범. 일반사단법인 이로도리 레이스 자료실 대표. 유자와야 예술학원 가마타교·우라와교 레이스 뜨기 강사. 이로도리 레이스 자료실을 가나가와현 유가와라에서 운영하고 있다.
http://blog.livedoor.jp/keikeidaredemo

역시 궁금하다! 뜨개의 수수께끼
뜨개 기호 이외의 기호

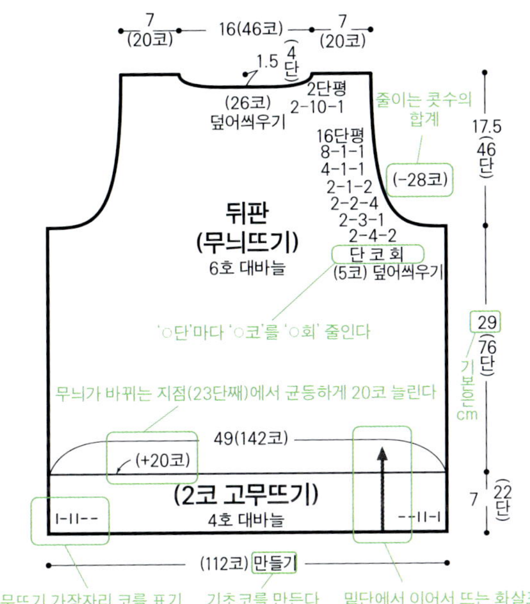

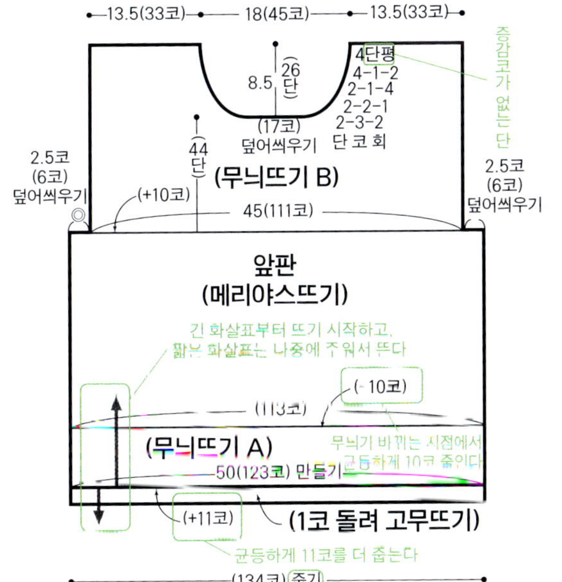

뜨개 요정

손뜨개와 지독한 사랑에 빠진 손뜨개 책 편집자. 인간과 동물에 무해한 뜨개 요정이라는 설정입니다. 비공식&요정의 시선으로 손뜨개의 매력을 집요하게 업로드 중.
X : @nv_amimono Instagram : amimonojapan
Web : amimono.me

뜨개 요정(설정)입니다. 여기에서는 '뜨개질과 관련된 의문점이나 궁금증, 수수께끼 등을 깔끔하게 해결!'하면 좋겠지만 그것을 최종 목표로 삼지는 않고 푸념을 담아 여러분과 공유해버리자는 콘셉트이니 미리 양해 부탁드립니다.

이번에는 뜨개 기호가 아니라, 도안의 다른 기호와 표기를 둘러싼 수수께끼를 파헤칩니다. 도안을 해석할 때 기억해두면 도움이 될 겁니다. 여기서 소개하는 표기는 책이나 출판사에 따라 다르므로 그 점은 양해해주세요.

먼저 '단-코-회'입니다. 증감코를 나타내는 표기로 '○단'마다 '○코'를 '○회' 늘리거나 줄인다는 의미입니다. 가로로 나열된 '단', '코'와 '회'를 곱해보면, 총 ○코, ○단으로 작업하는지 알 수 있습니다. 교정할 때의 검산 방법이기도 합니다.

코바늘뜨기에서 자주 사용되는 '△·▲' 표시는 실을 잇거나 자르는 위치를 나타냅니다. △는 실을 잇고, ▲는 실을 자릅니다. 이 표기가 있는 부분은 새로 실을 잇거나 실 정리를 하는 작업이 이루어지며, 이 표기가 자주 등장할수록 실 정리 작업도 많아집니다.

화살표도 의미가 다양합니다. 뜨는 방향을 나타내는 화살표는 '어디서 뜨기 시작하는지'를 나타냅니다. 예를 들어 밑단에 고무뜨기가 있는 옷의 경우, 고무뜨기부터 뜨는 경우와 나중에 코를 주워서 뜨는 경우는 화살표의 방향과 길이가 다릅니다. 먼저 뜨는 쪽의 화살표가 더 길게 되어 있는 거죠! 그 밖에도 뜨는 방향을 나타내는 화살표가 있습니다. 뜨는 방향에 따라 안과 겉이 정해지고, 방향을 알면 어떻게 떠야 하는지 감이 잡히는 거죠.

대바늘뜨기에서는 종종 겉뜨기나 안뜨기 기호를 생략하고 공백으로 표시하기도 합니다. 이는 도안을 보기 쉽게 하기 위해서입니다. 겉뜨기와 안뜨기가 모두 표시되면 도안이 복잡해 보이기 때문이죠. 도안 하단에 어느 쪽이 생략되어 있는지 적혀 있을 테니 확인해보세요.

(+○코), (−○코)라는 증감코에 대한 표기는 다양한 위치에서 사용되지만, 상황에 따라 작업 방법이 다릅니다. 진동둘레나 목둘레선의 커브에서는 앞서 설명한 '단-코-회'와 연동되지만, 밑단이나 소맷부리의 경우에는 1단에서 그 콧수를 맞춰야 하므로 주의해야 합니다. 증감코가 일정한 간격이 되도록 계산하여 작업하는 것이 권장됩니다.《털실타래》는 그 부분까지는 다루지 않았으니 양해해주시기 바랍니다(둥근 요크의 분산 줄임코 등은 표기했습니다).

이런 표기는 아직 더 많을지도 모르지만 일단 이번에는 여기까지입니다. 기호 이외의 기호를 이해함으로써 조금이라도 뜨기 수월해지기를 바랍니다.

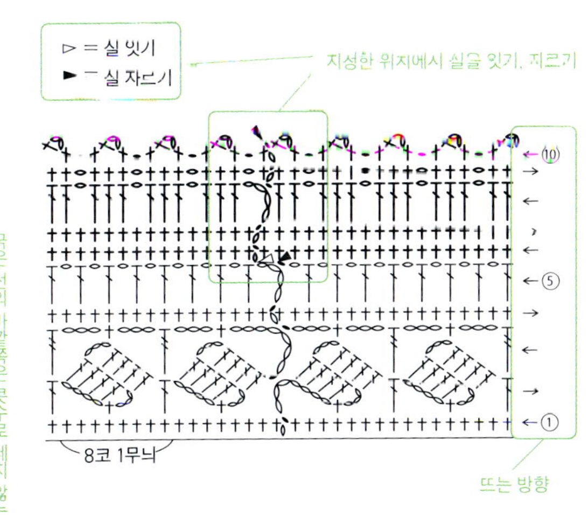

1코 고무뜨기

뜨개 고민 상담실

모티브뜨기의 실 색, 어떻게 바꾸지?

앞에서도 특집으로 다루고 있는 모티브뜨기. 예쁜 디자인이 가득해 저절로 시선이 쏠립니다.
모티브뜨기만의 실 색 바꾸는 기법이 가득 담긴 이번 호를 참고해서,
다채로운 변주가 돋보이는 편물에 도전해보세요.

촬영/모리야 노리아키

상담

요즘 1단에 2색을 사용한 모티브뜨기가 보이는데

어떻게 실 색을 바꾸나요?

실 색 바꾸는 요령도 궁금해요!

이제 와 새삼 고민 해결사

P.16에 실린 모티브

단 도중에 색 바꾸기가 있을 때 뜨는 법

코바늘 배색무늬뜨기 요령으로 뜹니다.
뜨지 않는 실을 감싸면서 뜨는 것이 포인트!

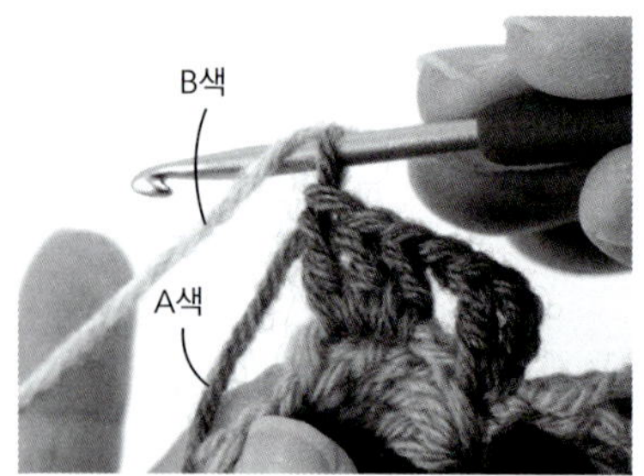

❶ 5단째의 도안에서 색이 바뀌는 코 바로 전에 B실로 바꾸고 사슬뜨기를 1코 뜹니다.

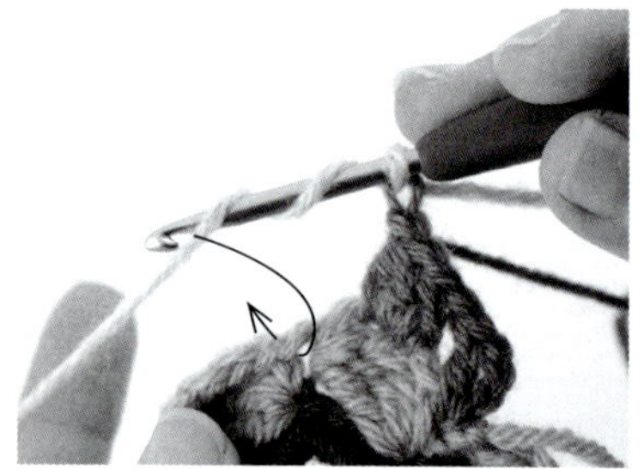

❷ Y자 뜨기의 변형이므로, 두길 긴뜨기의 요령으로 바늘에 실을 2회 감고 화살표처럼 바늘을 넣어 실을 뺍니다.

❸ 처음 2루프만 빼낸 뒤 A색을 B색 위에 두고,

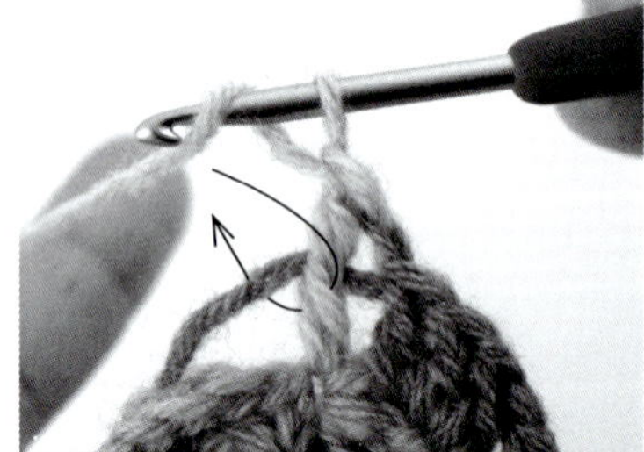

❹ A색을 끼우고 2루프씩 빼냅니다. 계속해서 실을 걸어 화살표처럼 바늘을 넣고,

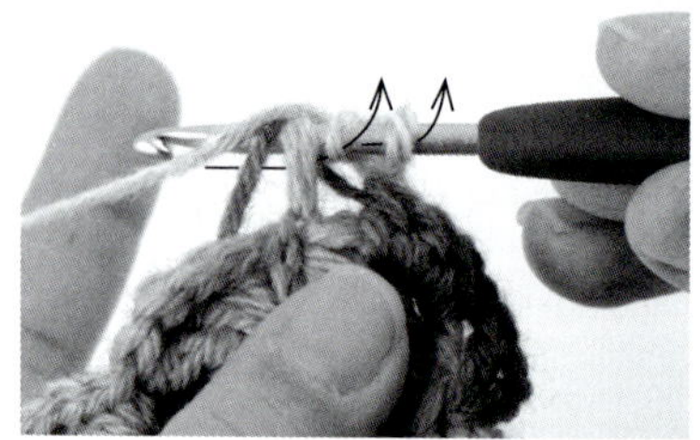

❺ A색을 같이 감싸면서 한길 긴뜨기를 뜹니다.

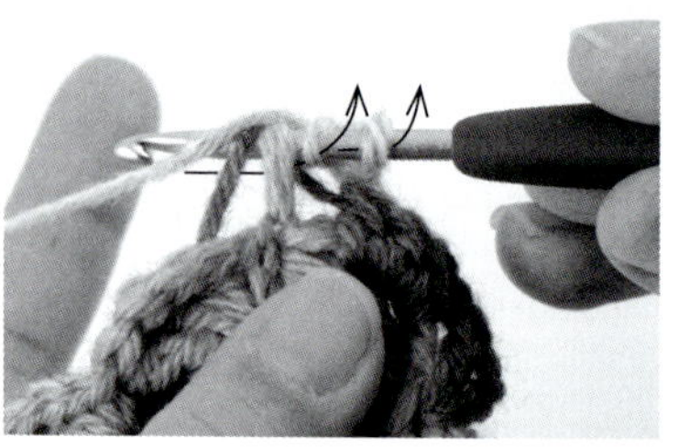

❻ 남은 한길 긴뜨기도 ❹❺와 같은 방법으로 뜹니다.

❼ 한길 긴뜨기는 미완성 상태에서 B색을 앞쪽에서 바늘을 걸어 A색으로 바꿔 빼냅니다.

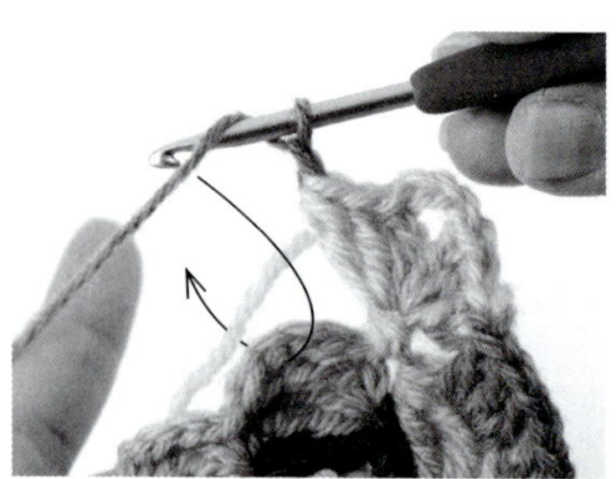

❽ A색으로 사슬뜨기를 1코 뜨고, B색을 감싸면서 한길 긴뜨기를 뜹니다.

❾ 한길 긴뜨기 안에 실이 감싸여 걸쳐 있습니다.

❿ 뒤쪽에서 본 상태. 걸치는 실을 감싸 떠서 실이 길게 늘어지지 않아 겉면에서는 거의 보이지 않습니다.

 실을 자르지 않고 색 바꿔 뜨는 법

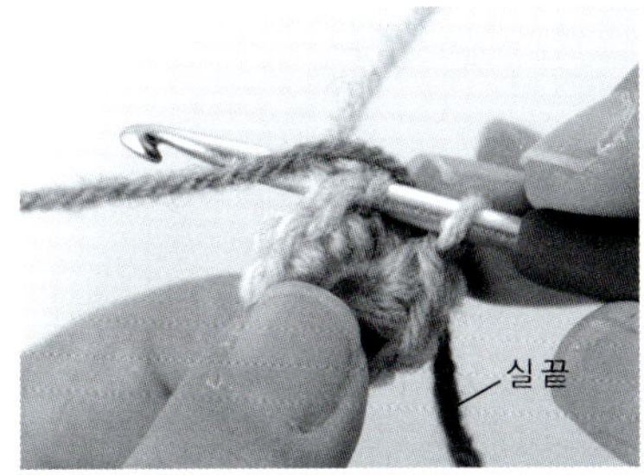

P.14에 실린 모티브

❶ 1단째의 뜨개 끝, 첫 코에 바늘을 넣은 뒤 2단째의 실을 사진처럼 두고 빼냅니다.

❷ 기둥코 사슬 3코를 떴습니다. 도안대로 2단째를 뜹니다.

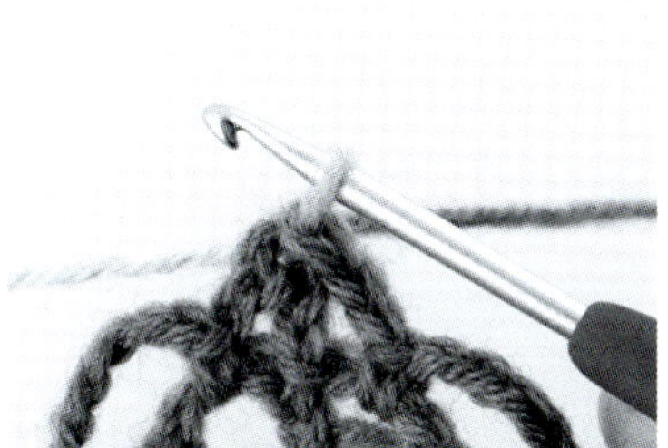

❸ 2단째의 뜨개 끝, 빼뜨기를 하기 전에 1단째의 실을 앞에서 뒤로 넘긴 뒤,

❹ 기둥코 사슬 3코째에 바늘을 넣어 빼냅니다. 이 빼뜨기 코는 단단히 당겨 조입니다.

❺ 3단째의 뜨개 끝, 첫 기둥코 사슬 3코째에 바늘을 넣고, 진행해온 실을 앞에서 바늘을 걸어 1단째부터 끌어온 실로 빼냅니다.

❻ 2단째의 뜨개 끝에서 1단째의 실을 감아 고정해두었기 때문에 겉면에서 걸치는 실이 잘 보이지 않습니다. 4, 5단째의 뜨개 끝도 같은 방법으로 실을 감아 고정합니다.

❼ 마지막 단의 뜨개 끝은 사슬 8코 부분을 7코까지 뜬 뒤 실을 자르고 돗바늘에 실 끝을 꿰니다. 첫 코에 바늘을 넣고,

❽ 마지막 사슬코에 바늘을 넣어 사슬코를 1코 만드는 것처럼 통과시킵니다. (체인 잇기)

❾ 모티브의 뒷면입니다. 실을 자르지 않고 기둥코에 감으면서 떴습니다.

실을 바꿀 때
실을 잘라 뜨는 법

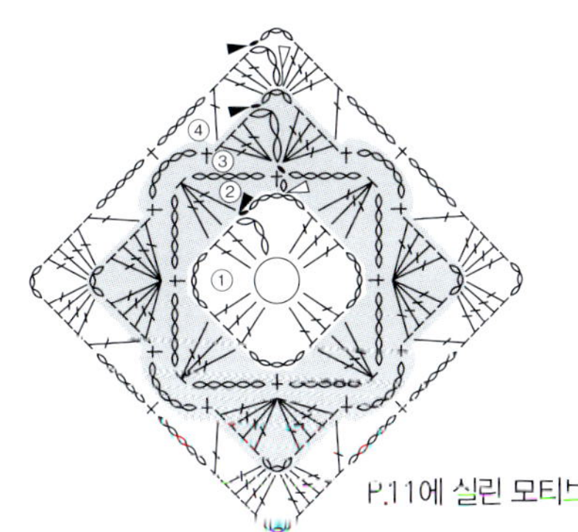

P.11에 실린 모티브

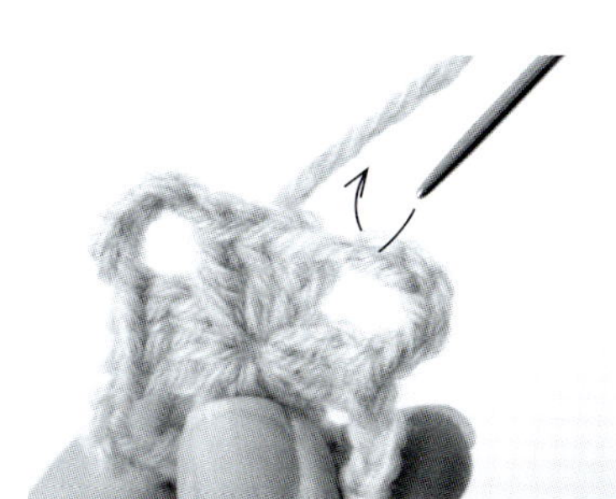

❶ 1단째의 뜨개 끝, 사슬 5코를 뜨고 실을 자른 뒤, 돗바늘에 실을 꿰 2코째의 한길 긴뜨기의 머리에 화살표처럼 바늘을 넣습니다.

❷ 마지막 사슬뜨기에 돗바늘을 넣습니다.

❸ 기둥코 사슬 3코에 한길 긴뜨기의 머리를 만드는 것처럼 실을 통과시킵니다. (체인 잇기)

❹ 2단째는 지정 위치에 실을 연결해 도안대로 뜨고, 3, 4단째도 같은 방법으로 뜨개 끝의 체인 잇기를 합니다.

❺ 색을 바꿀 때 체인 잇기로 정리해두면, 깔끔하게 마무리됩니다.

체인 잇기를 하지 않고 빼뜨기한 뒤 실을 자른 상태. 빼뜨기한 코가 체인 잇기를 한 것보다 도드라져 보입니다.

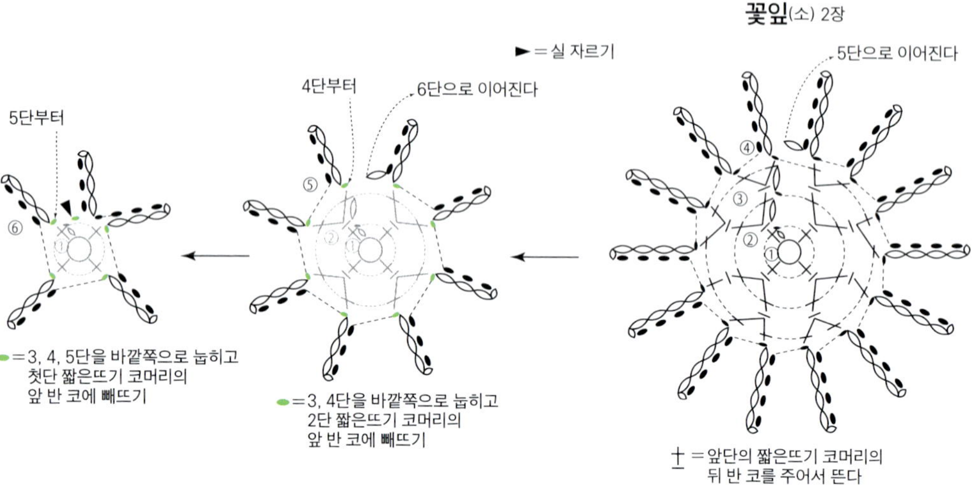

재료
실…DMC 콜도넷 스페셜 no.80 흰색(BLANC)
부자재…꽃철사(지철사) #35(흰색). 경화액 스프레
이(Neo Rcir), 수예용 접착제, 액체 염료(Roapas
Rosti). 사용색은 도안의 표를 참고하세요.

도구
레이스 바늘 14호
완성 크기
도안 참고.
POINT
●도안을 참고해서 각 파트를 만듭니다. 지정한 색
으로 물들이고, 모양을 잡아서 경화 스프레이를 뿌
립니다. 마무리하는 법을 참고해서 완성하세요.

사용색

	사용색	염료
꽃잎	노란색	옐로
이파리, 줄기, 꽃받침	주황색	그린, 옐로
	초록색	그린, 다크 그린
밑동	보라색	퍼플, 레드 바이올렛
뿌리	베이지	올리브 그린

※ 미리 염료를 섞어서 사용할 색을 만들어 놓는다.

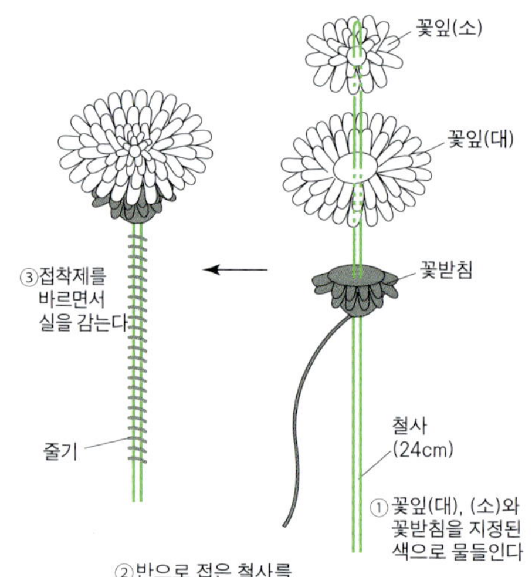

꽃잎(소) 2장

► =실 자르기

5단부터 / 4단부터 / 6단으로 이어진다 / 5단으로 이어진다

● =3, 4, 5단을 바깥쪽으로 눕히고
첫단 짧은뜨기 코머리의
앞 반 코에 빼뜨기

● =3, 4단을 바깥쪽으로 눕히고
2단 짧은뜨기 코머리의
앞 반 코에 빼뜨기

+ =앞단의 짧은뜨기 코머리의
뒤 반 코를 주어서 뜬다

민들레 A 마무리하는 법

꽃잎(소)
꽃잎(대)
꽃받침

③접착제를
바르면서
실을 감는다

줄기

철사
(24cm)

①꽃잎(대), (소)와
꽃받침을 지정된
색으로 물들인다

②반으로 접은 철사를
꽃잎(소)→꽃잎(대)→꽃받침의 중심을 통과시키고,
사이사이에 접착제를 발라서 고정한다

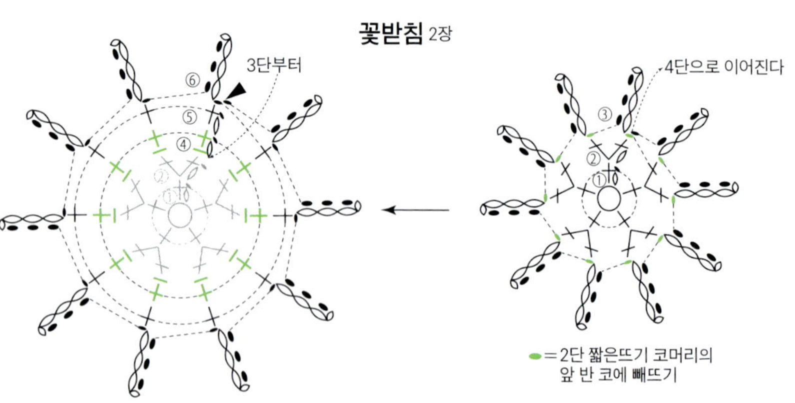

꽃잎(대) 1장

6단부터 / 7단으로 이어진다

● =5, 6단을 바깥쪽으로 눕히고
4단 짧은뜨기 코머리
앞 반 코에 빼뜨기

+ =앞단의 짧은뜨기 코머리의
뒤 반 코를 주워서 뜬다

꽃받침 2장

3단부터 / 4단으로 이어진다

● =2단 짧은뜨기 코머리의
앞 반 코에 빼뜨기

+ =3단을 앞쪽으로 눕히고
2단 짧은뜨기 코머리의
뒤 반 코를 주워서 뜬다

※ 뜨개 끝의 꼬리실을 80cm 남기고 잘라서
중심에서 안면으로 **빼낸다.**

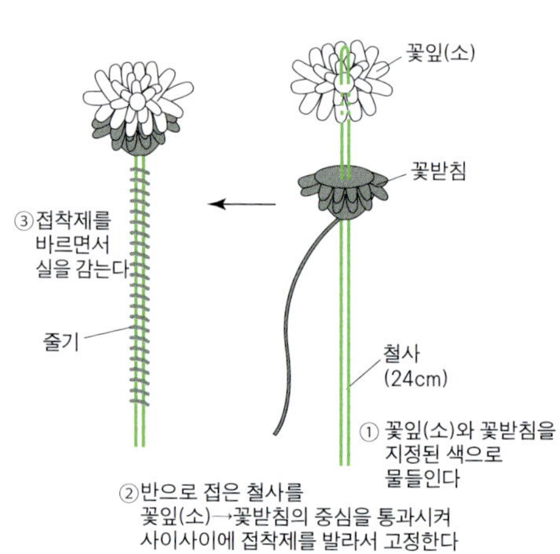

민들레 B 마무리하는 법

꽃잎(소)
꽃받침

③접착제를
바르면서
실을 감는다

줄기

철사
(24cm)

①꽃잎(소)와 꽃받침을
지정된 색으로
물들인다

②반으로 접은 철사를
꽃잎(소)→꽃받침의 중심을 통과시켜
사이사이에 접착제를 발라서 고정한다

이파리(대) 2장

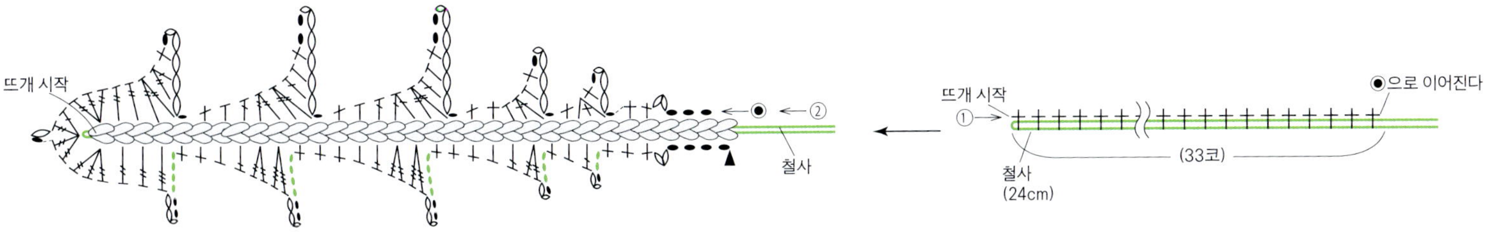

뜨개 시작

② 철사

뜨개 시작 ①

●으로 이어진다

철사
(24cm)

(33코)

이파리(소) 9장

뜨개 시작

② 철사

뜨개 시작 ①

●으로 이어진다

철사
(24cm)

(25코)

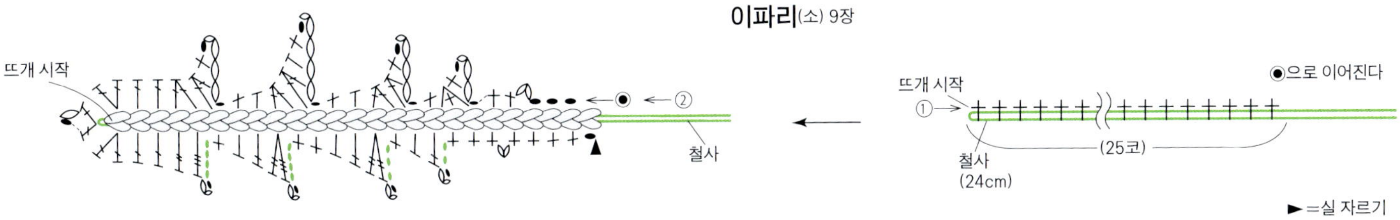

► =실 자르기

= 세길 긴 뜨기 코다리를 갈라서 빼뜨기
　(두길 긴뜨기, 한길 긴뜨기도 같은 요령으로 뜬다)

= 짧은뜨기 코머리

이파리 뜨는 법(공통)

① 철사를 반으로 접어서 접힌 부분에 실을 잇고
　짧은뜨기로 철사를 감싸면서 뜬다
② 짧은뜨기 코머리가 위를 향하게 하고, 양쪽에서 반 코를 주워서 뜬다

마무리하는 법

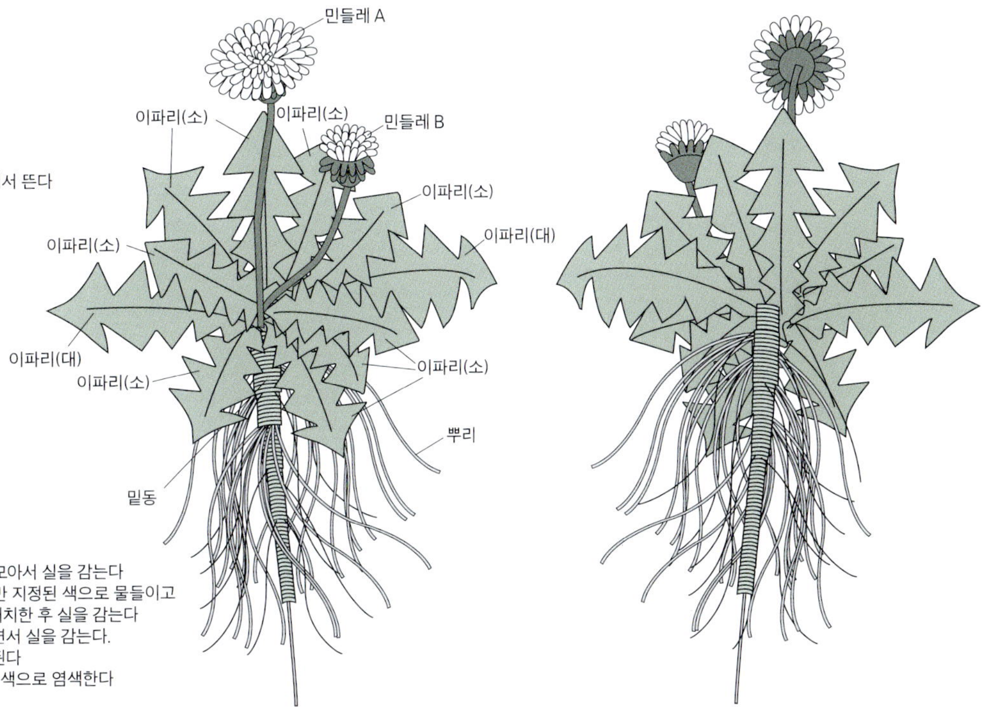

민들레 A

이파리(소)　이파리(소)　민들레 B

이파리(소)

이파리(대)

이파리(소)

이파리(대)
이파리(소)

이파리(소)

뿌리

밑동

① 민들레 A, B를 두 송이를 모아서 실을 감는다
② 이파리(대)(소)는 뜬 부분만 지정된 색으로 물들이고
　①주변에 균형을 잡아서 배치한 후 실을 감는다
③ 철사와 실을 몇 가닥 남기면서 실을 감는다.
　남은 철사와 실이 뿌리가 된다
④ 줄기, 뿌리, 밑동을 지정된 색으로 염색한다

이파리 뜨는 법

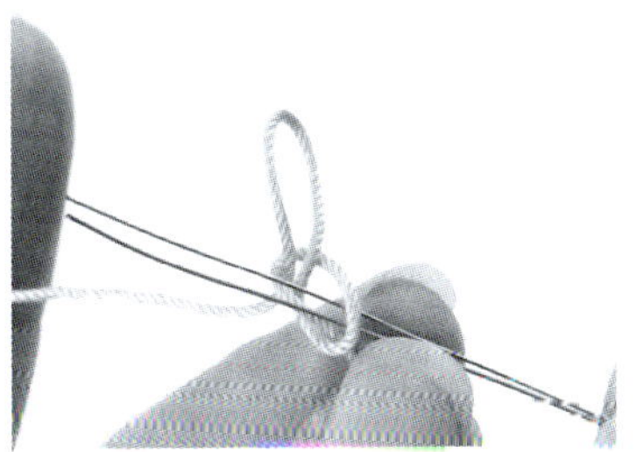

1 철사를 반으로 접고 접힌 부분을 오른쪽에
두고 사슬뜨기 기초코 매듭에 통과시킨다.

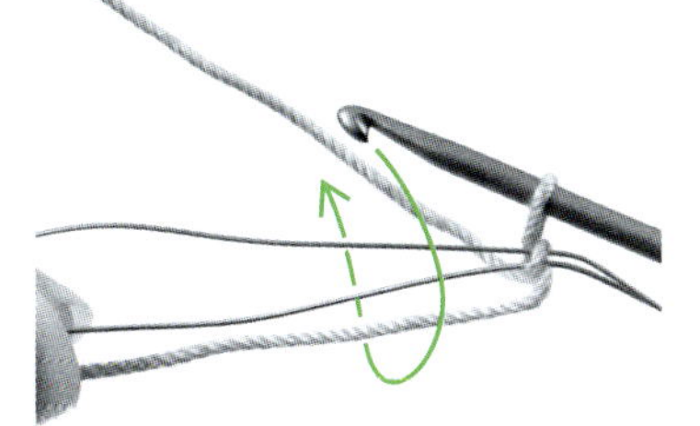

2 실을 당겨서 매듭을 조이고, 철사와 꼬리
실을 감싸며 짧은뜨기한다.

3 짧은뜨기를 한 모습. 편물을 뒤집는다.

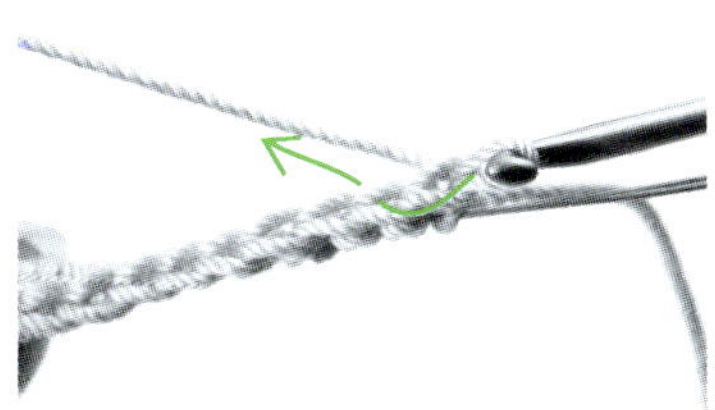

4 2단은 짧은뜨기 코머리의 뒤 반 코를 주
워서 빼뜨기한 후 도안을 참고해서 뜬다.

5 한쪽을 끝까지 뜨면 실을 걸고 철사의 고
리에 바늘을 넣어서 한길 긴뜨기, 두길 긴
뜨기한다. 철사의 고리기 보이지 않도록
편물을 조정하면서 반대쪽을 마저 뜬다.

성황리에 종료! 털실 마켓

7 · 이토마!

취재/케이토다마 편집부

작년 10월 31일(금)〜11월 1일(토) 이틀간, 크래프팅 아트 갤러리(일본보그사)에서 《케이토다마》 편집부 주최 마켓 행사 '7 · 이토마!'가 열렸습니다. 이번으로 7회째를 맞아 주목할 만한 털실 가게 26곳이 참가해 북적임을 보였습니다. 방문객은 《케이토다마》 독자, 뜨개와 털실을 좋아하는 사람은 물론이고 디자이너, 업계 관계자, 해외에서 온 분들까지 2천 명이 넘는 분들이 찾아주셨습니다.

이번에 운영 방법에도 새로운 시도를 도입하면서 극복해야 할 과제가 많았지만, 다행히 무사히 행사를 치를 수 있었습니다. 입장 방법은 온라인 예약제, 2시간 제한 입장제로 지난번과 같지만, 이번 회부터 더 많은 손님에게 입장 기회를 드리기 위해 '추첨 예약'을 도입하고, 행사장 경비와 고객 만족도 향상을 위해 500엔의 입장료를 설정했습니다(기념품 제공). 《케이토다마》 연간 구독자(테즈쿠리 타운, 일본보그사 온라인 신청) 분들에게는 예약 없이 무료 입장, 우선 입장 등의 우대도 이어집니다. 달라진 입장 절차에 《케이토다마》 팀도 최선을 다해 대응했습니다. 팀이 하나로 뭉친 덕에 큰 사고 없이, 참가자분들과 방문객분들의 협조 속에 안전하고 편안하게 '이토마!'를 즐겨주신 것 같습니다.

참가자는 높은 인기의 채피 얀(Chappy Yarn)과 퍼피 시모키타자와점 외에도 한국에서 뜨개 용품을 취급하는 'Mabellota', 우루과이산 울을 사용한 고급 털실이 특징인 'malabrigo', 선명한 색감의 손염색 실이 눈길을 끄는 'nijiyarn'이 새롭게 합류해 행사장을 아름답게 꾸며주었습니다. 참가자는 '이토마!'를 위해 오리지널 상품과 특가 상품, 한정 컬러, 키트, 굿즈 등 다양한 아이템을 갖추고 '쇼핑에 진심'이신 방문객들을 맞이할 준비를 하고 있었습니다. 개인적으로도 눈길이 가는 아이템들뿐이라, 저도 모르게 걸음을 멈추는 일이 잦았습니다. 행사장에는 바람공방 님과 니시무라 도모코 님, 도카이 에리카 님, 아무히비(amuhibi) 님 등 많은 작가님들도 방문해 새로운 만남의 장으로서도 활기를 보였습니다.

행사장 안에서는 YouTube '아미모노 채널'의 생방송도 진행됐습니다. 이번에는 사전 방송에 특히 힘을 쏟아, 각 매장의 추천 상품을 방문 전에 확인할 수 있도록 했습니다. 그 결과 소개했던 상품이 품절되는 등 방송의 효과를 실감할 수 있었습니다. 방송 스태프로는 새로운 멤버(아메짱)가 합류해, 방문하지 못한 분들에게도 행사장의 분위기를 전달해드릴 수 있었습니다. 이번에도 간신히 마무리할 수 있었지만, 아직 개선해야 할 부분은 남아 있어 보입니다. 다음에는 여러분들을 훨씬 더 즐겁게 해드릴 수 있도록 준비해 나가겠습니다. 감사합니다!!

북적이는 행사장. 행사장 전체를 형형색색의 털실들이 장식했다.

1／taiyo-keito의 부스. 이제 콘사 판매는 일반적이다. 2／전통 니트 제품 중 하나인 생커 장갑 키트도. 3／판매 직원의 니트 웨어도 눈여겨볼 만하다. 4／털실뿐만 아니라 오직 이곳에서만 만날 수 있는 키트도 다양하게 준비되어 있다. 5／참가자들은 저마다 '이토마!'를 위해 멋진 실을 준비했다. 6／라이브 방송 담당 스태프 톳시와 아메짱. 7／올해도 베른트 케슬러 씨가 참가했다. 중후하다!

앵콜스×한스미디어 '포실포실 겨울 패턴' 전시

글 : 한스미디어 편집부 / 사진 : 한스미디어, 앵콜스

전시 전경. 57인의 니터들이 만든 스와치로 빼곡하다.

유난히 추웠던 지난 1월, 도곡동의 '앵콜스 아카이브'는 그 어느 곳보다 뜨거운 니터들의 열정으로 가득했습니다. 수십 년간 실과 바늘을 통해 독보적인 디자인을 만들어 온 일본의 뜨개 거장, 바람공방 작가의 패턴집 한국어판 출간을 기념하는 특별한 전시가 열렸기 때문입니다.

2025년 겨울, 바람공방의 뜨개 패턴을 담은 두 권의 저서 《바람공방의 무늬 패턴집 200》과 《바람공방의 배색 패턴집 277》이 한국에서 정식 출간되었습니다. 한스미디어 출판사의 편집부는 오랫동안 이 책의 한국어판 출간을 기다려온 니터들을 위해 출간 기념 뜨개 패턴 전시를 기획했습니다.

이를 위해 출판사와 뜨개 브랜드 앵콜스가 협업하여 '나만의 겨울 패턴 만들기 챌린지' 이벤트를 진행하고, 챌린지를 통해 모집된 57명의 니터들은 책에 수록된 패턴 중 마음에 드는 패턴을 골라 앵콜스의 '아르고 3ply'와 '아르고 DK' 실을 메인으로 포함한 다양한 실로 정성스레 스와치를 떴습니다. 그렇게 완성된 스와치 작품은 강남에 위치한 앵콜스 아카이브에서 1달간 전시되며, 책이 독자를 만나 꽃 피우는 아름다운 기록의 장이 되었습니다.

약 한 달간 벽면 가득 아름답게 전시된 스와치들은 클래식한 아란무늬는 물론 바늘비우기로 만든 섬세한 비침무늬, 이국적인 페어아일과 노르딕 패턴 등 무늬도 색도 매우 다양했습니다. 단순히 기교를 뽐내는 자리가 아니라, 편물에 담긴 시간과 정성으로 니터의 마음을 느낄 수 있는 전시였습니다. 전시 장소인 앵콜스 아카이브에서는 패턴 제작에 사용된 실을 전 색상으로 만나볼 수 있도록 준비하여, 관람객들은 실과 함께 바람공방의 책을 넘겨보며 창작의 영감을 얻을 수 있었습니다.

1／전시 준비를 위해 손이 바쁘게 움직이고 있다. 2／바람공방의 한국어판 신간도 함께 비치되어 있다. 3／좋아하는 패턴을 골라 뜬 스와치들이 아름답다.

Let's Knit in English!
니시무라 도모코의 영어로 뜨자

크로셰의 에징은 어떠세요?

photograph Toshikatsu Watanabe styling Akiko Suzuki

요즘도 여전히 코바늘뜨기 붐이 이어지고 있는 듯합니다. 코바늘뜨기는 영어로 크로셰. 인기에 힘입어 크로셰 용어에도 친숙해질 수 있도록 이번에는 크로셰의 에징을 소개합니다.

코바늘뜨기나 대바늘뜨기의 편물에 직접 뜨는 것도 좋지만, 에징을 개별로 떠 장식적인 부분으로 이용하거나 코르사주 같은 소품을 만드는 등 응용 방법은 다양합니다.

뜨개 시작은 일반적인 사슬코부터 시작해도 좋지만, 대신에 Foundation Double Crochet나 Foundation Single Crochet를 사용해보는 건 어떨까요.

뜨개 시작의 사슬코와 1단째의 한길 긴뜨기(dc=double crochet) 또는 짧은뜨기(sc=single crochet)를 1코씩 세트로 떠나가는 방법입니다. 테두리뜨기에는 어느 쪽을 사용해도 상관없습니다. 이번에 소개하는 살짝 독특한 분위기의 에징을 활용해 봄철 소품이나 의상에 작은 재미를 더해보는 건 어떨까요.

FDC(Foundation Double Crochet)…뜨는 법은 P.105 참고
FSC(Foundation Single Crochet)…뜨는 법은 P.99 참고

뜨개 약어

약어	영어 원어	우리말 풀이
BPdc	Back Post Double Crochet	한길 긴 뒤걸어뜨기
ch	chain	사슬코
Ch−3 picot	chain 3 picot	사슬 3코 피코
dc	double crochet	한길 긴뜨기
yo	yarn over	바늘 끝에 실을 걸다
FPdc	Front Post Double Crochet	한길 긴 앞걸어뜨기
lp(s)	loop(s)	루프(코바늘에 걸린 코 등)
prev	previous	앞의
rep	repeat	반복, 반복하다
RS	right side	겉면
sc	single crochet	짧은뜨기
sk	skip	건너뛰다
sp	space	공간, 스페이스
st(s)	stitch(es)	뜨개코
tch	turning chain	기둥코 사슬
WS	wrong side	안면
2dc−cluster	2 Double Crochet Cluster	한길 긴 2코 구슬뜨기

<Pattern A>Make a multiple of 7 sts + 2 FDC sts.

Set−up row (WS): Tch1, 2sc, rep (ch2, sk2, 1sc, ch2, sk2, 2sc) until end.
Row 1: Tch3, 1dc, *ch3, 1sc in sc of prev row, ch3, 1dc in each sc of prev row; rep from * to end.
Row 2: Tch1, 2sc, rep (ch5, 1sc in each dc of the prev row) until end.
Row 3: Tch1, 2sc, rep (ch7, 1sc in each sc of the prev row) until end. until end.
Row 4: Tch3, 1dc, *ch2, 1sc in ch7−sp, ch2, 1dc in each sc of prev row; rep from * to end.
Row 5: Tch3, 1dc, *ch3, 1sc in sc of prev row, ch3, 1dc in each dc of prev row; rep from * to end. Fasten.

<패턴 A> 기초코는 FDC를 7코의 배수+2코

준비단(안면) : 사슬 1코(기둥코), 짧은뜨기 2코, (사슬 2코, 2코 건너뛰기, 짧은뜨기 1코, 사슬 2코, 2코 건너뛰기, 짧은뜨기 2코)를 마지막까지 반복한다.
1단째 : 사슬 3코(기둥코), 한길 긴뜨기 1코, (사슬 3코, 앞단의 짧은뜨기에 짧은뜨기 1코, 사슬 3코, 앞단의 짧은뜨기에 한길 긴뜨기 1코씩)을 마지막까지 반복한다.
2단째 : 사슬 1코(기둥코), 짧은뜨기 2코, (사슬 5코, 앞단의 한길 긴뜨기에 짧은뜨기를 1코씩 뜬다)를 마지막까지 반복한다.
3단째 : 사슬 1코(기둥코), 짧은뜨기 2코, (사슬 7코, 앞단의 짧은뜨기에 짧은뜨기를 1코씩 뜬다)를 마지막까지 반복한다.
4단째 : 사슬 3코(기둥코), 한길 긴뜨기 1코, (사슬 2코, 앞단의 사슬 7코에 짧은뜨기 1코를 다발에 뜬다, 사슬 2코, 앞단의 짧은뜨기에 한길 긴뜨기를 1코씩 뜬다)를 마지막까지 반복한다.
5단째 : 사슬 3코(기둥코), 한길 긴뜨기 1코, (사슬 3코, 앞단의 짧은뜨기에 짧은뜨기 1코, 사슬 3코, 앞단의 한길 긴뜨기에 한길 긴뜨기 1코씩)을 마지막까지 반복한다. 실을 자르고 마무리한다.

<Pattern B> Make a multiple of 6 sts + 1 FSC sts.

Front post double crochet (FPdc): Yo, insert hook from front to back to front again around the post of the corresponding dc in the row below, yo and draw up a loop, [yo, draw through 2 lps on hook] twice.
Back post double crochet (BPdc): Yo, insert hook from back to front to back again around the post of the corresponding dc in the row below, yo and draw up a loop, [yo, draw through 2 lps on hook] twice.

Row 1 (RS): Tch3 (counts as dc), sk next 2 sts, (2dc, ch1, 2dc) in next st, sk next 2 sts, dc in next st. *sk next 2 sts, (2dc, ch1, 2 dc) in next st, sk next 2 sts, dc in next st; rep from * to end.
Row 2: Tch3 (counts as dc), * (2dc, ch1, 2dc) in ch−1 sp, sk2, BPdc in next dc; rep from * to end, but end by working dc into tch for last rep instead of BPdc.
Row 3: Tch3 (counts as dc), * (3dc, ch−3 picot, 3dc) in same ch−1 sp, sk 2, FPdc in next dc; rep from * to end, but end by working dc into tch for last rep instead of FPdc.
Repeat Rows 1 and 2 for a longer edging.

<패턴 B> 기초코는 FSC를 6코의 배수+1코

한길 긴 앞걸어뜨기 (FPdc) : 바늘에 실을 걸어 앞단의 한길 긴뜨기 다리에 앞에서 뒤로, 다시 앞으로 넣고 실을 걸어 루프로 빼낸다. 그 뒤 [실을 걸어 바늘에 걸린 2루프로 빼낸다]를 2회 한다.
한길 긴 뒤걸어뜨기(BPdc) : 바늘에 실을 걸어 앞단의 한길 긴뜨기 다리에 뒤에서 앞으로, 다시 뒤로 넣고 실을 걸어 루프로 빼낸다. 그 뒤 [실을 걸어 바늘에 걸린 2루프로 빼낸다]를 2회 한다.

1단째(겉면) : 사슬 3코(한길 긴뜨기 1코로 계산한다)로 기둥코, 다음 2코 건너뛰기, 다음 코에(한길 긴뜨기 2코, 사슬 1코, 한길 긴뜨기 2코), 다음 2코 건너뛰기, 다음 코에 한길 긴뜨기 1코. 【다음 2코 건너뛰기, 다음 코에(한길 긴뜨기 2코,

사슬 1코, 한길 긴뜨기 2코), 다음 2코 건너뛰기, 다음 코에 한길 긴뜨기 1코),
【~】를 마지막까지 반복한다.
2단째 : 사슬 3코(한길 긴뜨기 1코로 계산한다)로 기둥코, 【사슬 1코의 공간에(한
길 긴뜨기 2코, 사슬 1코, 한길 긴뜨기 2코)를 다발에 뜨고, 2코 건너뛰기, 다음
한길 긴뜨기에 한길 긴 뒤걸어뜨기 1코】, 【~】를 반복한다. 단, 마지막 반복은 한
길 긴 뒤걸어뜨기 대신 기둥코 사슬에 한길 긴뜨기 1코를 떠서 끝낸다.
3단째 : 사슬 3코(한길 긴뜨기 1코로 계산한다)로 기둥코, 【사슬 1코의 공간에(한
길 긴뜨기 3코, 사슬 3코 피코, 한길 긴뜨기 3코)를 다발에 뜨고, 2코 건너뛰기,
다음 한길 긴뜨기에 한길 긴 앞걸어뜨기 1코】를 반복한다. 단, 마지막 반복은 한
길 긴 앞걸어뜨기 대신 기둥코 사슬에 한길 긴뜨기 1코를 떠서 마무리한다. ※에
징을 길게 하려면 1 · 2단째를 반복한다.

<Pattern C>Make a multiple of 10 sts + 1 FSC sts.

2dc-cluster: *yarn over hook (yoh), insert hook into indicated st or sp,
yoh and draw up a loop, yoh and draw through 2 loops; rep from *
once more, yo and pull through all loops.

Row 1 (RS): Tch3 (counts as dc), 2dc in first st, ch2, sk 3 sts, *sc in next st,
ch3, sk next st, sc in next st, ch2, sk 3 sts, 5dc in next st, ch2, sk next 3
sts; rep from * and end by working 3dc in last st (instead of 5dc).
Row 2: Tch4 (counts as dc, ch1), [dc in next dc, ch1] twice, *dc in ch-2
sp, sc in ch-3 sp, dc in ch-2 sp, ch1, [dc in next dc, ch1] five times; rep
from * across, ending last rep with [dc in next dc, ch1] twice (instead of
five times) and 1dc.
Row 3: Ch3, 2dc-cluster into first st, sc into ch-1 sp, [ch3, 2dc-cluster
into dc, sc into ch-1 sp] twice, *ch3, 2dc-cluster into dc, sc on sc, [ch3,
2dc-cluster into dc, sc into ch-1 sp] six times; rep from * ending last
rep by [ch3, 2dc-cluster into dc, sc into ch-1 sp] three times (instead of
six times), working last sc into tch.

<패턴 C> 기초코는 FSC를 10코의 배수+1코

2dc-cluster(한길 긴뜨기 2코 구슬뜨기) : 【바늘에 실을 걸어 지정된 코 또는 공
간에 바늘을 넣고, 바늘에 실을 걸어 루프로 빼낸다, 바늘에 실을 걸어 2개의 루
프로 빼낸다】, 【~】를 한 번 더 반복하고, 바늘에 실을 걸어 모든 루프로 한 번에
빼낸다.

1단째(겉면) : 사슬 3코(한길 긴뜨기 1코로 계산한다), 첫 코에 한길 긴뜨기 2코,
사슬 2코, 3코 건너뛰기, 【다음 코에 짧은뜨기 1코, 사슬 3코, 다음 코 건너뛰기,
다음 코에 짧은뜨기 1코, 사슬 2코, 3코 건너뛰기, 다음 코에 한길 긴뜨기 5코, 사
슬 2코, 다음 3코 건너뛰기】, 【~】를 반복하고, 마지막 반복에서는 한길 긴뜨기 5
코 대신 마지막 코에 한길 긴뜨기 3코를 떠서 마무리한다.
2단째 : 사슬 4코(한길 긴뜨기 1코와 사슬 1코로 계산한다), 【다음 한길 긴뜨기에
한길 긴뜨기 1코, 사슬 1코】를 2회 뜨고, 【사슬 2코에 한길 긴뜨기 1코를 다발에
뜨기, 사슬 3코에 짧은뜨기 1코를 다발에 뜨기, 사슬 2코에 한길 긴뜨기 1코를 다
발에 뜨기, 사슬 1코, (다음 한길 긴뜨기에 한길 긴뜨기 1코, 사슬 1코)를 5회 뜬
다】, 【~】를 마지막까지 반복하고, 마지막 반복에서는(다음 한길 긴뜨기에 한길 긴
뜨기 1코, 사슬 1코)를 5회가 아니라 2회 뜨고, 한길 긴뜨기 1코.
3단째 : 사슬 3코, 첫 한길 긴뜨기에 한길 긴뜨기 2코 구슬뜨기, 앞단의 사슬 1코
에 짧은뜨기 1코, [사슬 3코, 한길 긴뜨기에 한길 긴뜨기 2코 구슬뜨기, 앞단의 사
슬 1코에 짧은뜨기 1코]를 2회 뜨고, 【사슬 3코, 한길 긴뜨기에 한길 긴뜨기 2코
구슬뜨기, 짧은뜨기에 짧은뜨기 1코, [사슬 3코, 한길 긴뜨기에 한길 긴뜨기 2코
구슬뜨기, 앞단의 사슬 1코에 짧은뜨기 1코]를 6회 뜬다】, 【~】를 반복하고, 마지막
반복은 [사슬 3코, 한길 긴뜨기에 한길 긴뜨기 2코 구슬뜨기, 앞단의 사슬 1코에
짧은뜨기 1코]를 (6회가 아니라) 3회 뜨고, 마지막 짧은뜨기는 기둥코에 떠넣는다.

니시무라 도모코(西村知子)

니트 디자이너. 공익재단법인 일본수예보급협회 손뜨개 사범. 보그학원 강좌 '영어로 뜨자'의 강사. 어린
시절 손뜨개와 영어를 만나서 휴학창 시절에는 손뜨개에 몰두했고, 사회인이 되어서는 영어와 관련된 일을
했다. 현재는 양쪽을 살려서 영문 패턴을 사용한 워크숍 · 통번역 · 집필 등 폭넓게 활동하고 있다. 저서로
는 고네이에 출간된 《손뜨개 영문패턴 핸드북》 등이 있다.

Instagram : tette,knits

베스트,
뷔스티에 &
캐미솔

마음에 드는 색과 무늬로 떠서 액세서리처럼 즐길 수 있는 상의예요.
레이어드해서 다양한 스타일로 멋지게 즐겨 보세요.

photograph Hironori Handa styling Masayo Akutsu hair&make-up AKI model Syuta(170cm)

몸 라인을 따라 떨어지는 드롭 숄더는 직사각
형 두 장을 연결해서 만듭니다. 가로 뜨기라서
비침무늬도 가로세로로 쉽게 떠요! 풍성한 프
릴을 더해서 마무리하면 완성입니다.

Design／marshell
How to make／P.174
Yarn／퍼피 피마 베이직, 코튼코나 파인

Blouse, Pants／하라주쿠 시카고(하라주쿠/진구마에점)

틸리뜨기기 자아 배늘 개성 넘치는 다이아몬드
무늬에, 큼지막한 프릴 소매가 눈길을 끄는 베
스트입니다. 풍성한 프릴은 신경 쓰이는 팔뚝을
커버하는 효과도 있고, 깅결한 배색으로 걸치
기만 해도 화사해집니다.

Design／효도 요시코
Knitter／가타야마 가요
How to make／P.176
Yarn／퍼피 산파도스

Skirt／산타모니카 하라주쿠
Earring／SLOW 오모테산도점

구슬뜨기와 한길 긴뜨기가 만들어내는 입체적
인 무늬의 뷔스티에는 비비드 컬러로 떠서 세련
되게 완성해 포인트 코디로 활용할 수 있습니
다. 늘 입던 평범한 옷에 겹쳐 입으면 위트 있는
분위기가 더해져 평소와 다른 스타일로 완성됩
니다.

Design／오타기 리호코
How to make／P.183
Yarn／올림포스 시젠노 쓰무기 SEN

한 작품으로 라운드 앞트임 스타일과 깊은 브이넥 스타일, 두 패턴을 즐기는 베스트는 봄꽃이 떠오르는 아름다운 색깔을 배치해 뜨고 싶게 만듭니다. 늘림코로 만든 잔잔한 프릴도 귀엽습니다.

Design／yohnKa
How to make／P.177
Yarn／올림포스 시젠노 쓰무기 SEN

Blouse／SLOW 오모테산도점

구슬뜨기 무늬가 하트 모양으로 늘어선 베스트
는 짧은 기장으로 스타일이 더욱 좋아 보입니다.
원피스 위에 겹쳐 입으면 시선이 올라가 다리가
길어 보이는 효과도 톡톡히! 물결처럼 이어지는
그물뜨기 테두리가 우아함을 더해 줍니다.

Design／가와지 유미코
How to make／P.181
Yarn／고쇼산업 게이토피에로 와타보시 라메·코튼

이번 시즌 편하게 입기 좋은 비침무늬 캐미솔입
니다. 피코 리본처럼 보이는 어깨끈과 무늬뜨기
의 경계에는 가터뜨기의 개성이 고스란히 드러
나는 싱커루프가 둘릴 시너 베식의 요끼기 미
우 두드러집니다.

Design／가와이 마유미
Knitter／엔도 요코
How to make／P.180
Yarn／고소산업 게이토피에로 산뜻한 코튼 병태

Blouse／산타모니카 하라주쿠
Pants／하라주쿠 시기고(하라주쿠/진구마에점)

Color Palette

동글동글 복스러운 복주머니

같은 무늬인데 색을 바꾸기만 해도 이미지가 확 달라집니다!
배색의 마법을 걸어 설렘 가득한 뜨개를 즐겨 보세요.

photograph Shigeki Nakashima styling Kuniko Okabe , Yuumi Sano
hair&make-up Chie Ishikawa model Emma Alderson(165cm)

Design／가와이 마유미
Knitter／구리하라 유미, 오카 지요코
How to make／P.188
Yarn／올림포스 에미 그란데〈컬러스〉, 에미 그란데

Grayish Blue

잿빛 섞인 스모키 블루는 단색으로 뜹니다. 질리
지 않는 차분한 색깔은 쓸모도 많고 두루 코디하
기도 좋아 매력적입니다.

Multi Stripe

단마다 색이 바뀌도록 뜬 멀티 스트라이프 버전입
니다. 아이보리 화이트 바탕에 네 가지 캔디 색상
을 더했습니다.

Black&White

어른스러움의 대명사 모노톤은 테두리뜨기와 끈
은 검은색으로 뜨고, 그 사이에 흰색을 배치해 더
깔끔하고 세련된 스타일로 완성했습니다.

Green × White

화사한 초록색 바탕에 2단마다 흰색을 배치한 바
이컬러 버전입니다. 좋아하는 색으로도 떠 보고
싶은 기본 스타일입니다.

Antique Rose

깊이가 느껴지는 시크한 핑크는 모눈뜨기와 한길
긴뜨기가 자아내는 무늬의 변화가 확연히 드러납
니다. 우아하고 화사해서 멋지네요.

로이스 씨의 자택 겸 아틀리에에서
그리 멀지 않은 술탄 모스크.

알록달록한 숍하우스는 싱가포르
를 상징하는 풍경이다.

남다른 개성으로 드러나는 존재감
Parkour Kitties Fibers(싱가포르)

약 십수 년 전부터 유럽과 미국에서 유행하기 시작한 손염색실은
세계적인 확산을 보이며 최근에는 일본에서도 취급점과 다이어(손염색 작가)가 늘고 있습니다.
다이어인 Chappy(채피) 씨가 각국의 다이어를 소개하면서 손염색실의 세계를 탐방합니다.

취재·글·사진: Chappy(Chappy Yarn)

세계 방방곡곡의 손염색실을 찾아 떠나는 여정, 이번에는 늘 여름인 싱가포르에서 알록달록한 손염색실을 선보이는 파쿠르 키티즈 파이버스(PKF, Parkour Kitties Fibers)의 로이스 씨를 찾아갔습니다.

2019년 설립된 비교적 새로운 브랜드지만 단기간에 싱가포르를 대표하는 브랜드로 성장해 국제적으로도 널리 알려졌습니다. 그 발자취를 따라가 보니 지역에 뿌리내리고 공생하는 모습이 엿보였습니다.

"손염색실과 만난 건 2017년쯤이에요. 멀티 컬러 염색실인 베리게이티드 얀(variegated yarn)을 인터네셔널 엑스체인지(인터넷에서 개최되는 국제적인 실 교환 행사)에서 받았거든요. 사실 그때 몸이 안 좋아서 쉬고 있었는데 손이 심심하기도 했고, 마음도 안정시키고 싶어서 손에서 뜨개를 놓지 않았어요. 처음으로 양말을 떴을 때, 손뜨개 양말에 가장 잘 어울리는 건 손염색실이라고 확신했어요."

그때 받은 손염색실 라벨을 보고 실에 대해 찾아보기 시작했습니다. 유명한 대기업 손염색실 브랜드보다는 번뜩이는 개성이 넘치는 베리게이티드 얀, 성장 중

인 작은 인디 다이어를 발견하면 세계 어디에서든 주문해서 실을 받았습니다. 자신도 염색하고 싶다는 마음이 점점 커져서 2019년에 PKF를 세웠습니다.

그때 싱가포르에서 실염색을 하는 사람은 로이스 씨를 빼면 1명뿐이었습니다. 경쟁자가 될 거라는 예상과 달리 지금은 친구로 지내며 함께 프로젝트들 진행하는 사이라고 합니다.

"싱가포르는 나라가 작으니 창작 커뮤니티도 그만큼 작아요. 그래서 창작 활동을 하는 사람은 서로 다 알고 지내죠. 경쟁하기보다는 서로를 도와가면서 창작의 매력을 알리기 위해 다 함께 으쌰으쌰하는 분위기예요."

싱가포르에서 가장 큰 신문 《스트레이트 타임즈》의 취재 기사에서는 '개성 넘치는 창작자'로 가죽공예, 지우개 도장 작가와 함께 소개되면서 '개성'을 인정받았다고 합니다.

싱가포르에서 뜨개질하는 문화가 보편적이냐고 물었더니 냉방이 너무 세서 울 소재로 옷을 떠 입는 사람이 많다고 가르쳐 줬습니다.

개성이 번뜩이는 PKF의 실

채피(Chappy)

손염색 아티스트. 손염색실 브랜드 Chappy Yarn 다이어 겸 CEO. 도쿄에서 태어나 홍콩에 살고 있다. 2015년부터 보고 뜨고 입어서 즐거운 촉감을 중시한 손염색실을 선보이고 있다. 이벤트와 인터넷을 중심으로 뜨는 사람이 행복해지는 손뜨개실을 목표로 활동하고 있다.
Instagram : Chappy YarnInstagram:chappyyarn

1／정성스럽게 만든 베리게이티드 얀. 2／샘플은 직접 뜬다. 모자는 추운 나라에 여행갈 때 쓸 목적으로 제작. 3／사랑스러운 고양이가 지켜보는 가운데 완성한 아름다운 색상들.

지역 창작 커뮤니티의 강한 연대를 바탕으로 위빙이 주력인 크래프트 아틀리에와 국가유산 기구가 함께하는 프로젝트에 2020년부터 PKF도 참가하고 있습니다. 지브리 스튜디오 작품에서 영감을 받은 다채로운 색상의 실이 호평입니다. 그 후 싱가포르 현지의 저명한 니트 디자이너와 뇨냐 요리(말레이반도에 전해 내려오는 ※페라나칸 전통 요리)의 전통 과자를 모티브로 한 색상을 협업했습니다. 이를 계기로 국제적으로도 인지도가 높아지며 지금은 호주와 일본 등 해외 털실매장에도 실을 납품합니다. 이런 상황에서도 변함없이 개성 넘치는 베리게이티드 얀을 소중히 여기고 있습니다.

"농담의 변화를 즐기는 세미 솔리드 얀도 좋지만 개성이 잘 드러나는 베리게이티드 얀이 좋아요. 창작 작업의 묘미인 '개성'을 소중히 여기고 싶거든요. 강한 개성을 가진 멋진 베리게이티드 얀을 염색하는 인디 다이어들도 규모가 커지면 다들 세미 솔리드 비중을 늘리는 모습이 개인적으로는 좀 안타까워요."

한때는 유럽의 털실매장에 실은 납품했지만, 세미 솔리드 실 제작 의뢰를 받으며 현재는 거래하지 않는다고 합니다. 올해는 싱가포르 건국 70주년을 맞아 현지의 페라나칸(Peranakan) 문화를 테마로, 남방 국가 특유의 화려한 베리게이티드 얀을 염색하는 등 개성을 고수하는 작업을 이어가고 있습니다. 동시에 후배 다이어 양성과 니트숍 컨설팅까지 병행하며 존재를 더욱 확고히 하고 있습니다.

"싱가포르는 다민족국가예요. 정말 다양한 사람이 함께 살면서 서로의 문화를 받아들이고 함께 무언가를 만들어 나가는 조화가 무엇보다 중요하죠."

로컬 문화를 소중히 여기며 '남다른 개성이 넘치는 창작'을 이어가며 세계적으로 인지도를 높이며 노력하는 모습과 손염색실만의 고유한 매력을 묵묵히 지켜가는 모습은 곧고 든든하며 빛나 보였습니다. 인디 다이어의 자부심에 자극을 듬뿍 받은 취재였습니다.

※페라나칸이란 중국과 서양에서 싱가포르로 이주한 남성과 말레이시아 원주민 여성 사이에 태어난 자녀의 자손을 가리키는 말로, 중국, 말레이시아, 서양 문화가 융합되어 독자적인 문화(페라나칸 문화)를 이룩했다.

4／브랜드 이름이 되기도 한 반려묘들과 생활하는 로이스 씨. 5／자택 겸 아틀리에에서 실을 염색하고 있다. 6／미니 숄은 손염색실의 매력이 잘 드러나서 많이 뜬다.

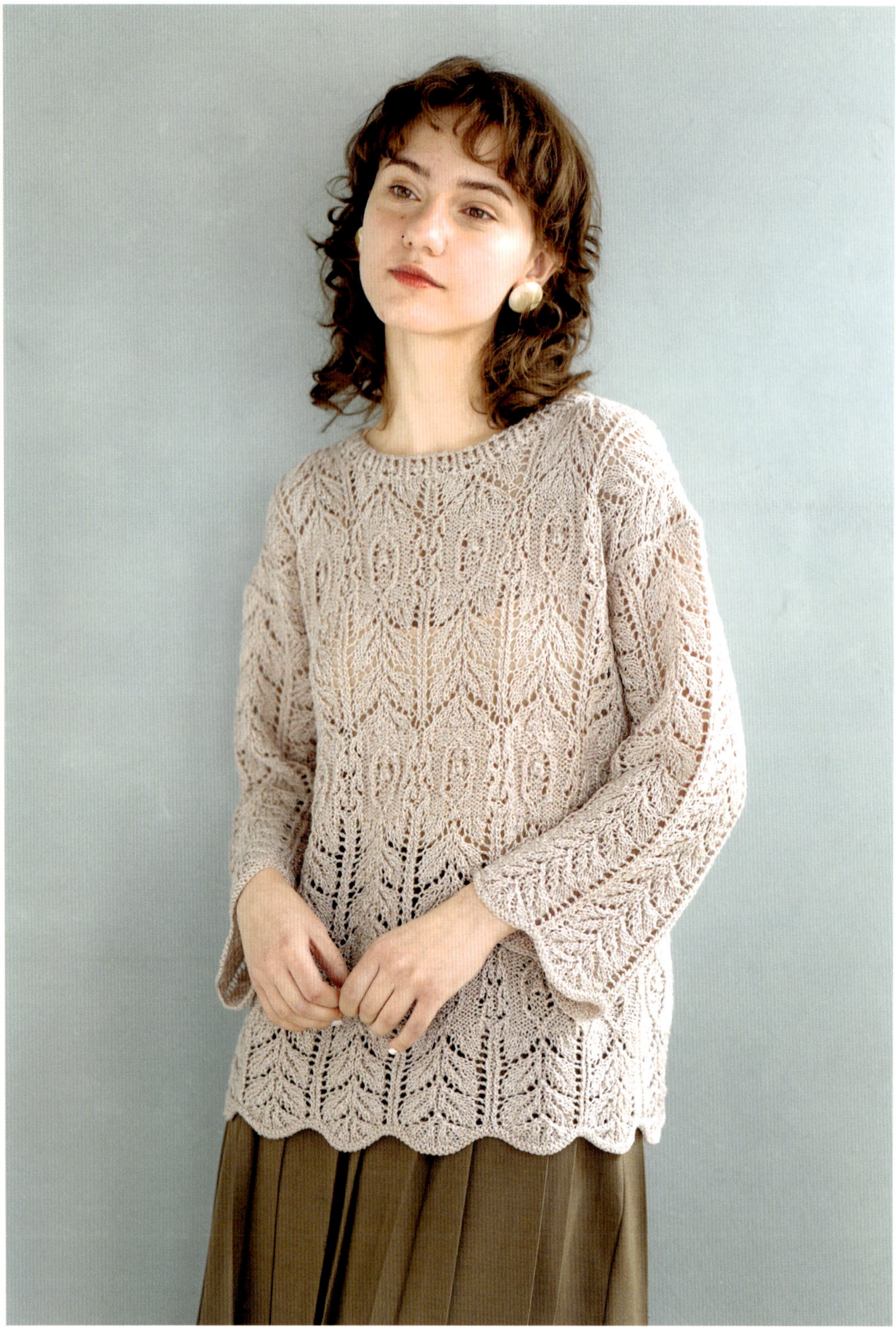

Couture Arrange

시다 히토미의 쿠튀르 어레인지 나뭇잎 무늬 풀오버

photograph Hironori Handa styling Masayo Akutsu hair&make-up AKI model Syuta(170cm)

※ 현재 절판.

《쿠튀르 니트 봄여름 5》에서
나뭇잎 무늬를 옆으로 배치한 풀오버였습니다.

봄이 되면 왠지 식물무늬에 점점 마음이 끌립니다. 이번에는《쿠튀르 니트 봄여름 5》에서 아래로 쏟아질 것 같은 새싹 무늬를 칠부 소매 풀오버로 어렌지했습니다. 이 무늬는 뜨개 도안에 빈칸이 없어서 뜨기 쉬우니 꼭 도전해보시기 바랍니다.

몸판은 나뭇잎 무늬를 가로로 나눠서 다른 무늬를 추가해 반복합니다. 소매는 같은 나뭇잎을 전체에 배치해서 세로 라인이 강조돼 보입니다. 실루엣은 목둘레의 얕은 커브를 제외하고 거의 직선으로 몸판, 소매 모두 품이 넉넉합니다. 실은 만졌을 때 살짝 뻣뻣한 느낌이 있지만 완성된 작품은 굉장히 부드럽습니다. 소재의 오로라처럼 빛나는 광택이 더해져서 너무 튀지 않게 녹아듭니다. 색은 봄내음 가득한 파스텔톤 분홍색을 골랐습니다.

이번 풀오버는 몸판 1무늬의 단수가 많아서 기장 조절이 쉽지 않습니다. 소매는 1무늬 단수가 적어서 무늬 단위로 가감하기 쉬워 길이를 자유자재로 조절할 수 있습니다. 마음에 꼭 드는 소매길이로 어레인지하세요. 반짝이가 짙은 색이면 선명하게, 옅은 색이면 화사하게 보이니 원하는 스타일로 연출해 보세요.

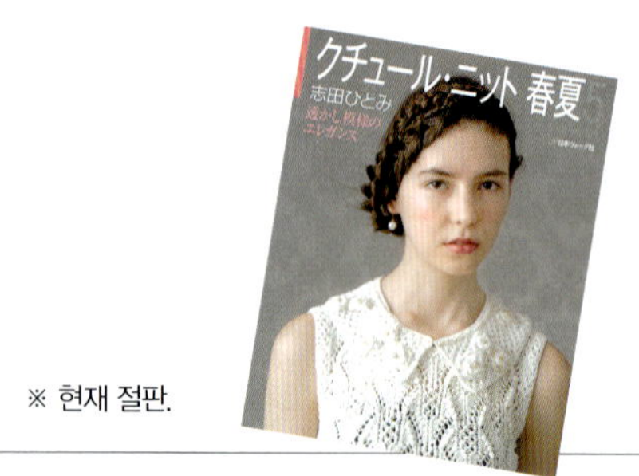

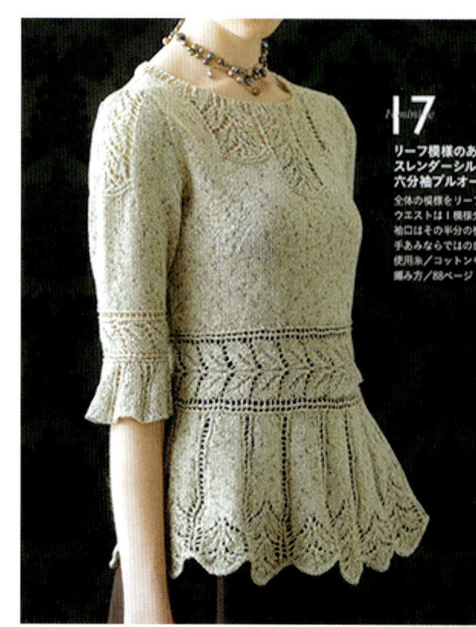

detail

몸판 전체의 무늬는 나뭇잎 무늬에 더해서 타원 안에 들어가는 버블은 꽃봉오리, 지그재그는 덩굴로 표현해 식물을 이미지화한 무늬, 이 두 종류의 무늬를 반복해서 전체를 구성했습니다. 몸판은 소매 달기 끝의 양옆에서 2코 덮어씌우기를 합니다. 소매는 나뭇잎 무늬만 뜨므로 소매 밑선에서 단계적으로 안뜨기하며 3코를 늘립니다.

목둘레 테두리뜨기는 몸판의 꽃봉오리를 작게 해서, 좌우 일부분에 레이스 무늬를 넣고, 1코 돌려 고무뜨기 라인을 넣습니다. 뜨게 끝은 1코 돌려 고무뜨기 코막음을 합니다. 밑단과 소맷부리는 보아뜨기 레이스 무늬이브로 사녀스럽게 스캘럽 상태가 됩니다. 뜨개 끝은 덮어씌워 코막음을 하는데 스캘럽이 미루 부분은 느슨하게 미무기합니다.

《구뒤드 니트 봄어금 5》에서
Knitter／시마무라 다키코
How to make／P.190
Yarn／다이아몬드케이토 다이아 코스타 루나

Skirt／산타모니카 하라주쿠점, Earring／SLOW 오모테산도점

올봄에는 과감하게 모노톤으로, 시크하고 멋스럽게 연출해보세요.

photograph Shigeki Nakashima styling Kuniko Okabe , Yuumi Sano
hair&make-up Chie Ishikawa model Emma Alderson(165cm)

봄이 되자 기다렸다는 듯이 거리에는 파스텔 컬러와 꽃무늬로 넘쳐납니다. 하지만 파스텔 컬러가 안 어울리거나 파스텔 컬러를 입는 것이 어색한 분을 위해 이번에는 모노톤을 테마로 했습니다.

모노톤 코디는 심플하지만 세련된 인상을 줍니다. 색깔을 제한해서 전체적으로 균형을 잡기 쉽고, 스타일리시해 보입니다. 또 유행을 타지 않아 오랜 기간 입을 수 있는 장점도 있지요.

이번에 사용한 실은 코바늘과 대바늘 모두 사용할 수 있는 굵기의 '꼬또네 노빌레'입니다. 면 100%로 유기농 코튼이 71%나 함유되어 있으며 광택이 있어 뜨기 편합니다.

한 벌은 대바늘로 검은색 풀오버를 떴습니다. 가슴에는 대각선 비침무늬를 넣어서 샤프해 보입니다. 어떤 색의 하의든 소화할 수 있지요.

다른 한 벌은 차콜 그레이, 회색, 흰색으로 숭덩숭덩 쉽게 뜨는 코바늘 풀오버입니다. 모눈무늬 모티브로도 보이는 무늬는 뒤가 비치기 때문에 이너와 하의로 흰색을 매치하면 산뜻하고 세련되게 코디할 수 있습니다.

모노톤의 어두운 색은 날씬해 효과도 있어서 체형 커버에도 효과적입니다. 살이 신경 쓰이는 분은 꼭 모노톤의 효과를 누려보기 바랍니다. 액세서리나 가방은 흰색이나 화사한 회색으로 코디해 가볍게 연출해보세요.

오카모토 게이코(岡本啓子)
아틀리에 케이즈케이(atelier K's K) 운영. 니트 디자이너이자 지도자로 전국을 누비며 왕성하게 활동 중. 오사카 한큐백화점 우메다 본점 10층에 위치한 케이즈케이의 대표. 공익재단법인 일본수예보급협회 이사.

http://atelier-ksk.net/

실／꼬또네 노빌레

왼쪽／가운데 V자로 넣은 비침무늬가 강렬한 인상을 줍니다. 겹쳐 입으면 오랜 기간 즐길 수 있고, 어떤 하의에도 어울리는 만능 아이템입니다.

Design · Knitter／가토 도모코
How to make／P.192
Yarn／K'sK 꼬또네 노빌레

오른쪽／모눈무늬를 모던하게 배치하고 기장을 짧게 해 샤프하게 완성했습니다. 소맷부리부터 소맷부리까지 이어지는 무늬가 디자인 포인트입니다.

Design · Knitter／모리시타 아미
How to make／P.194
Yarn／K'sK 꼬또네 노빌레

Glassess／글로브 스펙스 에이전트

내가 만든 '털실타래' 속 작품

〈털실타래 Vol.9 p.17〉
문라잇 (@m_light_knitting)

실: 알리제 슈퍼라나 맥시
표지 모델과 눈이 마주친 후 헤어 나오지 못해서 시작하게 된 프로젝트예요. 코바늘로 스웨터를 뜨는 게 처음이고, L 사이즈로 뜨느라 꽤 오래 걸렸지만, 완성품은 너무 마음에 듭니다.♡

〈털실타래 Vol.5 p.10〉
GINA (@aletterfromg)

실: 동대문 성일사 캐시미어 30% 혼방
바느질 없이 진행할 수 있는 바텀업 건지 도안이라 강력 추천드려요! 날씨에 따라 단추를 열고 닫아 넥 칼라를 두 가지로 연출할 수 있게 변형해봤어요. 앞으로도 아름다운 도안 많이 만들어주세요!ㅎㅎ

〈털실타래 Vol.9 p.49〉
@yune.knit

실: DMC Woolly5
〈털실타래 Vol.9(가을호)〉에 나온 아란무늬 베스트입니다. 5mm 바늘로 떴고 92cm 사이즈로 나왔어요.

〈털실타래 Vol.14 p.39〉
감자네공방

실: 겐모우
마쓰모토 가오루 작가님의 흰머리 오목눈이 동전 지갑을 보고 한눈에 반해 바로 떠보았어요! 뜨는 법은 간단한데 완성품은 너무너무 귀여워서, 모두가 한 번쯤 떠봤으면 좋겠다고 느낀 작품이에요. 키링으로 가방에 달고 다니고 있는데, 주변에서 다들 귀엽다고 해요.

〈털실타래 Vol.14 p.33〉
랄라 @lala_hoanna

실: 로완 키드실크 헤이즈 2합(겨자색)
모헤어 2합으로 부드럽고 가볍게 만드는 크로셰 베스트 크롭 탑입니다. 얇은 폴라 티 위에 가볍게 툭 걸쳐 입기 좋고, 엄청 따뜻해요. 모티브 뜨기도 어렵지 않으니 도전하기 좋아요.

〈털실타래 Vol.12 p.44〉
두나 (@duna_knitting)

실: 다루마 겐모우
큼지막한 튤립이 사랑스러운 조끼예요. 복잡하지 않은 무늬지만 입어보면 화려한 느낌이 듭니다. 전체를 원통으로 떠서 자르는 스틱(steek) 기법을 사용하는데, 도안에 영상 QR이 첨부되어 있어 어렵지 않게 완성할 수 있었습니다.^^

독자분들이 뜬 〈털실타래〉 속 작품을 소개합니다!
원작의 느낌을 살려 완성한 작품, 취향대로 디자인을 조금 변형한 작품, 다른 색으로 떠 새로운 느낌으로
만든 작품까지 모두 만나 보세요. 〈털실타래 Vol.1~15〉 속 작품을 만드셨다면 SNS에 사진과 한스미디어
(@hansmedia)를 태그해서 업로드해 주세요!

구성·편집 : 편집부

〈털실타래 Vol.10 p.24〉
@moriaknits

살: 다루마 셔틀랜드울
〈털실타래 겨울호〉 속 michiyo 작가님의 '모노톤
배색의 루즈한 베스트'입니다. 원작은 스틱 도안이
아니지만, 스틱 버전으로 재해석하여 제작했습니
다. 스틱 작업의 구조와 특징을 살려 완성한 점이
이 작품의 포인트입니다.

〈털실타래 Vol.12 p.33〉
녕이(@nyeong.ee.knit)

살: 다이소 일본제 UV 차단 뜨개실(옐로우)
〈털실타래〉 여름호에 실린 볼레로 카디건을 보자
마자 '이건 꼭 떠야 해!' 싶어서 바로 바늘을 잡았
어요. 뜨는 내내 바늘비우기의 재미를 느낄 수 있
었고, 코바늘 레이스 마무리로 귀여운 포인트까지
더해져 사랑스러움 그 자체인 카디건으로 완성되
었어요. 봄·여름에 어울리는 산뜻한 노란색이라
나들이 갈 때 꺼내 입기 딱 좋을 것 같아요!

〈털실타래 Vol.8 p.45〉
피츄(@knitting_chu)

살: 바늘이야기 뉴하이소프트
〈털실타래 Vol.8(여름호)〉에 실린 고양이 요괴와
도깨비불입니다. 인형은 처음 뜨는 거였는데 작
은 조각들이 모여 점점 완성되는 게 정말 재미있
었어요~!

〈털실타래 Vol.13 p.54〉
@iluvmycrochets

살: 아는바느질도우 머쉬눅(와이트, 핑크)
지퍼 이름 그대로 기여운 솜사탕 같은 모자입니
다. 보송보송하고 은은한 펄감이 살아있는 실로
제작했는데, 모자의 부드럽고 둥그런 형태와 잘
맞았다고 생각합니다. 모자를 뜰 때 잘 사용하지
않는 기법을 사용하여 다소 헷갈릴 수 있지만, 기
법만 익히고 나면 금방 완성되는 만족도 넘치는
모자입니다!

〈털실타래 Vol.13 p.12〉
유튜브 헬로태팅뜨개

실. 어울림 2입
도안이 쉽게 설명되어 있어서 작품을 뜨는 재미
가 더 있었습니다.

〈털실타래 Vol.13 p.11〉
민트그린(@Mintgreen_knit)

실. 메인실-까미니 폭스, 배색실-스우니딩히우
스 메로우(카베더), 스튜디오실심 베이비큐라우드
(연그레이), 솜솜뜨개 프빌(연노랑), 레미안콘사(백
아이보리)
원작은 크롭한 길이였는데 편하게 입으려고 길이
를 늘였어요.^^ 배색무늬가 귀엽고 뜨기도 쉬웠
어요. 기본 스타일 베스트라서 여기저기 받쳐입
기 좋은 베스트입니다~!♡

스윽스윽 뜨다 보니 자꾸 즐거워지는

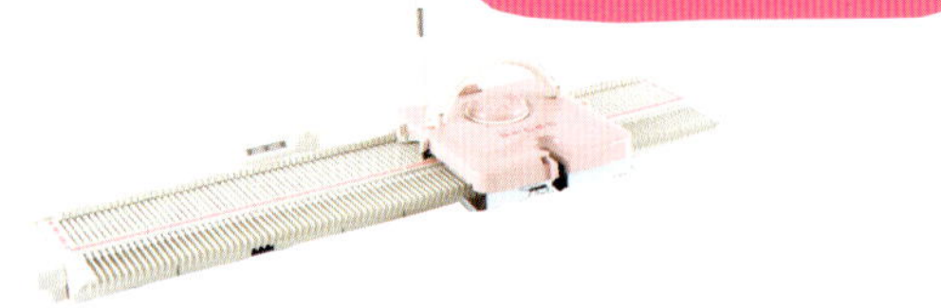

신·수편기 스이돈 강좌

이번 테마는 '걸러뜨기의 변형'.
옮김바늘도 사용해 무늬를 만듭니다.

photograph Hironori Handa styling Masayo Akutsu hair&make-up AKI model Syuta(170cm)

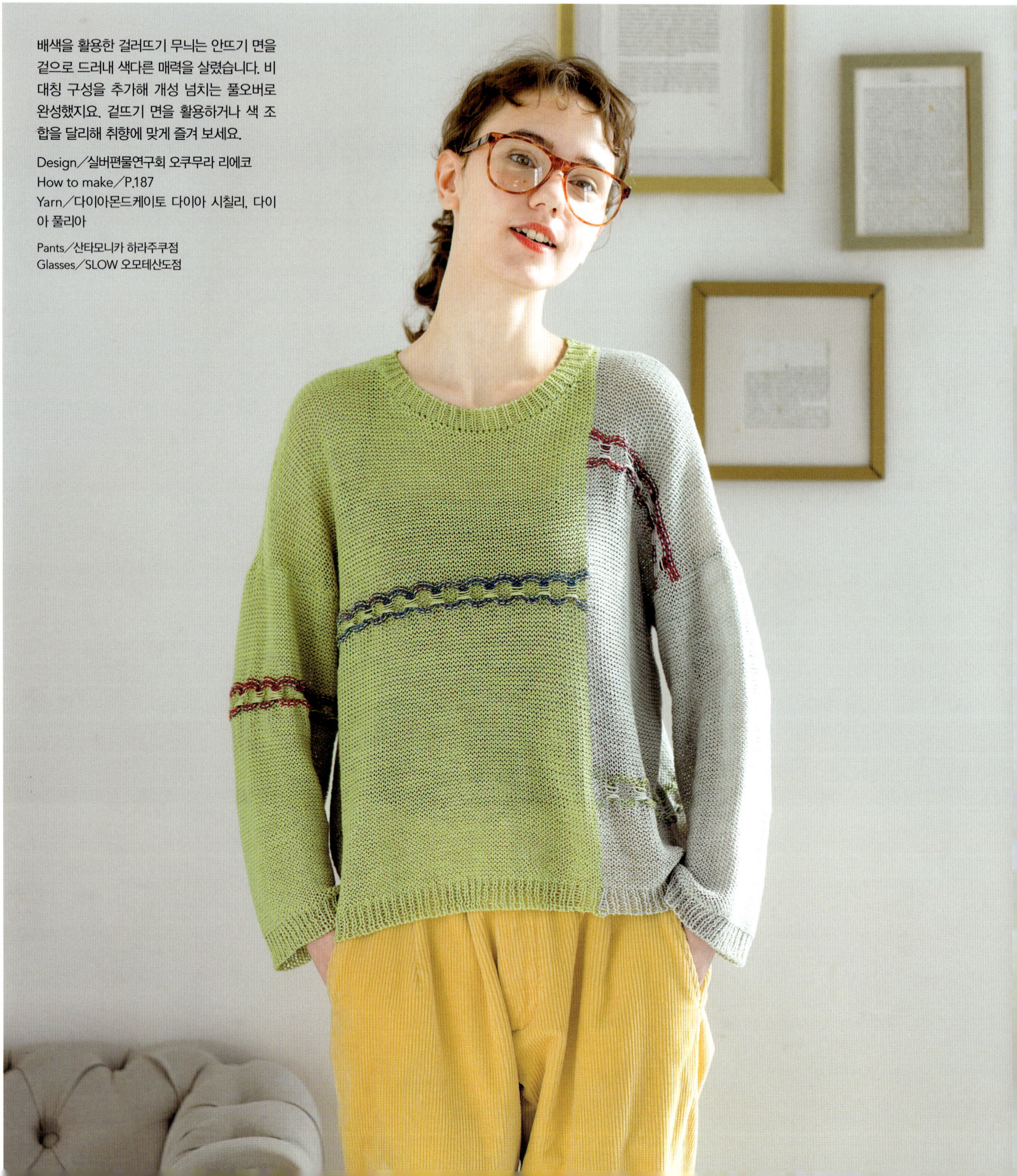

배색을 활용한 걸러뜨기 무늬는 안뜨기 면을 겉으로 드러내 색다른 매력을 살렸습니다. 비대칭 구성을 추가해 개성 넘치는 풀오버로 완성했지요. 겉뜨기 면을 활용하거나 색 조합을 달리해 취향에 맞게 즐겨 보세요.

Design／실버편물연구회 오쿠무라 리에코
How to make／P.187
Yarn／다이아몬드케이토 다이아 시칠리, 다이아 풀리아

Pants／산타모니카 하라주쿠점
Glasses／SLOW 오모테산도점

걸러뜨기 무늬에 변형을 더한 풀오버는 모헤
어로 가볍게 완성했습니다. 소맷부리는 넉넉
하게 뜬 뒤 살짝 조여 퍼프 슬리브처럼 연출
해, 봄에 어울리는 부드러운 분위기를 더했
습니다. 목둘레와 소맷부리는 메리야스뜨기
로 마감해 자연스럽게 말리도록 디자인했습
니다.

Design／실버편물연구회 오쿠무라 리에코
How to make／P.186
Yarn／올림푸스 피노

Skirt／산타모니카 하라주쿠점
Scarf／SLOW 오모테산도점

신·수편기 스이돈 강좌

이번에는 걸러뜨기 무늬의 변형을 소개합니다.
안뜨기 면을 겉면으로 활용해 표정이 더욱 풍부한 편물을 즐겨 보세요.

촬영/혼마 노부히코

무늬 뜨는 법(P.90 작품)

1
배색실로 2단을 뜹니다.

2
걸러뜨기 바늘은 B위치 그대로 두고, 그 외의 바늘을 D위치로 꺼냅니다.

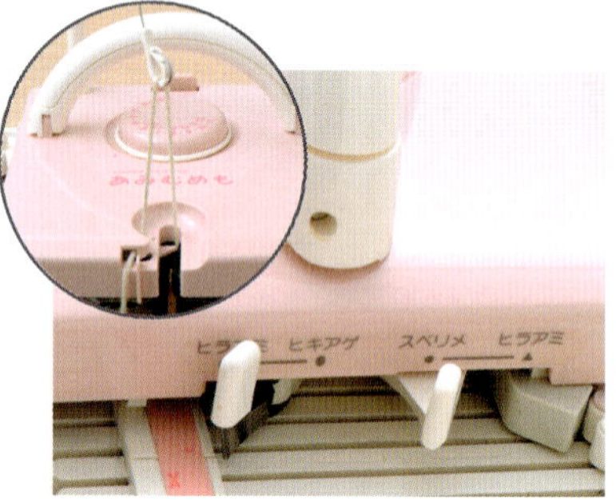

3
캐리지 양쪽에 있는 사이드 레버를 바늘비우기(スベリメ)에 놓습니다. 실을 바탕실로 바꿔서 뜹니다.

4
1단을 뜬 모습입니다. B위치 그대로 둔 코가 걸러뜨기 상태가 되었습니다.

5
2~4를 반복해 6단을 뜹니다.

6
6단을 뜬 모습입니다.

7
캐리지 양쪽에 있는 사이드 레버를 평뜨기(ヒラアミ)에 놓습니다. 실을 배색실로 바꿔서 2단을 뜹니다.

8
2단을 떠서 줄무늬 무늬뜨기를 뜬 모습입니다.

9
수편기에 걸린 상태를 겉면으로 사용합니다.

줄무늬 무늬뜨기

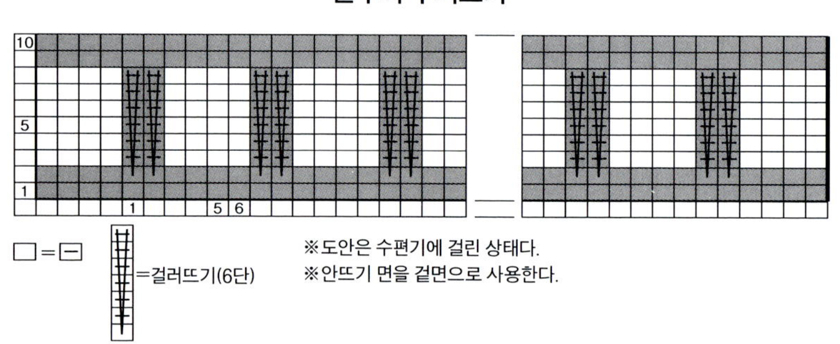

□ = ⊟

⫼ = 걸러뜨기(6단)

※도안은 수편기에 걸린 상태다.
※안뜨기 면을 겉면으로 사용한다.

1
1단을 뜹니다.

2
걸러뜨기 5코는 B위치 그대로 두고, 5코 걸러 바늘을 D위치로 꺼냅니다.

3
캐리지 양쪽에 있는 사이드 레버를 바늘비우기(スベリメ)에 놓고 1단을 뜹니다.

4
1단을 뜬 모습입니다. B위치 그대로 둔 코가 걸러뜨기 상태가 되었습니다.

5
2～4를 반복해 4단을 뜹니다.

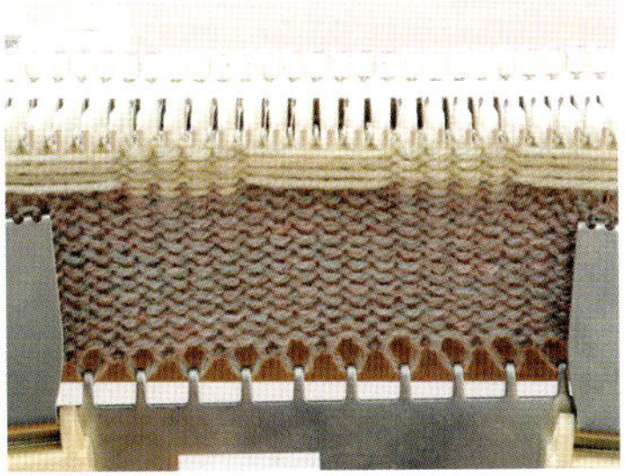

6
4단을 뜬 모습입니다.

7
캐리지 양쪽에 있는 사이드 레버를 평뜨기(ヒラアミ)에 놓고 2단을 뜹니다.

8
2단을 뜬 모습입니다.

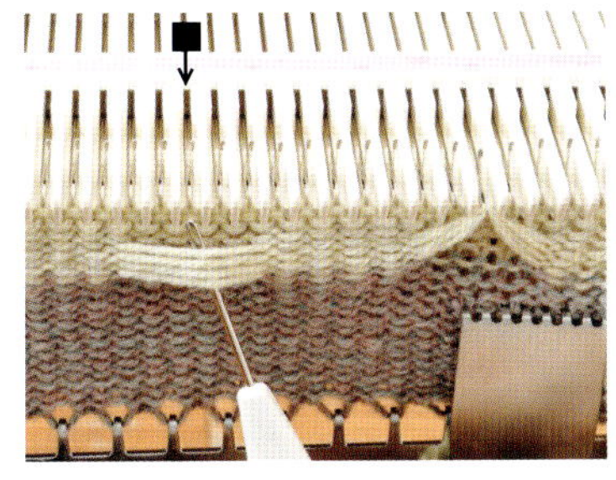

9
걸친 실 4가닥을 옮김바늘로 떠서

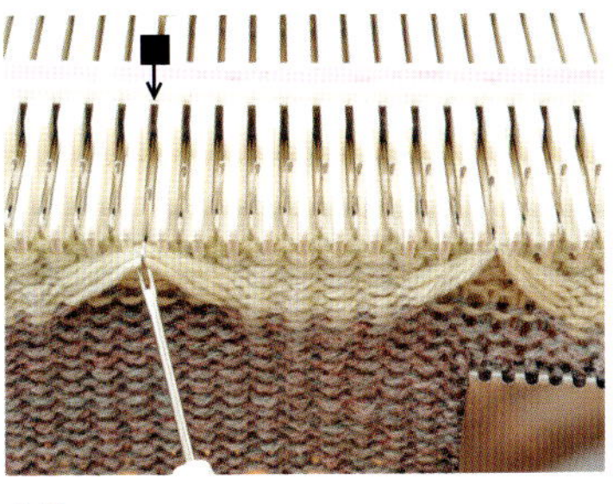

10
■의 바늘에 겁니다.

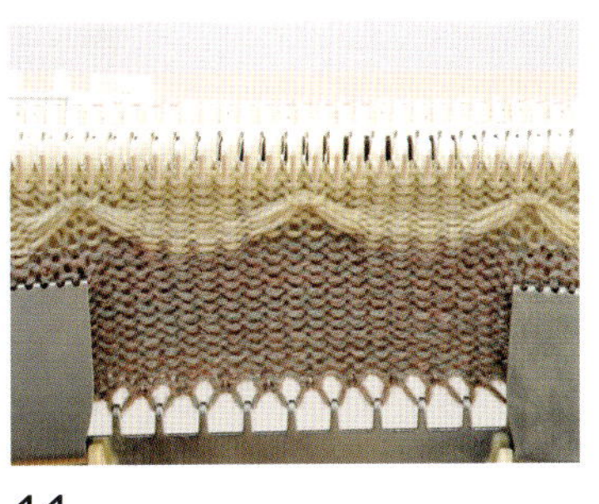

11
1단을 뜬 모습입니다. 이어서 5단을 뜹니다.

12
무늬 위치를 엇갈리게 해서 2～11을 반복합니다.

13
1부늬, 24냐을 뜬 모습입니다. 수편기에 걸린 상태를 겉면으로 사용합니다.

무늬뜨기

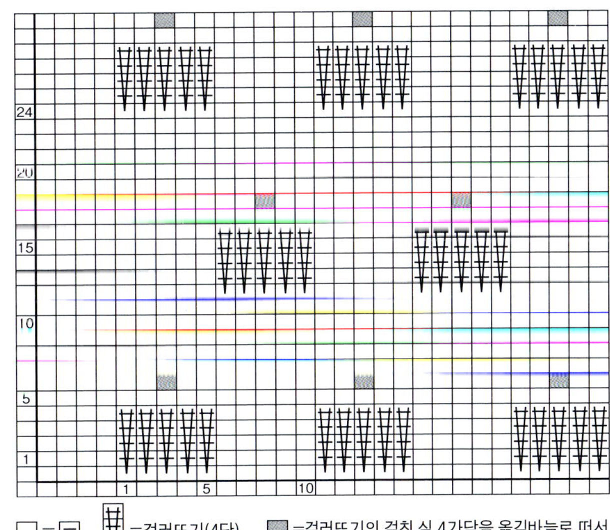

□ = ⊟ 　 =걸러뜨기(4단) 　■ =걸러뜨기의 걸친 실 4가닥을 옮김바늘로 떠서 건다

※도안은 수편기에 걸린 상태다.
※안뜨기 면을 겉면으로 사용한다.

58

빈 상자를 찾는다
딱 좋은 크기의 상자 하나
씨름판으로 안성맞춤
씨름 선수는 두꺼운 종이에
좋아하는 그림을 그려 오려 내고,
자,
마주 세워 놓고
"준비, 시-작!"
통통, 통통
통토도 통!
씨름판 네 귀퉁이를 두드리면
통통, 통통
통통 투둥!
쓰러질 듯, 쓰러지지 않네
아직이야, 아직 남았어!
과연 승자는?!

뜨개꾼 203gow(니마루산고)
색다른 뜨개 작품 '이상한 뜨개'를 제작하고 있다. 온 거리를 뜨개 작품으로 메우려는 게릴라 뜨개 집단 '뜨개 기습단'을 창설했다. 백화점 쇼윈도, 패션 잡지의 배경, 미술관과 갤러리 전시, 워크숍 등 다양하게 활동하고 있다.
https://203gow.weebly.com

글·사진/203gow 참고 작품

재료
스키 얀 스키 셰이브드 스타
M…진그레이(1748) 150g 6볼, 연보라색(1747) 135g 6볼
L…진그레이(1748) 160g 7볼, 연보라색(1747) 150g 6볼
도구
코바늘 3/0호
완성 크기
M…가슴둘레 104㎝, 기장 50㎝, 화장 54.5㎝
L…가슴둘레 110㎝, 기장 52㎝, 화장 56.5㎝

게이지
모티브 크기는 도안 참고. 줄무늬 무늬뜨기(10×10㎝) 29코×18단
POINT
●모티브 잇기로 뜹니다. 2번째 장부터는 마지막 단에서 옆 모티브와 연결하며 뜹니다. 도안을 참고해 모티브 주위를 1단 떠서 정돈합니다. 옆선은 지정 콧수를 주워 줄무늬 무늬뜨기로 뜹니다. 줄임코는 도안을 참고하세요. □, ■끼리는 휘감칩니다. 옆선·소매 밑선은 사슬뜨기와 짧은뜨기로 잇기를 합니다. 지정 콧수를 주워 목둘레는 테두리뜨기, 밑단·소맷부리는 줄무늬 무늬뜨기로 원형으로 뜹니다.

M·L

(모티브 잇기 도안)

뒤판
(모티브 잇기)

A74	A73	A72	A71	A70
A69	A68	A67	A66	A65
A64	A63	A62	A61	A60

A59	A58	A57	A56	A55	A54	A53	A52	A51	A50	A49
A48	A47	A46	A45	A44	A43	A42	A41	A40	A39	A38
A37	A36	A35	A34	B'33	C32	B31	A30	A29	A28	A27
A26	A25	A24	A23	A22	A21	A20	A19	A18	A17	A16

오른쪽 소매　　왼쪽 소매

27(3장)　18(2장)　◎

앞판

A15	A14	A13	A12	A11
A10	A9	A8	A7	A6
A5	A4	A3	A2	A1

27(3장)　36(4장)　27(3장)

◎=4.5 0.5(0.5장)

27(3장) · 45(5장) · 27(3장)

모티브 배색

	풀오버	컬러 베리에이션
———	연보라색(1747)	진그레이(1748)
———	진그레이(1748)	베이지(1743)

※모두 3/0호 코바늘로 뜬다.
※모티브 안의 숫자는 연결하는 순서다.
※모티브의 모서리 잇는 법→P.131
——— = 연보라색으로 모티브를 정돈한다(도안 참고)

모티브 C 1장

4.5
9
① ⑤ ⑥

모티브 A 71장

⑤ ⑥
9
9

▷ = 실 잇기
► = 실 자르기

96페이지로 이어집니다. ▶

▶ 95페이지에서 이어집니다.

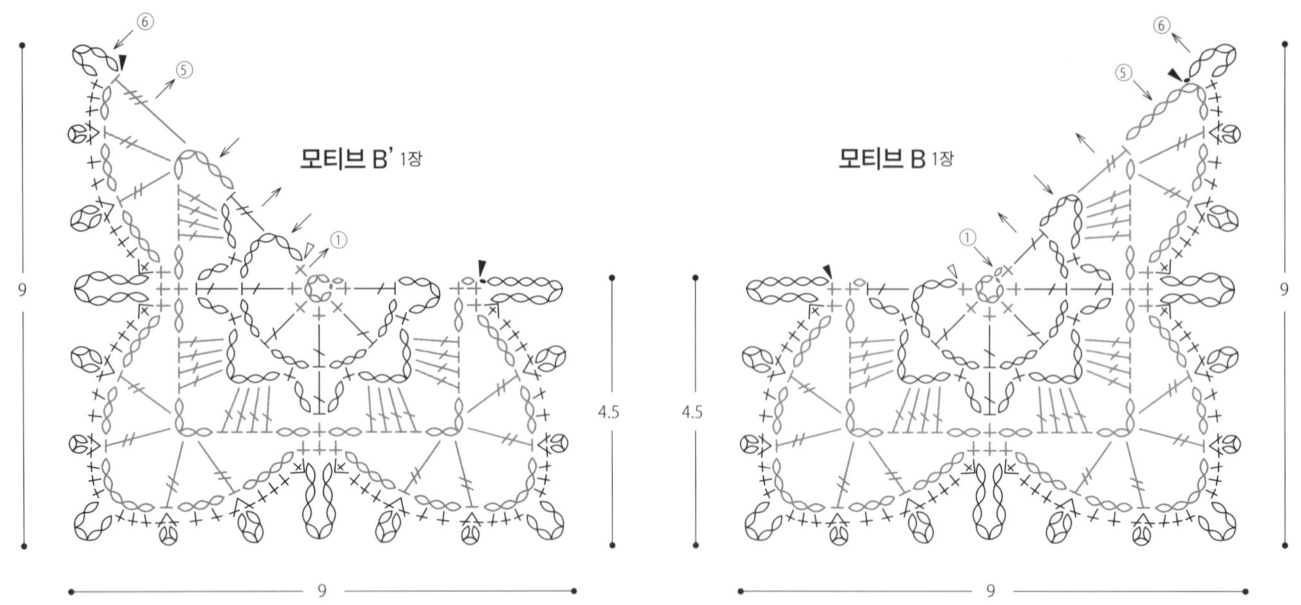

모티브 잇는 법

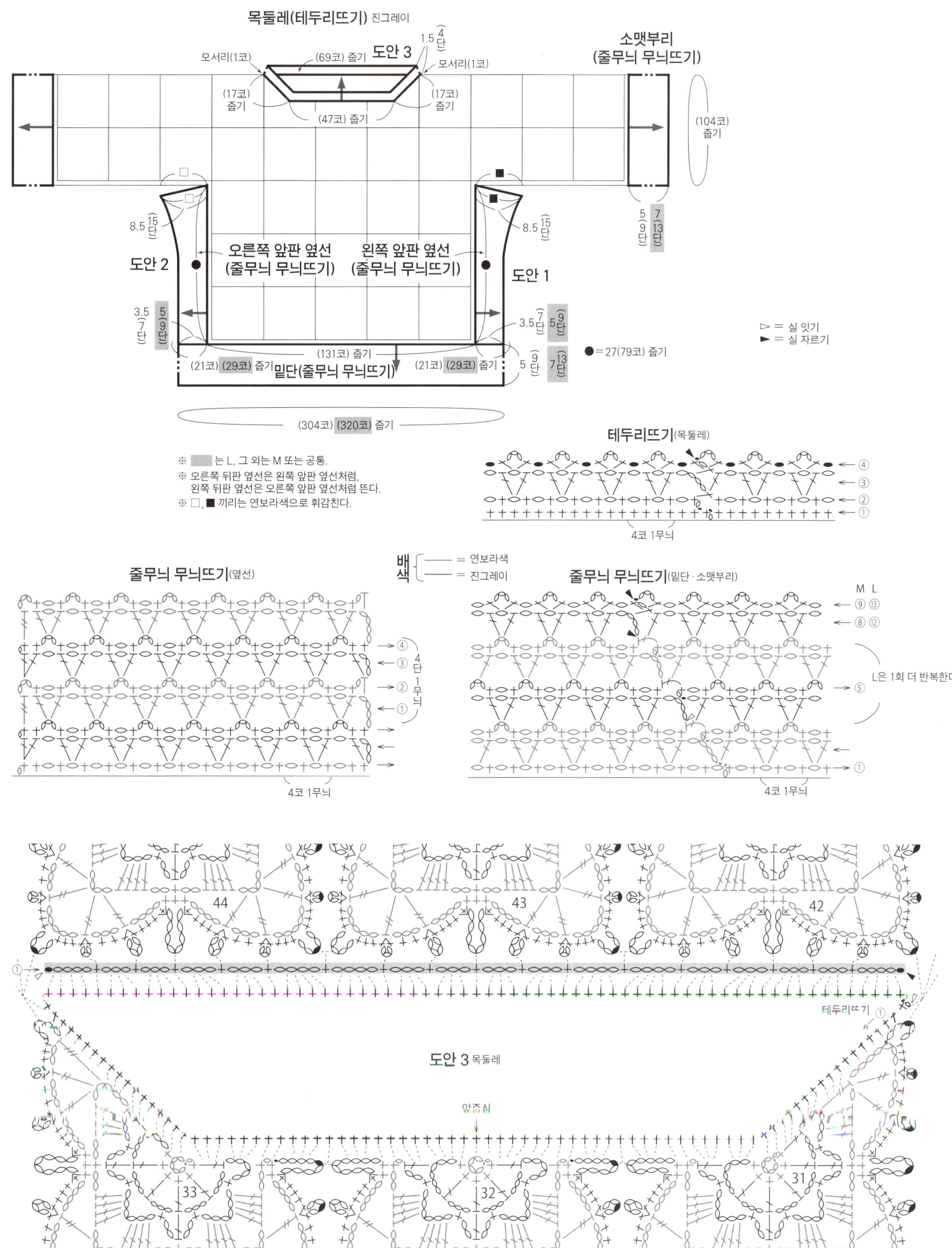

98페이지로 이어집니다. ▶

▶ 97페이지에서 이어집니다.

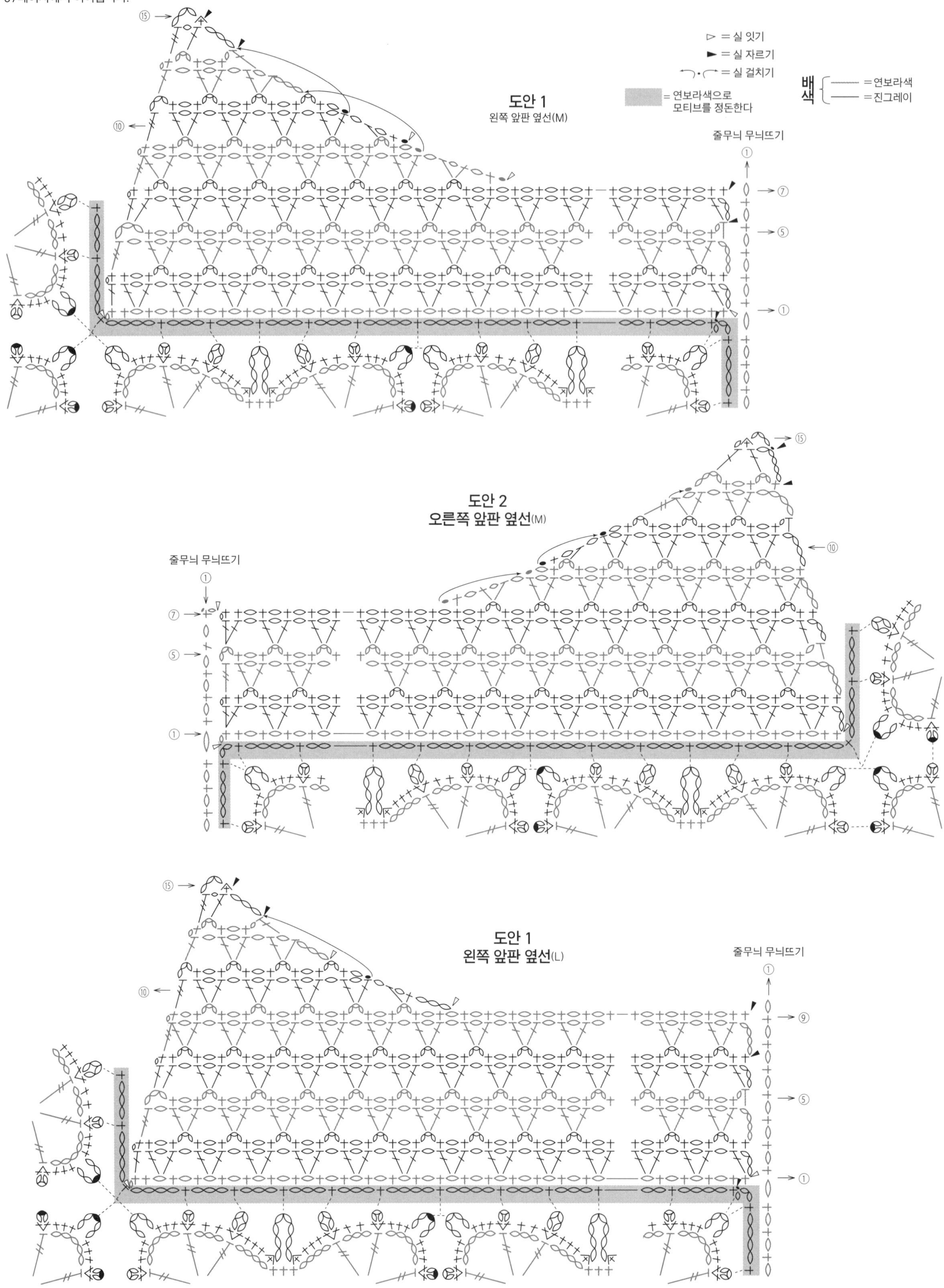

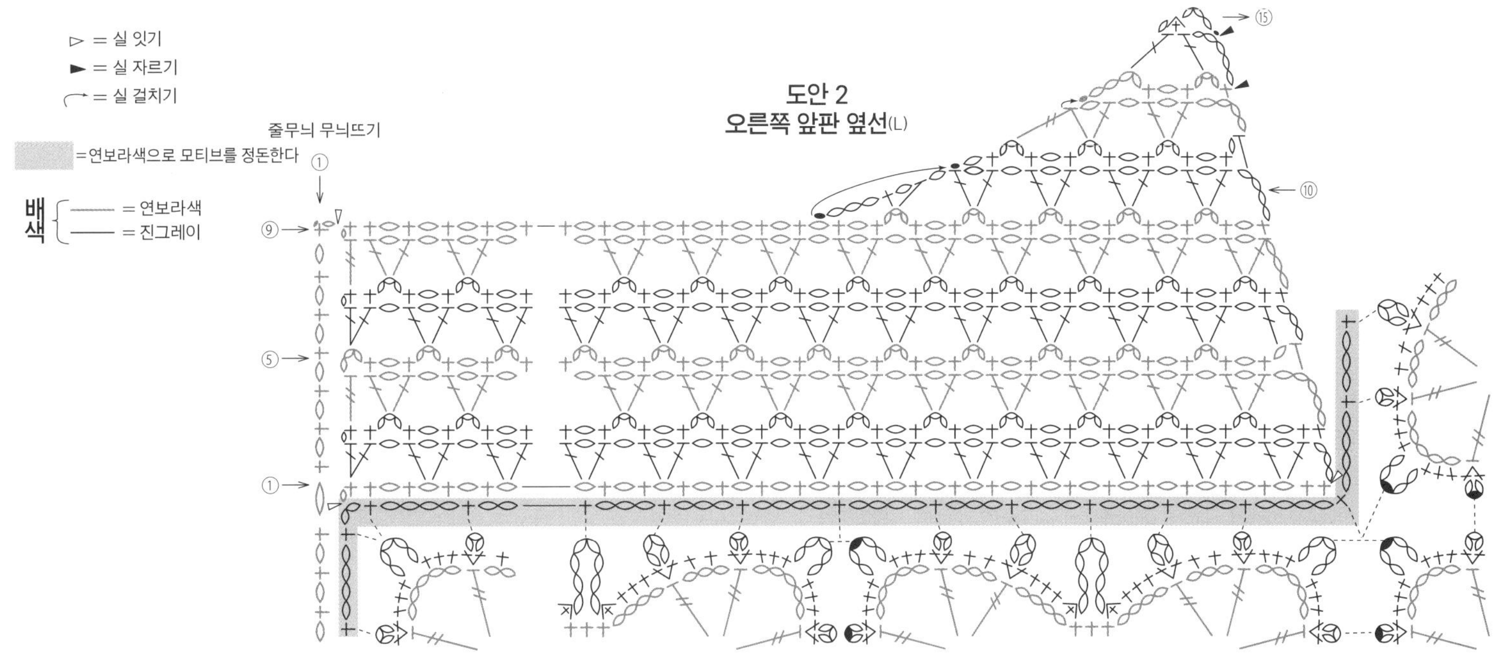

Foundation Single Crochet(fsc) 파운데이션 싱글 크로셰

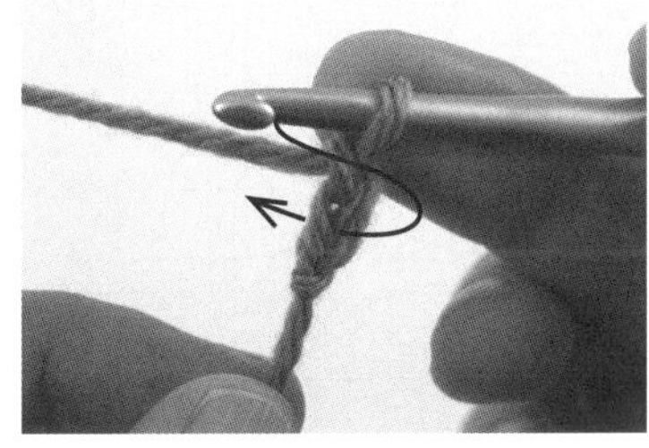

1 사슬 2코를 뜬다. 화살표처럼 1코째 사슬에 바늘을 넣고,

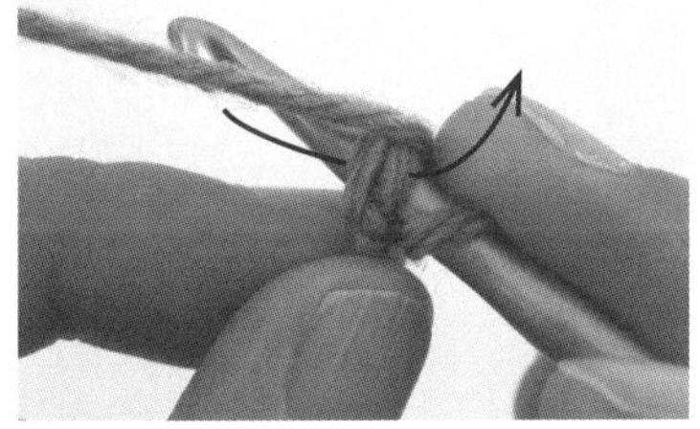

2 실을 걸어 빼낸다. 이것이 토대 사슬이 된다.

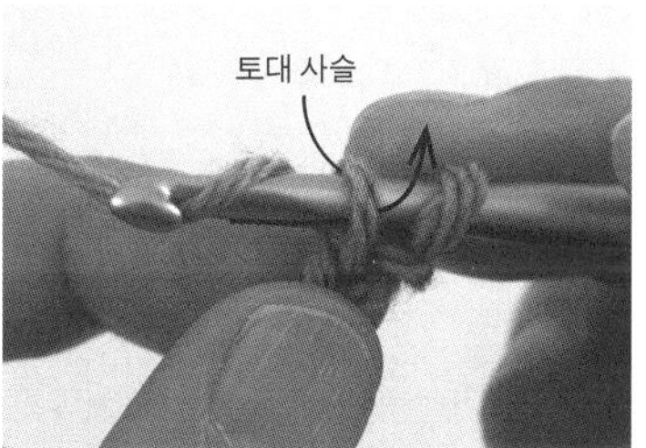

3 실을 걸어 화살표처럼 빼낸다.

4 토대 사슬에서 실을 빼낸 모습.

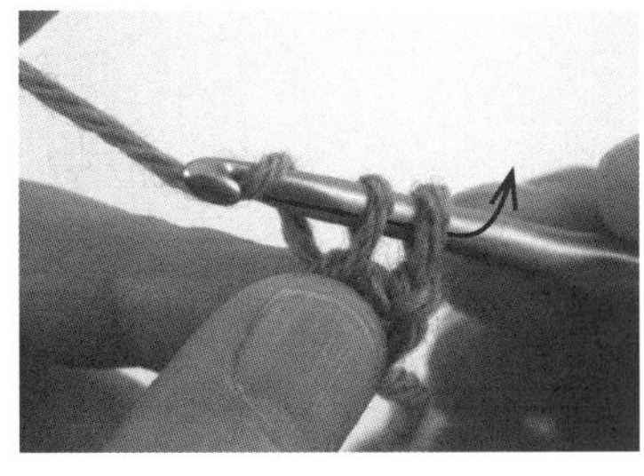

5 다시 실을 걸어 2루프로 빼내 짧은뜨기를 뜬다.

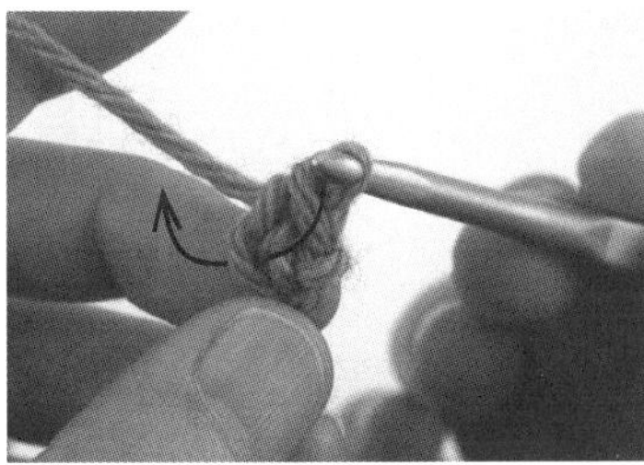

6 토대 사슬에 바늘을 넣고,

7 실을 걸어 빼낸다.

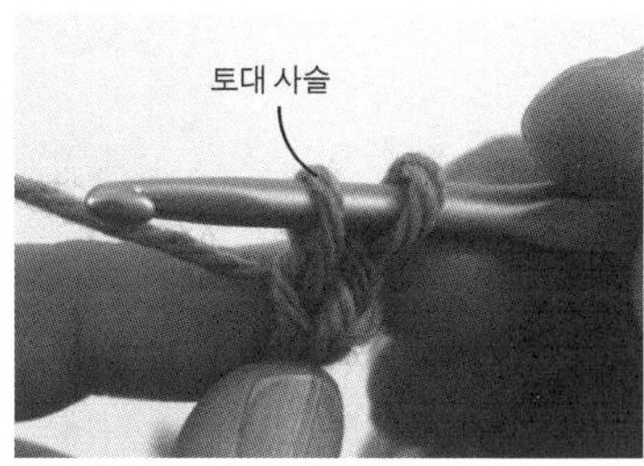

8 이것이 다음 토대 사슬이 된다.

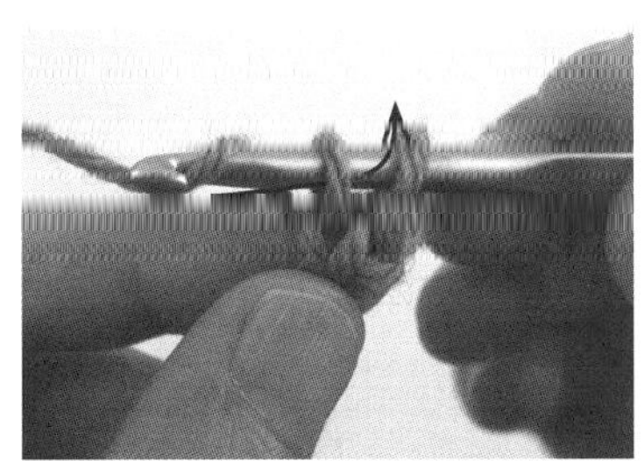

9 실을 걸어 화살표처럼 빼낸다.

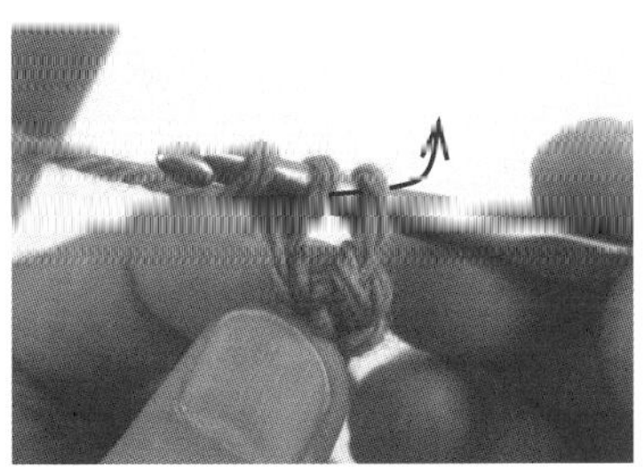

10 다시 실을 걸어서 2루프로 빼낸다.

11 2코째가 떠졌다.

12 이것을 반복해 필요한 콧수만큼 뜬다.

피마 데님

피마 베이직

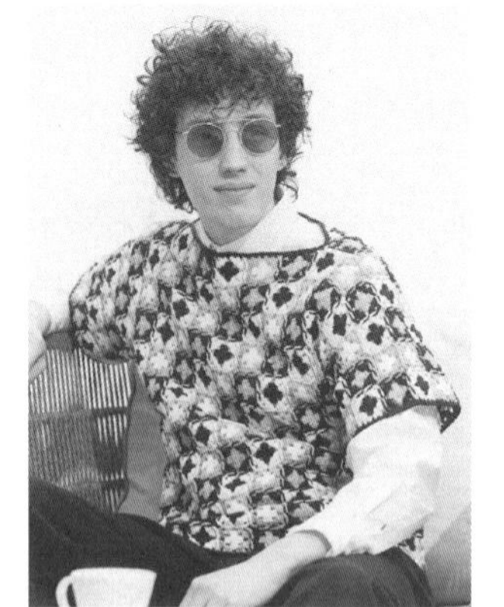

재료
퍼피 피마 데님, 피마 베이직. 실의 색이름·색번호·사용량은 도안의 표를 참고하세요.

도구
코바늘 5/0호

완성 크기
M…가슴둘레 99cm, 기장 54.5cm, 화장 38.5cm
L…가슴둘레 108cm, 기장 63.5cm, 화장 41cm

게이지
모티브 1변 4.5cm

POINT
●모티브 잇기로 뜹니다. 모티브는 원형코를 만들어 뜨기 시작해 2번째 장부터는 옆 모티브와 연결하며 뜹니다. 밑단·소맷부리·목둘레 테두리는 지정 콧수를 주워 테두리뜨기로 원형으로 뜹니다.

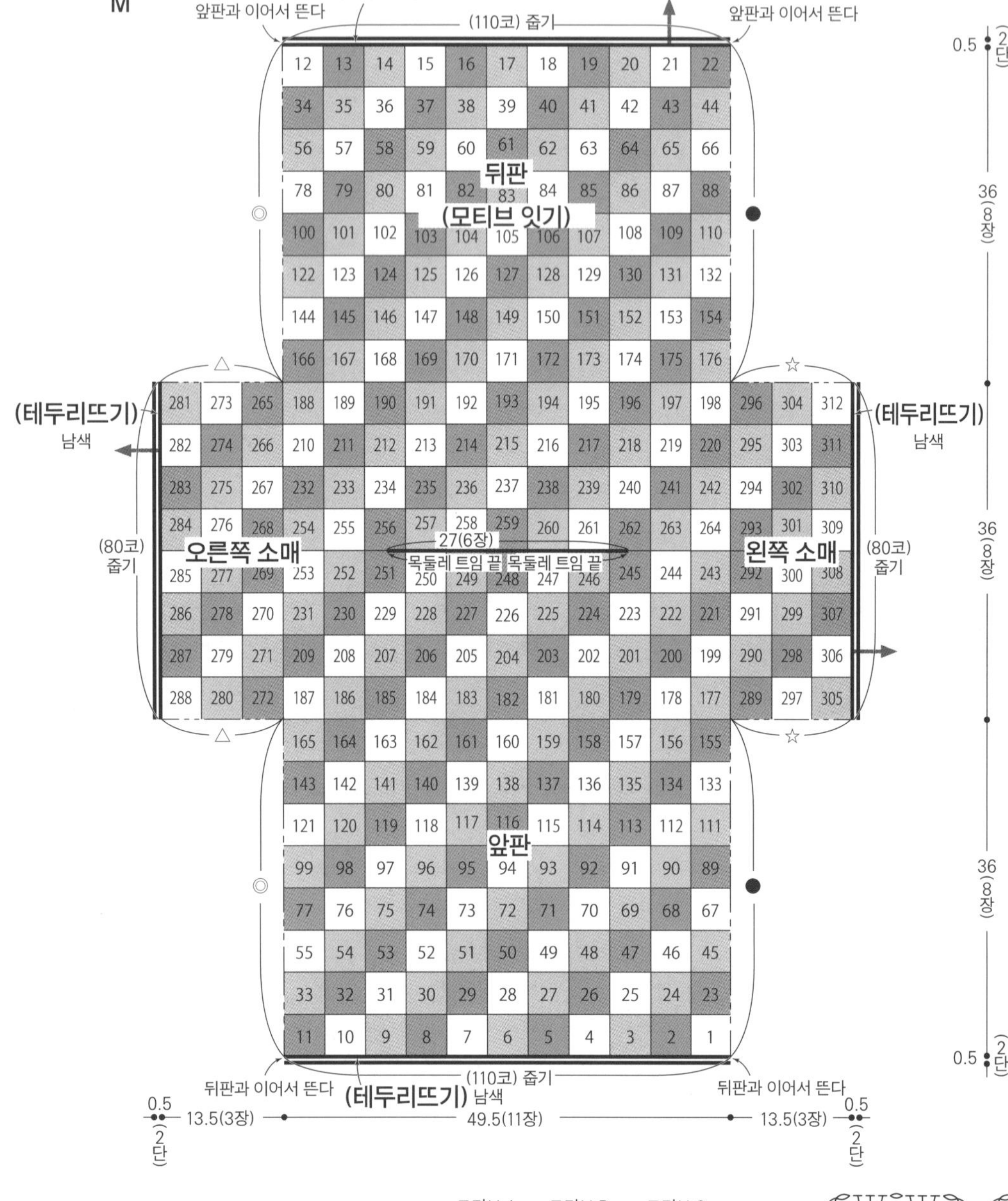

실 사용량

실이름	색이름(색번호)	M	L
피마 데님	남색(159)	135g 4볼	165g 5볼
	하얀색(200)	120g 3볼	155g 4볼
피마 베이직	하늘색(603)	120g 3볼	155g 4볼

모티브

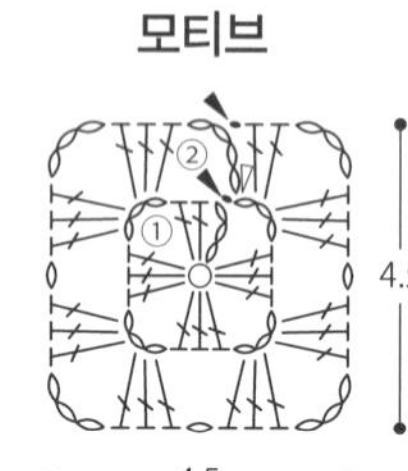

모티브 배색과 장수

	1단	2단	M	L
A	남색	하얀색	104장	132장
B	하늘색	남색	104장	132장
C	하얀색	하늘색	104장	132장

모티브 잇는 법
(M)

※모티브는 기둥코가 있는 변부터는 잇지 않는다.
※L도 똑같이 잇는다.

목둘레 테두리(M)
(테두리뜨기) 남색

도안 1
0.5 2단
(120코) 줍기
▷ = 실 잇기
▶ = 실 자르기

도안 1 목둘레 테두리(M)

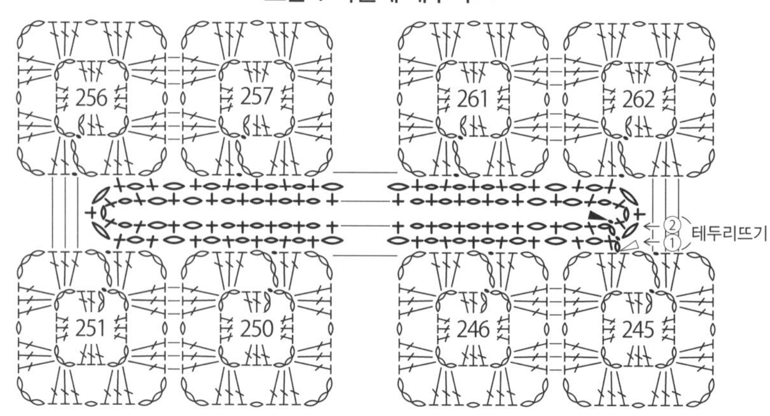

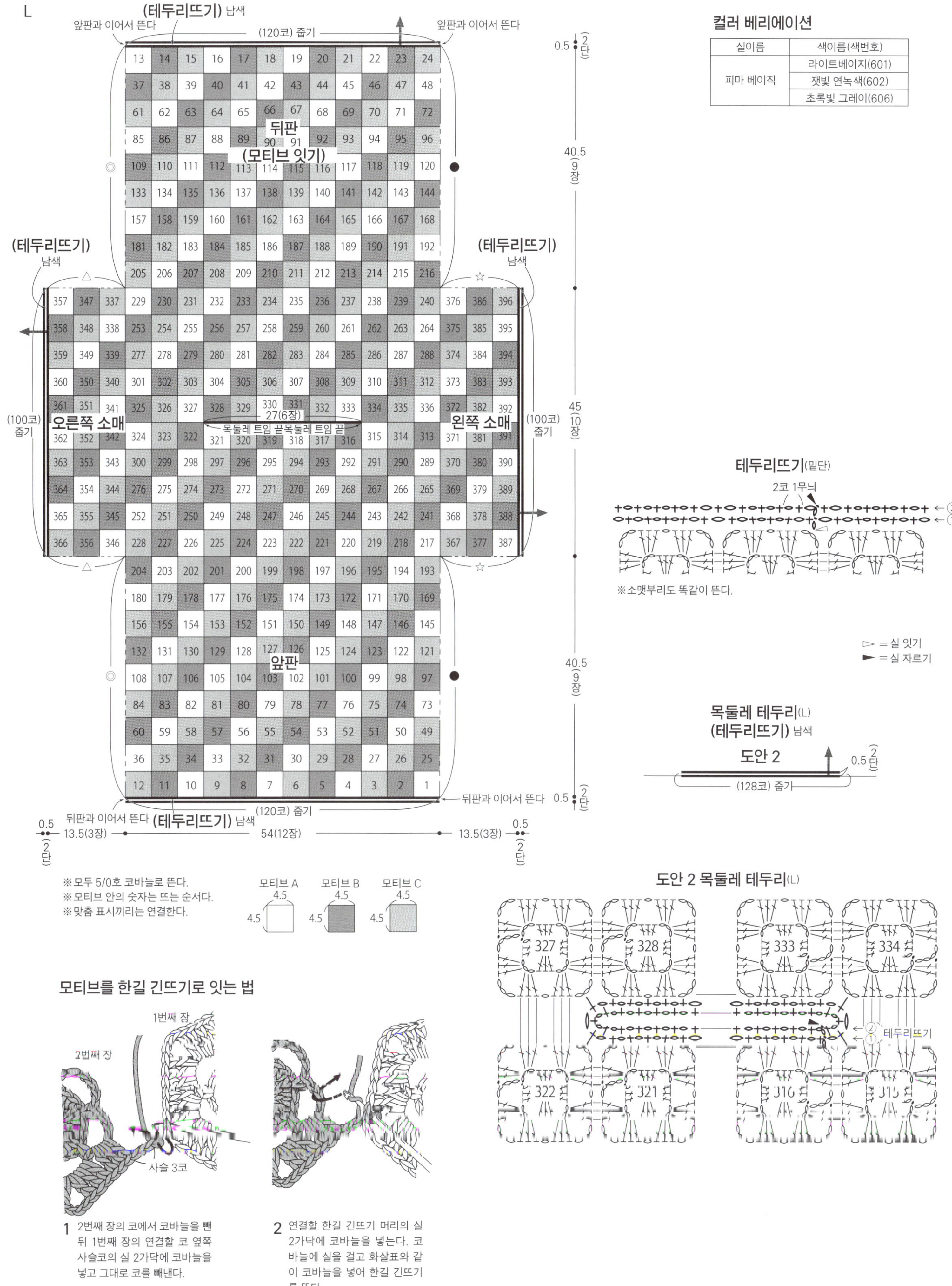

컬러 베리에이션

실이름	색이름(색번호)
피마 베이직	라이트베이지(601)
	잿빛 연녹색(602)
	초록빛 그레이(606)

재료

M…퍼피 코튼 코나 하얀색(1) 245g 7볼, 아라비스 황록색(4616) 160g 4볼

L…퍼피 코튼 코나 하얀색(1) 275g 7볼, 아라비스 황록색(4616) 175g 5볼

도구

M…코바늘 4/0호

L…코바늘 5/0호

완성 크기

M…가슴둘레 100㎝, 기장 46㎝, 화장 51㎝

L…가슴둘레 105㎝, 기장 48㎝, 화장 53.5㎝

게이지

모티브 크기는 도안 참고.

POINT

●모티브 잇기로 뜹니다. 모티브는 원형코를 만들어 뜨기 시작해 2번째 장부터는 마지막 단에서 옆 모티브와 연결하며 뜹니다. 목둘레·밑단·소맷부리는 지정 콧수를 주워 줄무늬 테두리뜨기로 원형으로 왕복뜨기합니다.

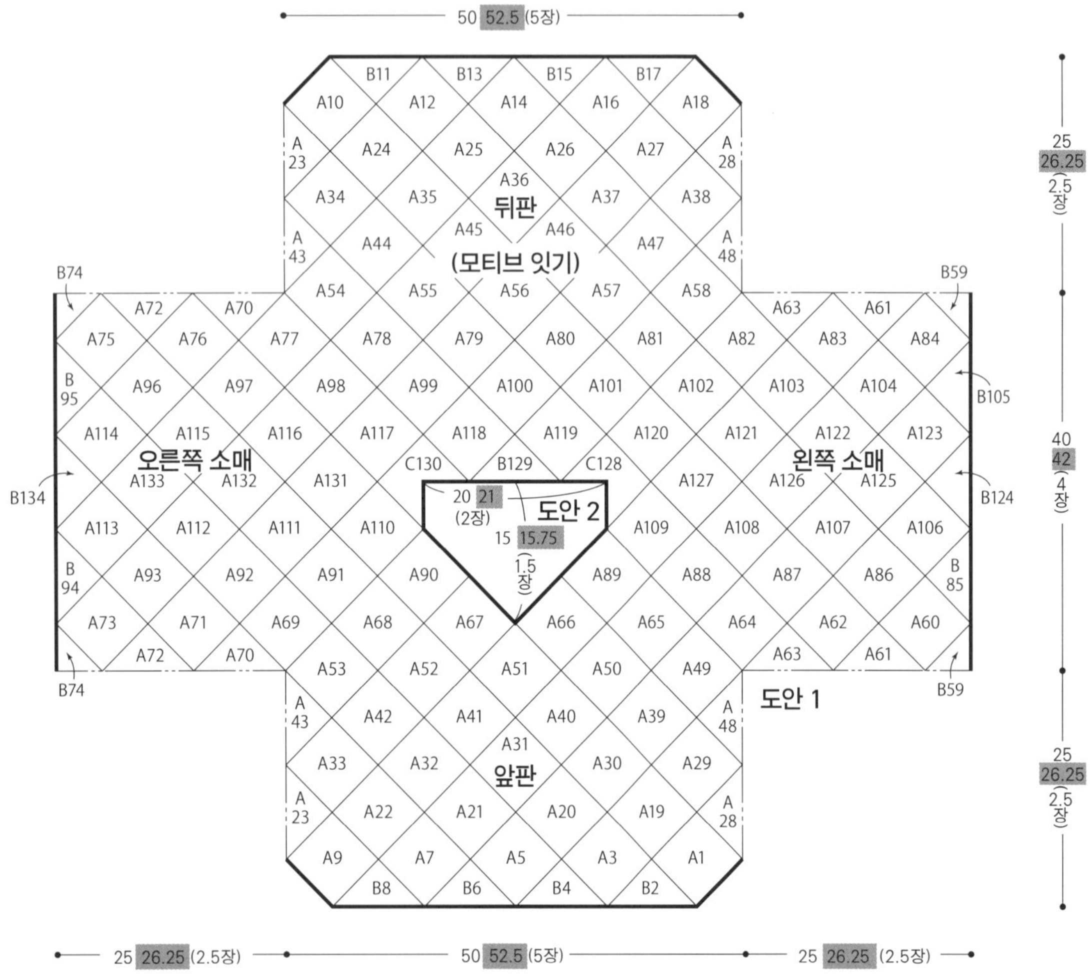

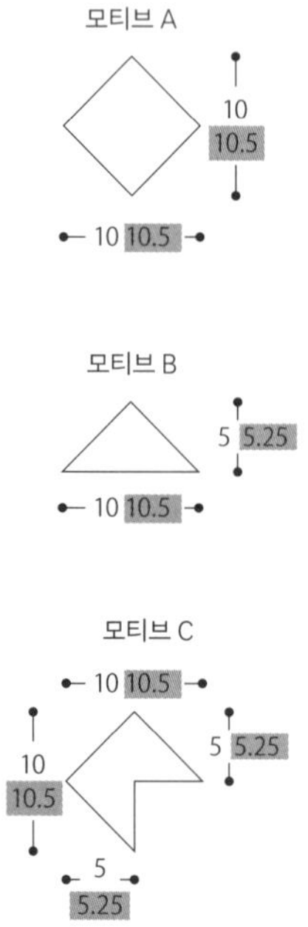

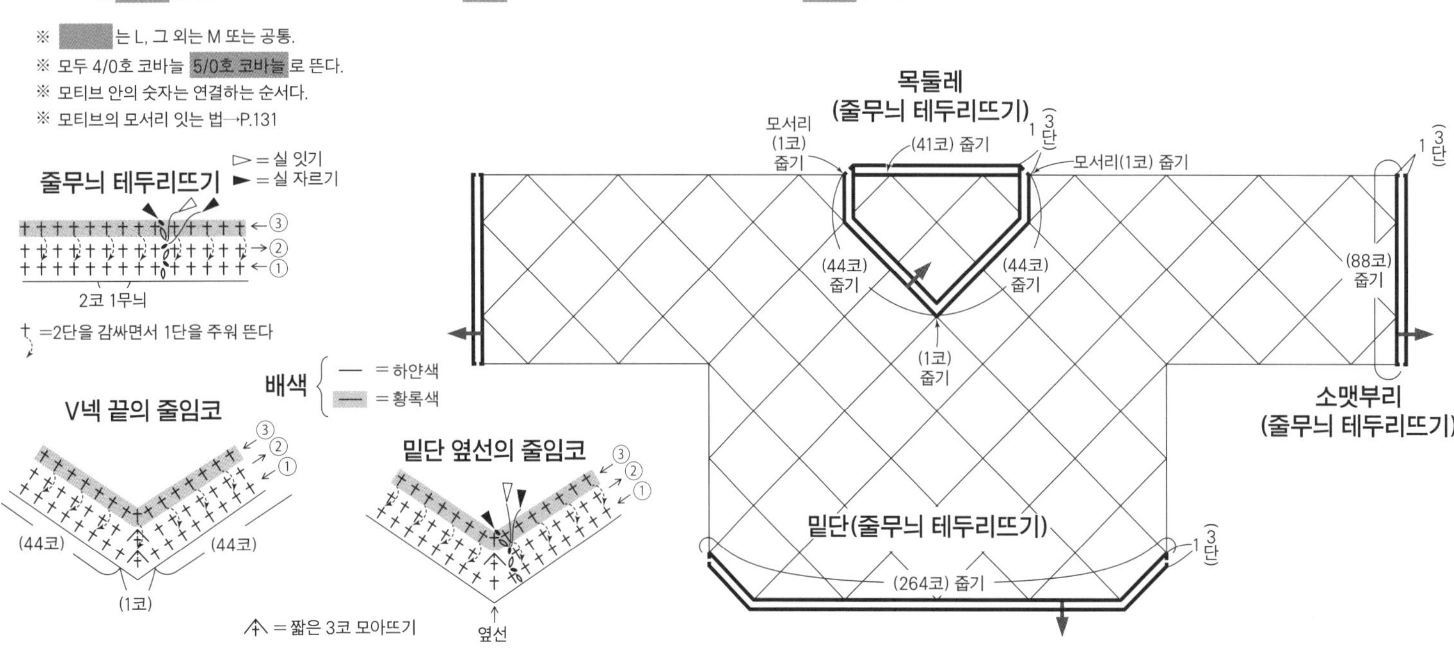

※ ▨ 는 L, 그 외는 M 또는 공통.
※ 모두 4/0호 코바늘 5/0호 코바늘로 뜬다.
※ 모티브 안의 숫자는 연결하는 순서다.
※ 모티브의 모서리 잇는 법→P.131

실이름	색이름(색번호)
코튼 코나	하얀색(1)
	남색(13)
아라비스	황록색(4616)
	연녹색(6602)
	핑크오렌지(7612)

모티브 C 2장

모티브 A 115장

모티브 B 17장

배색 { — = 하얀색 / — = 황록색

▷ = 실 잇기
► = 실 자르기

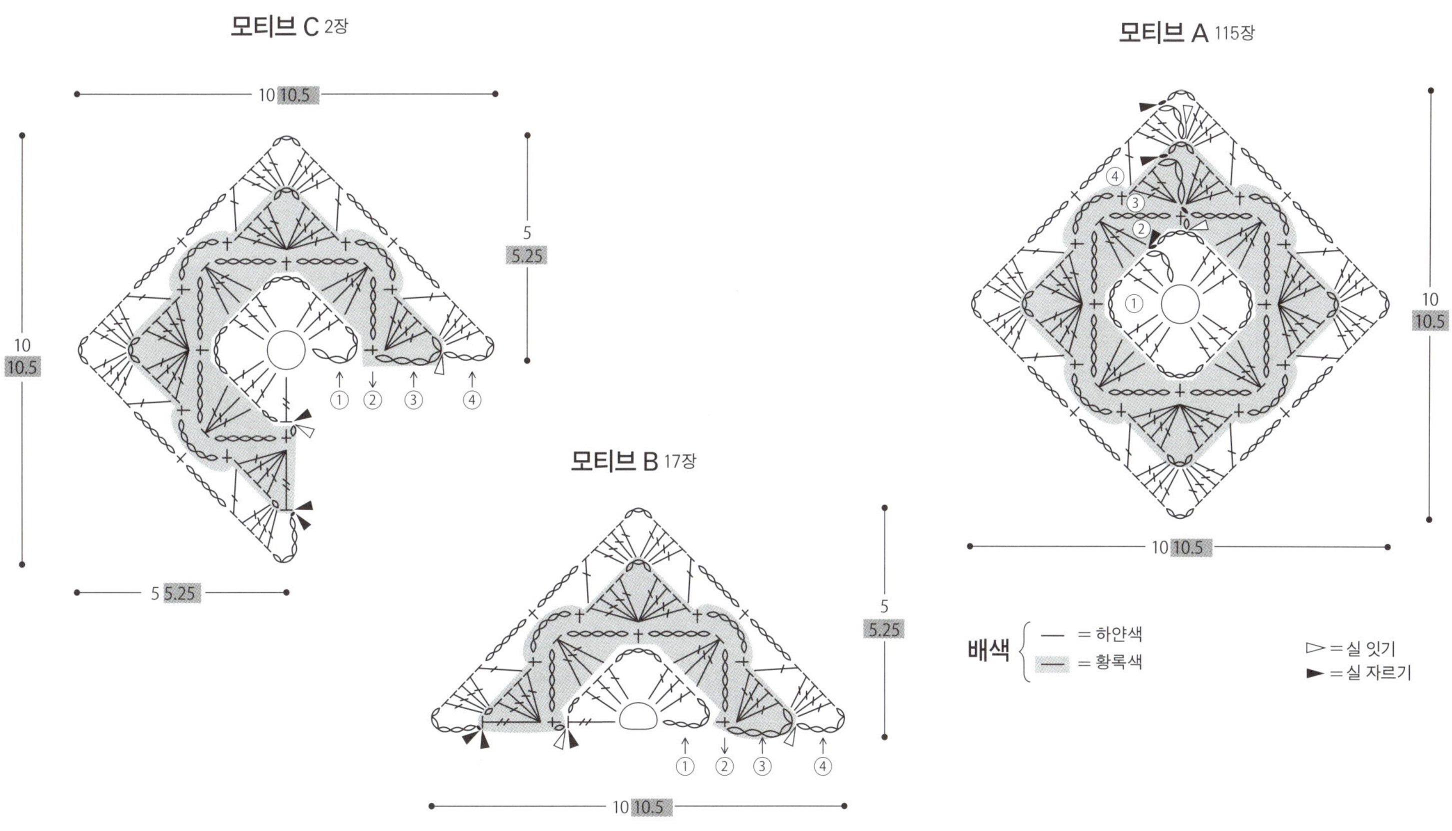

모티브 잇는 법

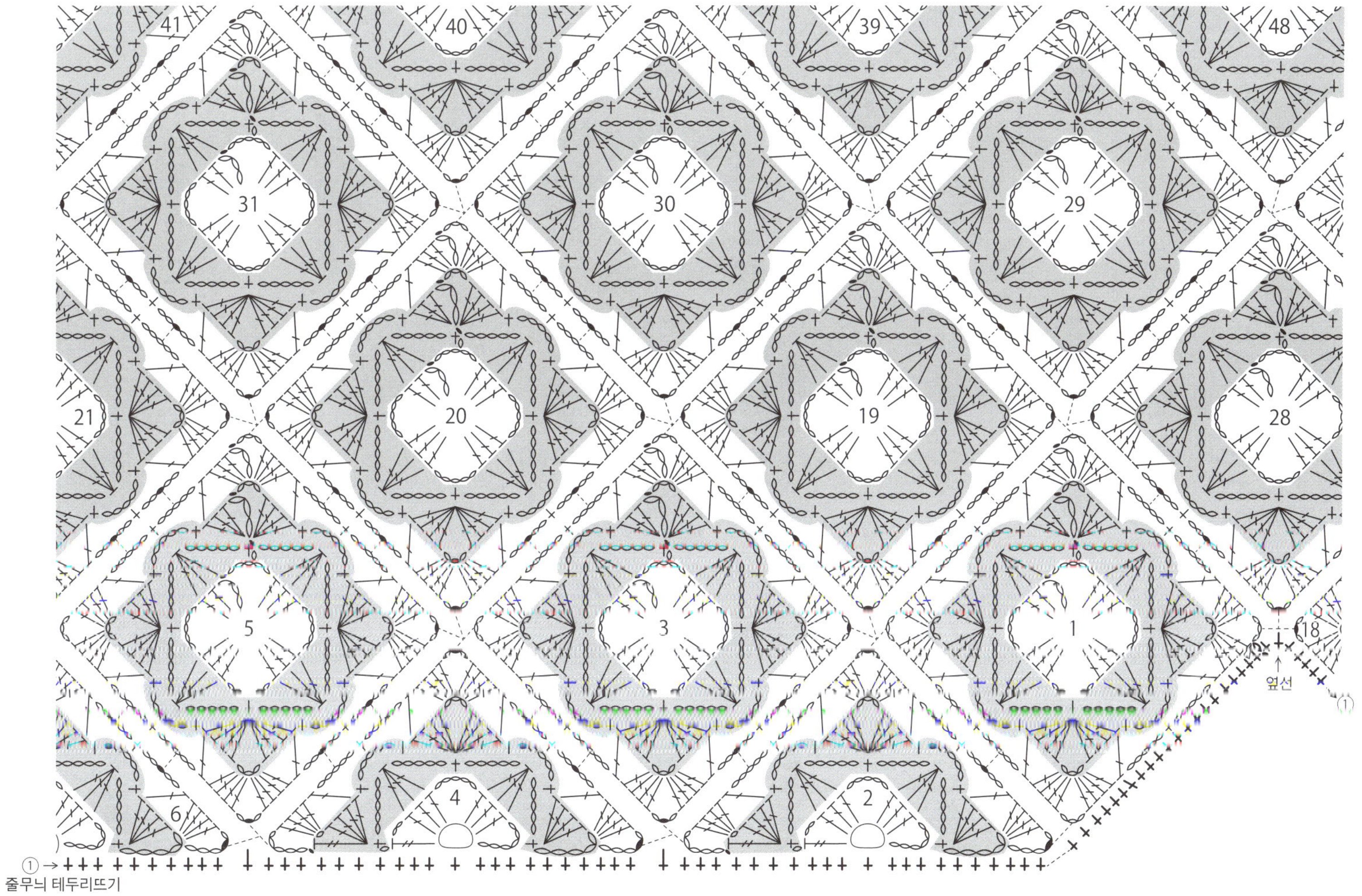

104페이지로 이어집니다. ▶

▶ 103페이지에서 이어집니다.

도안 1 소매 밑선

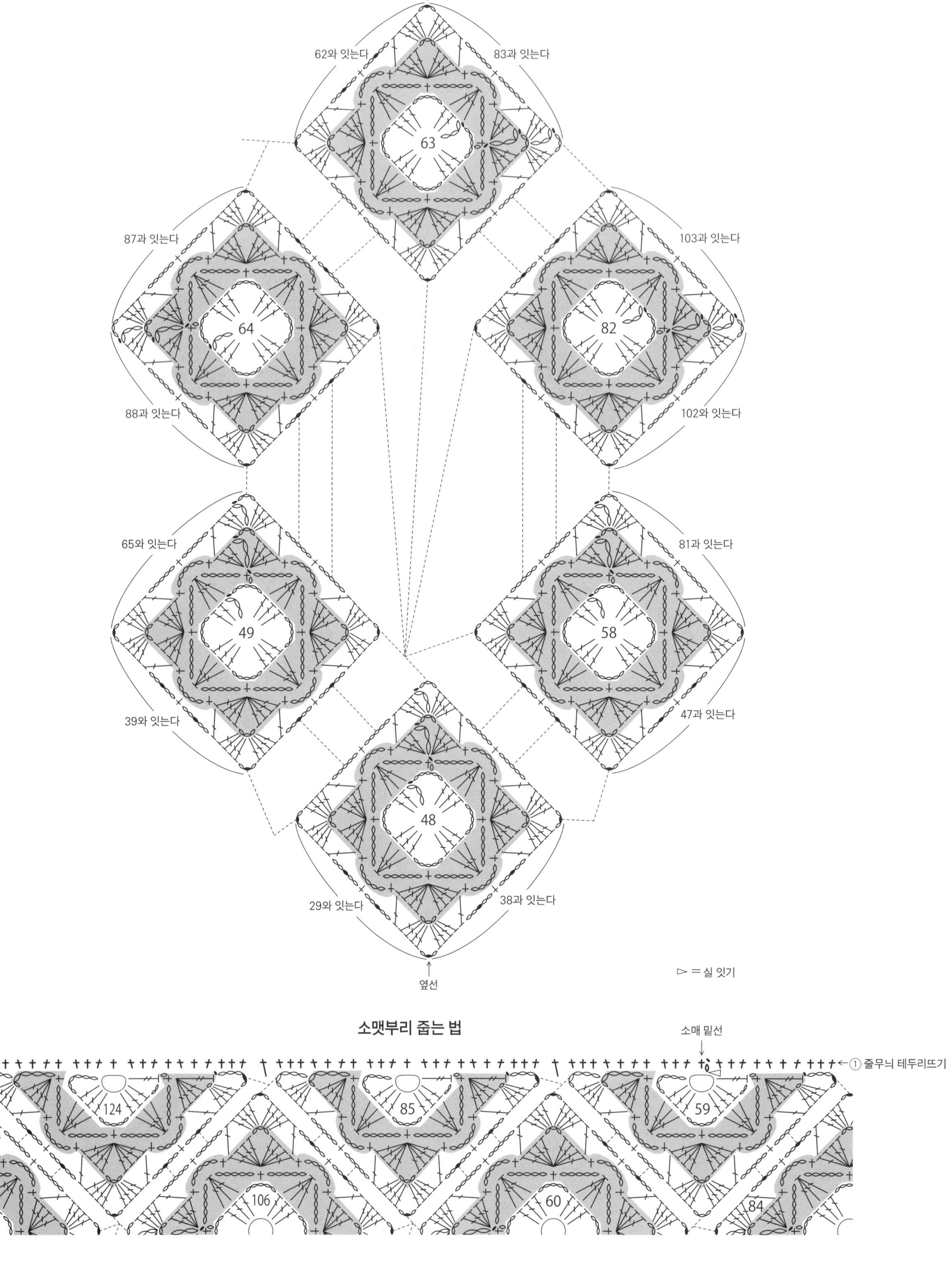

소맷부리 줍는 법

도안 2 목둘레

▷ = 실 잇기

⌃ = 짧은 3코 모아뜨기

줄무늬 테두리뜨기
①

Foundation Double Crochet(fdc) 파운데이션 더블 크로셰

1 사슬 3코를 뜬 다음, 실을 걸어 화살표처럼 1코째 사슬에 바늘을 넣고 실을 걸어 빼낸다.

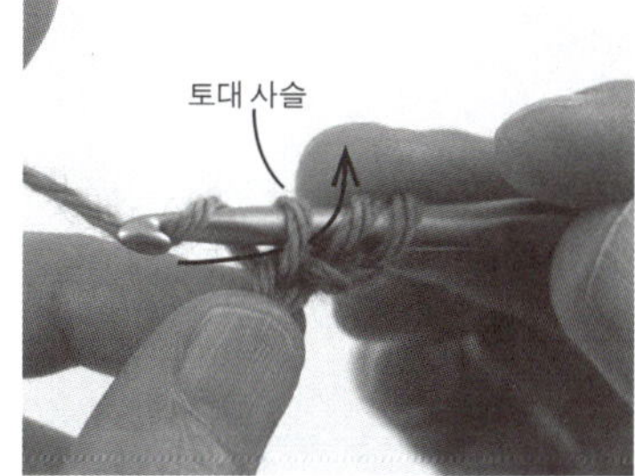

2 빼낸 코가 토대 사슬이 된다. 다시 실을 걸어 화살표처럼 빼낸다.

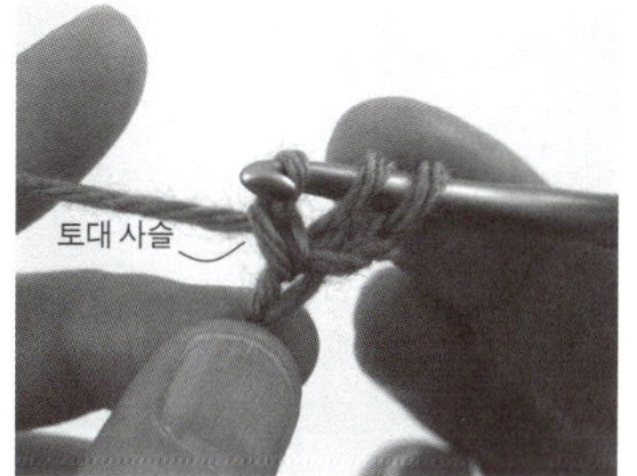

3 토대 사슬에서 실을 빼낸 모습.

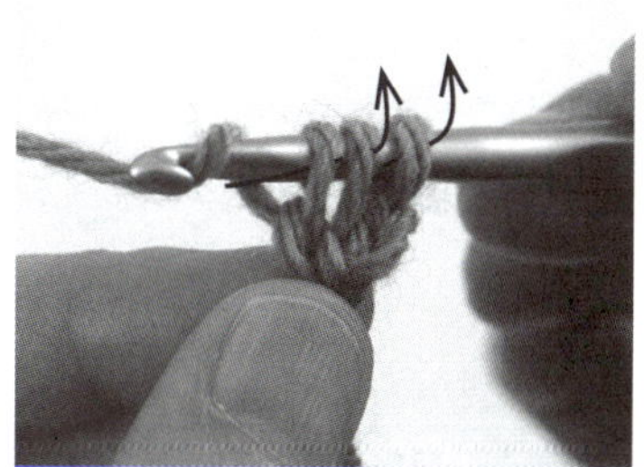

4 계속해서 실을 걸어 화살표처럼 2루프씩 빼내 한길 긴뜨기를 뜬다.

5 2코째 한길 긴뜨기를 떴다.

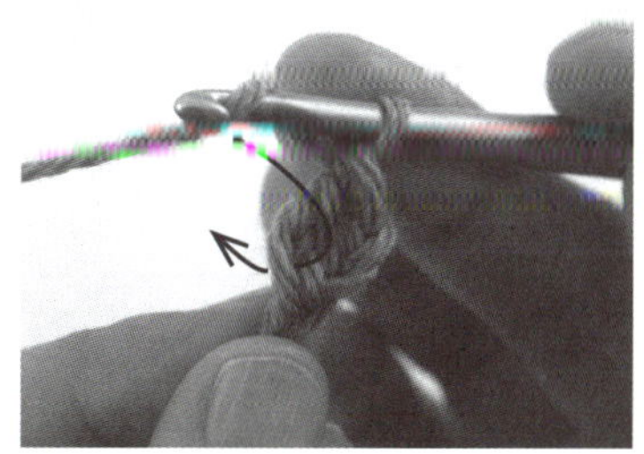

6 실을 걸어 토대 사슬에 화살표처럼 바늘을 넣고 실을 걸어 빼낸다.

7 다시 실을 걸고 빼내 토대 사슬을 뜬다.

8 실을 걸고 2루프씩 빼내 한길 긴뜨기를 뜬다. 6~8을 반복해서 필요한 콧수를 뜬다.

재료

sawada itto 코토리. 실의 색이름·색번호·사용량은 도안의 표를 참고하세요.

도구

코바늘 3/0호

완성 크기

M…가슴둘레 90cm, 기장 40.5cm, 화장 45cm
L…가슴둘레 108cm, 기장 49.5cm, 화장 54cm

게이지

모티브 크기는 도안 참고.

POINT

●몸판·소매…모두 모티브 잇기로 뜹니다. 모티브는 원형코를 만들어 뜨기 시작해 2번째 장부터는 마지막 단에서 옆 모티브와 연결하며 뜹니다.

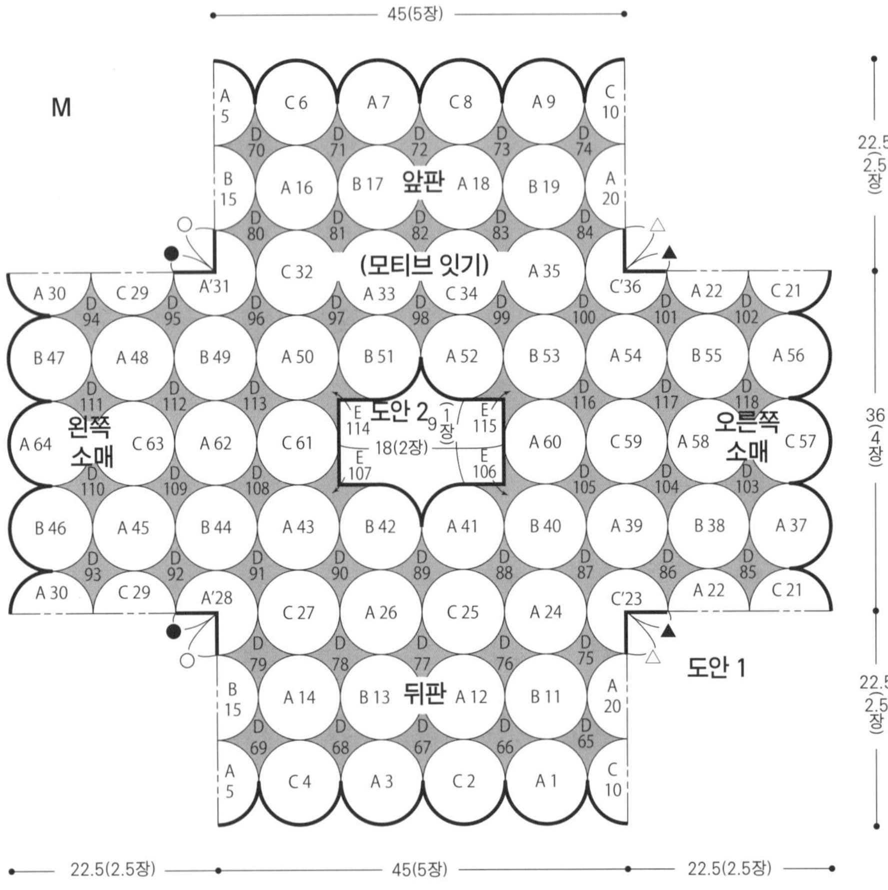

실 사용량

색이름(색번호)	M	L
오프(103)	90g 3볼	125g 4볼
핑크(146)	50g 2볼	65g 2볼
라이트퍼플(128)	25g 1볼	35g 1볼
그린(121)	25g 1볼	30g 1볼
레몬(153)	15g 1볼	20g 1볼

컬러 베리에이션

색이름(색번호)
베이지(105)
브라운(109)
네이비(116)
오렌지레드(143)
블루(148)

※ 모두 3/0호 코바늘로 뜬다.
※ 모티브 안의 숫자는 연결하는 순서다.
※ ○, ●, △, ▲ 끼리는 같은 색으로 휘감친다.
※ 모티브의 모서리 잇는 법→P.131

► = 실 자르기

모티브 D　　　모티브 E

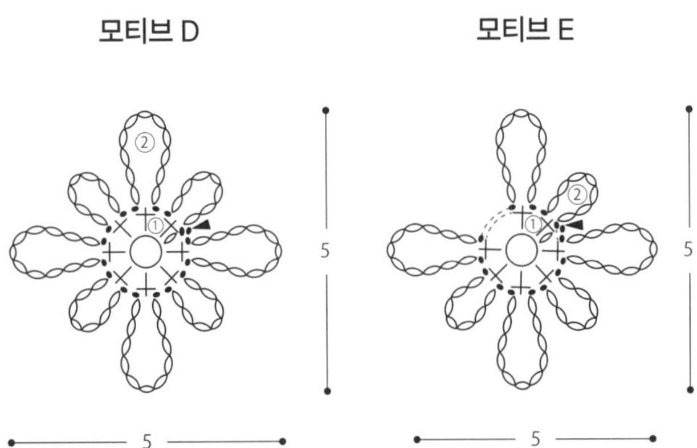

모티브 배색과 장수

	1단	2단	3~4단	5단	M	L
A	레몬	오프	핑크	오프	30장	44장
A'	레몬	오프	핑크	오프	2장	
B	레몬	오프	라이트퍼플	오프	15장	24장
C	레몬	오프	그린	오프	15장	20장
C'	레몬	오프	그린	오프	2장	
D	오프	오프			50장	74장
E	오프	오프			4장	4장

L

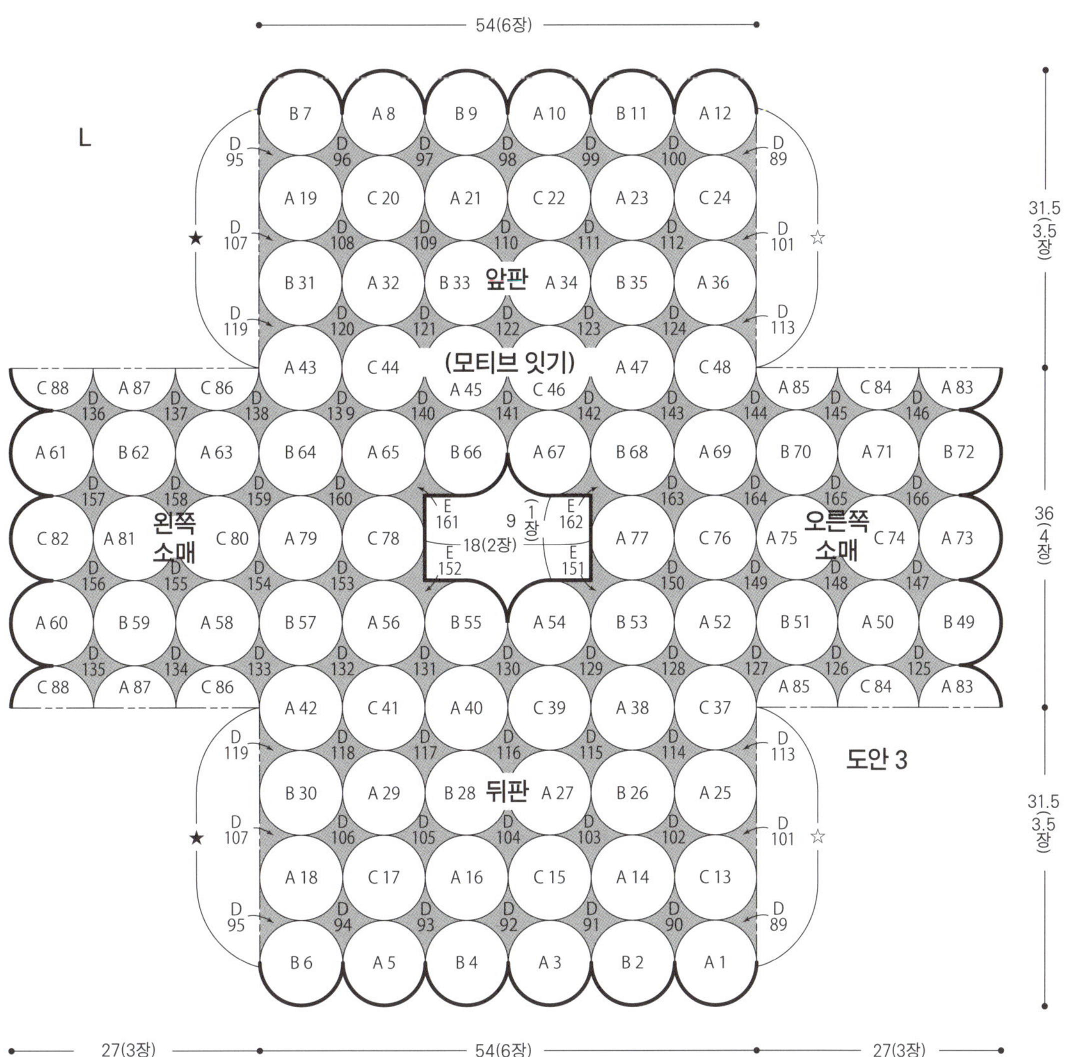

※ 모두 3/0호 코바늘로 뜬다.
※ 모티브 안의 숫자는 연결하는 순서다.
※☆, ★ 끼리는 연결한다.

▷ = 실 잇기
► = 실 자르기

모티브 A·B·C

모티브 A'·C'

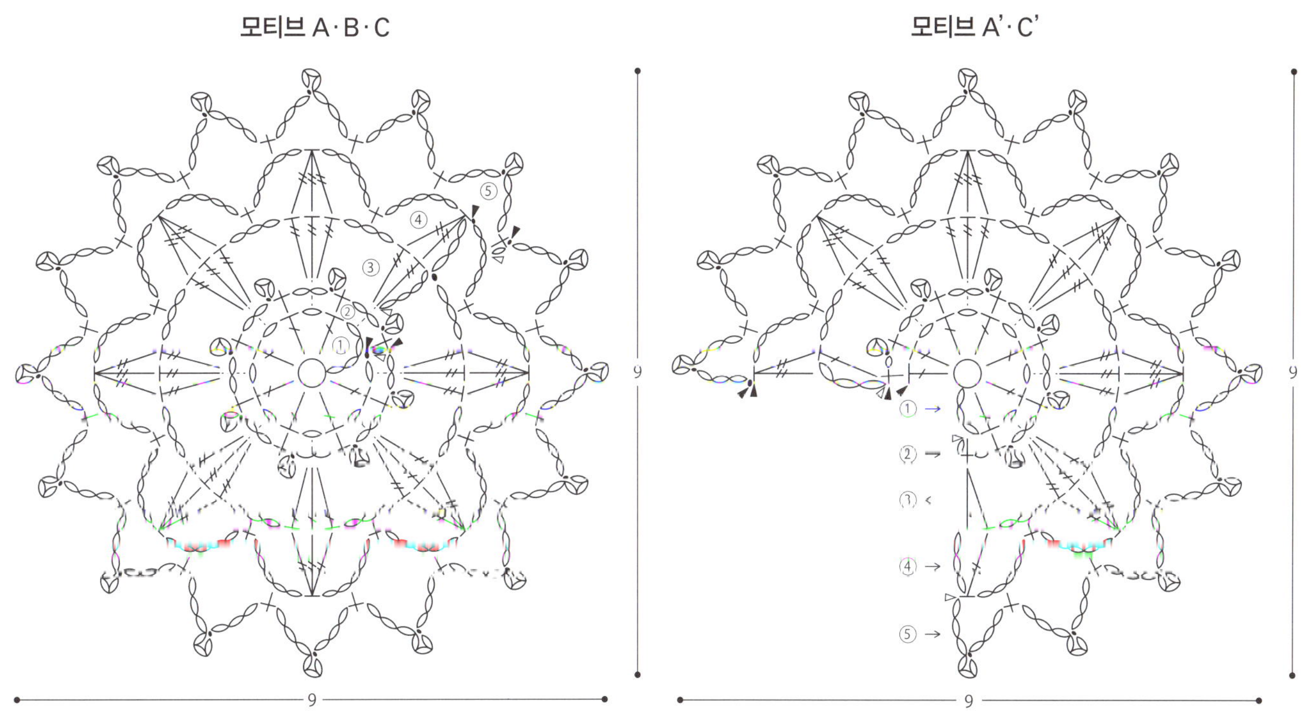

※ 3단의 두길 긴뜨기는 2단의 사슬을 앞으로 눕혀서 1단의 사슬을 다발로 주워 뜬다.

108페이지로 이어집니다. ▶

▶ 107페이지에서 이어집니다.

모티브 잇는 법(M)

※L도 똑같이 잇는다.

도안 2 목둘레(M)

※L도 똑같이 잇는다.

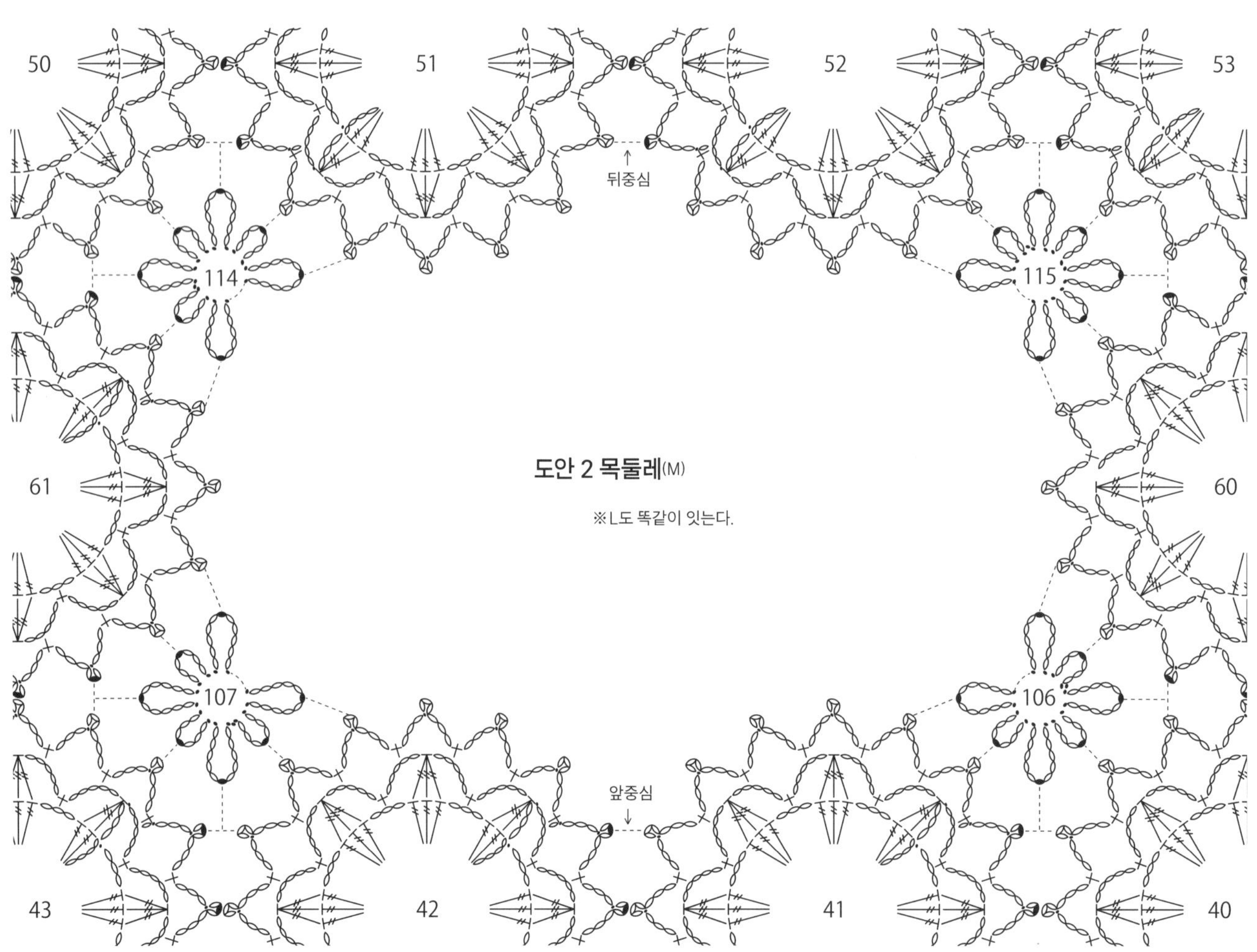

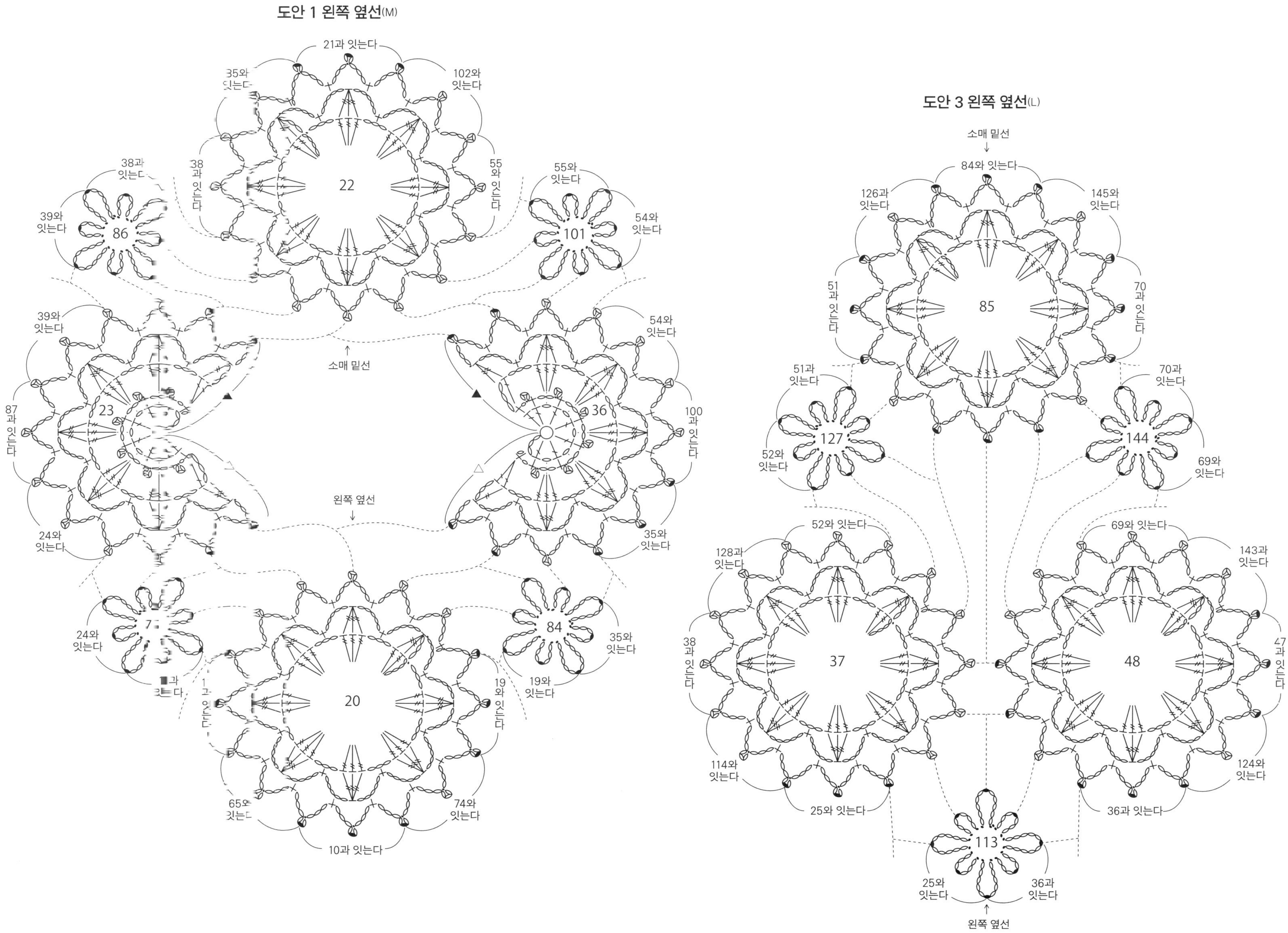

도안 1 왼쪽 옆선(M)
도안 3 왼쪽 옆선(L)
소매 밑선
왼쪽 옆선
소매 밑선
왼쪽 옆선
21과 잇는다
35와 잇는다
102와 잇는다
38과 잇는다
38과 잇는다
55와 잇는다
39와 잇는다
55와 잇는다
54와 잇는다
39와 잇는다
87과 잇는다
54와 잇는다
100과 잇는다
24와 잇는다
35와 잇는다
24와 잇는다
35와 잇는다
19와 잇는다
19와 잇는다
65와 잇는다
74와 잇는다
10과 잇는다
126과 잇는다
84와 잇는다
145과 잇는다
51과 잇는다
70과 잇는다
51과 잇는다
70과 잇는다
52와 잇는다
69와 잇는다
52와 잇는다
69와 잇는다
143과 잇는다
38과 잇는다
47과 잇는다
114와 잇는다
124와 잇는다
25와 잇는다
36과 잇는다
25와 잇는다
36과 잇는다

긴 3코 변형 구슬뜨기

한길 긴 뒤걸어뜨기

※ 일본어 사이트　　※ 일본어 사이트

재료

sawada itto 푸니 베이지(3575) 90g 3볼, 네이비
(5510) 60g 2볼, 그레이지(8080) 50g 2볼, 레트
로핑크(1570) 40g 2볼

도구

코바늘 7/0호

완성 크기

폭 38㎝, 깊이 22㎝(손잡이 제외)

게이지

모티브 크기는 도안 참고.

POINT

●모티브는 원형코를 만들어 뜨기 시작해 지정 장
수만큼 뜹니다. 모티브끼리는 그레이지로 반 코 휘
감아 잇기를 합니다. 입구는 지정 콧수를 주워 줄
무늬 테두리뜨기로 뜹니다. 이어서 손잡이는 지정
위치에서 코를 주워 짧은뜨기로 뜹니다. ■끼리는
휘감아 잇기를 합니다.

배색표

	가방	컬러 베리에이션
———	그레이지(8080)	브라운(2040)
▨▨▨	레트로핑크(1570)	옐로(3004)
········	네이비(5510)	라이트블루(5005)
━━━	베이지(3575)	오프(3690)

가방
(모티브 잇기)

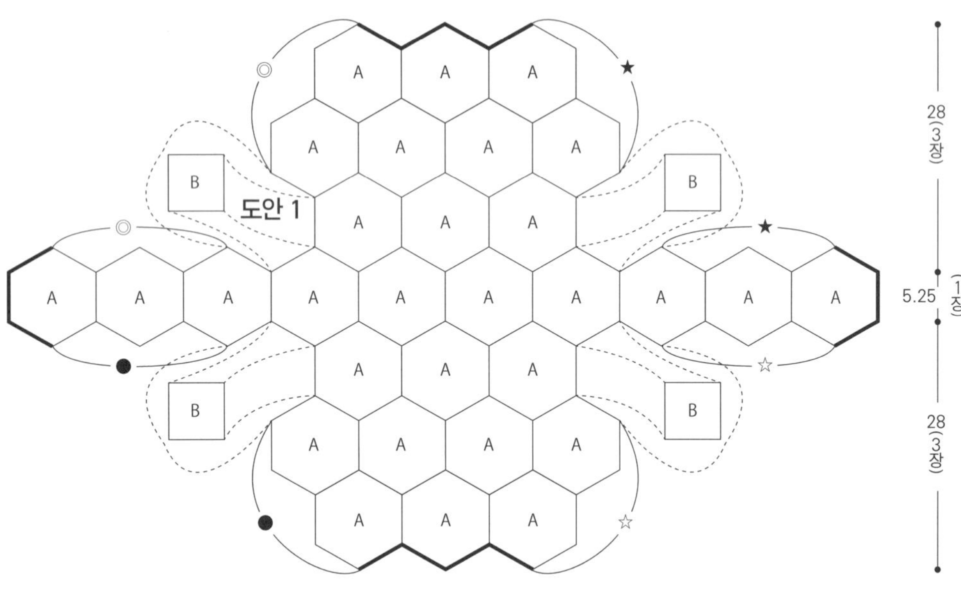

모티브 B 4장

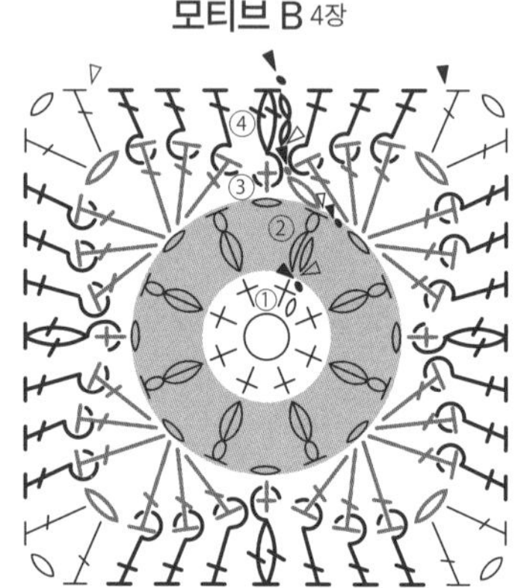

※ 모두 7/0호 코바늘로 뜬다.
※ 모티브끼리, 맞춤 표시끼리는 그레이지로 반코 휘감아 잇기를 한다.
※ 맞춤 표시끼리도 휘감아 잇기로 합친다.

모티브 A　　**모티브 B**

모티브 잇는 법

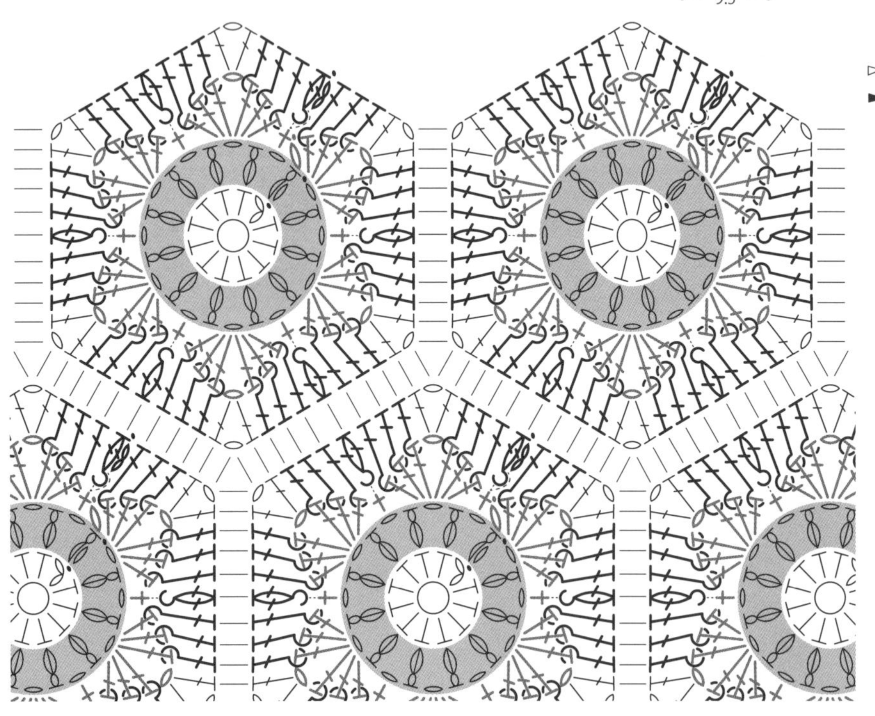

모티브 A 30장

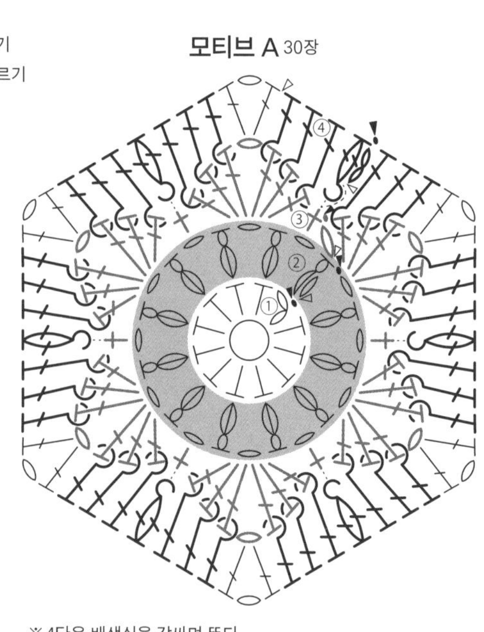

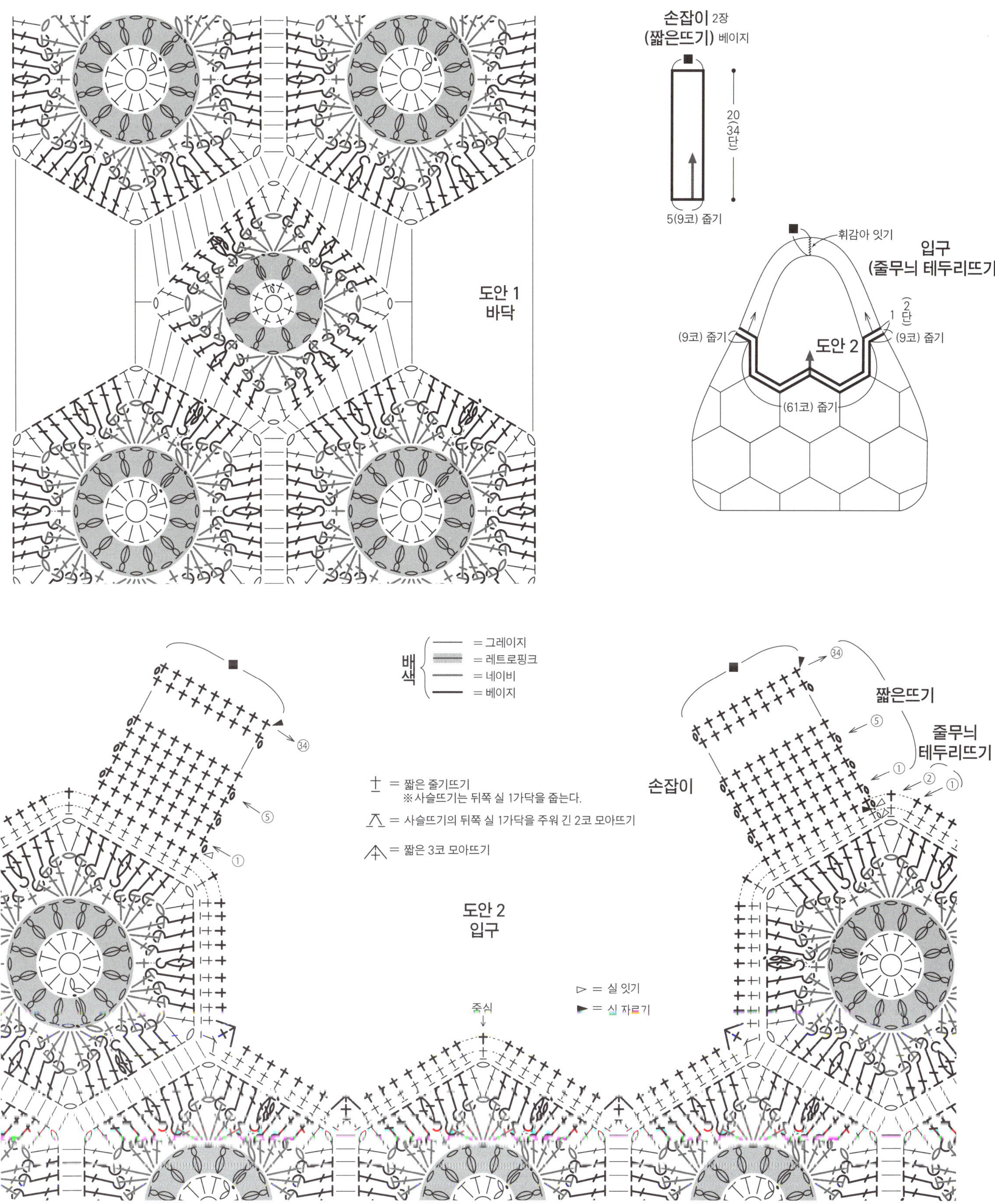

손잡이 2장
(짧은뜨기) 베이지
20 (34단)
5(9코) 줍기
휘감아 잇기
입구
(줄무늬 테두리뜨기)
도안 2
(9코) 줍기
2단
1
(9코) 줍기
(61코) 줍기
도안 1
바닥
배색
= 그레이지
= 레트로핑크
= 네이비
= 베이지
34
짧은뜨기
5
줄무늬 테두리뜨기
1
2
1
손잡이
도안 2
입구
34
5
①
┼ = 짧은 줄기뜨기
※사슬뜨기는 뒤쪽 실 1가닥을 줍는다.
= 사슬뜨기의 뒤쪽 실 1가닥을 주워 긴 2코 모아뜨기
= 짧은 3코 모아뜨기
중심
▷ = 실 잇기
▶ = 실 자르기

재료
호비라 호비레 코튼 셰리. 실의 색이름·색번호·사용량은 도안의 표를 참고하세요.

도구
[블랭킷] 코바늘 5/0호·3/0호
[가방] 코바늘 5/0호·4/0호·3/0호

완성 크기
[블랭킷] 폭 102㎝, 길이 78㎝
[가방] 폭 36㎝, 깊이 27㎝

게이지
모티브 크기는 도안 참고.

POINT
●블랭킷…모티브 잇기로 뜹니다. 모티브는 원형코를 만들어 뜨기 시작해 2번째 장부터는 마지막 단에서 옆 모티브와 연결하며 뜹니다. 다 연결한 뒤 주위에 줄무늬 테두리뜨기를 원형으로 뜹니다.
●가방…옆면은 모티브 잇기로 뜹니다. 모티브는 원형코를 만들어 뜨기 시작해 2번째 장부터는 마지막 단에서 옆 모티브와 연결하며 뜹니다. 입구는 옆면 위쪽에서 코를 주워 줄무늬 테두리뜨기로 원형으로 뜹니다. 바닥은 옆면 아래쪽에서 코를 주워 테두리뜨기 A, 짧은뜨기로 원형으로 뜹니다. 바닥의 줄임코는 도안을 참고하세요. 손잡이는 사슬뜨기로 기초코를 만들어 뜨기 시작해 무늬뜨기로 4단 뜹니다. 안끼리 맞대어 한 번 접고 도안을 참고해 손잡이 테두리를 테두리뜨기 B로 뜹니다. 마무리하는 법을 참고해 바닥을 휘감아 잇기를 하고 손잡이를 지정 위치에 꿰매 달아 마무리합니다.

실 사용량

색이름(색번호)	블랭킷	가방
황록색(03)	230g 6볼	70g 2볼
청록색(20)	200g 5볼	100g 3볼
에크뤼(10)	140g 4볼	40g 1볼
파란색(14)	140g 4볼	40g 1볼
핑크(07)	50g 2볼	20g 1볼

컬러 베리에이션

단	왼쪽	중간	오른쪽
1단	파란색	청록색	핑크
2단	황록색	핑크	황록색
3단	청록색	황록색	파란색
4단	에크뤼	파란색	에크뤼
5단	파란색	청록색	핑크
6단	에크뤼	파란색	에크뤼

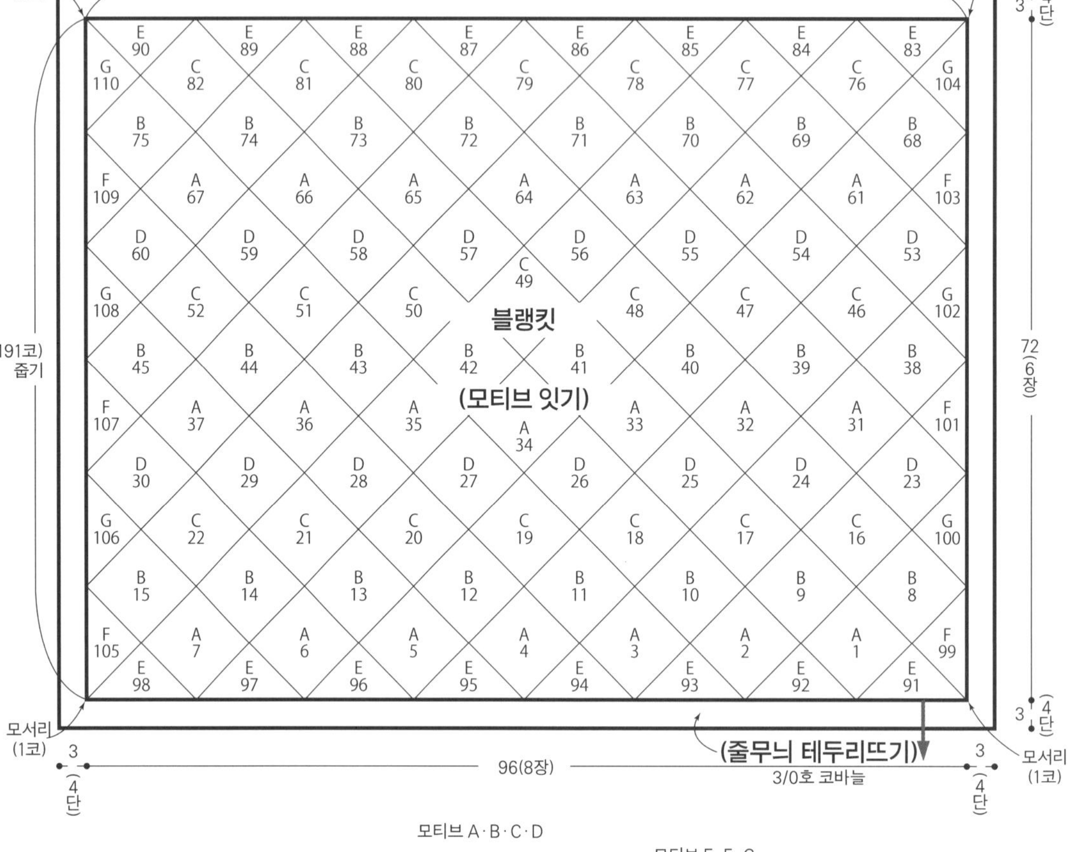

※지정하지 않은 것은 5/0호 코바늘로 뜬다.
※모티브 안의 숫자는 연결하는 순서다.

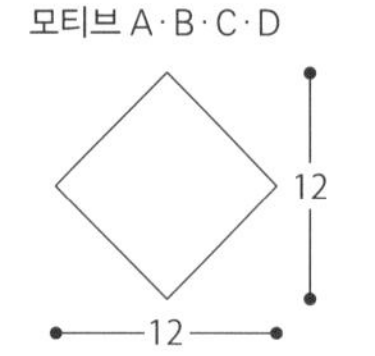

모티브 배색

	1단	2단	3단	4단	5단	6단	블랭킷	가방
A	청록색	에크뤼	황록색	파란색	청록색	파란색	21장	6장
B	에크뤼	핑크	청록색	에크뤼	황록색	에크뤼	24장	6장
C	파란색	청록색	에크뤼	황록색	파란색	황록색	21장	6장
D	청록색	에크뤼	핑크	청록색	황록색	청록색	16장	
D'	청록색	에크뤼	핑크	청록색	황록색	청록색		6장
E	청록색	에크뤼	핑크	청록색	황록색	청록색	16장	6장
F	청록색	에크뤼	황록색	파란색	청록색	파란색	6장	
G	파란색	청록색	에크뤼	황록색	파란색	황록색	6장	

줄무늬 테두리뜨기(공통)

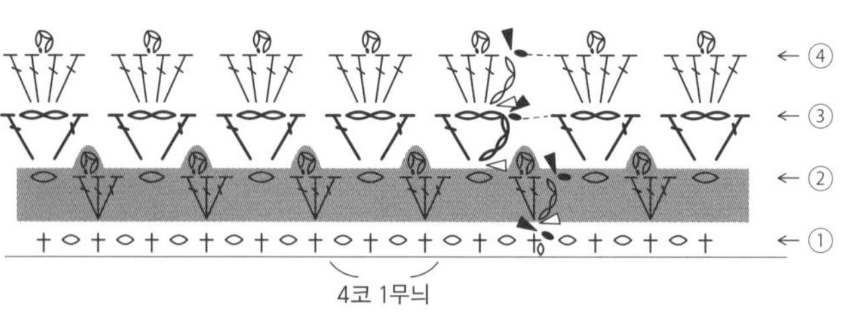

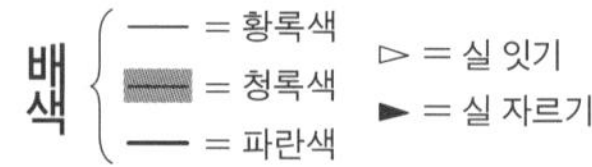

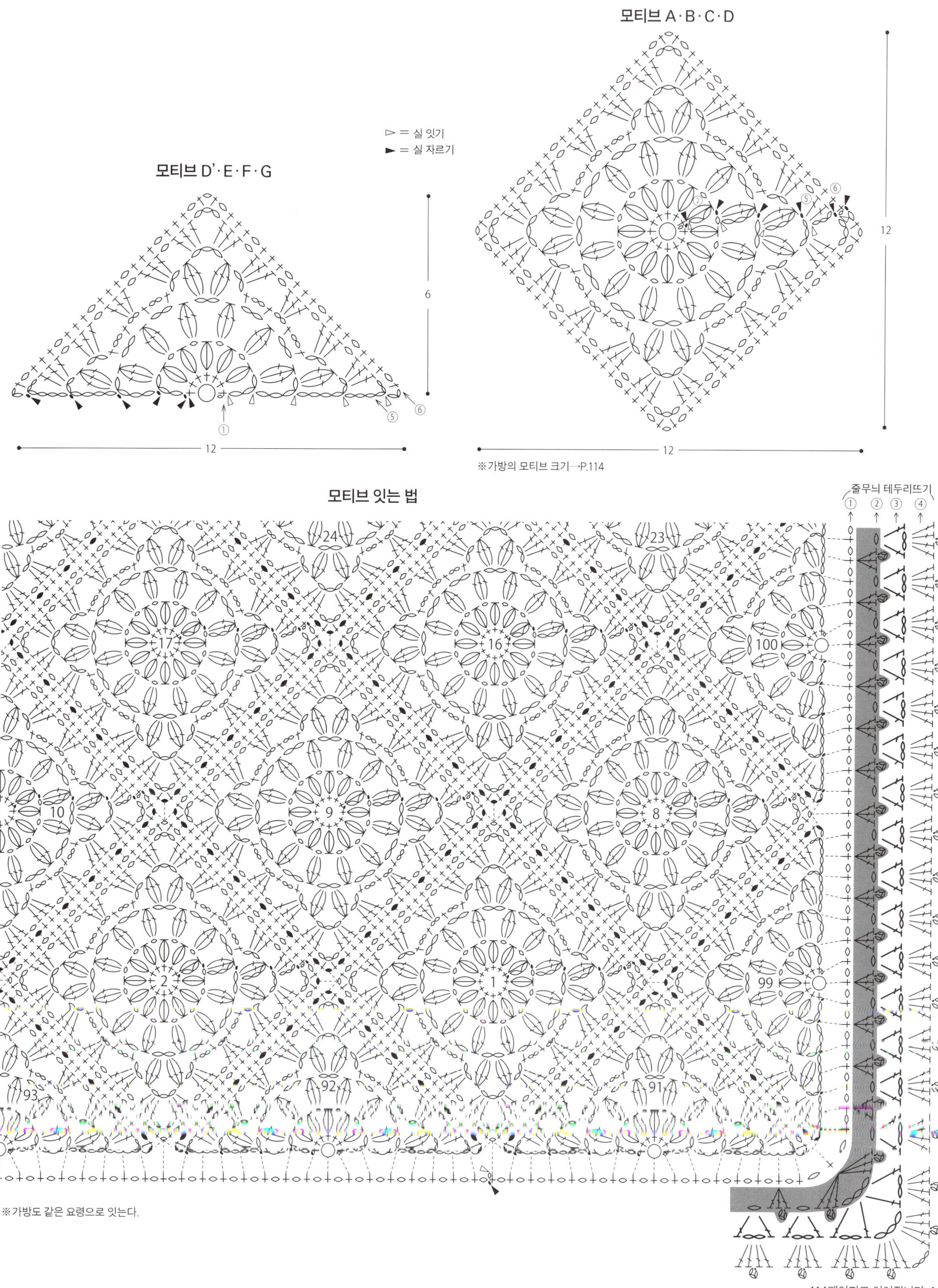

114페이지로 이어집니다. ►

▶ 113페이지에서 이어집니다.

가방

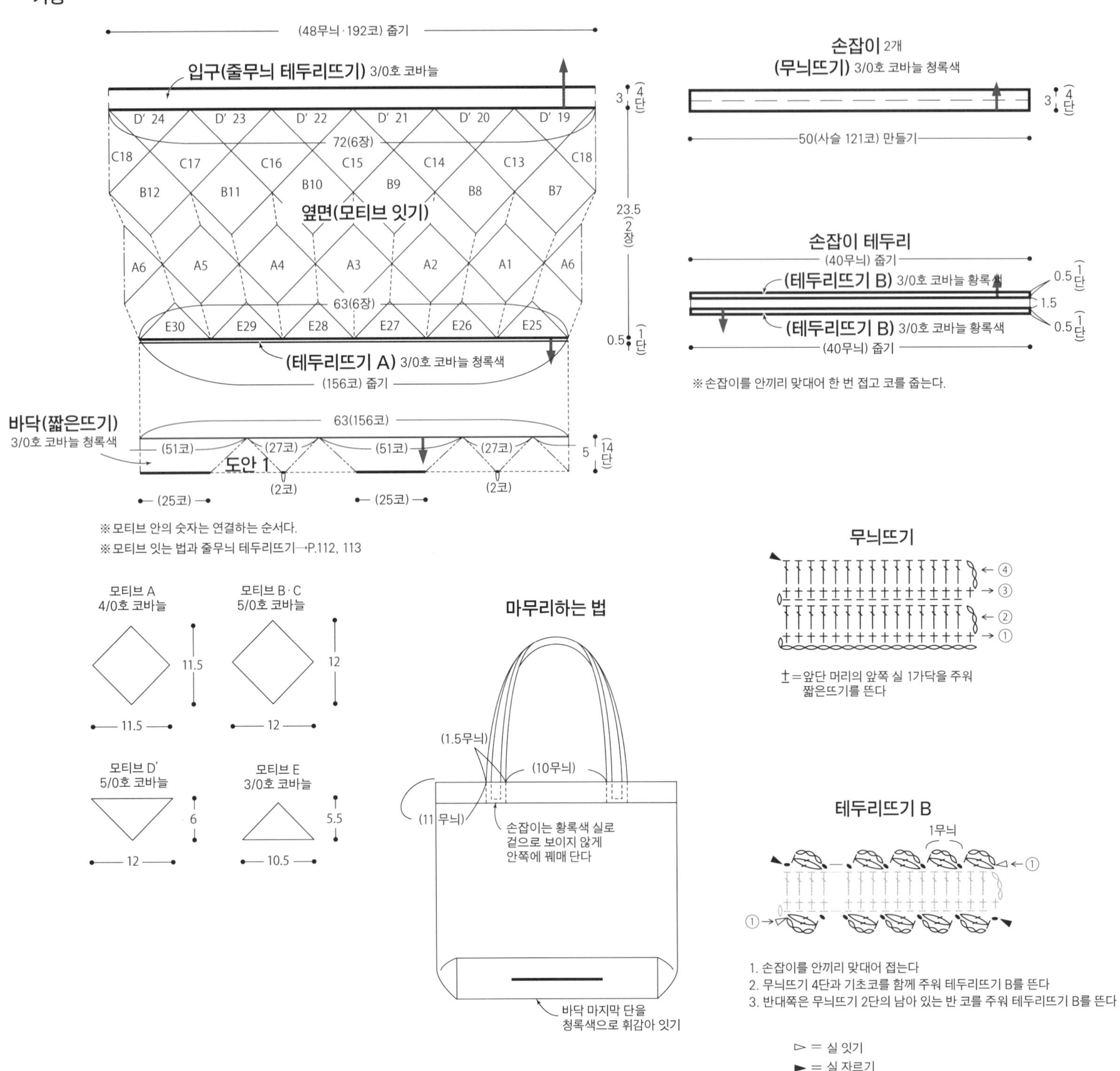

115페이지로 이어집니다. ▶

한길 긴 5코 팝콘뜨기
※일본어 사이트

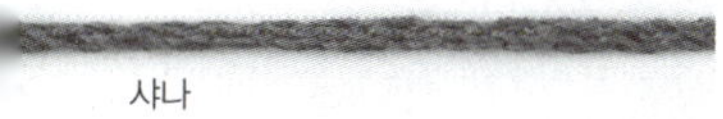

짧은 앞걸어뜨기
※일본어 사이트

재료
sawada itto 샤나 차콜(328) 80g 3볼, 블루(319) 25g 1볼, 민트(339) 20g 1볼, 새먼핑크(336) 10g 1볼

도구
코바늘 7.5/0호

완성 크기
머리둘레 55cm, 깊이 26.5cm

게이지
모티브 1변 11cm. 무늬뜨기 15.5코=10cm, 11단=7cm

POINT
●모티브는 원형코를 만들어 뜨기 시작해 5장 뜹니다. 모티브끼리는 안끼리 맞댄 뒤, 뜨는 방향에 주의하며 짧은뜨기로 연결합니다. 이어서 모티브 잇기 부분에서 코를 주워 윗면 쪽은 짧은뜨기를 1단 뜨고, 챙은 무늬뜨기로 원형으로 뜹니다. 분산 늘림코는 도안을 참고하세요. 마지막 단은 빼뜨기를 1단 떠서 정돈합니다. 윗면은 모티브처럼 뜨기 시작해 짧은뜨기로 뜹니다. 늘림코는 도안을 참고하세요. 윗면과 옆면을 겉끼리 맞대어 바깥쪽 반 코끼리 빼뜨기로 잇기를 합니다.

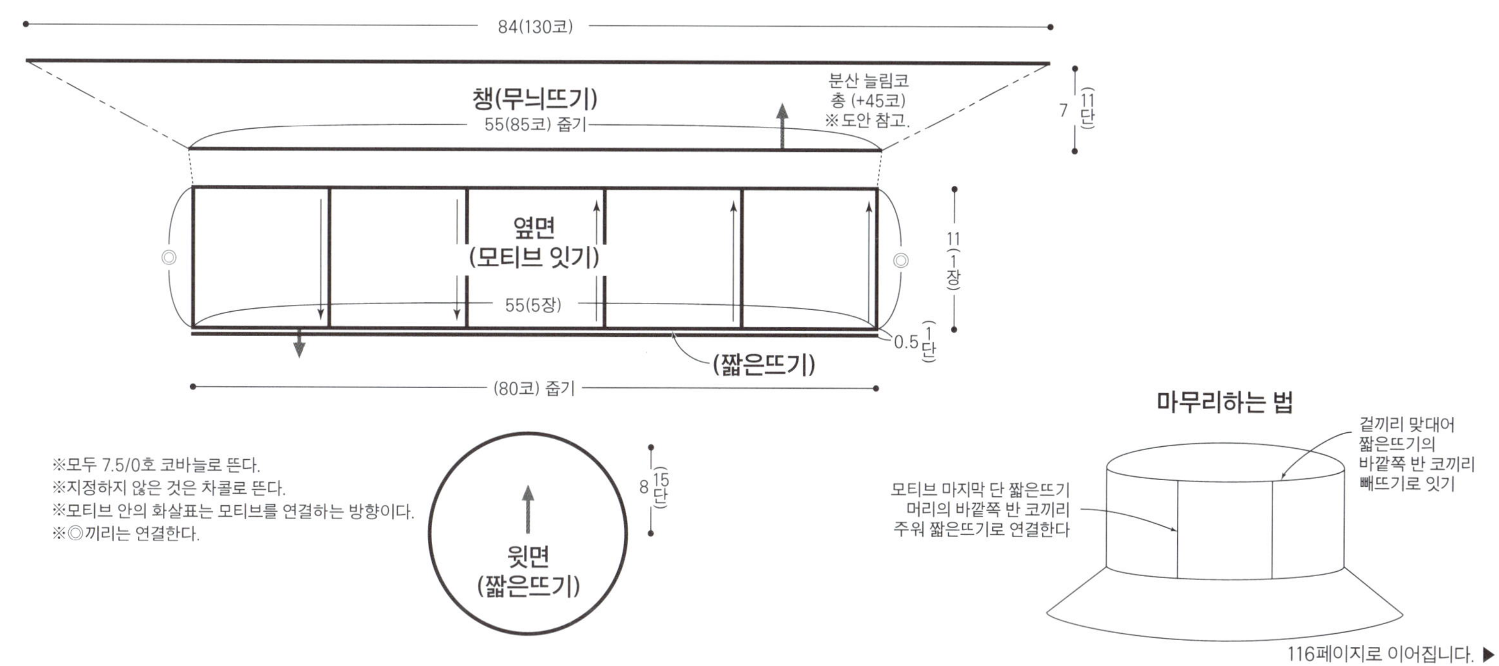

116페이지로 이어집니다. ▶

▶ 114페이지에서 이어집니다.

도안 1 바닥

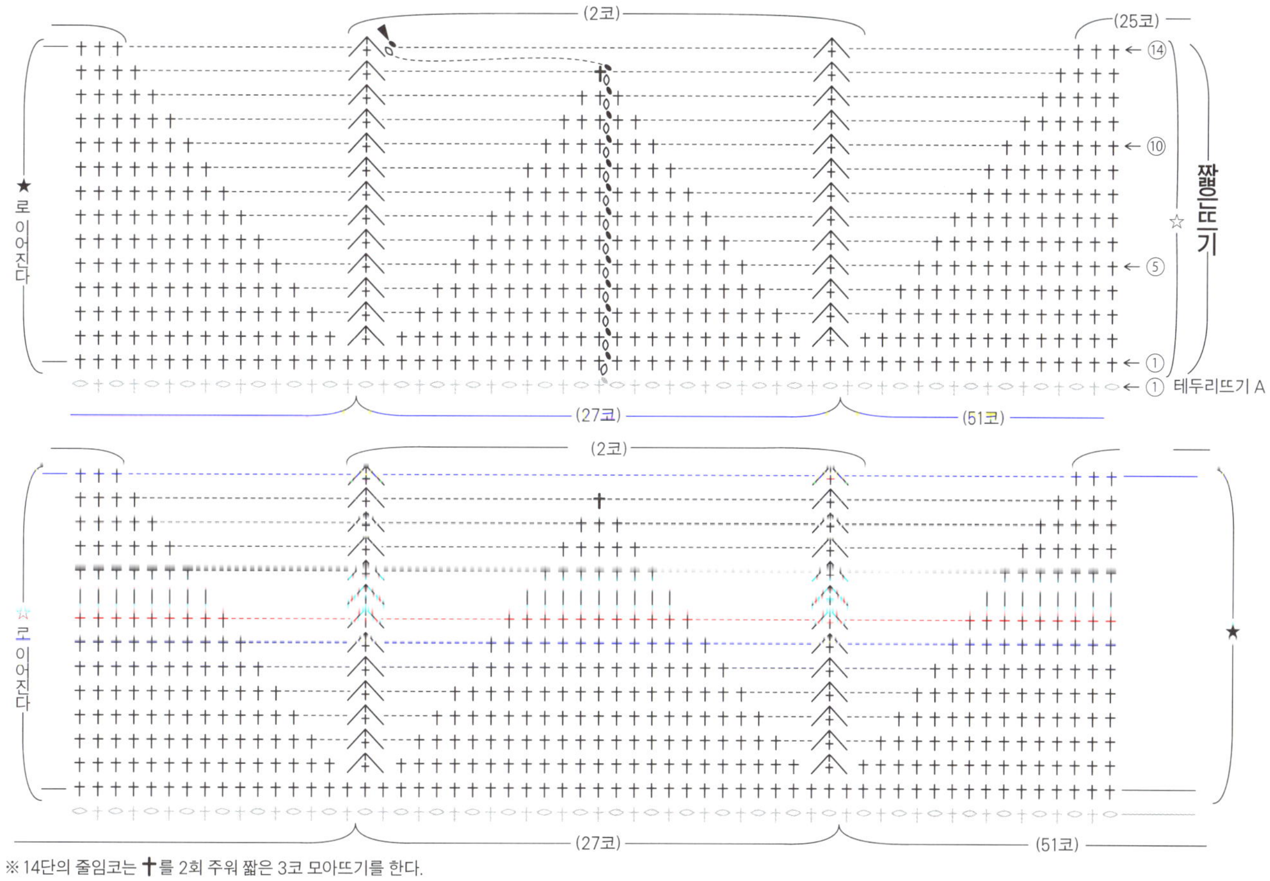

※14단의 줄임코는 †를 2회 주워 짧은 3코 모아뜨기를 한다.

바닥의 줄임코

단	콧수	
14단	54코	(−6코)
13단	60코	(−8코)
12단	68코	(−8코)
11단	76코	(−8코)
10단	84코	(−8코)
9단	92코	(−8코)
8단	100코	(−8코)
7단	108코	(−8코)
6단	116코	(−8코)
5단	124코	(−8코)
4단	132코	(−8코)
3단	140코	(−8코)
2단	148코	(−8코)
1단	156코	

▶ 115페이지에서 이어집니다.

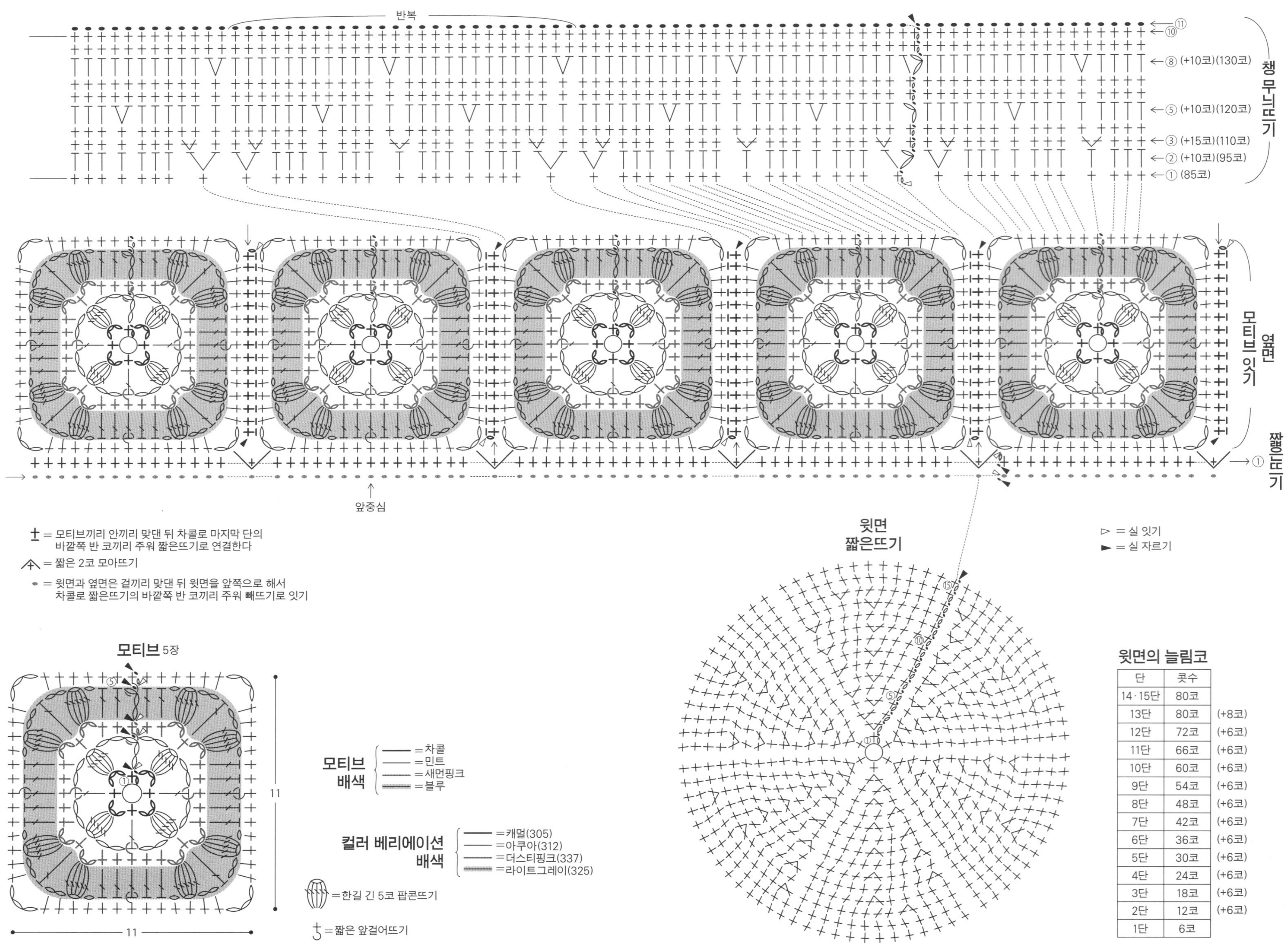

윗면의 늘림코

단	콧수	
14·15단	80코	
13단	80코	(+8코)
12단	72코	(+6코)
11단	66코	(+6코)
10단	60코	(+6코)
9단	54코	(+6코)
8단	48코	(+6코)
7단	42코	(+6코)
6단	36코	(+6코)
5단	30코	(+6코)
4단	24코	(+6코)
3단	18코	(+6코)
2단	12코	(+6코)
1단	6코	

Y자뜨기

※ 일본어 사이트

재료
실…데오리야 실크 울 코드. 실의 색이름·색번호·사용량은 도안의 표를 참고하세요.
걸고리…길이 9mm 3쌍

도구
코바늘 6/0호

완성 크기
M…가슴둘레 111cm, 기장 42cm, 화장 46.5cm
L…가슴둘레 111cm, 기장 51cm, 화장 55.5cm

게이지
모티브 1변 9cm

POINT
●몸판·소매…모티브 잇기로 뜹니다. 모티브를 지정 장수만큼 뜨고 모티브끼리 걸끼리 맞대어 사슬뜨기와 짧은뜨기로 잇기를 합니다.
●마무리…밑단·앞단·목둘레, 소맷부리는 지정 콧수를 주워 줄무늬 테두리뜨기로 원형으로 뜹니다. 걸고리를 달아 마무리합니다.

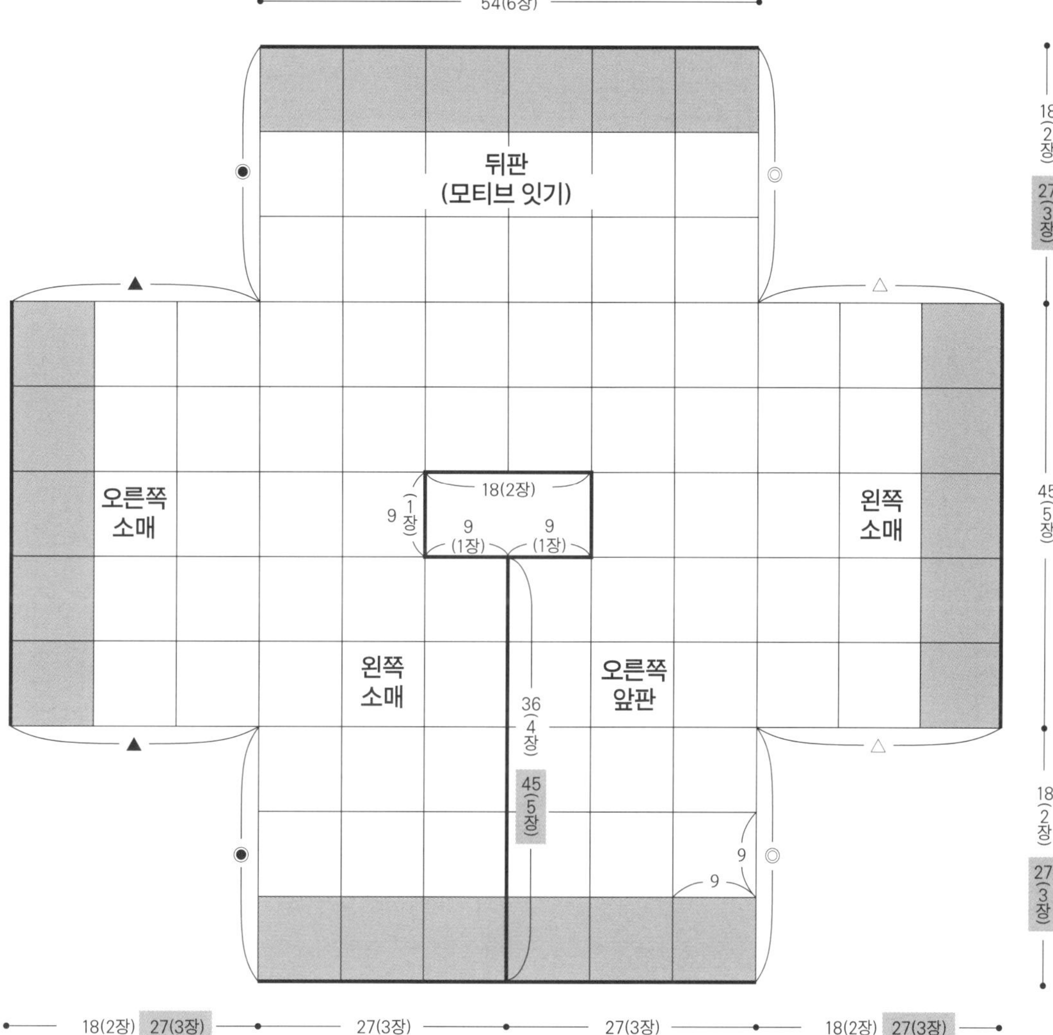

※ 모두 6/0호 코바늘로 뜬다.
※ 맞춤 표시끼리는 연결한다.

실 사용량

색이름(색번호)	M	L
에크뤼(12)	150g	190g
베이지(08)	140g	185g
노란색(06)	110g	140g
그레이(10)	75g	95g

컬러 베리에이션

색이름(색번호)
빨간색(01)
남색(03)
연그레이(11)
에크뤼(12)

줄무늬 짧은뜨기

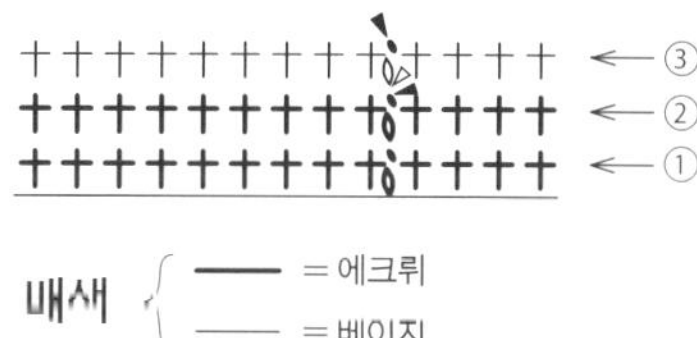

118페이지로 이어집니다. ▶

▶ 117페이지에서 이어집니다.

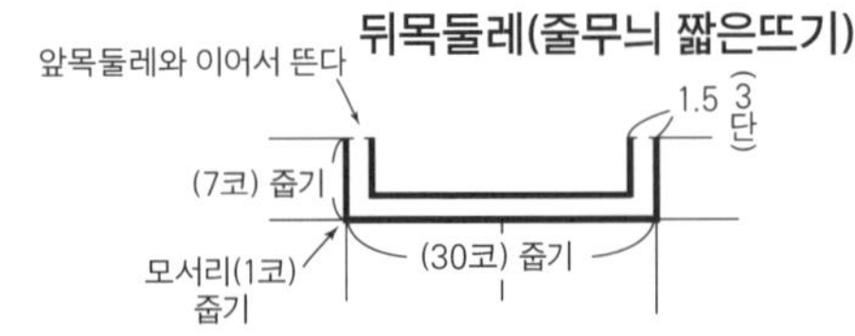

밑단 · 앞단 · 앞목둘레(줄무늬 짧은뜨기) 뒤목둘레와 이어서 뜬다

※테두리뜨기 줍는 법은 도안 참고.
● = 걸고리 다는 위치(안면)
뒤판에서 (96코) 줍기

모티브 M: 72장 L: 94장

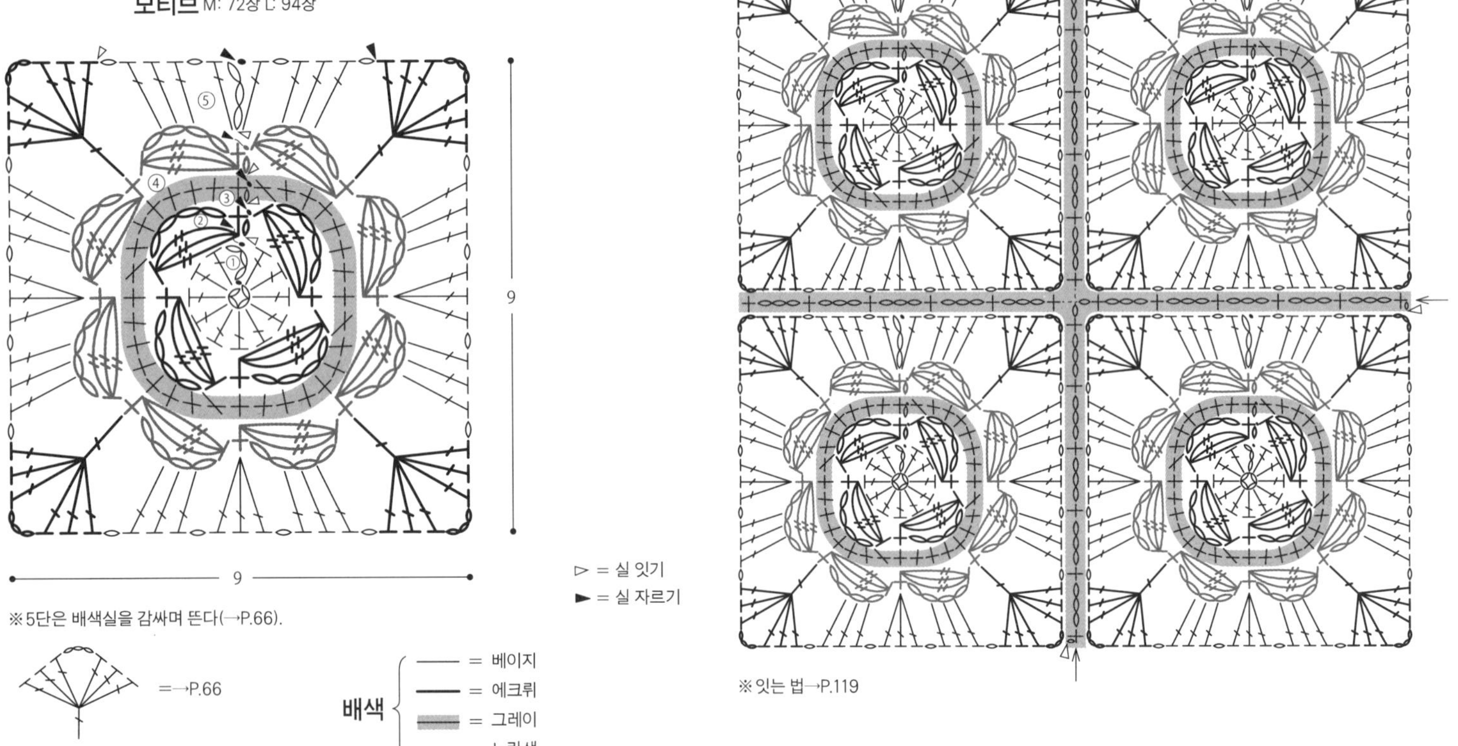

※5단은 배색실을 감싸며 뜬다(→P.66).

=→P.66

배색
= 베이지
= 에크뤼
= 그레이
= 노란색

▷ = 실 잇기
► = 실 자르기

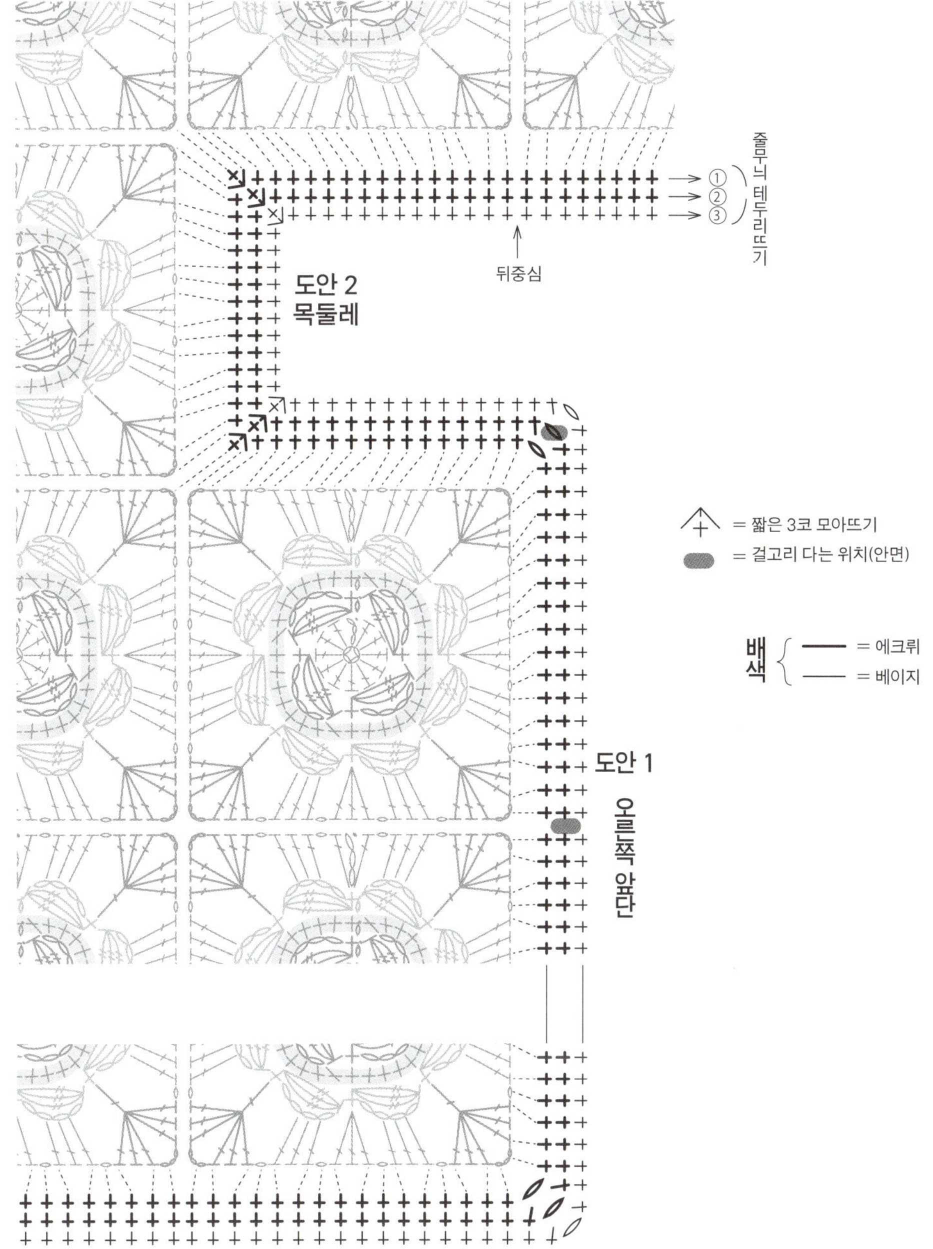

모티브 잇는 법

1 모티브끼리 겉끼리 맞대어 2장에 코바늘을 넣은 뒤 실을 걸어 사슬 기둥코를 1코 뜨고

2 짧은뜨기를 1코 뜬다.

3 이어서 사슬을 3코 뜬다. 색을 바꾼 부분은 걸친 실도 함께 주워

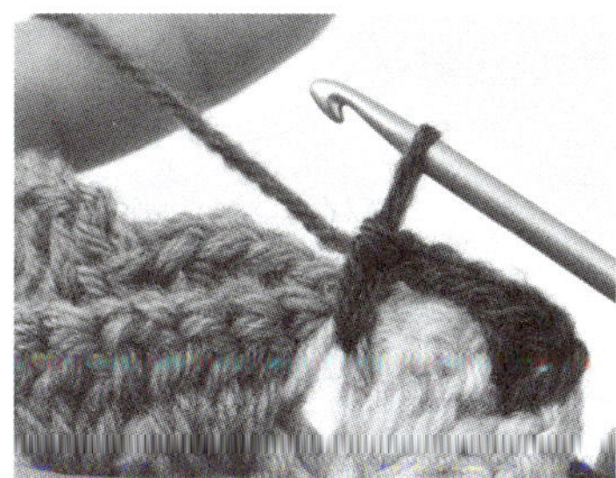

4 짧은뜨기를 뜬다.

5 3, 4를 반복해 가장자리까지 연결한 모습.

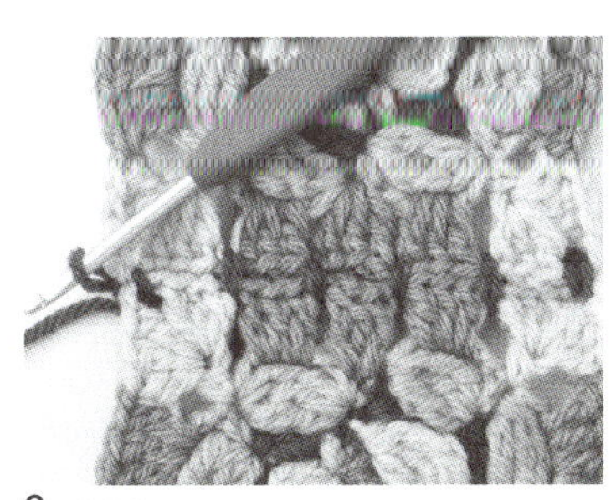

6 겉에서 본 모습.

재료

데오리야 태피 울

남성용…황록색(319) 240g, 하늘색(135) 140g

여성용…황록색(319) 210g, 하늘색(135) 125g

공통…지름 15mm 단추 6개(남성용), 4개(여성용)

도구

코바늘 3/0호

완성 크기

남성용…가슴둘레 103.5cm, 기장 60.5cm, 화장 43.5cm

여성용…가슴둘레 103.5cm, 기장 43.5cm, 화장 52cm

게이지

모티브 크기는 도안 참고.

POINT

●모티브 잇기로 뜹니다. 2번째 장부터는 마지막 단에서 옆 모티브와 연결하며 뜹니다. 밑단·목둘레·앞단·소맷부리는 지정 콧수를 주워 짧은뜨기로 뜹니다. 남성용은 왼쪽 앞단, 여성용은 오른쪽 앞단에 단춧구멍을 냅니다. 칼라는 도안을 참고해 짧은뜨기로 3단 되돌아뜨기하고 이어서 한길 긴뜨기로 분산 늘림코를 하면서 뜹니다. 칼라 주위에는 짧은뜨기를 뜹니다. 칼라 주위의 가장자리는 앞단에 감침질해 답니다. 단추를 달아 마무리합니다.

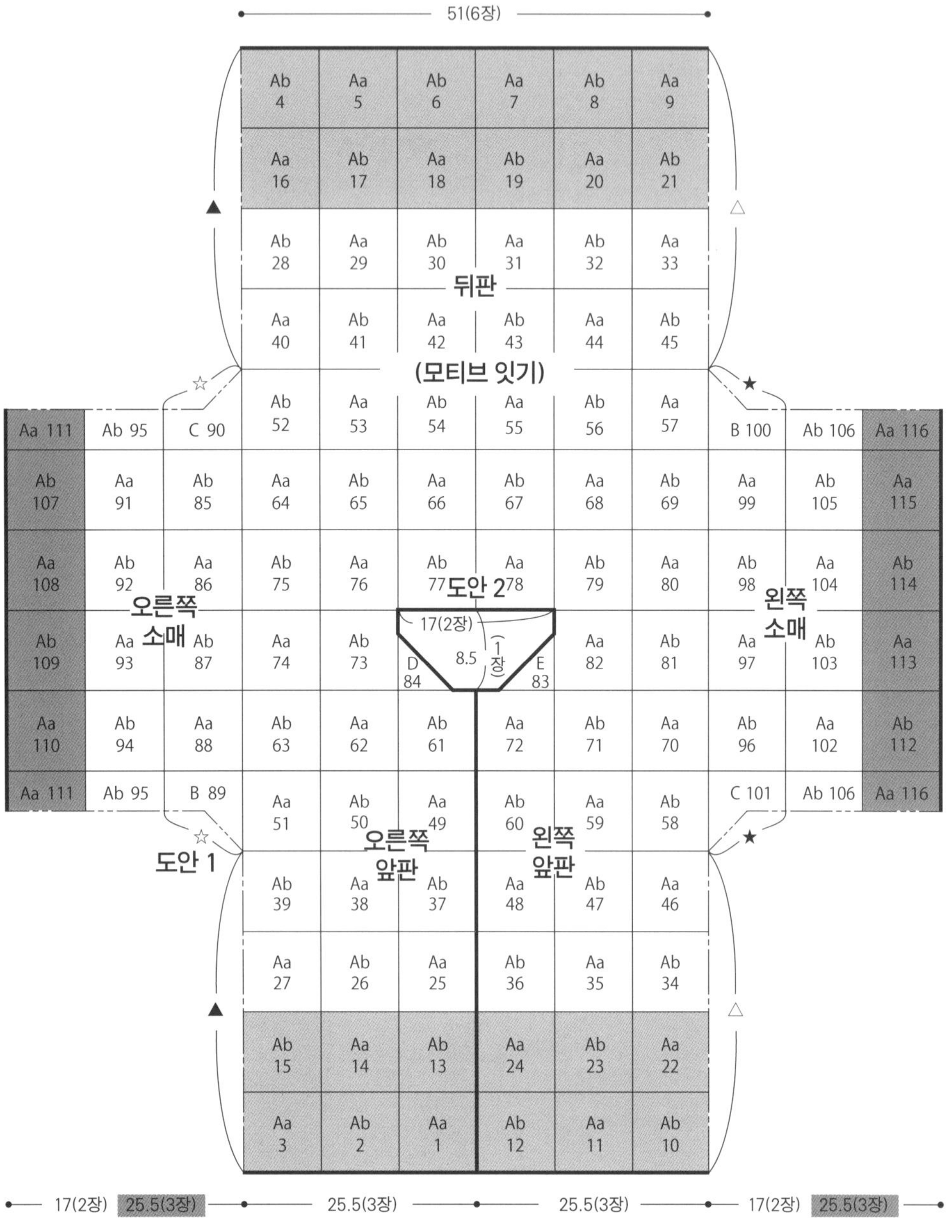

컬러 베리에이션

오렌지 계열	오렌지(444), 노란색(342)
남색 계열	남색(108), 에크뤼(002)

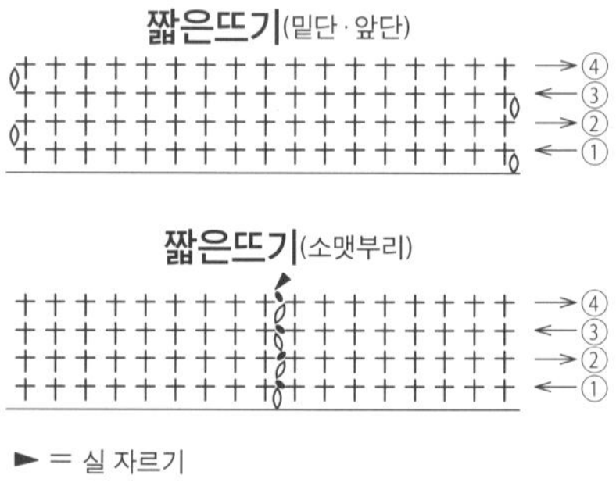

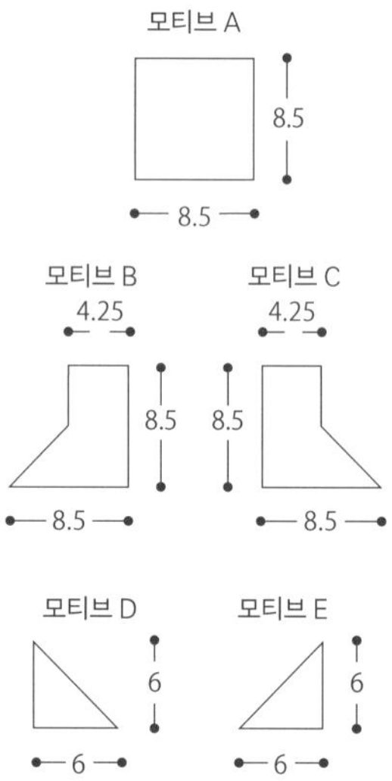

짧은뜨기(밑단·앞단)

→④
←③
←②
①

짧은뜨기(소맷부리)

→④
←③
←②
①

► = 실 자르기

모티브 A
8.5
8.5

모티브 B
4.25
8.5
8.5

모티브 C
4.25
8.5
8.5

모티브 D
6
6

모티브 E
6
6

(도안 1 / 모티브 잇기 schematic)

51(6장)

뒤판 (모티브 잇기)

Ab 4	Aa 5	Ab 6	Aa 7	Ab 8	Aa 9
Aa 16	Ab 17	Aa 18	Ab 19	Aa 20	Ab 21
Ab 28	Aa 29	Ab 30	Aa 31	Ab 32	Aa 33
Aa 40	Ab 41	Aa 42	Ab 43	Aa 44	Ab 45
Ab 52	Aa 53	Ab 54	Aa 55	Ab 56	Aa 57

34(4장), 17(2장), 4.25(0.5장)

오른쪽 소매 / 도안 2 / 왼쪽 소매

Aa 111	Ab 95	C 90	Ab 52	Aa 53	Ab 54	Aa 55	Ab 56	Aa 57	B 100	Ab 106	Aa 116
Ab 107	Aa 91	Ab 85	Aa 64	Ab 65	Aa 66	Ab 67	Aa 68	Ab 69	Aa 99	Ab 105	Aa 115
Aa 108	Ab 92	Aa 86	Ab 75	Aa 76	Ab 77	Aa 78	Ab 79	Aa 80	Ab 98	Aa 104	Ab 114
Ab 109	Aa 93	Ab 87	Aa 74	Ab 73		Aa 82	Ab 81	Aa 97	Ab 103	Aa 113
Aa 110	Ab 94	Aa 88	Ab 63	Aa 62	Ab 61	Aa 72	Ab 71	Aa 70	Ab 96	Aa 102	Ab 112
Aa 111	Ab 95	B 89	Aa 51	Ab 50	Aa 49	Ab 60	Aa 59	Ab 58	C 101	Ab 106	Aa 116

도안 2: 17(2장), 8.5, D 84, E 83

42.5(5장), 4.25(0.5장)

오른쪽 앞판 / 왼쪽 앞판

Ab 39	Aa 38	Ab 37	Ab 48	Ab 47	Aa 46
Aa 27	Ab 26	Aa 25	Ab 36	Aa 35	Ab 34
Ab 15	Aa 14	Ab 13	Aa 24	Ab 23	Aa 22
Aa 3	Ab 2	Aa 1	Ab 12	Aa 11	Ab 10

34(4장), 17(2장)

17(2장) 25.5(3장) 25.5(3장) 25.5(3장) 17(2장) 25.5(3장)

※ 모두 3/0호 코바늘로 뜬다.

※ 모티브 안의 숫자는 연결하는 순서로, 남성용은 1부터 106까지, 여성용은 25부터 116까지 뜬다.

※ 맞춤 표시끼리는 연결한다.

※ ▨ 는 여성용, 그 외는 남성용 또는 공통.

칼라

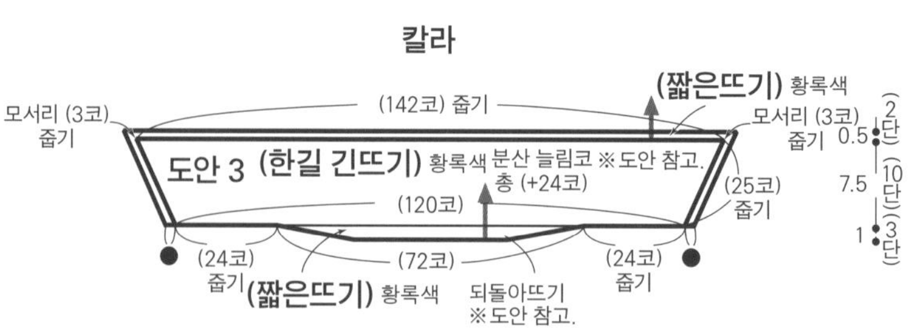

※ ●는 앞단에 감침질해 단다.

목둘레 남성용
(짧은뜨기) 황록색

(46코) 줍기
0.5 ②단
칼라 달기 끝
모서리 (1코) 줍기
(2코)
(35코) 줍기

1 ④단

(120코) 줍기

앞단
(짧은뜨기) 황록색

소맷부리
(짧은뜨기) 황록색

(149코) 줍기

단춧구멍 (2코)

○=(22코)

■=③단

(25코)

밑단(짧은뜨기) 황록색
1 ④단
1.5 ⑥단
(289코) 줍기

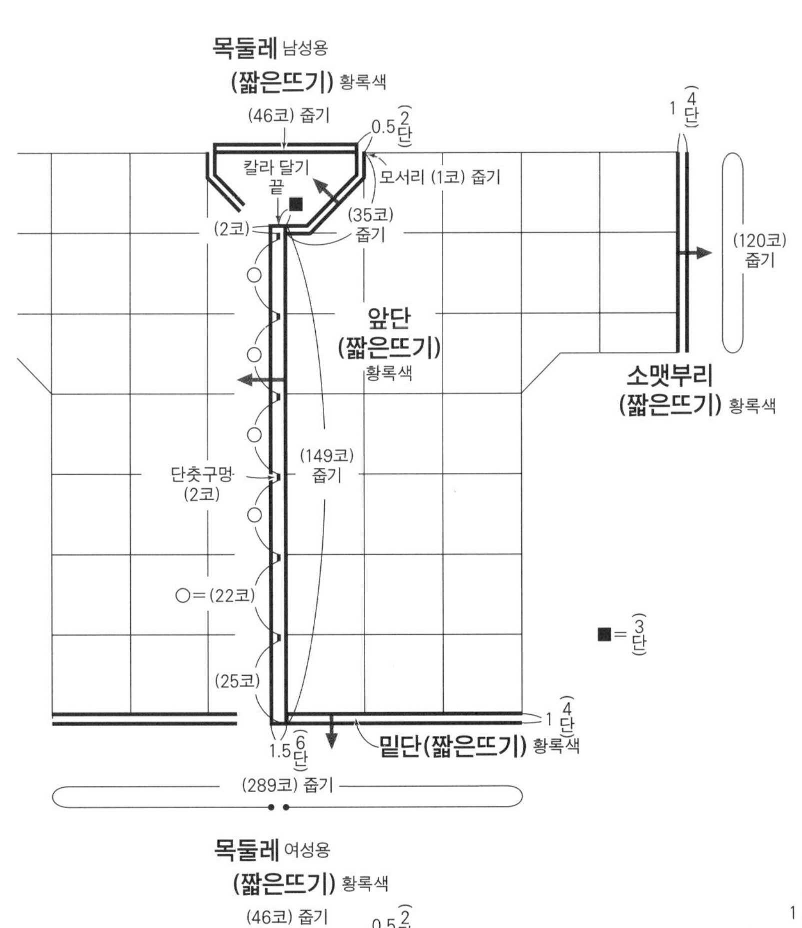

모티브 A·B·C 배색

	1·3·5단	2·4단	6단
Aa, C	하늘색	황록색	황록색
Ab, B	황록색	하늘색	

모티브 A
남성용: a 49장 b 51장
여성용: a 43장 b 43장

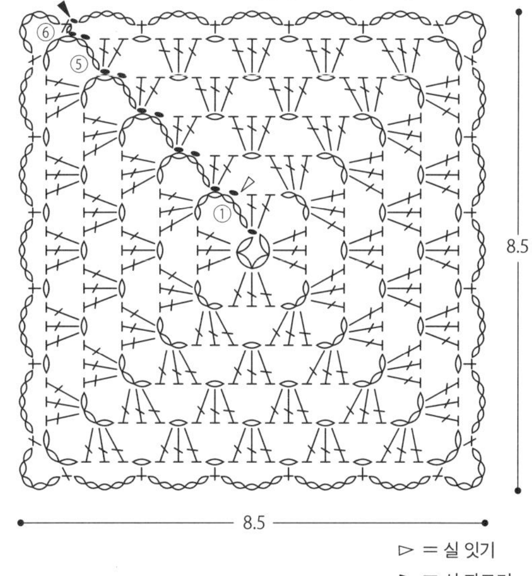

목둘레 여성용
(짧은뜨기) 황록색

(46코) 줍기
0.5 ②단
칼라 달기 끝
모서리 (1코) 줍기
(35코) 줍기
(2코)

1 ④단

(70코) 줍기

도안 4

앞단
(짧은뜨기) 황록색

소맷부리
(짧은뜨기) 황록색

(101코) 줍기

○=(22코)

단춧구멍 (2코)

(25코)

밑단(짧은뜨기)
황록색
1 ④단
1.5 ⑥단
(289코) 줍기

모티브 B
남성용: 2장
여성용: 2장

모티브 D·E 배색

	1단	2단	3단	4단
D	하늘색	황록색	하늘색	황록색
E	황록색	하늘색	황록색	

모티브 D
남성용: 1장
여성용: 1장

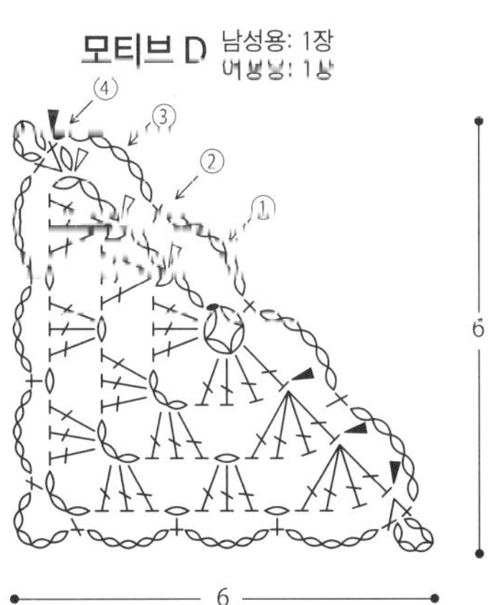

모티브 F
남성용: 1장
여성용: 1장

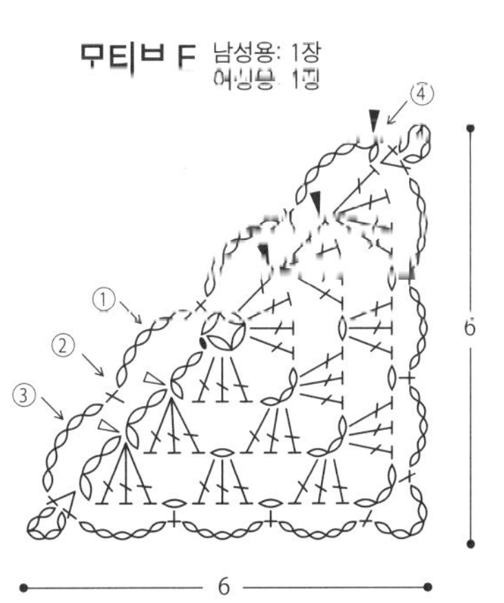

모티브 C
남성용: 2장
여성용: 2장

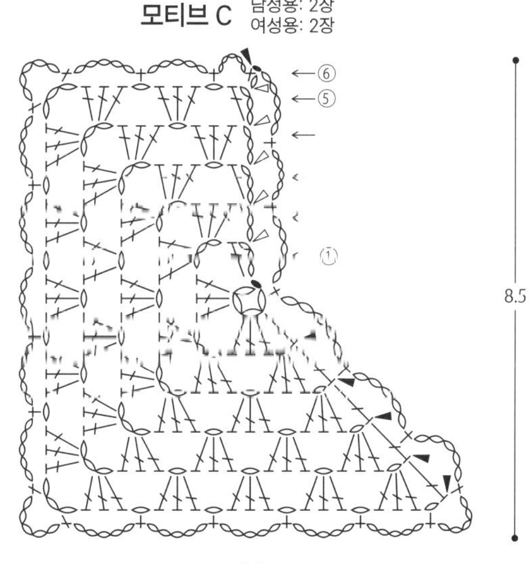

122페이지로 이어집니다. ▶

121

▶ 121페이지에서 이어집니다.

모티브 잇는 법

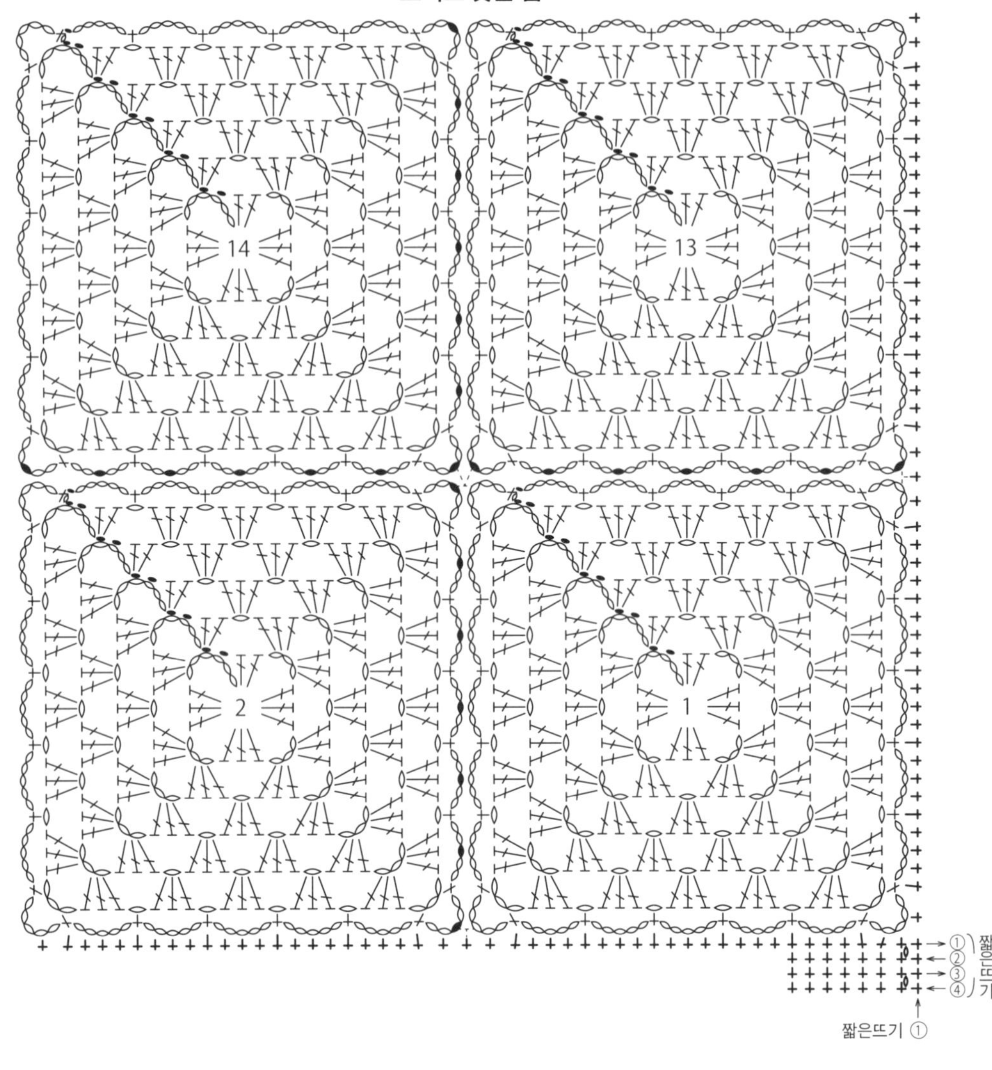

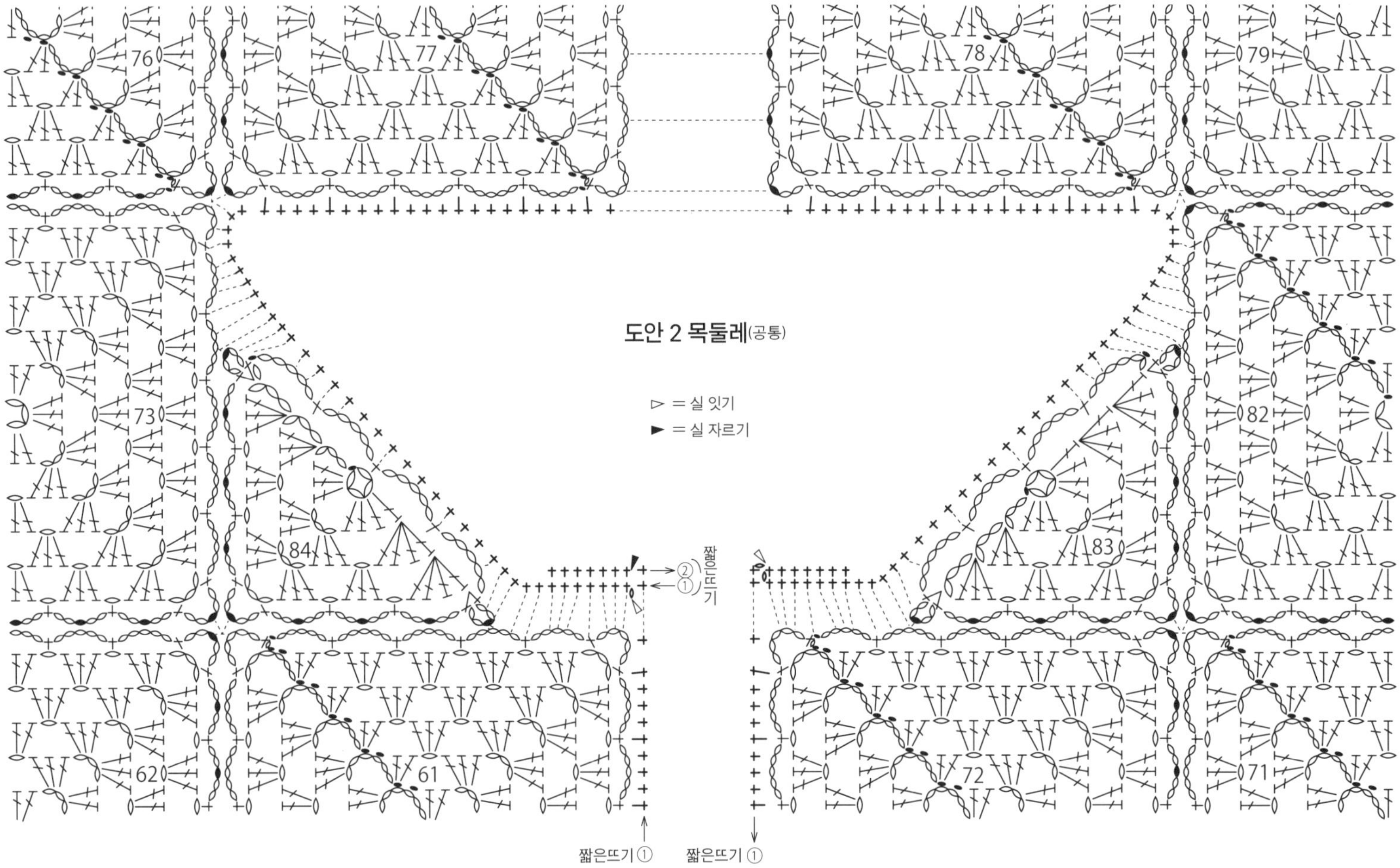

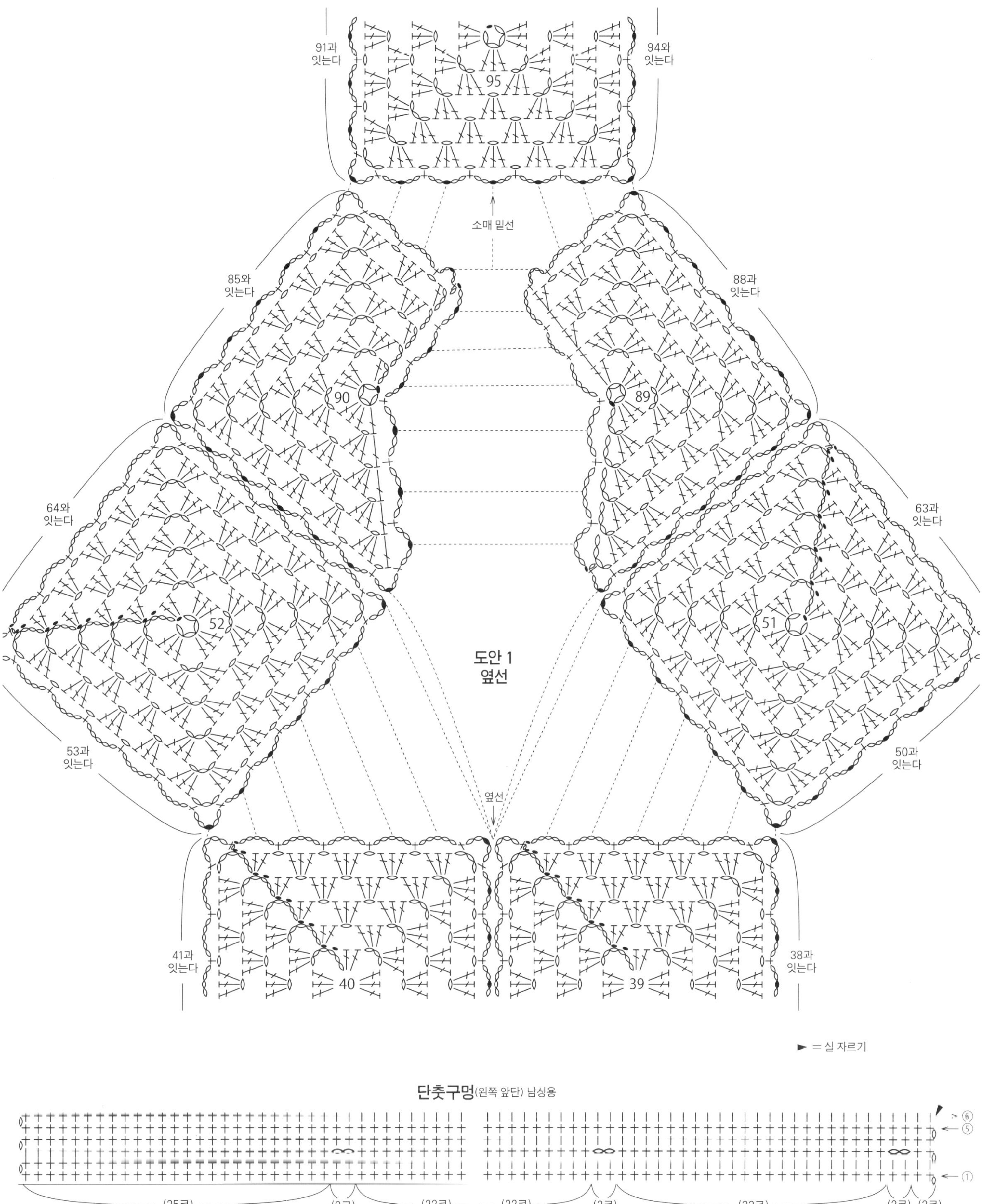

단춧구멍(왼쪽 앞단) 남성용

※여성용도 같은 요령으로 뜬다.

124페이지로 이어집니다. ▶

▼ 123페이지에서 이어집니다.

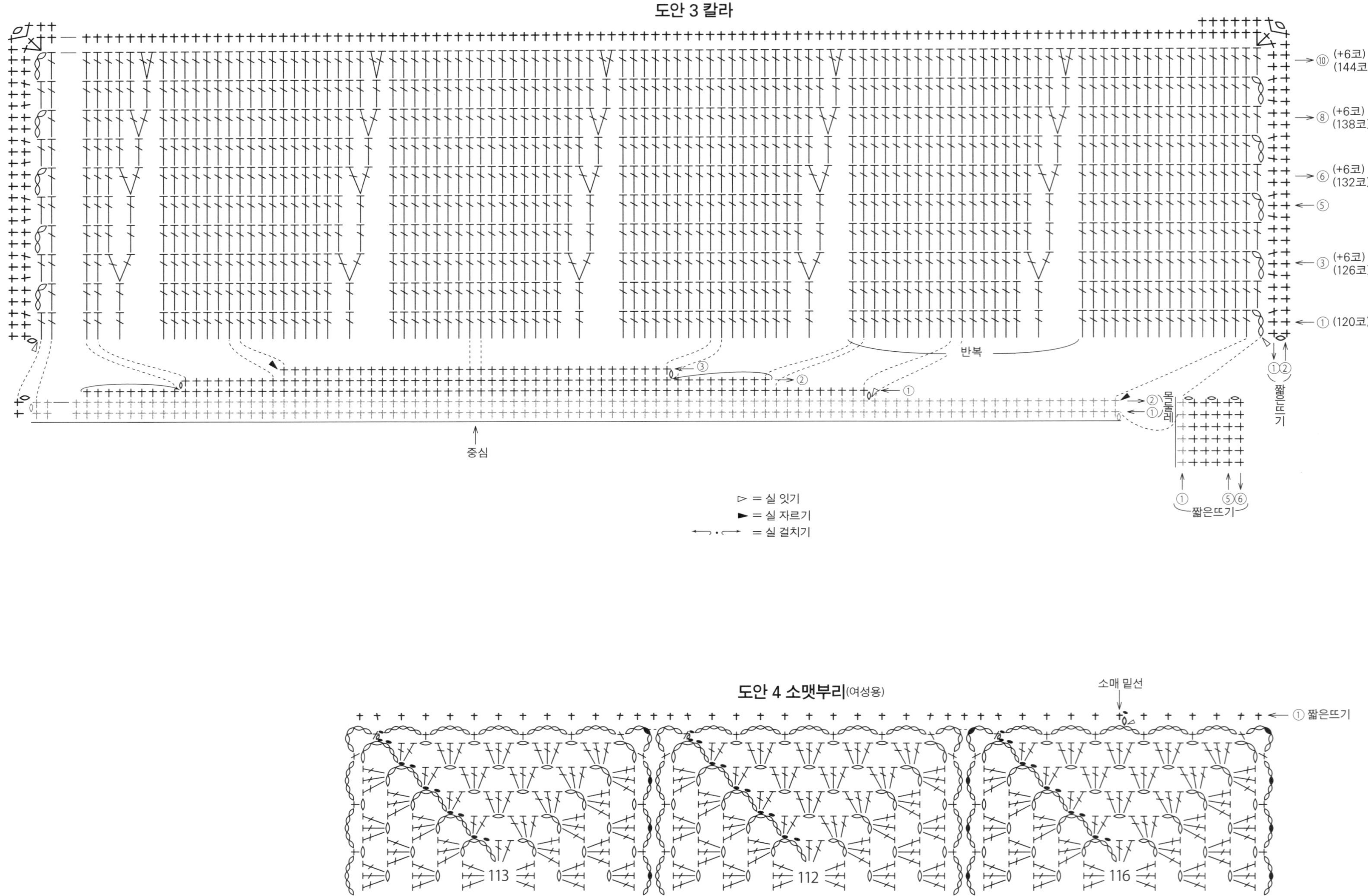

역Y자뜨기

※ 일본어 사이트

재료
Keito 시룰 회색 믹스(06) 150g 3볼
도구
코바늘 4/0호
완성 크기
가슴둘레 104cm, 어깨너비 39cm, 기장 55cm, 소매
길이 43.5cm
게이지
무늬뜨기 1무늬 16코=6.5cm, 15단=10cm

POINT
●몸판·소매…사슬뜨기로 기초코를 만들어 뜨기
시작해 무늬뜨기로 뜹니다. 증감코는 도안을 참고
하세요.
●마무리…어깨는 빼뜨기 사슬 잇기, 옆선·소매 밑
선은 빼뜨기 사슬 꿰매기를 합니다. 밑단·소맷부리
·목둘레는 지정 콧수를 주워 테두리뜨기를 원형으
로 뜨는데, 1단은 불규칙한 부분이 있으므로 도안
을 참고하세요. 소매는 빼뜨기 사슬 꿰매기로 몸판
과 연결합니다.

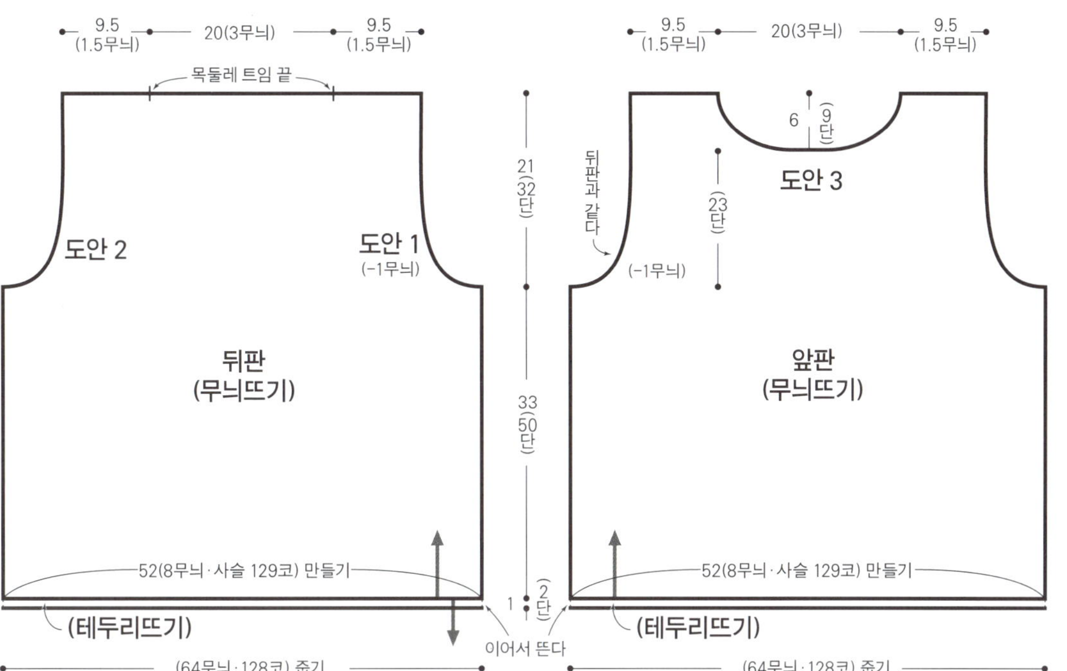

※ 모두 4/0호 코바늘로 뜬다.

목둘레(테두리뜨기)

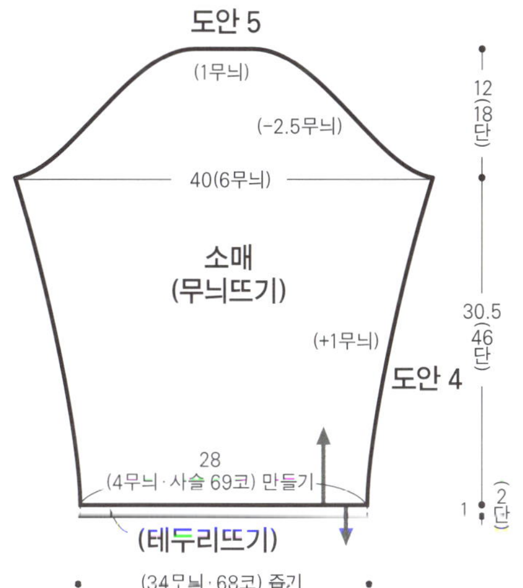

도안 5

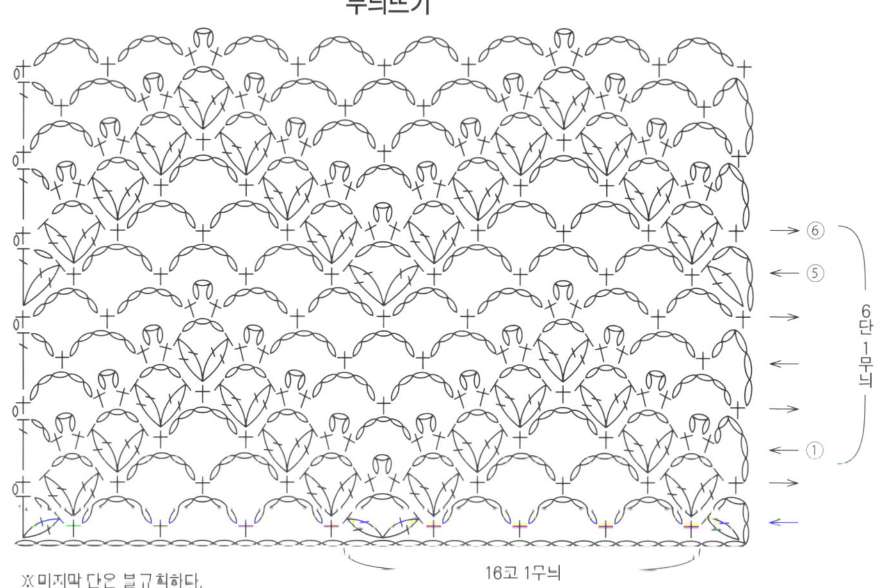

무늬뜨기

※ 마지막 단은 불규칙하다.

테두리뜨기

► = 실 자르기

126페이지로 이어집니다. ►

▶ 125페이지에서 이어집니다.

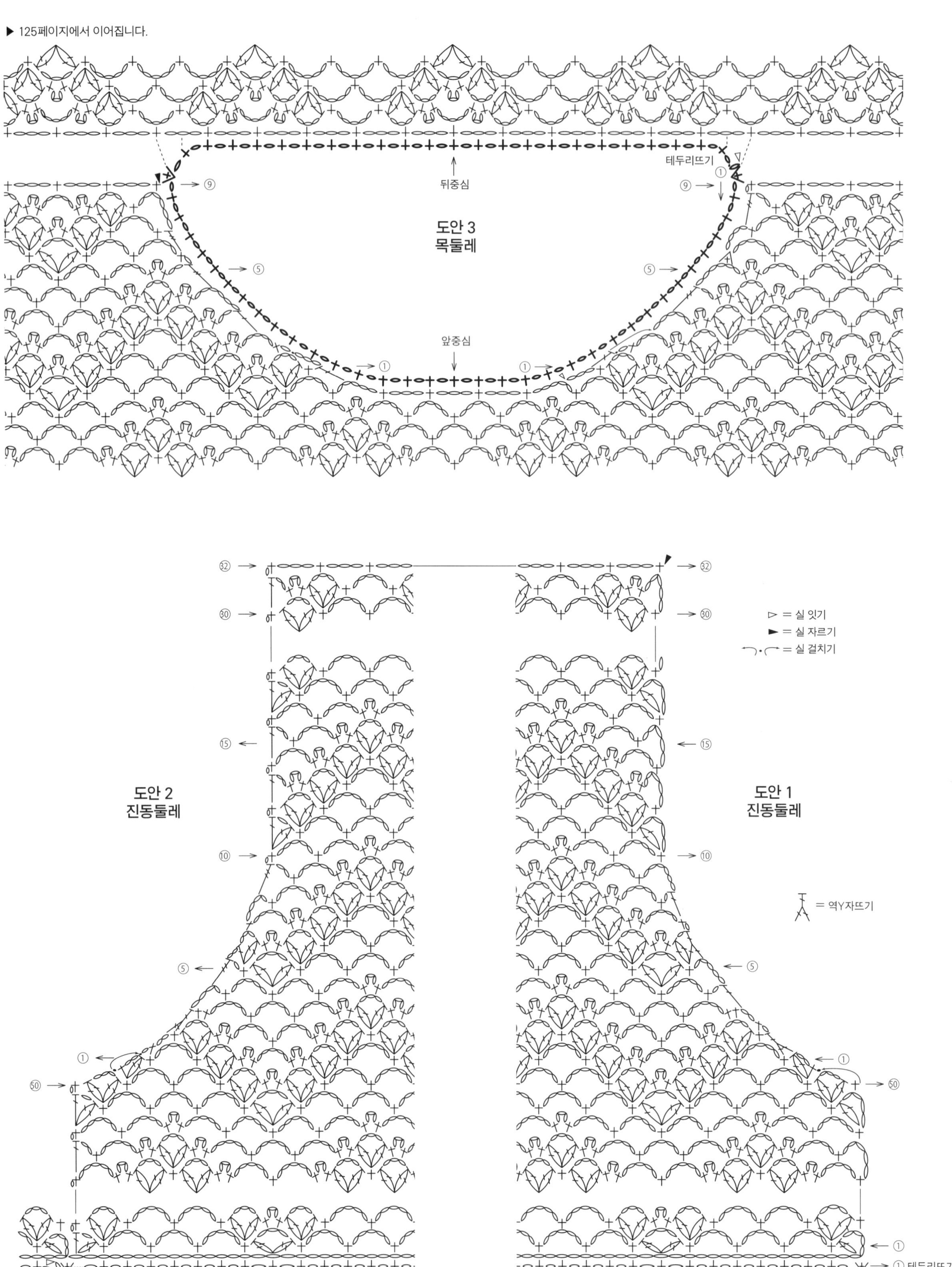

 ★ 개수는 작품을 선택하는 기준으로 참고해주세요. ★…초심자도 안심, ★★…자신이 조금 생겼다면, ★★★…끈기도 겸비한 중·상급자, ★★★★…솜씨에 자신 있음. 실은 실물 크기입니다.

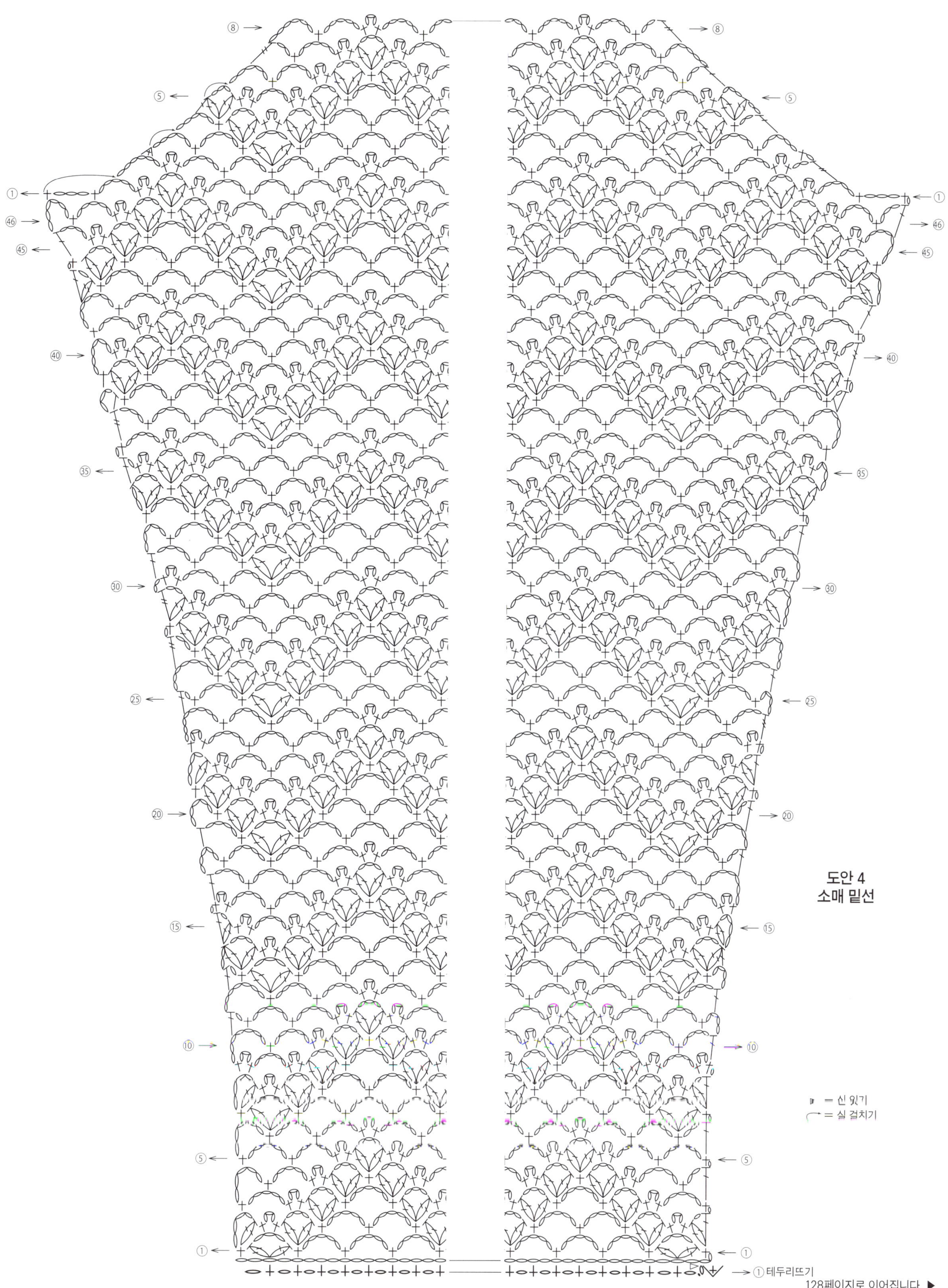

128페이지로 이어집니다. ▶

▶ 127페이지에서 이어집니다.

도안 5 소매산

소매 중심
⑱
⑮
⑩
⑧

► = 실 자르기
실 걸치기

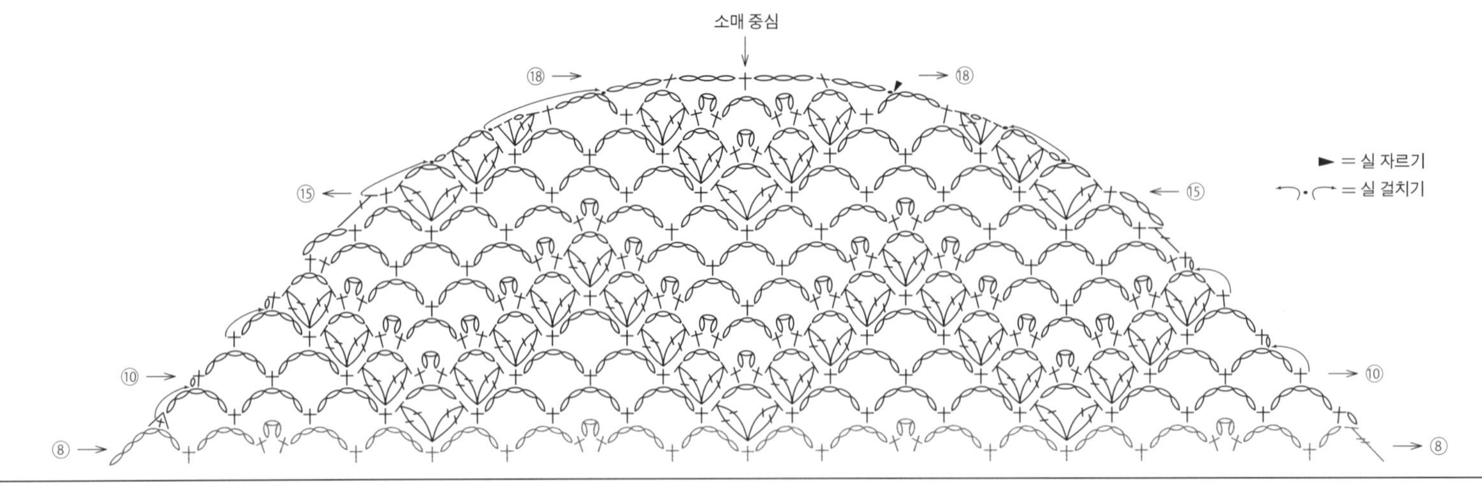

129페이지에서 이어집니다. ◀

도안 3 목둘레 가장자리

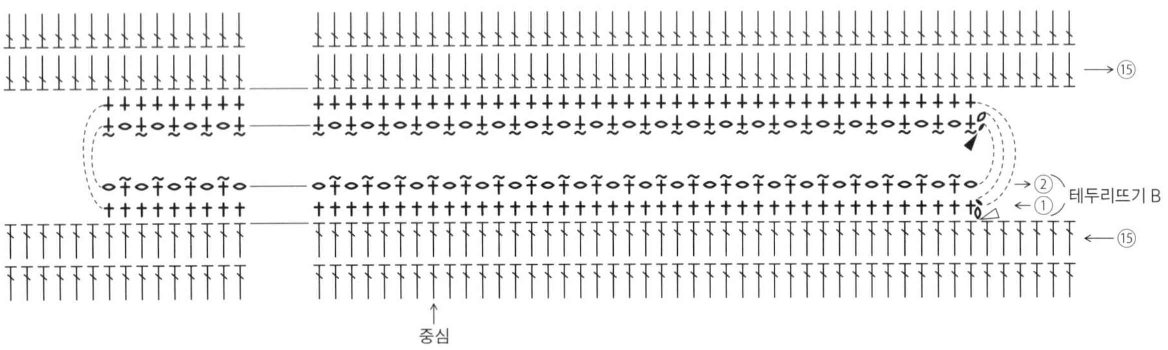

⑮
②
①
테두리뜨기 B
⑮
중심

▷ = 실 잇기
► = 실 자르기

도안 4 밑단

코줍기 반복
①
테두리뜨기 A
①

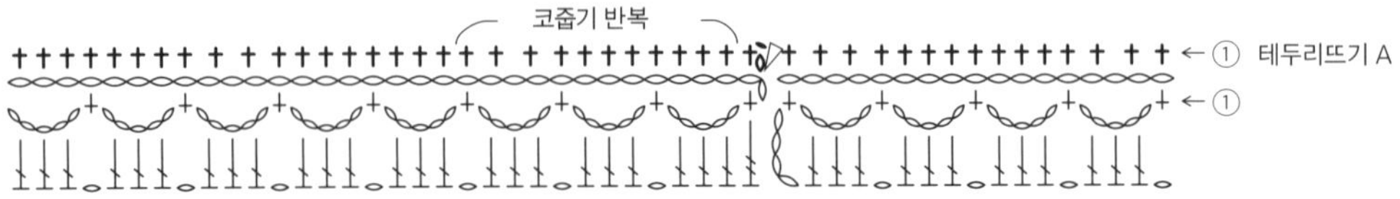

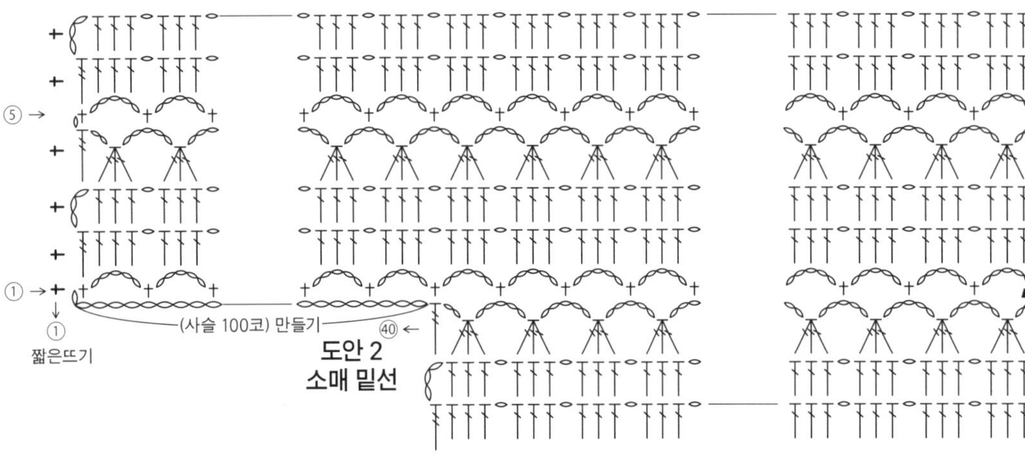

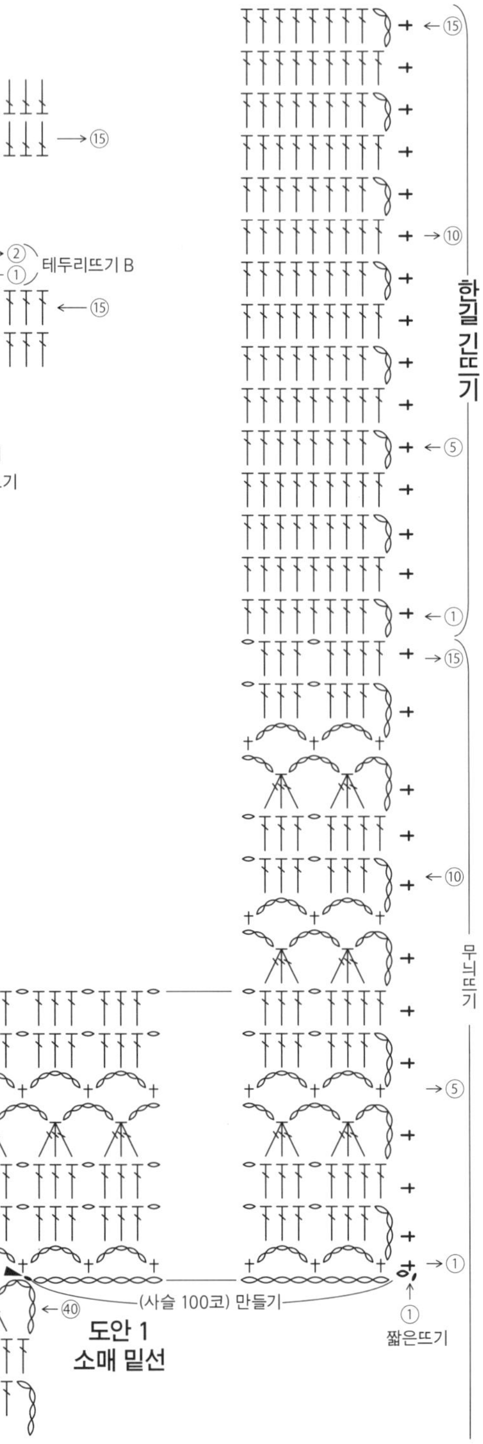

⑮
⑩
⑤
①
⑮
한길 긴뜨기
⑩
무늬뜨기
⑤
①
①
짧은뜨기
(사슬 100코) 만들기
㊵
도안 1
소매 밑선

⑤
①
①
짧은뜨기
(사슬 100코) 만들기
㊵
도안 2
소매 밑선

되돌아 짧은뜨기

※ 일본어 사이트

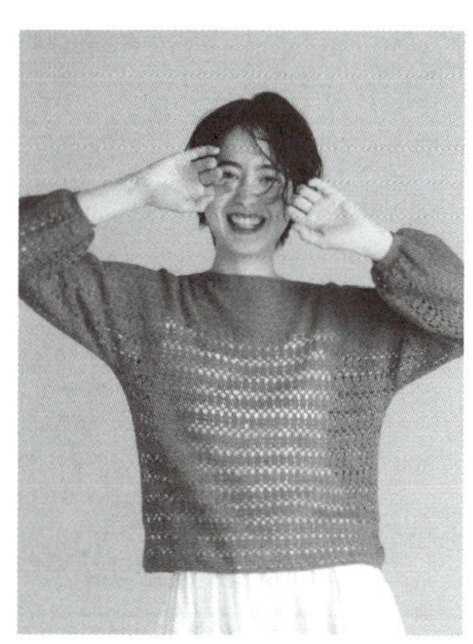

재료
Keito 시룰 베리(07) 155g 4볼
도구
코바늘 2/0호
완성 크기
가슴둘레 96㎝, 기장 47㎝, 화장 59㎝
게이지(10×10㎝)
무늬뜨기 30코×15단, 한길 긴뜨기 30코×16.5단

POINT
●몸판·소매…사슬뜨기로 기초코를 만들어 뜨기 시작해 무늬뜨기로 뜹니다. 소매 밑선은 사슬뜨기로 코를 만들고, 이어서 무늬뜨기, 한길 긴뜨기로 뜹니다.
●마무리…어깨·소매는 감아 잇기로 연결합니다. 옆선은 빼뜨기 사슬 꿰매기, 소매 밑선은 빼뜨기 사슬 잇기를 합니다. 지정 콧수를 주워 밑단은 테두리뜨기 A, 목둘레 가장자리는 테두리뜨기 B, 소맷부리는 짧은뜨기를 원형으로 왕복뜨기합니다.

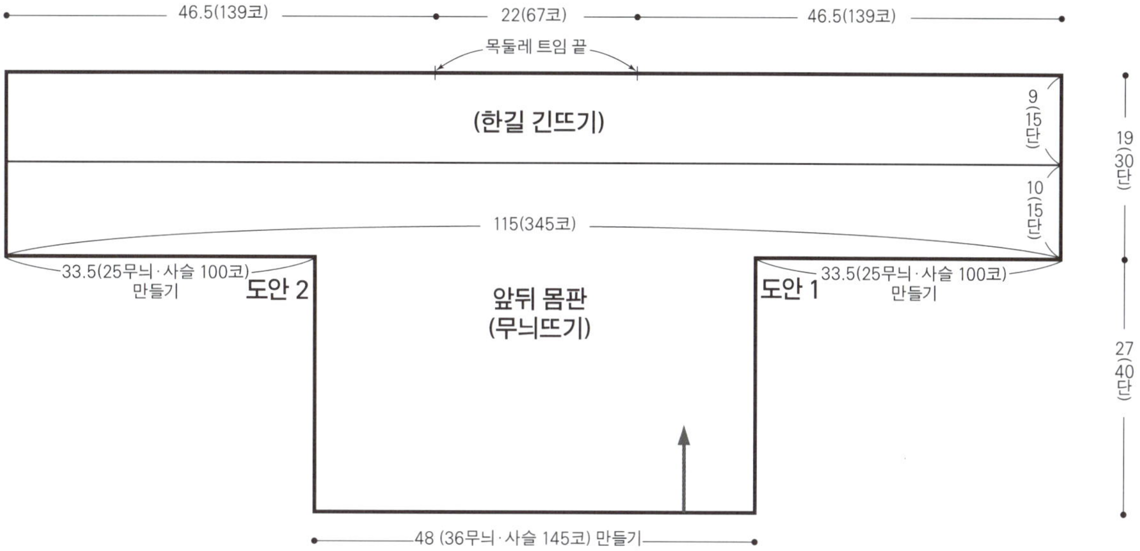

46.5(139코)　22(67코)　46.5(139코)

목둘레 트임 끝

(한길 긴뜨기)

9(15단)　10(15단)　19(30단)

115(345코)

33.5(25무늬·사슬 100코) 만들기　도안 2　앞뒤 몸판 (무늬뜨기)　도안 1　33.5(25무늬·사슬 100코) 만들기

27(40단)

48 (36무늬·사슬 145코) 만들기

※모두 2/0호 코바늘로 뜬다.

무늬뜨기

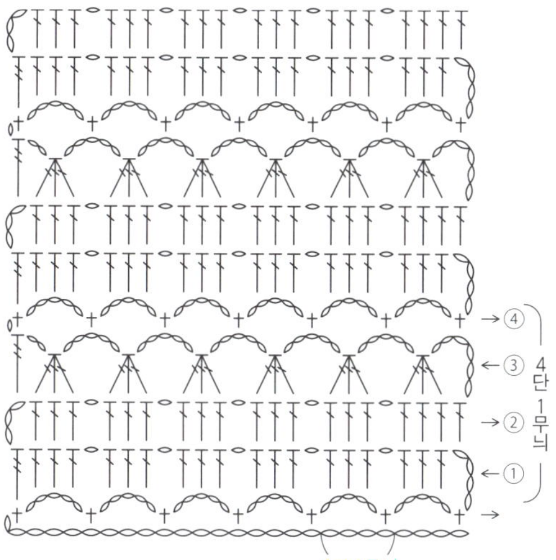

④ ③ ② ① 4단 1무늬

4코 1무늬

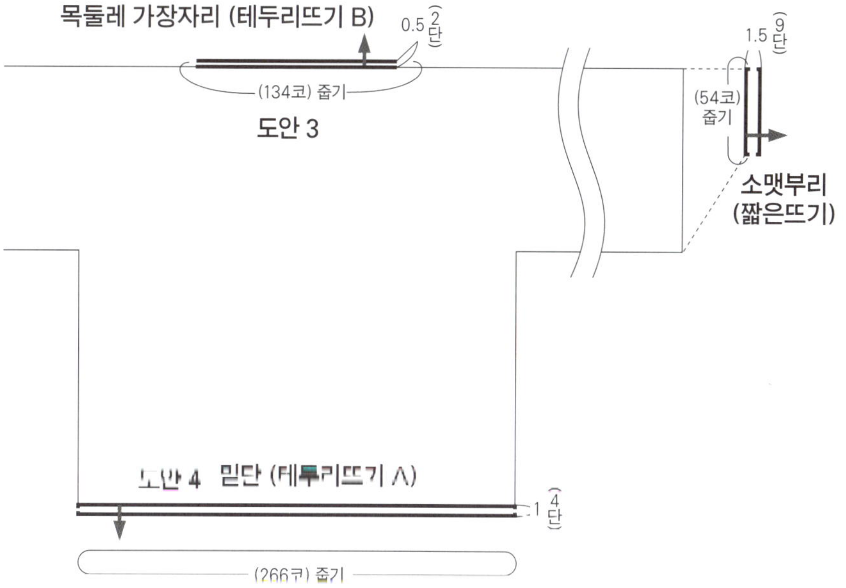

목둘레 가장자리 (테두리뜨기 B)　0.5(2단)

(134코) 줍기

도안 3

1.5(9단)　(54코) 줍기

소맷부리 (짧은뜨기)

도안 4 밑단 (테두리뜨기 A)

(266코) 줍기

1(4단)

짧은뜨기 (소맷부리)

⑨ ⑤ ①

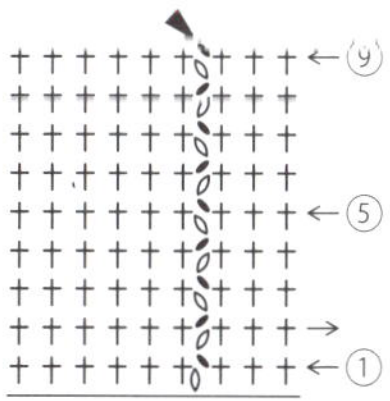

※첫 단은 코를 갈라서 줍는다.

테두리뜨기 A (밑단)

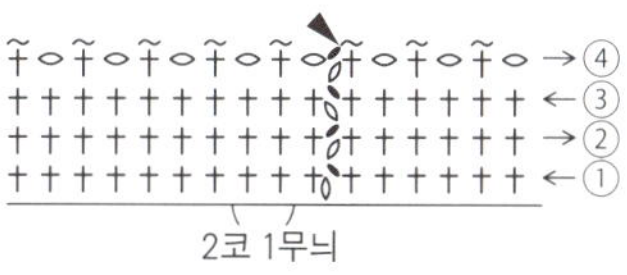

④ ③ ② ①

2코 1무늬

⌁ =되돌아 짧은뜨기

테두리뜨기 B (목둘레 가장자리)

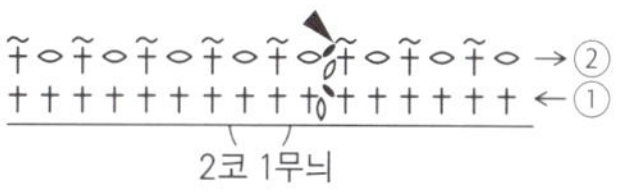

② ①

2코 1무늬

⌁ =되돌아 짧은뜨기

✄ = 실 잇기
▶ = 실 자르기

◀ 128페이지로 이어집니다.

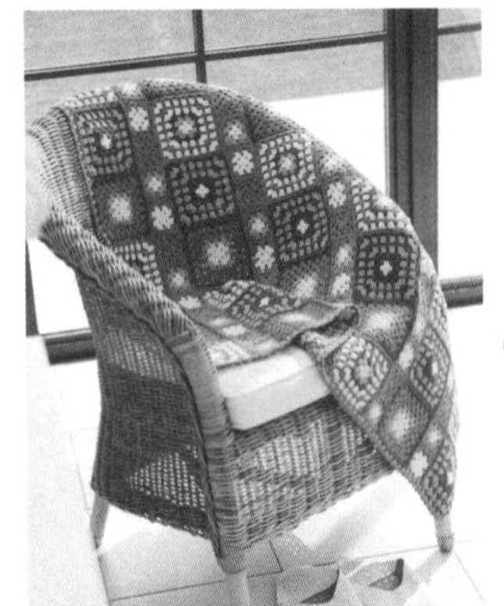

재료
호비라 호비레 코튼 셰리 파란색(14) 270g 7볼,
진그레이(22) 150g 4볼, 청록색(20) 110g 3볼,
노란색(01)·에크뤼(10) 각 70g 2볼

도구
코바늘 4/0호

완성 크기
폭 95.5㎝, 길이 79㎝

게이지
모티브 크기는 도안 참고.

POINT
●모티브 잇기로 뜹니다. 모티브는 원형코를 만들어 뜨기 시작해 2번째 장부터는 연결하는 순서에 주의하며 옆 모티브와 연결합니다. 주위에 줄무늬 테두리뜨기를 원형으로 뜹니다.

블랭킷

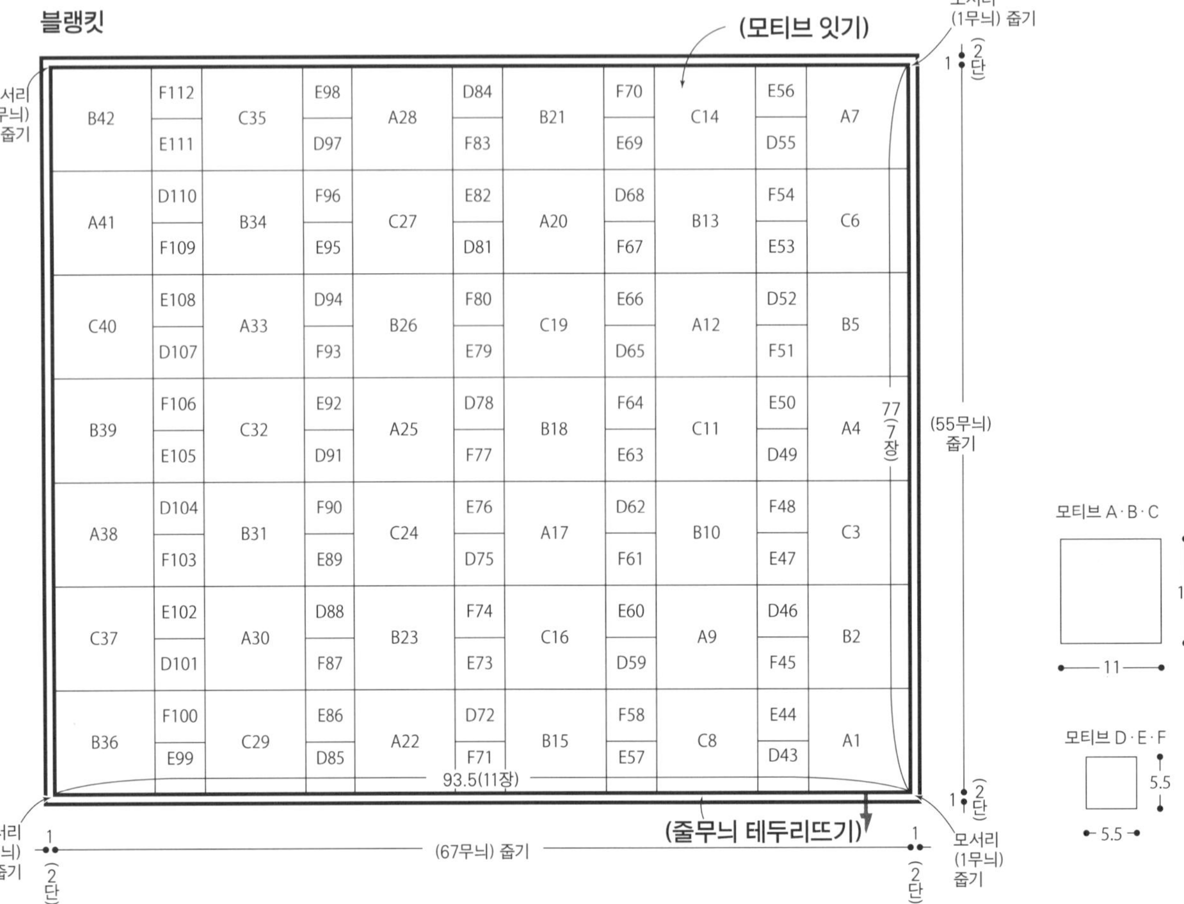

(모티브 잇기)

B42	F112 / E111	C35	E98 / D97	A28	D84 / F83	B21	F70 / E69	C14	E56 / D55	A7
A41	D110 / F109	B34	F96 / E95	C27	E82 / D81	A20	D68 / F67	B13	F54 / E53	C6
C40	E108 / D107	A33	D94 / F93	B26	F80 / E79	C19	E66 / D65	A12	D52 / F51	B5
B39	F106 / E105	C32	E92 / D91	A25	D78 / F77	B18	F64 / E63	C11	E50 / D49	A4
A38	D104 / F103	B31	F90 / E89	C24	E76 / D75	A17	D62 / F61	B10	F48 / E47	C3
C37	E102 / D101	A30	D88 / F87	B23	F74 / E73	C16	E60 / D59	A9	D46 / F45	B2
B36	F100 / E99	C29	E86 / D85	A22	D72 / F71	B15	F58 / E57	C8	E44 / D43	A1

모서리(1무늬) 줍기

77(7장) · (55무늬) 줍기

93.5(11장)

(67무늬) 줍기 — 1, 2단

(줄무늬 테두리뜨기)

모티브 A·B·C

11 × 11

모티브 D·E·F

5.5 × 5.5

※ 모두 4/0호 코바늘로 뜬다.
※ 모티브 안의 숫자는 연결하는 순서다.

모티브 배색

	1단	2단	3단	4단	5단	6단	7단
A	에크뤼	청록색	진그레이	노란색	파란색	에크뤼	파란색
B		진그레이		청록색	진그레이	청록색	진그레이
C		노란색	청록색	파란색			
D	파란색						
E	에크뤼	청록색	파란색				
F	노란색						

컬러 베리에이션

노란색(01)
황록색(03)
베이지(16)
청록색(20)
갈색(23)

모티브 D·E·F

D·F: 각 23장
E: 24장

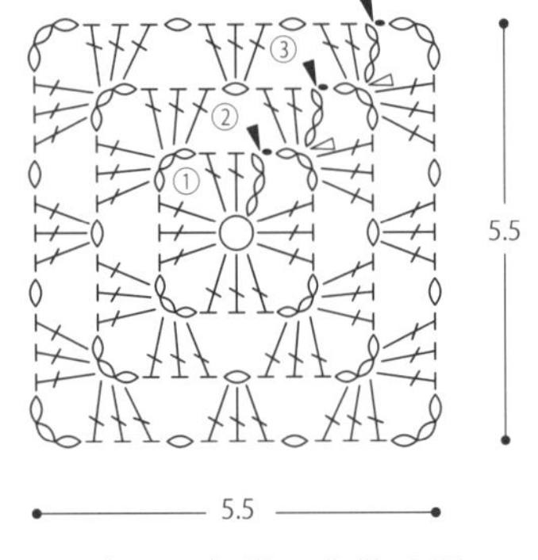

▷ = 실 잇기
► = 실 자르기

5.5

※ 모티브 D·F의 기둥코 뜨는 법→P.131

모티브 A·B·C 각 14장

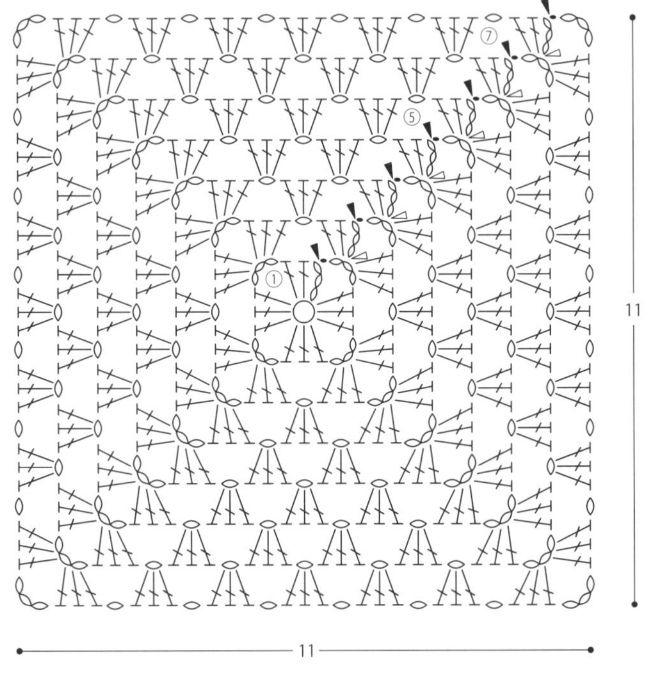

11

11

※ 모티브 B·C의 기둥코 뜨는 법→P.131

모티브 잇는 법

E47
D46
A9
B2
F45
E44
C8
A1
D43
1무늬
① ②

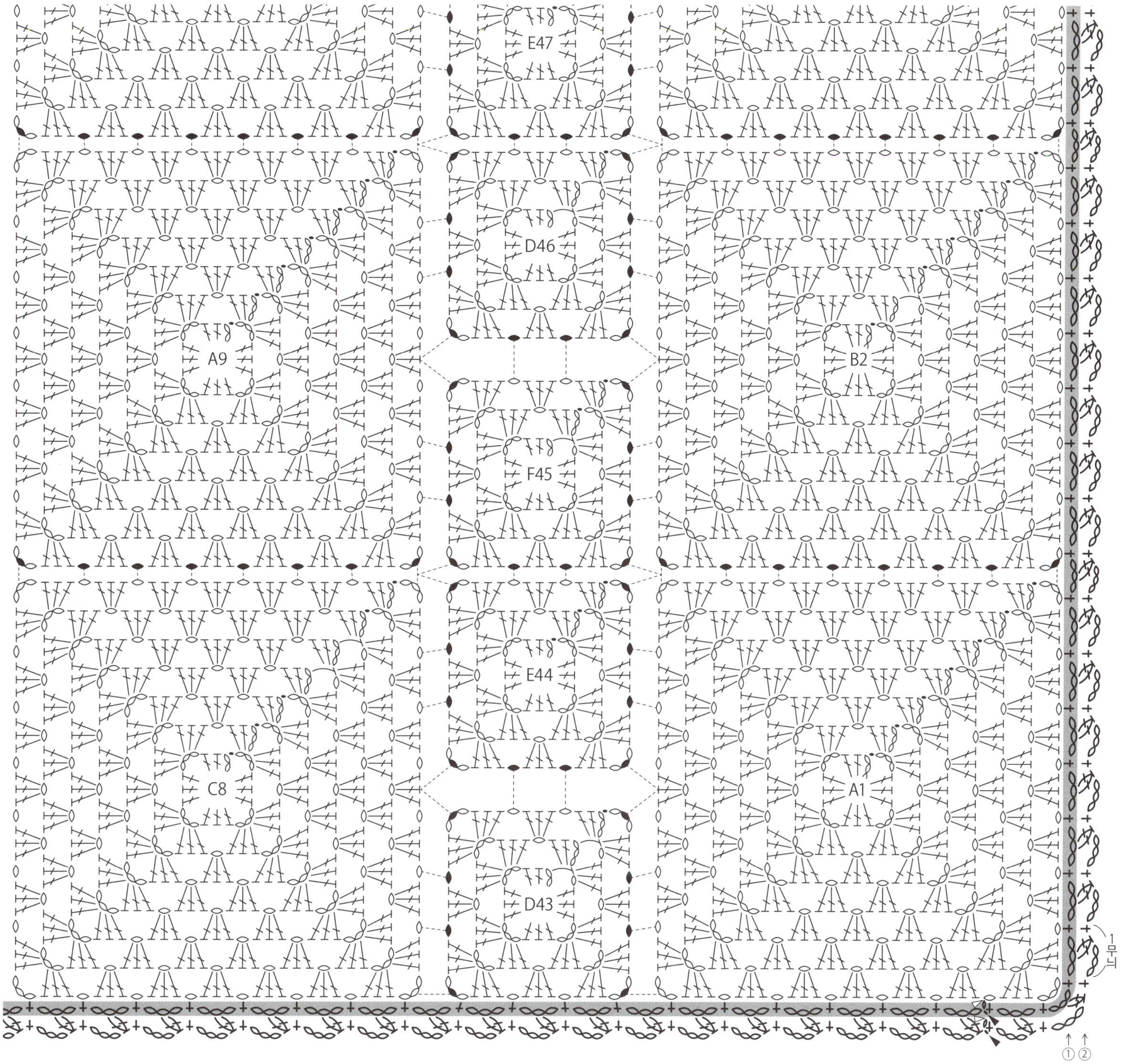

줄무늬 테두리뜨기

줄무늬 테두리뜨기 배색 { ▬ = 노란색 / — = 파란색

▷ = 실 잇기
◀ = 실 자르기

모티브의 모서리 잇는 법

3번째 장

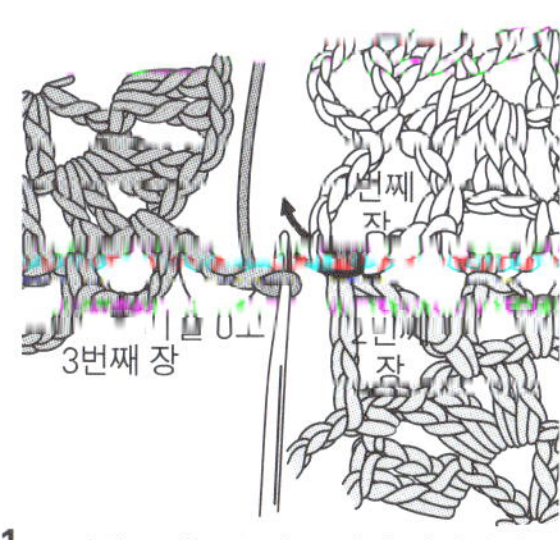

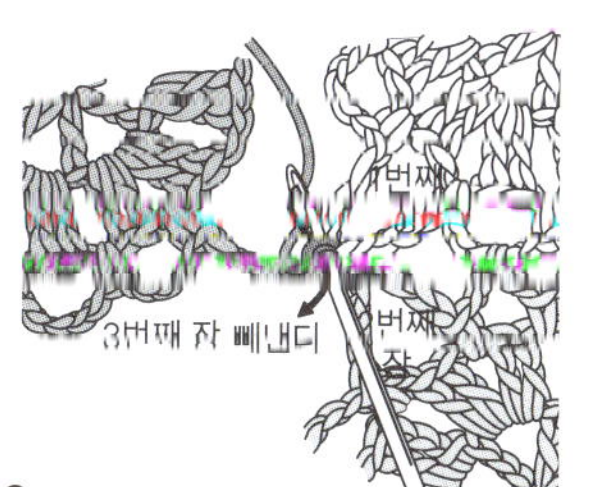

1 3번째 모티브를 잇는 위치 이전의 사슬 3코를 뜬 뒤 2번째 장 빼뜨기 다리의 실 2가닥에 위에서 코바늘을 넣고

2 실을 걸어 빼낸다.
4번째 장도 같은 곳에서 실을 빼낸다.

케이폭 코튼

오른코 늘려뜨기
※ 일본어 사이트

왼코 늘려뜨기
※ 일본어 사이트

뜬 코를 풀어서
끌어올려뜨기(2단)
※ 일본어 사이트

S, M

재료
실…하마나카 케이폭 코튼. 실의 색이름·색번호·사용량은 도안의 표를 참고하세요.
단추…지름 13㎜ 7개

도구
대바늘 4호·6호

완성 크기
S…가슴둘레 97.4㎝, 기장 51.5㎝, 화장 66.5㎝
M…가슴둘레 105.5㎝, 기장 53㎝, 화장 68.5㎝
L…가슴둘레 112.5㎝, 기장 55.5㎝, 화장 71.5㎝
XL…가슴둘레 120.5㎝, 기장 57㎝, 화장 73.5㎝

게이지(10×10cm)
메리야스뜨기 21.5코×30단, 무늬뜨기 21.5코×38단

POINT
●몸판·소매…손가락에 걸어서 만드는 기초코로 뜨개를 시작해서 1코 고무뜨기, 메리야스뜨기, 무늬뜨기를 합니다. 래글런선·앞판 목둘레 줄임코는 가장자리 2코를 세워서 줄임코합니다. 소매 밑선의 늘림코는 1코 안쪽에서 오른코 늘려뜨기 또는 왼코 늘려뜨기를 합니다. 뜨개 끝은 뒤판과 소매는 쉼코 하고 앞판은 덮어씌우기합니다.
●마무리…옆선·소매 밑선·래글런 선은 떠서 꿰매기합니다. 앞단은 지정된 색으로 코를 줍고, 색이 바뀌는 경계는 실을 세로로 걸치면서 1코 고무뜨기합니다. 오른쪽 앞단에는 단춧구멍을 냅니다. 뜨개 끝은 무늬를 계속 뜨면서 덮어씌워 코막음합니다. 목둘레는 지정된 콧수만큼 주워서 1코 고무뜨기를 합니다. 오른쪽 목둘레에는 단춧구멍을 냅니다. 뜨개 끝은 1코 고무뜨기 코막음합니다. 단추를 달아서 완성합니다.

뒤판 (무늬뜨기) 4호 대바늘

←17(37코) 18(39코)→
쉼코
2단평
2-1-17
4-1-1 >7회
2-1-1
단 코 회 (1코) 줄임코
(-32코)
(-35코)
2단평
2-1-20
4-1-1 >7회
2-1-1
단 코 회 (1코) 줄임코
20.5(78단) 22(84단)
19(73단)
(101코) (109코)
(메리야스뜨기) 6호 대바늘 자주색
47(101코) 51(109코)
10.5(31단)
(1코 고무뜨기) 4호 대바늘 자주색
1.5(6단)
(101코) (109코) 만들기

오른쪽 앞판 (무늬뜨기) 4호 대바늘

9.5(21코)
10(22코)
(3코) 4단평
덮어씌우기 2-1-5
단 코 회 (1코) 줄임코 3.5(14단)
(12코) (13코) 덮어씌우기
(-32코)
(-35코)
뒤판과 같다
64(70단)
(53코) (57코)
(메리야스뜨기) 6호 대바늘 자주색
24.5(53코) 26.5(57코)
(1코 고무뜨기) 4호 대바늘 자주색
(53코) (57코) 만들기

소매 (무늬뜨기) 4호 대바늘

8(17코)
7(15코)
쉼코
(-32코)
(-35코)
뒤판과 같다   뒤판과 같다
(-32코)
(-35코)
37.5(81코) 39.5(85코)
20.5(78단) 22(84단)
25.5(97단)
6단평
6-1-2
8-1-9 >(+12코)
7-1-1
26.5(57코) 28.5(61코)
(메리야스뜨기) 6호 대바늘 자주색
24.(51코) 25(53코)
★ (+3코)
(+4코)
10.5(31단)
1.5(6단)
(1코 고무뜨기) 4호 대바늘 자주색
(51코) (53코) 만들기

★={ 1단평 12-1-2 / 6-1-1 / 단 코 회 / 1단평 8-1-3 / 6-1-1 / 단 코 회

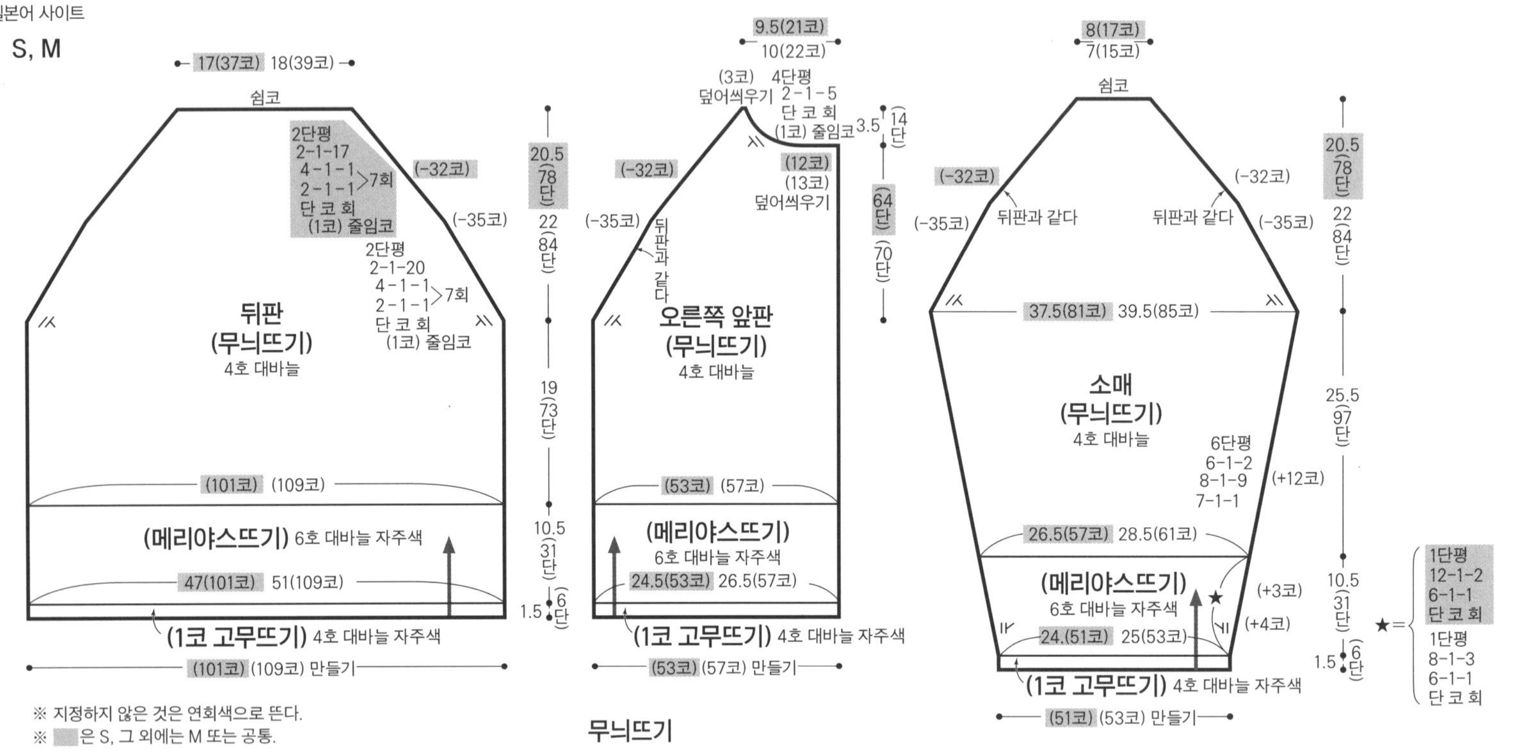

※ 지정하지 않은 것은 연회색으로 뜬다.
※ ▨은 S, 그 외에는 M 또는 공통.

목둘레(1코 고무뜨기) 4호 대바늘

2.5(8단)
(35코) (37코) 줍기
(13코) 줍기
단춧구멍 (1코)
(21코) (22코) 줍기
(6코) 줍기
(4코)
(10코)
연회색으로 (70코) (72코) 줍기
연회색

앞단 (1코 고무뜨기) 4호 대바늘

단춧구멍 (1코)
=(15코) 자주색
자주색으로 (27코) 줍기
(6코) (8코)
1.5(6단)

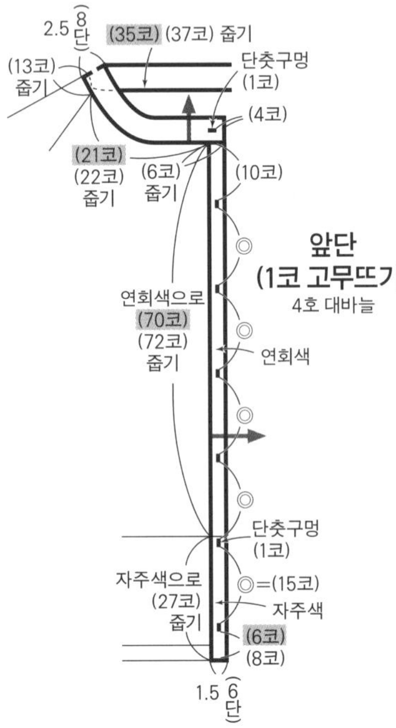

※색 경계는 실을 세로로 걸쳐서 뜬다.

무늬뜨기

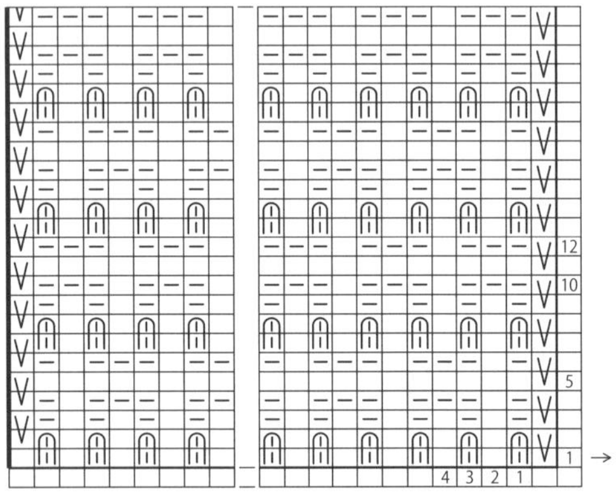

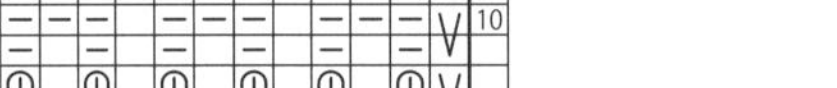

12
10
5
4 3 2 1
1→

□=□

V=걸러뜨기(1단)

= 뜬 코를 풀어서 끌어올려뜨기(1단)

※래글런 선, 소매 가장자리 코는 겉뜨기한다.

1코 고무뜨기

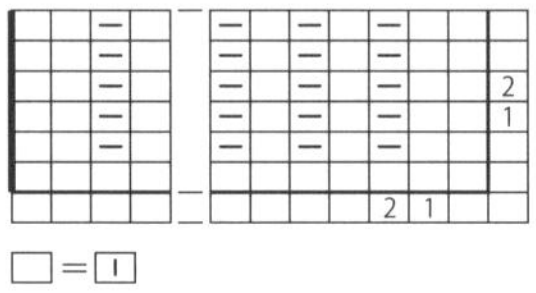

2 1
2 1
□=□

단춧구멍(목둘레)

→⑧
←⑤
o ⅄
←①
□=□
(1코) (4코)

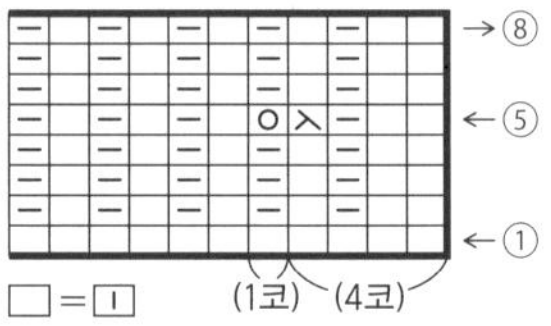

실 사용량

색이름(색번호)	S	M	L	XL
연회색(2)	355g 12볼	385g 13볼	430g 15볼	465g 16볼
자주색(12)	95g 4볼	100g 4볼	120g 4볼	130g 5볼

단춧구멍(오른쪽 앞단)

앞단과 같은 색으로 무늬를 계속 뜨면서 덮어씌워 코막음
→⑥
←⑤
o ⅄   o ⅄   o ⅄
←①
□=□
S, M(10코) L, XL(12코) — (1코) (15코) — (15코) (1코) — (15코) — (15코) (1코) S(6코) M(8코) L(14코) XL(16코)

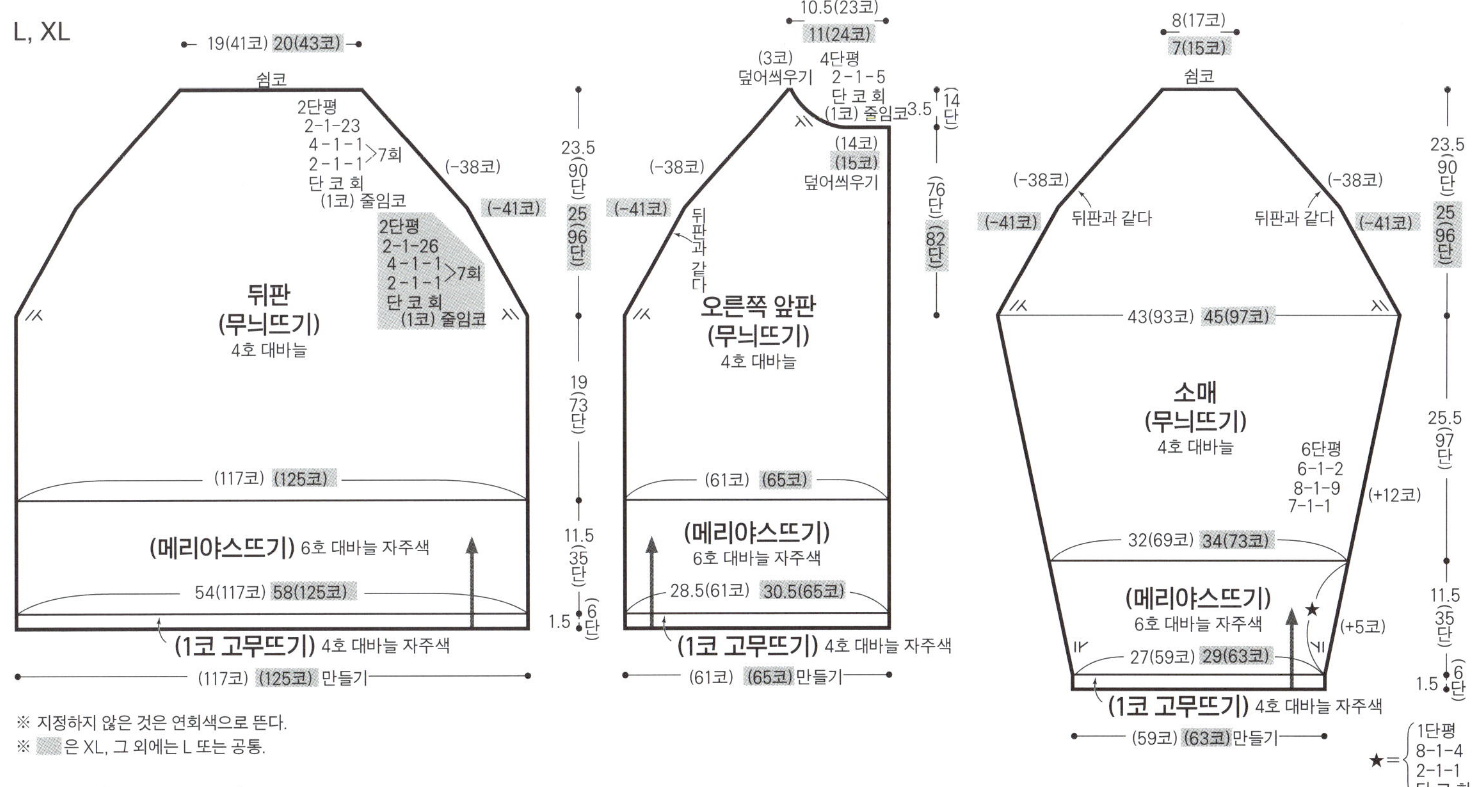

※ 지정하지 않은 것은 연회색으로 뜬다.
※ ▨은 XL, 그 외에는 L 또는 공통.

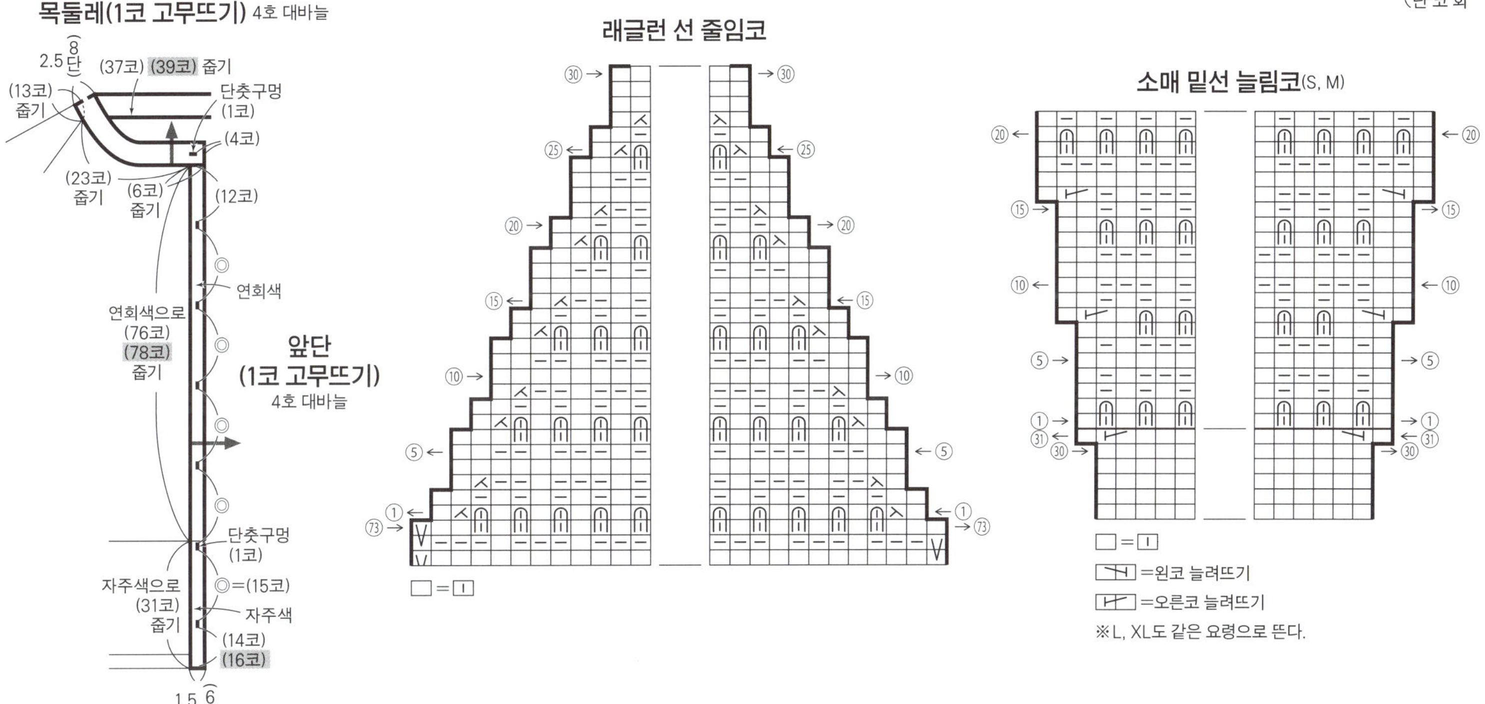

※색 경계는 실을 세로로 걸쳐서 뜬다.

재료

스키 얀 지지오 베이지·하늘색·갈색·보라색 계열 그러데이션(854) 190g 4볼

도구

코바늘 7/0호

완성 크기

가슴둘레 106cm, 기장 54.5cm, 화장 29.5cm

게이지(10×10cm)

무늬뜨기 A·B 19코×10.5단

POINT

● 몸판…사슬뜨기로 기초코를 만들어 뜨기 시작해 무늬뜨기 A·B로 뜹니다. 목둘레의 줄임코는 도안을 참고하세요. 어깨는 빼뜨기 사슬 잇기, 옆선은 빼뜨기 사슬 꿰매기를 합니다.

● 마무리…목둘레·소맷부리는 도안을 참고해 코를 주운 뒤, 목둘레는 한길 긴뜨기, 소맷부리는 무늬뜨기 B를 원형으로 왕복뜨기합니다.

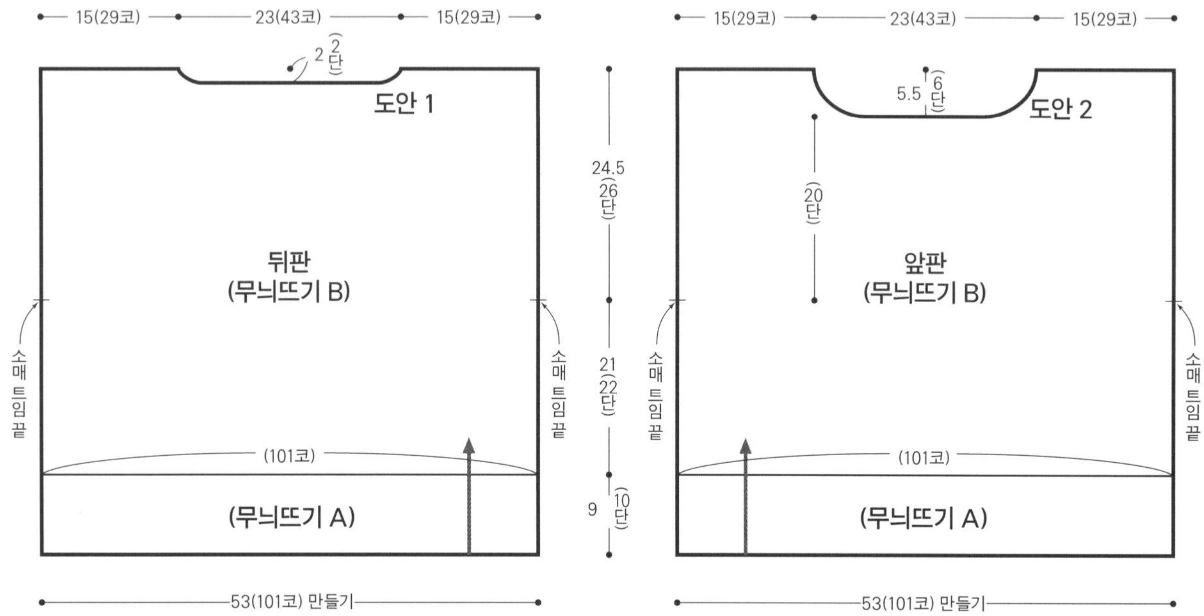

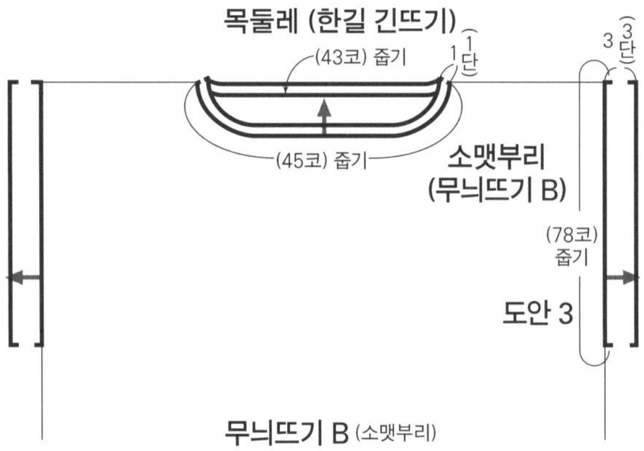

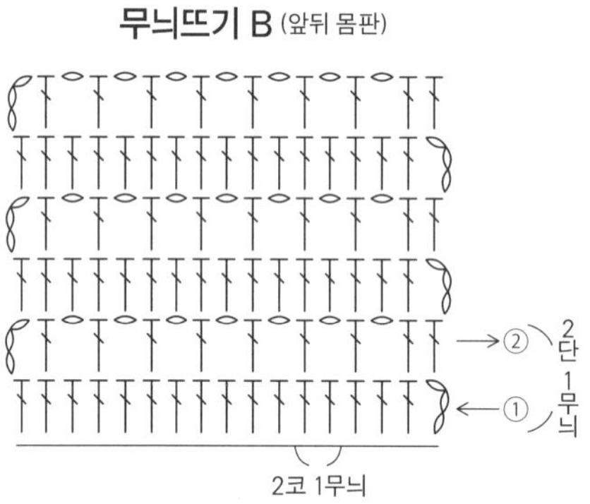

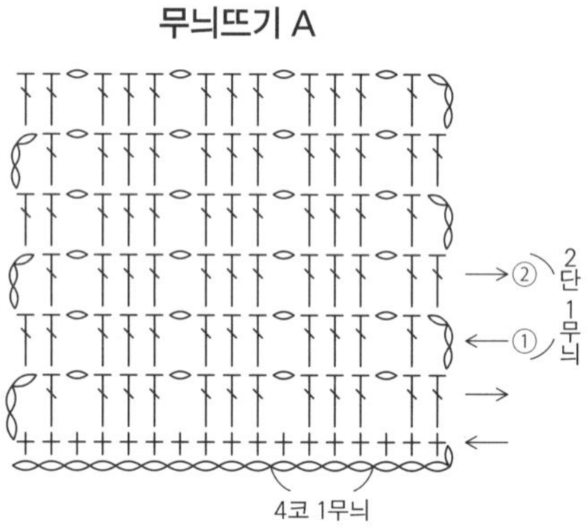

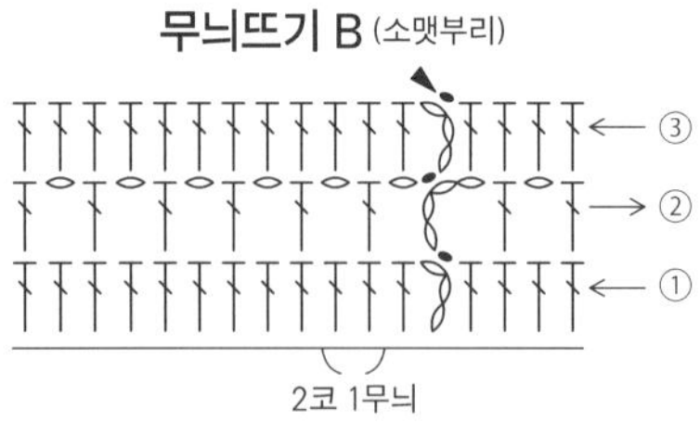

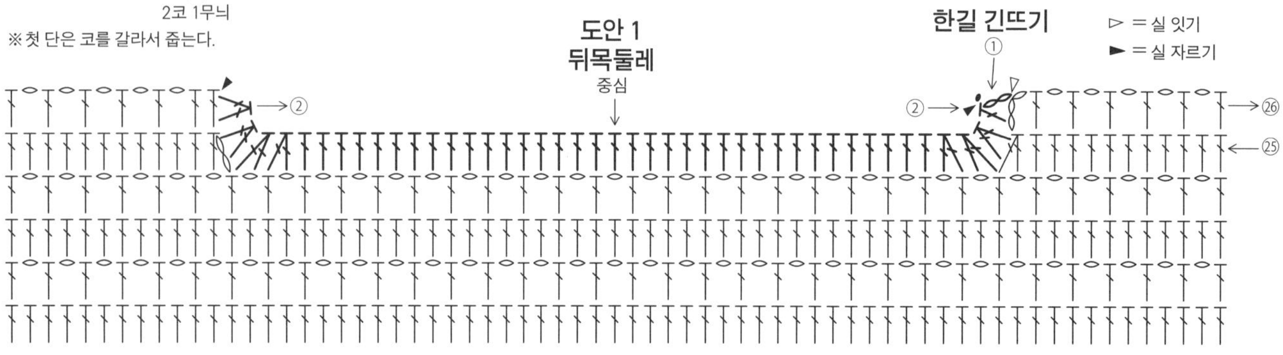

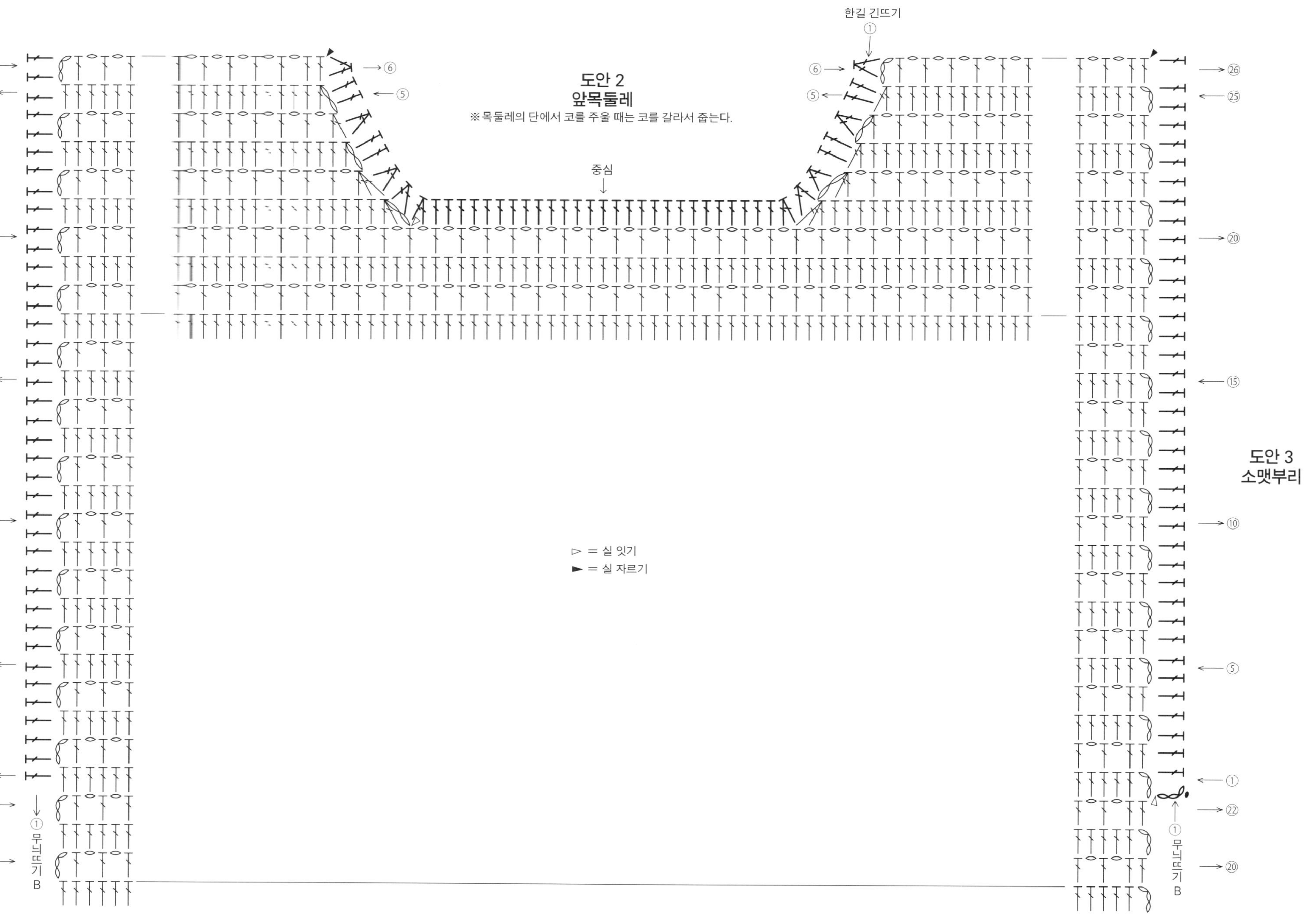

한길 긴뜨기
도안 2
앞목둘레
※목둘레의 단에서 코를 주울 때는 코를 갈라서 줍는다.
중심
도안 3
소맷부리
▷ = 실 잇기
► = 실 자르기
무늬뜨기
B
무늬뜨기
B
※소맷부리는 코를 갈라서 줍는다.

Enjoy Keito
49 page ★★★

시루루

되돌아 짧은뜨기

※ 일본어 사이트

재료
Keito 시루루 라이트 그린(04)
S…130g/3볼
M…140g/3볼
L…150g/3볼
XL…160g/4볼
2XL…170g/4볼

도구
대바늘 5호·4호, 코바늘 4/0호

완성 크기
S…가슴둘레 92cm, 어깨너비 31cm, 기장 53.5cm, 소매길이 52cm
M…가슴둘레 98cm, 어깨너비 33cm, 기장 55.5cm, 소매길이 54.5cm
L…가슴둘레 104cm, 어깨너비 35cm, 기장 57.5cm, 소매길이 54.5cm
XL…가슴둘레 112cm, 어깨너비 38cm, 기장 59.5cm, 소매길이 56cm
2XL…가슴둘레 120cm, 어깨너비 40cm, 기장 61.5cm, 소매길이 56.5cm

게이지(10×10cm)
메리야스뜨기 24.5코×34단, 무늬뜨기 23코×33단

POINT
●몸판·소매…몸판은 손가락에 실을 걸어서 만드는 기초코로 뜨기 시작하고, 가터뜨기, 메리야스뜨기로 뜹니다. 줄임코는 덮어씌워 코막음을 합니다. 어깨는 덮어씌워 잇기를 합니다. 소매는 몸판에서 코를 주워 무늬뜨기로 뜹니다. 뜨개 끝은 쉼코를 합니다.
●마무리…겨싯은 코와 단 잇기, 옆선·소매 밑선은 떠서 꿰매기를 합니다. 목둘레선은 지정 콧수를 주워 테두리뜨기 A로 원형으로 뜹니다. 소맷부리는 도안을 참고해 줄임코를 하면서 테두리뜨기 B로 원형으로 뜹니다.

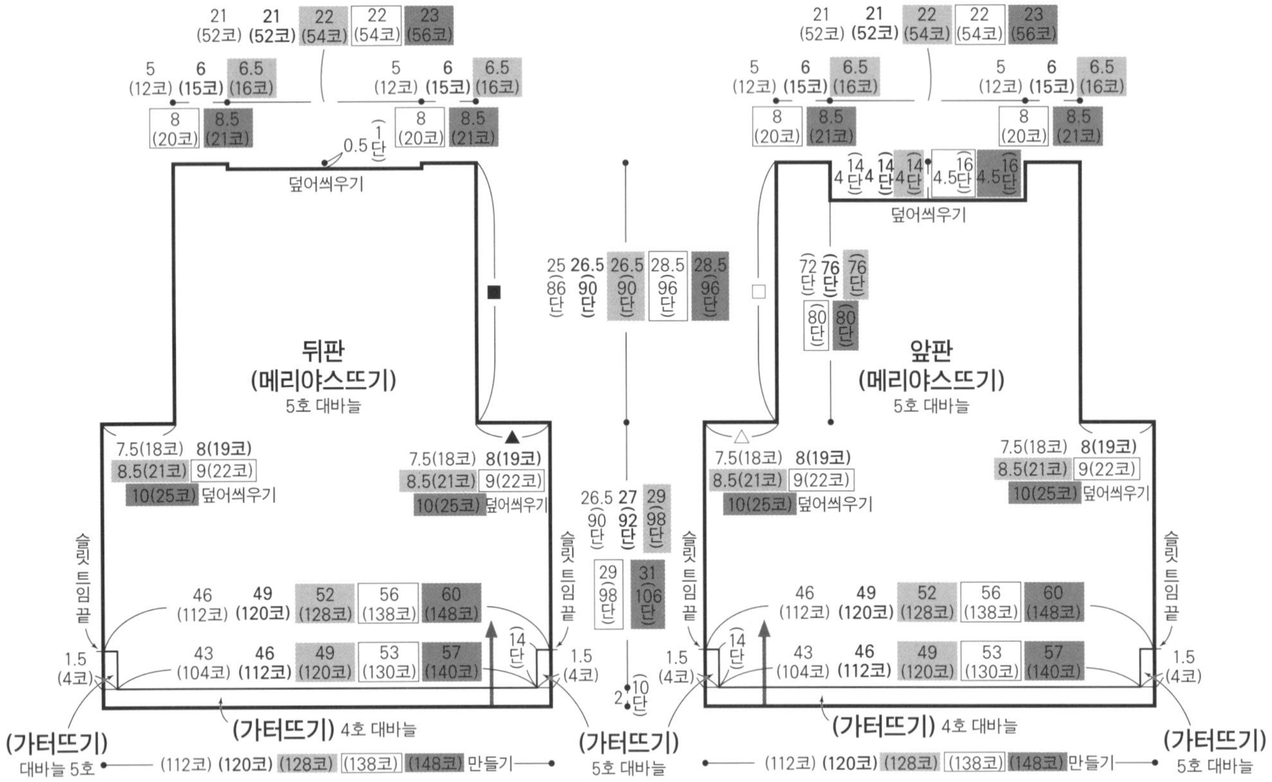

뒤판
(메리야스뜨기)
5호 대바늘
앞판
(메리야스뜨기)
5호 대바늘
덮어씌우기
(가터뜨기) 4호 대바늘
(가터뜨기) 대바늘 5호
(112코) (120코) (128코) (138코) (148코) 만들기
슬릿 트임 끝

※ 사이즈는 S, M, L, XL, 2XL 순서로 표기.
표기가 하나뿐인 것은 전 사이즈 공통.

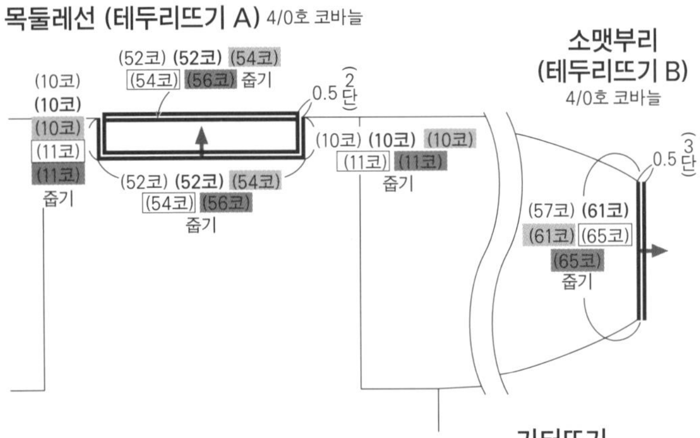

목둘레선 (테두리뜨기 A) 4/0호 코바늘
소맷부리 (테두리뜨기 B) 4/0호 코바늘
줍기

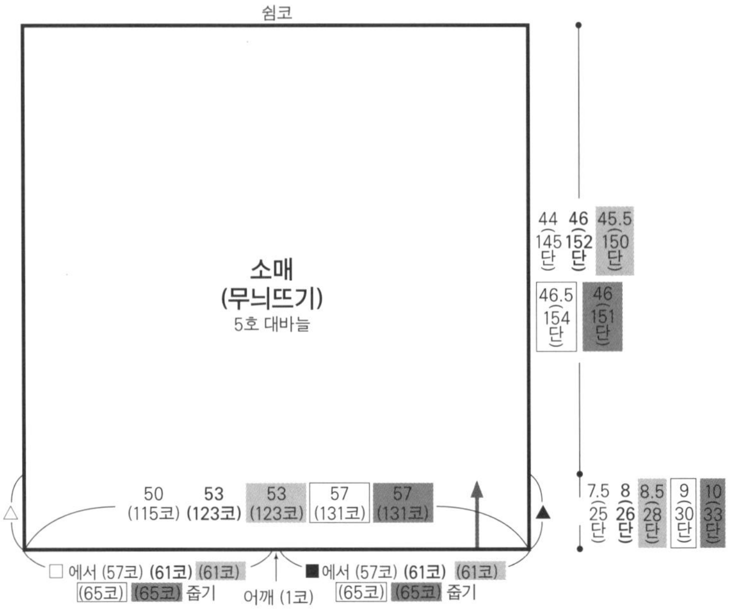

쉼코
소매
(무늬뜨기)
5호 대바늘
□ 에서 (57코) (61코) (61코) (65코) (65코) 줍기
어깨 (1코)
■ 에서 (57코) (61코) (61코) (65코) (65코) 줍기

※맞춤 표시는 오른쪽 소매.

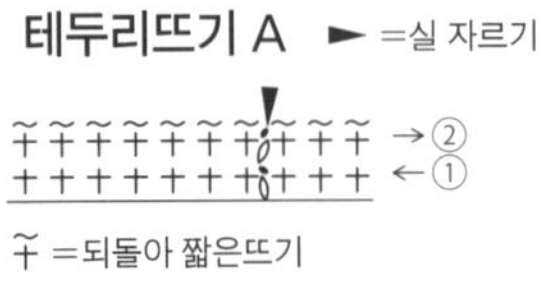

테두리뜨기 A
=실 자르기
=되돌아 짧은뜨기

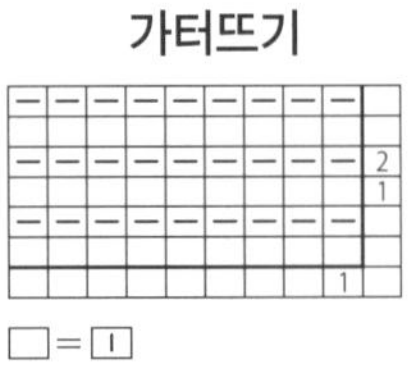

가터뜨기

137페이지로 이어집니다.▶

재료
스키 얀 스키 오리가미 노란색(5304) 280g 10볼

도구
코바늘 5/0호

완성 크기
가슴둘레 104cm, 어깨너비 36cm, 기장 60cm, 소매
길이 29.5cm

게이지(10×10cm)
무늬뜨기 23코×10단

POINT
●몸판·소매…몸판은 사슬뜨기로 기초코를 만들
어 뜨기 시작해 무늬뜨기로 뜹니다. 줄임코는 도안
을 참고하세요. 어깨는 도안을 참고해 빼뜨기 사슬
잇기를 합니다. 소매는 진동둘레에 짧은뜨기를 1
단 떠서 정리하고, 이어서 무늬뜨기로 뜹니다. 증감
코는 도안을 참고하세요.
●마무리…옆선·소매 밑선은 떠서 꿰매기를 합니
다. 목둘레·밑단·소맷부리는 지정 콧수를 주워 테
두리뜨기를 원형으로 뜹니다.

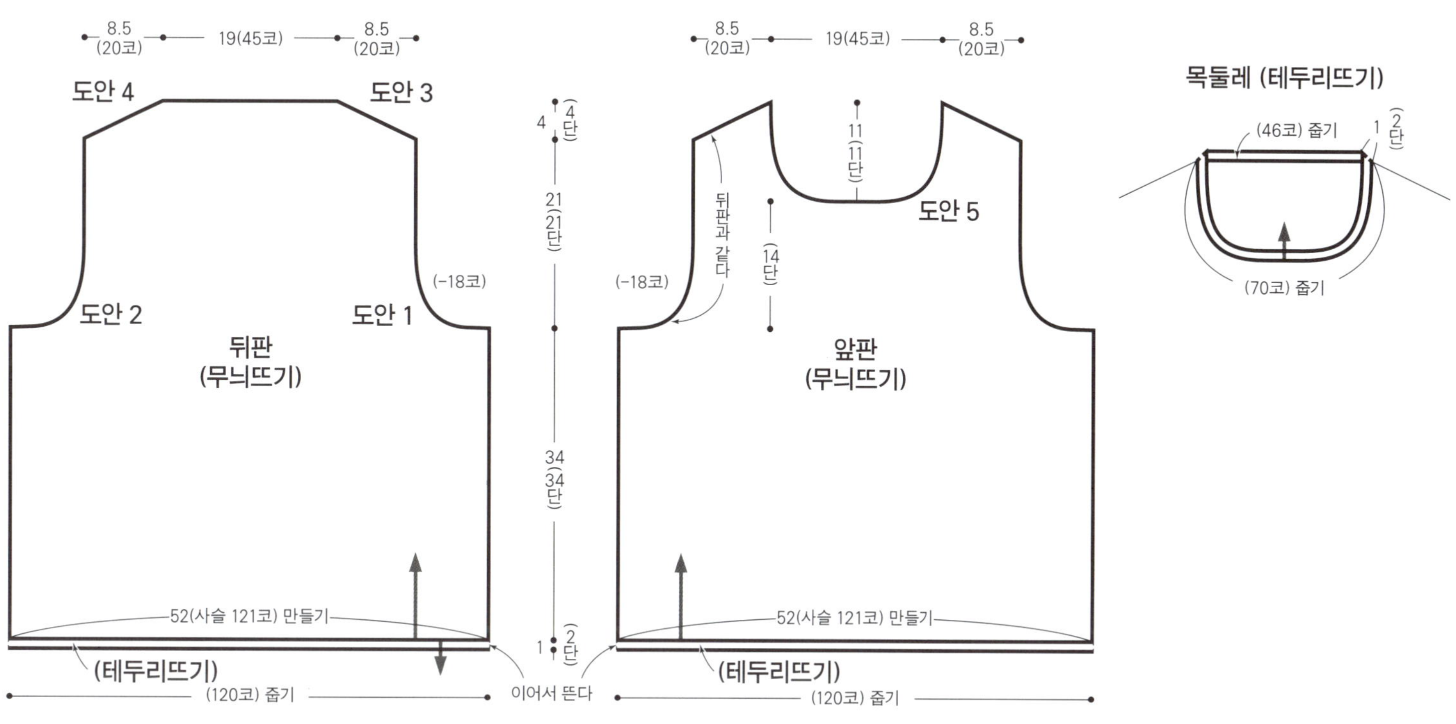

※모두 5/0호 코바늘로 뜬다.

138페이지로 이어집니다. ▶

▶ 136페이지에서 이어집니다.

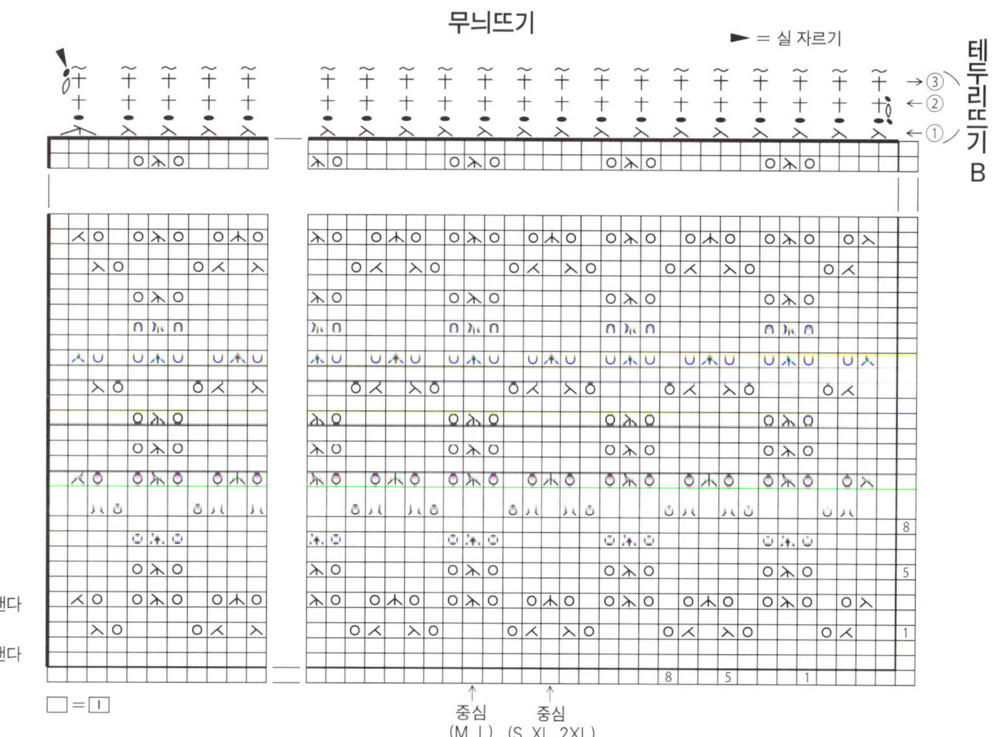

⋏ = 오른코 위 2코 모아뜨기가 되도록
코바늘을 넣고, 바늘에 실을 걸어 빼낸다

⋏ = 오른코 위 3코 모아뜨기가 되도록
코바늘을 넣고, 바늘에 실을 걸어 빼낸다

~+ = 되돌아 짧은뜨기

▶ 137페이지에서 이어집니다.

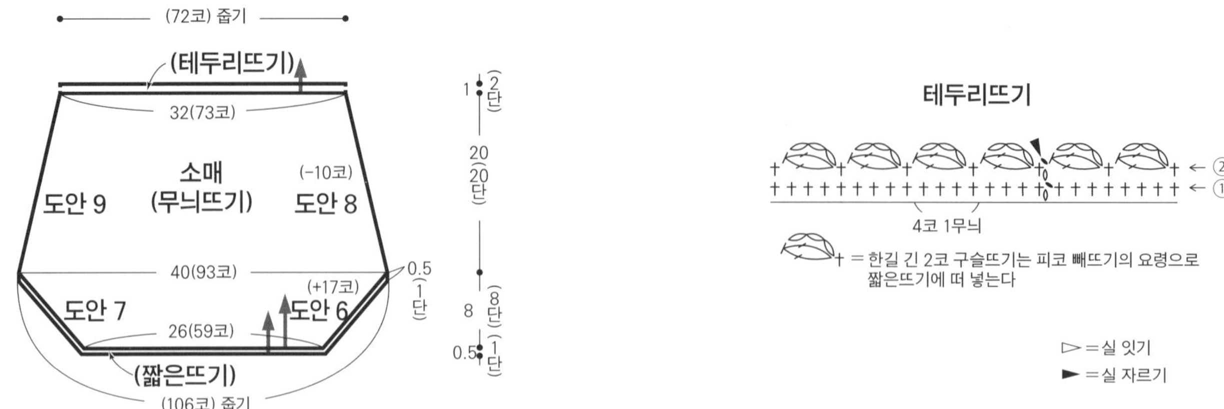

테두리뜨기

무늬뜨기 (앞뒤 몸판)

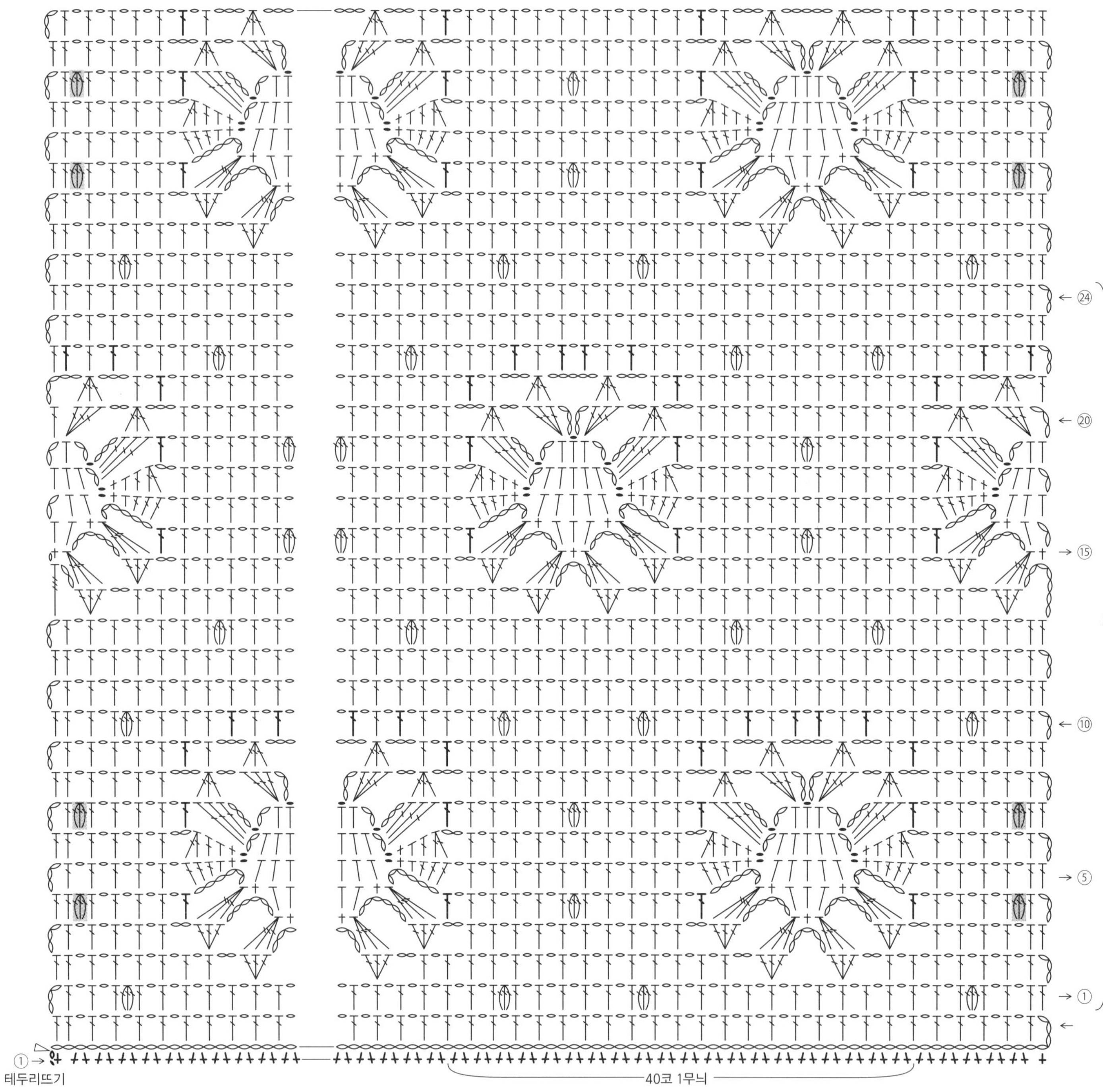

※ 는 기본 위치와 다르므로 주의한다.　　※ ✝ = 앞단의 사슬을 갈라 한길 긴뜨기를 뜬다.

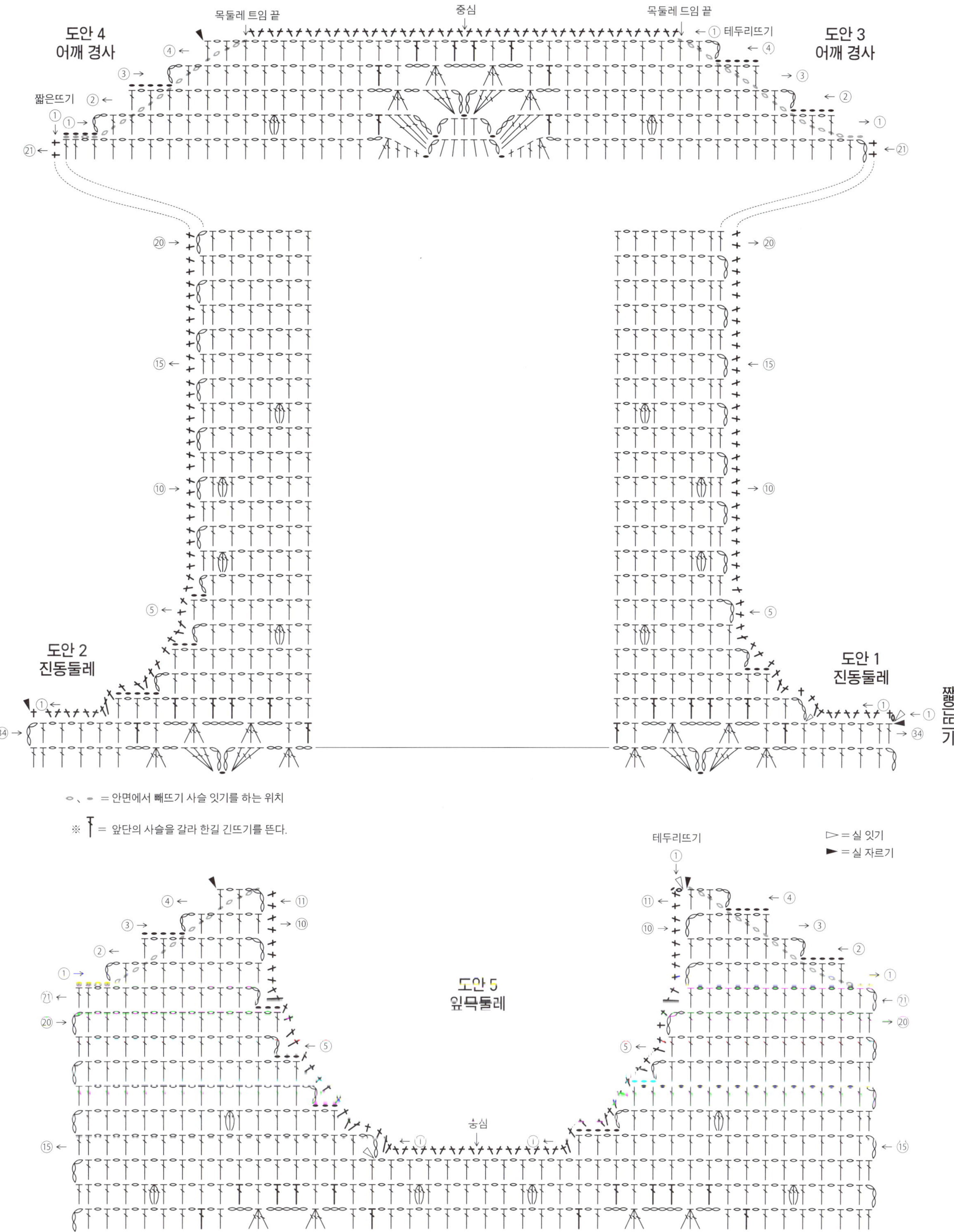

140페이지로 이어집니다. ▶

▶ 139페이지에서 이어집니다.

① 테두리뜨기

짧은뜨기

도안 9
소매 밑선

도안 8
소매 밑선

도안 7
소매산

도안 6
소매산

중심

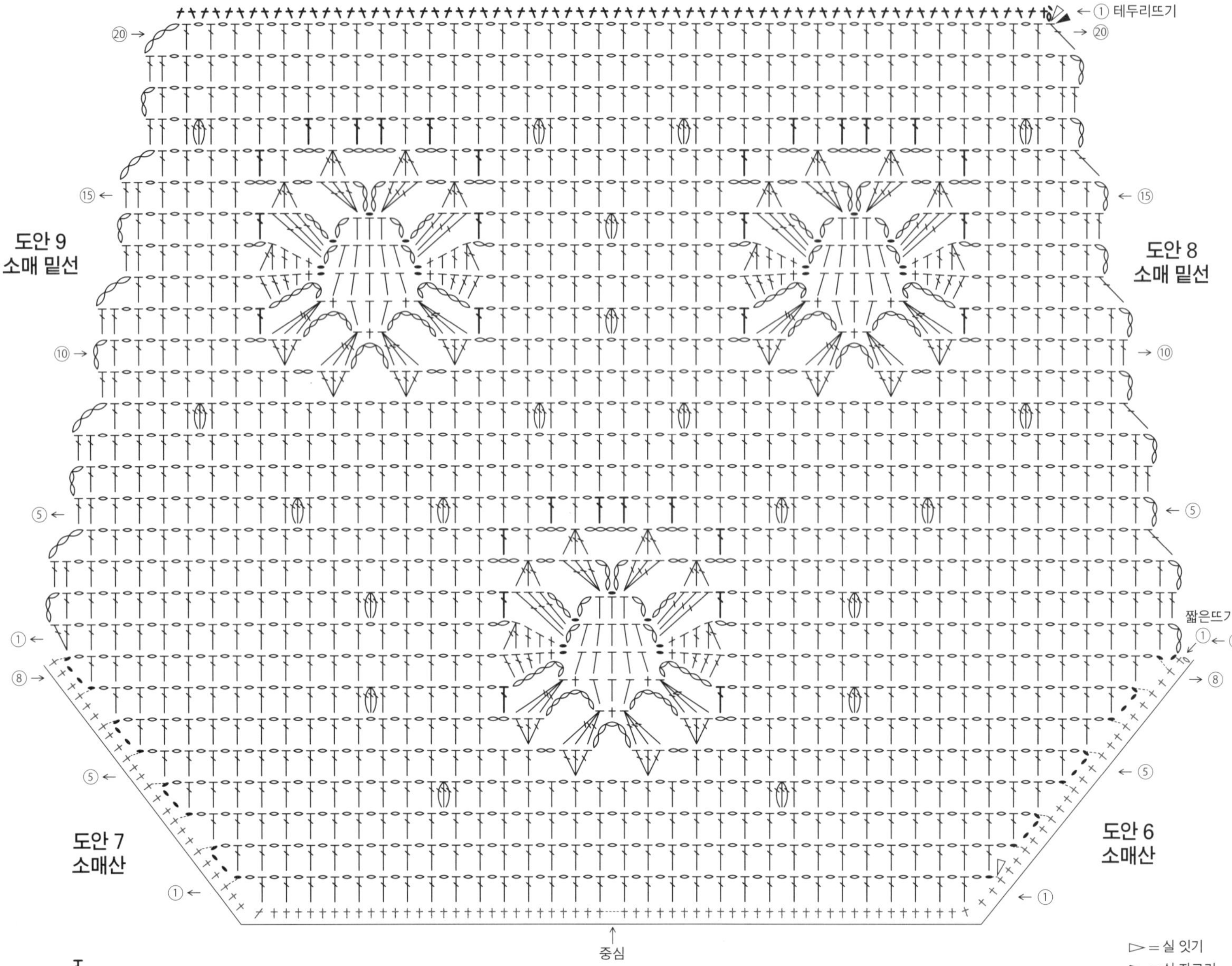

※ ⊺ = 앞단의 사슬을 갈라 한길 긴뜨기를 뜬다.

▷ = 실 잇기
► = 실 자르기

141페이지에서 이어집니다. ◀

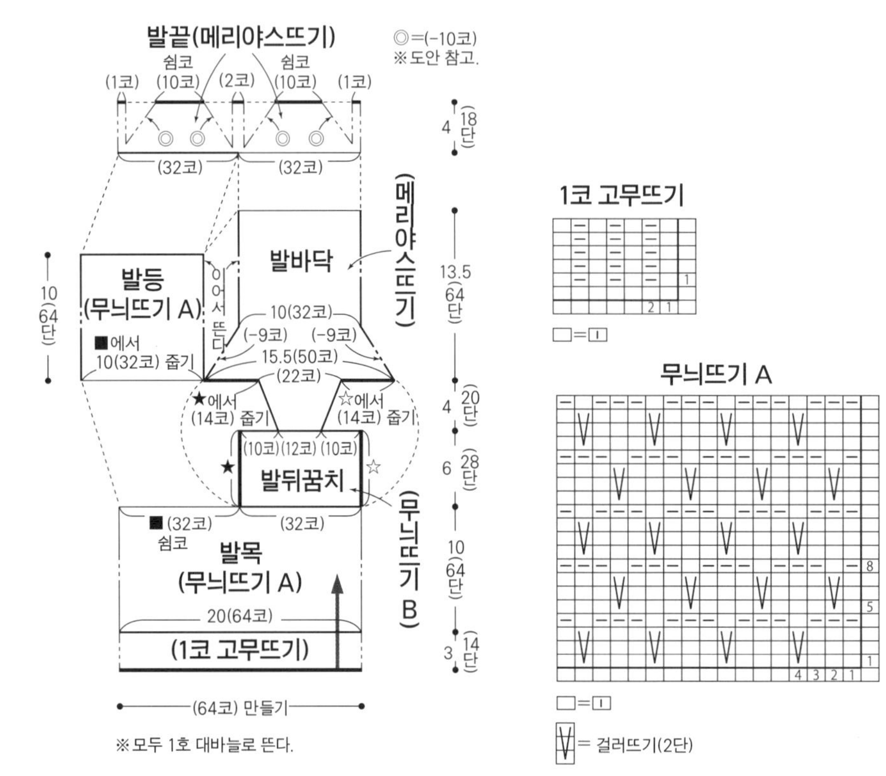

Enjoy Keito

48 page ★★★

우루리

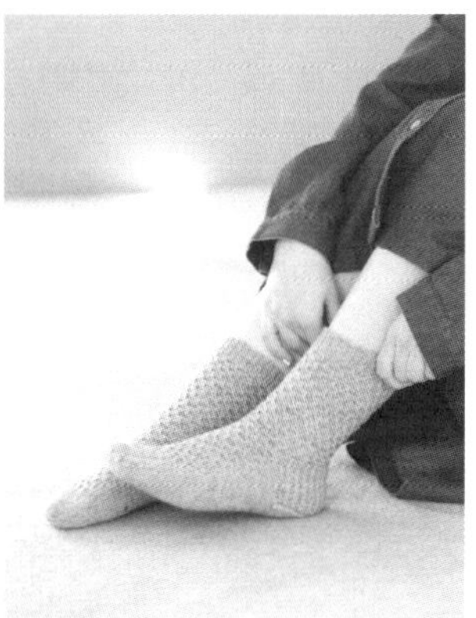

재료

Keito 우루리 야마부키(04) 70g 1볼

도구

대바늘 1호

완성 크기

바닥 길이 21.5㎝, 기상 19㎝

게이지(10×10㎝)

무늬뜨기 A 32코×64단,

메리야스뜨기 32코×47단

POINT

●손가락에 실을 걸어서 만드는 기초코로 뜨기 시작하고, 1코 고무뜨기, 무늬뜨기 A로 원형으로 뜹니다. 발뒤꿈치 부분은 무늬뜨기 B와 메리야스뜨기로 왕복으로 뜹니다. 계속해서 발뒤꿈치와 발목의 쉼코에서 코를 주워, 메리야스뜨기와 무늬뜨기 A로 원형뜨기합니다. 발끝의 줄임코는 도안을 참고하세요. 뜨개 끝은 쉼코를 하고, 메리야스 잇기로 연결합니다.

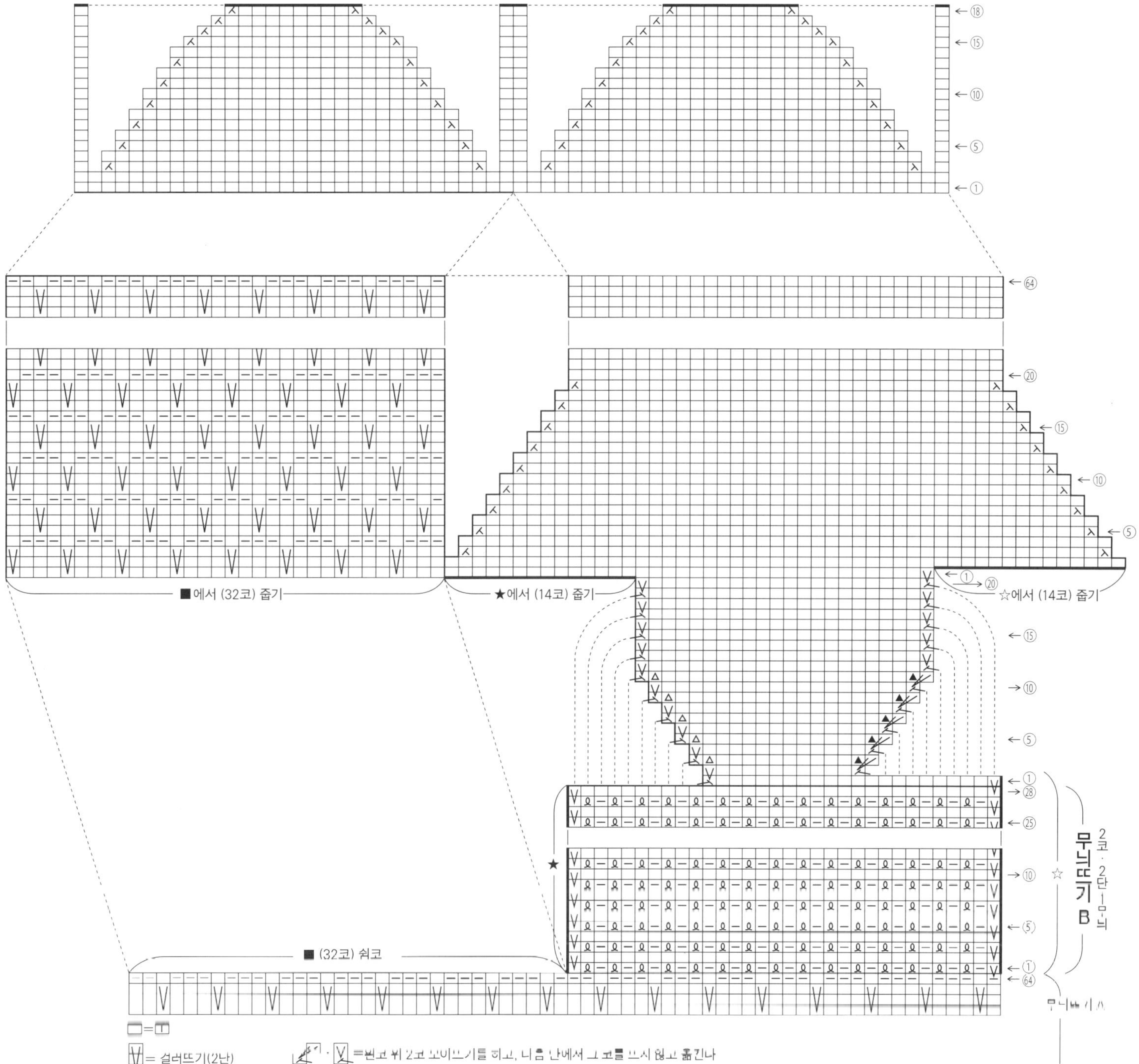

■에서 (32코) 줍기
★에서 (14코) 줍기
☆에서 (14코) 줍기
■ (32코) 쉼코
무늬뜨기 B
2코·2단 1무늬
무늬뜨기 A

=

= 걸러뜨기(2단)

= 안뜨기 걸러뜨기(1단)

= 걸러뜨기(1단)

▲ = 왼코 돌려 늘림코

△ = 오른코 돌려 늘림코

※뜨는 법→P.155

· = 왼코 위 2코 모아뜨기를 하고, 다음 단에서 그 코를 뜨지 않고 옮긴다

=오른코 위 2코 모아뜨기를 하고, 다음 단에서 그 코를 뜨지 않고 옮긴다

◀ 140페이지로 이어집니다.

한길 긴 뒤걸어뜨기

한길 긴 앞걸어뜨기

※일본어 사이트

※일본어 사이트

되돌아 짧은뜨기

※일본어 사이트

재료
다이아몬드케이토 다이아 코스타 브리에 회색
(6103) 260g 9볼, 하늘색(6106) 50g 2볼
도구
코바늘 5/0호
완성 크기
가슴둘레 100cm, 기장 41.5cm, 화장 55cm
게이지
줄무늬 무늬뜨기 A 1무늬 7코=2cm, 12.5단=10cm.
줄무늬 무늬뜨기 B(10×10cm) 28.5코×12.5단, 무
늬뜨기 C(10×10cm) 28.5코×12단
POINT
●요크·몸판·소매…요크는 회색으로 사슬뜨기로

기초코를 만들어 뜨기 시작해 줄무늬 무늬뜨기 A
·B를 원형으로 뜹니다. 늘림코는 도안을 참고하세
요. 뒤판에 앞뒤 단차로 무늬뜨기 C를 2단 왕복뜨
기합니다. 이어서 앞뒤 몸판은 요크의 코와 거싯의
사슬뜨기 기초코에서 코를 주워 무늬뜨기 C를 원
형으로 뜹니다. 이어서 밑단은 줄무늬 테두리뜨기
로 뜹니다. 소매는 요크와 거싯의 기초코와 앞뒤
단차에서 코를 주워 무늬뜨기 C와 줄무늬 테두리
뜨기를 원형으로 뜹니다. 줄임코는 도안을 참고하
세요.
●마무리…목둘레는 지정 콧수를 주워 줄무늬 테
두리뜨기로 뜹니다. 분산 줄임코는 도안을 참고하
세요.

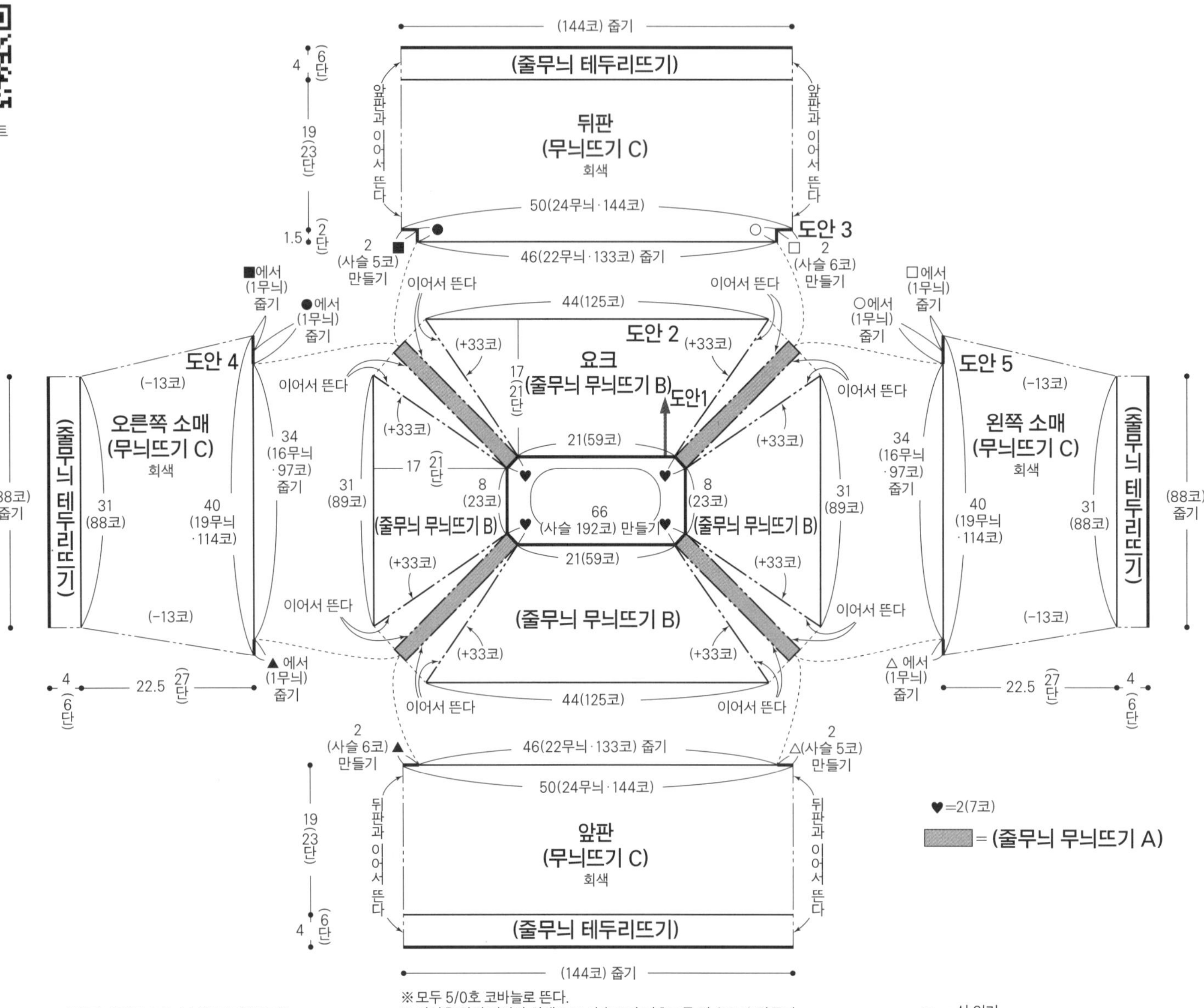

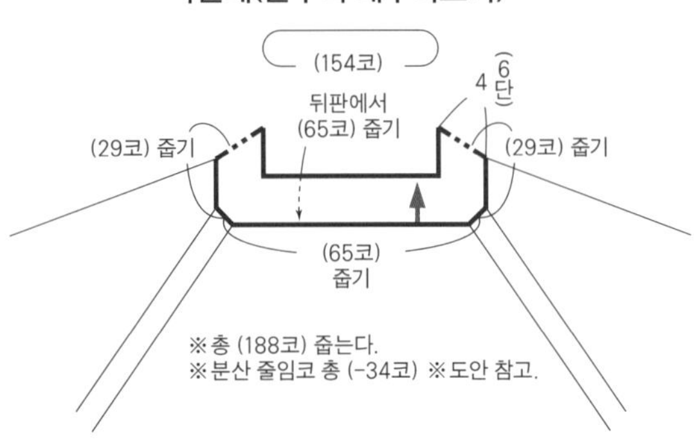

※모두 5/0호 코바늘로 뜬다.
※거싯은 앞뒤 이어서 회색으로 사슬뜨기 기초코를 각 (11코) 만든다.

목둘레(줄무늬 테두리뜨기)

※총 (188코) 줍는다.
※분산 줄임코 총 (-34코) ※도안 참고.

줄무늬 테두리뜨기(밑단·소맷부리)

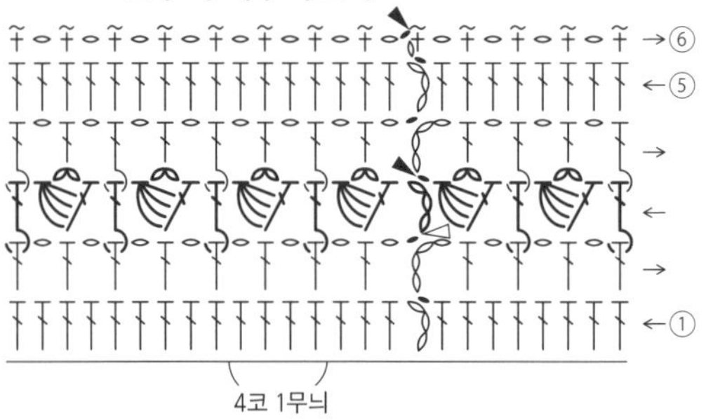

4코 1무늬

▷ =실 잇기
▶ =실 자르기

배색 — = 회색
— = 하늘색

=한길 긴 앞걸어뜨기
※안면에서 뜰 때는 뒤걸어뜨기로 뜬다.

=한길 긴뜨기 1코, 사슬 2코를 뜬 뒤,
한길 긴뜨기 다리를 감싸며 긴 4코 구슬뜨기를 뜬다

=되돌아 짧은뜨기

줄무늬 무늬뜨기 B

21
20
15
10
5
1

▒ = 1무늬

= 한길 긴 앞걸어뜨기
※안면에서 뜰 때는 뒤걸어뜨기로 뜬다.

= 한길 긴 뒤걸어뜨기

= 두길 긴 뒤걸어뜨기
※안면에서 뜰 때는 앞걸어뜨기로 뜬다.

= 한길 긴뜨기 1코, 사슬 2코를 뜬 뒤,
한길 긴뜨기 다리를 감싸며 긴 4코 구슬뜨기를 뜬다

배색 — = 회색 / — = 하늘색

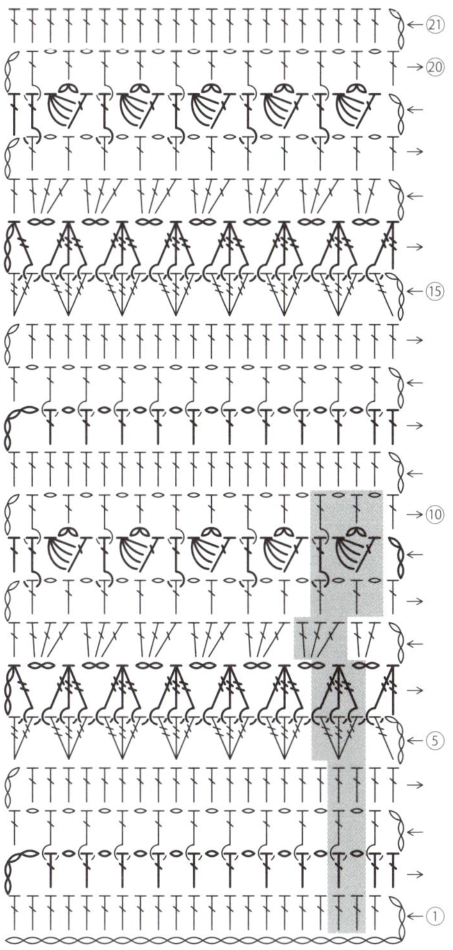

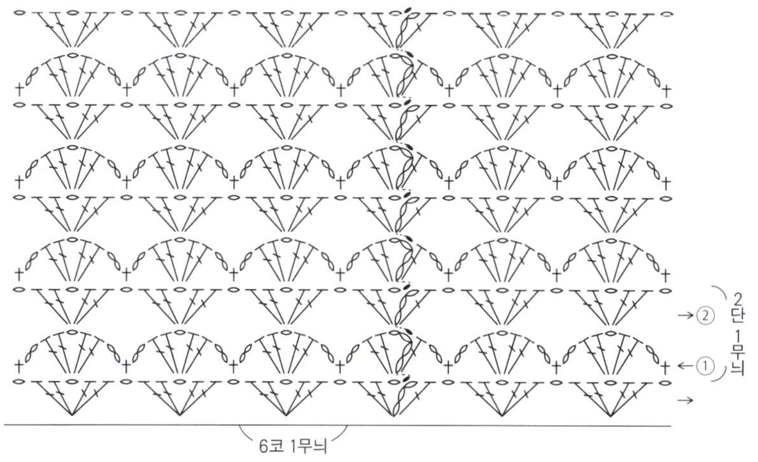

무늬뜨기 C

2
1
2단 1무늬
6코 1무늬

도안 5 왼쪽 소매 밑선

1
왼쪽 소매 요크
왼쪽 소매 요크
뒤판 요크
앞판 요크
앞뒤 단차
앞판
거싯
뒤판

줄무늬 테두리뜨기 (목둘레)

6
5
줄인코 반복
(-22코)
(154코)
(-12코)
(176코)
줄임코 반복
1 (188코)

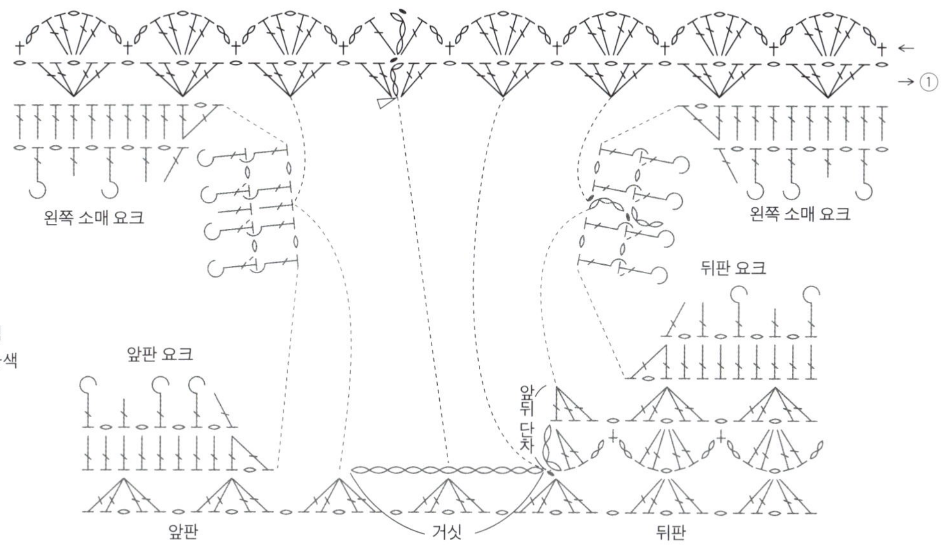

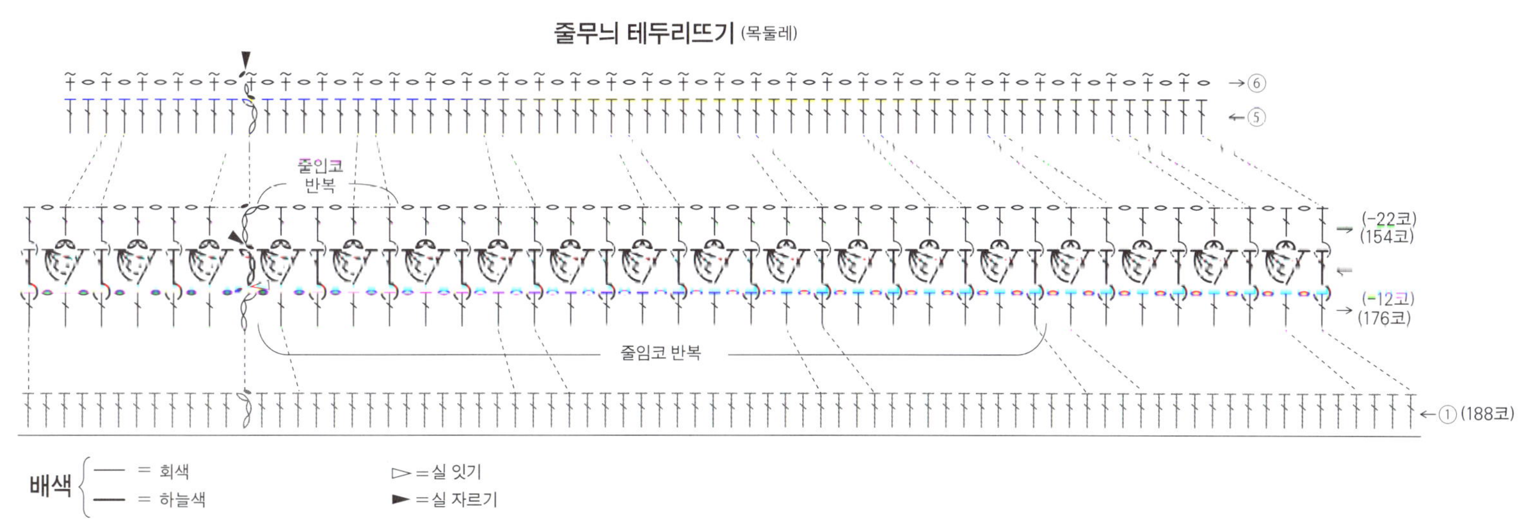

배색 — = 회색 / — = 하늘색

▷ = 실 잇기
► = 실 자르기

144페이지로 이어집니다. ▶

▶ 143페이지에서 이어집니다.

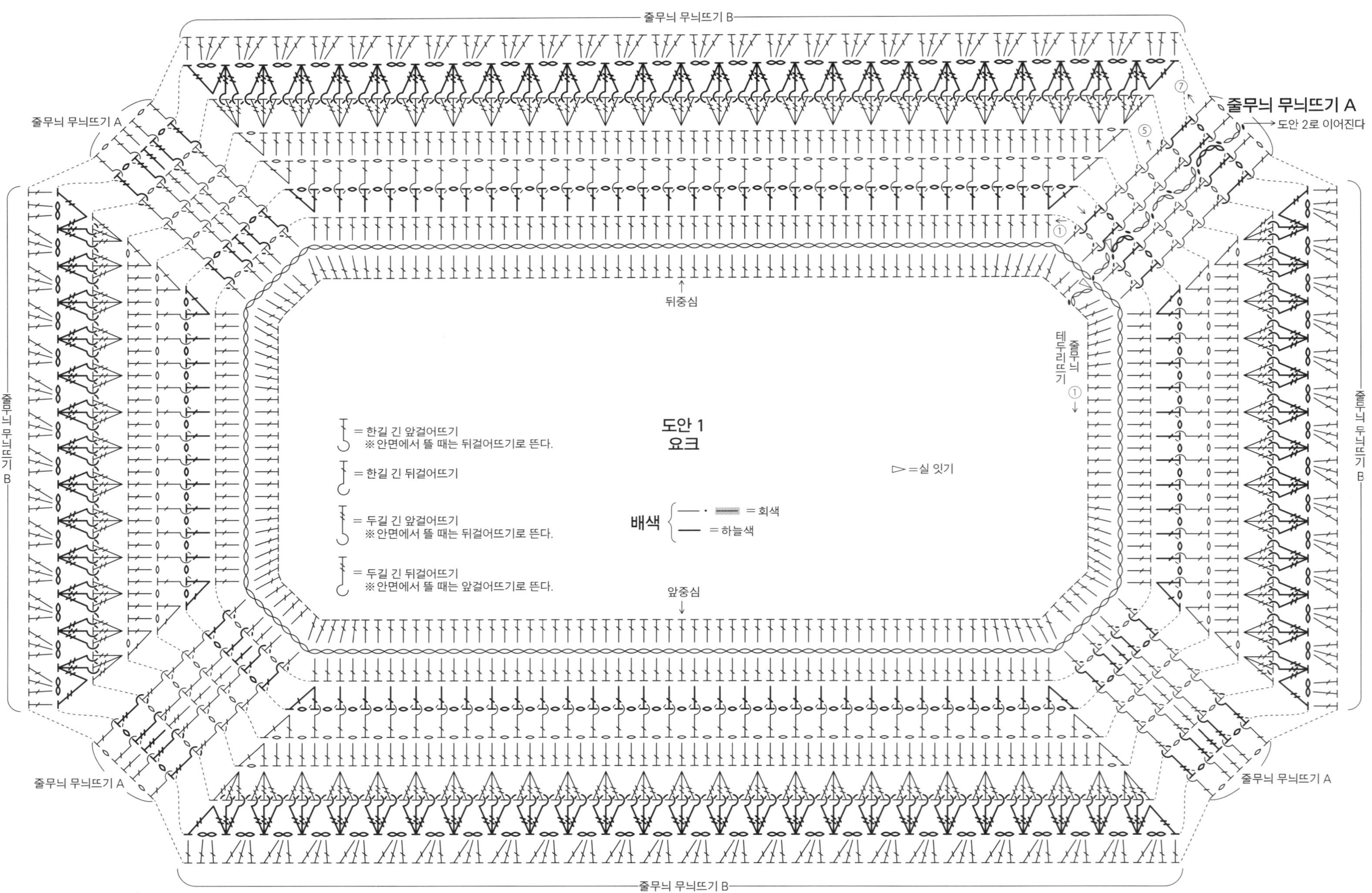

146페이지로 이어집니다. ▶

도안 2 요크

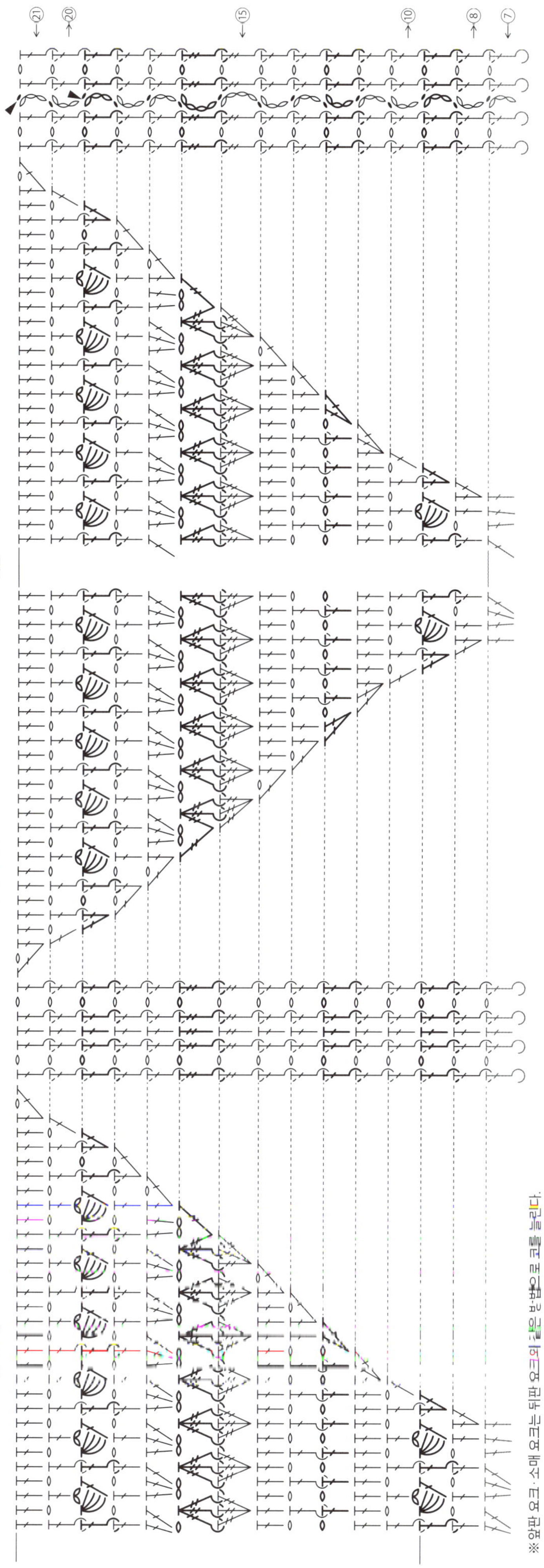
뒤판
오른쪽 소매
▷ = 실 잇기
▶ = 실 자르기

※앞판 요크·소매 요크는 뒤판 요크와 같은 방법으로 코를 늘린다.

배색
— = 회색
— = 하늘색

도안 3 옆선

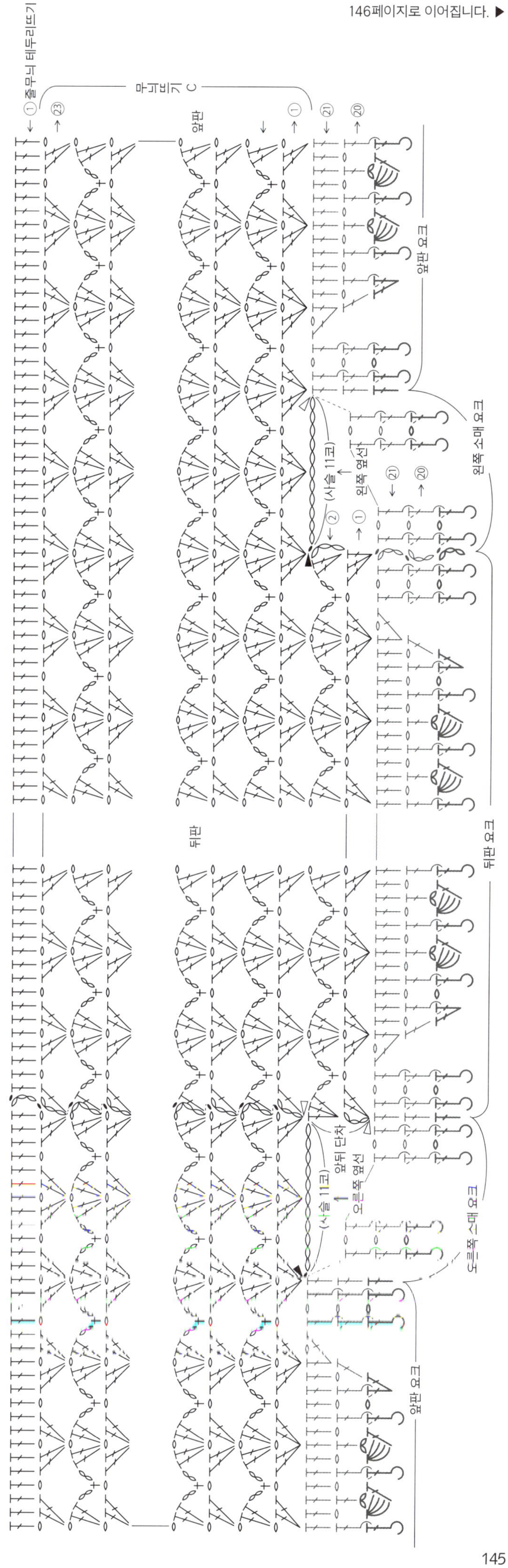
① 줄무늬 테두리뜨기
무늬뜨기 C
앞판
뒤판
앞판 요크
뒤판 요크
왼쪽 소매 요크
오른쪽 소매 요크
(사슬 11코)
왼쪽 옆선
오른쪽 옆선
앞뒤 단차

▶ 145페이지에서 이어집니다.

도안 4 오른쪽 소매 밑선

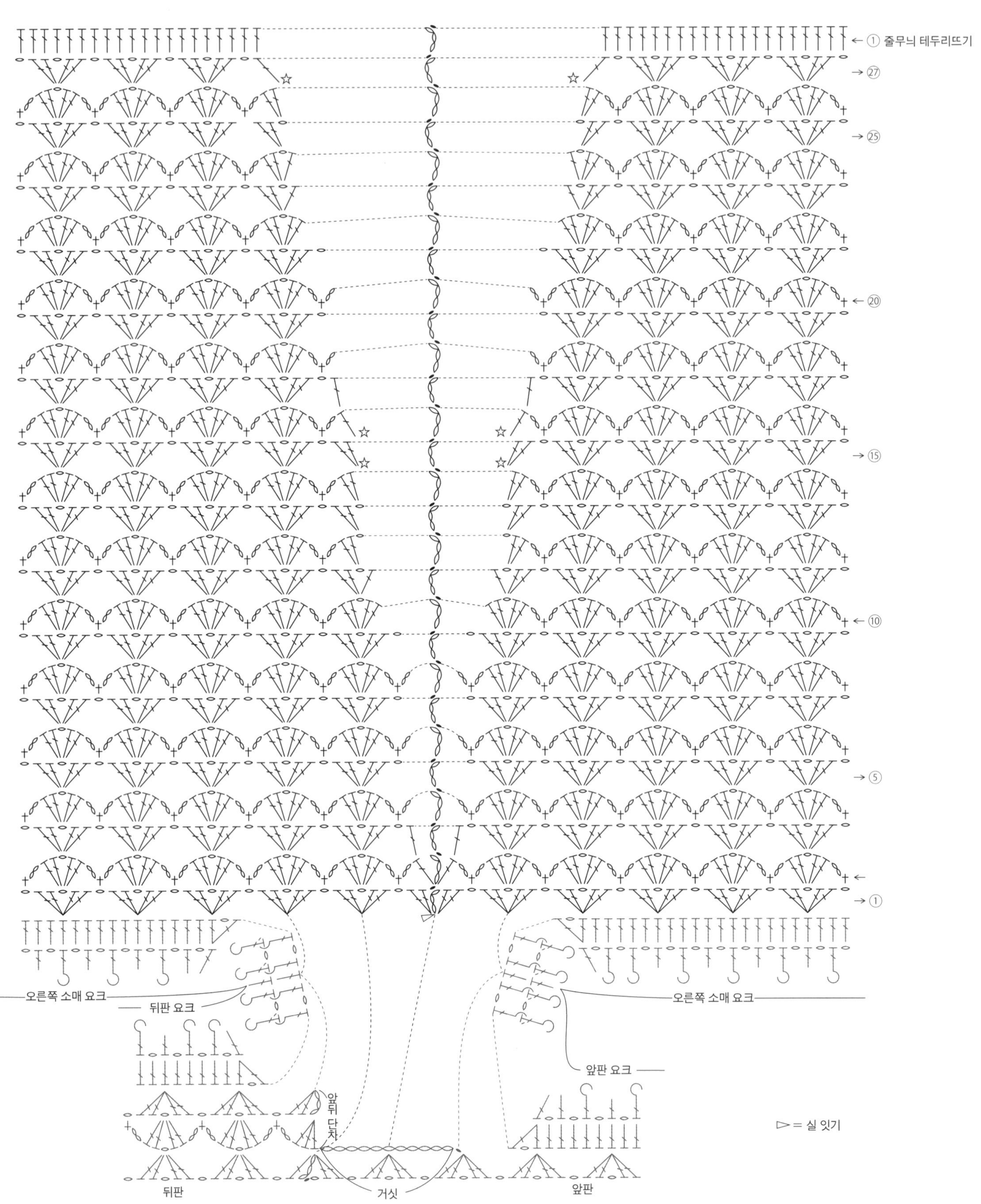

※ ☆ 위치의 한길 긴뜨기는 앞단의 코와 코 사이를 줍는다.

한길 긴 뒤걸어뜨기

※ 일본어 사이트

한길 긴 앞걸어뜨기

※ 일본어 사이트

재료
다이아몬드케이토 다이아 모네 회색·하얀색·청록색 계열 그러데이션(6202) 350g 12볼, 마스터시드 코튼 정록색(126) 65g 3볼

도구
코바늘 5/0호

완성 크기
가슴둘레 96㎝, 기장 50.5㎝, 화장 57㎝

게이지(10×10㎝)
무늬뜨기 24코×10단

POINT
●몸판·소매…몸판은 사슬뜨기로 기초코를 만들어 뜨기 시작해 무늬뜨기로 뜹니다. 어깨 경사·목둘레의 줄임코는 도안을 참고하세요. 어깨는 빼뜨기 사슬 잇기를 합니다. 소매는 앞뒤 몸판에서 코를 주워 짧은뜨기와 무늬뜨기로 뜹니다. 줄임코는 도안을 참고하세요.
●마무리…옆선·소매 밑선은 빼뜨기 사슬 꿰매기를 합니다. 밑단·소맷부리는 지정 콧수를 주워 배색무늬뜨기 A를 원형으로 뜹니다. 배색무늬뜨기는 실을 가로로 걸치는 방법으로 뜨는데, 걸치는 실은 지정 위치에서 감싸며 뜹니다. 목둘레는 지정 콧수를 주워 줄무늬 테두리뜨기로 왕복해 뜹니다. 양쪽 가장자리는 몸판에 겹칩니다. 칼라는 몸판과 같은 방법으로 뜨기 시작해 도안을 참고하면서 배색무늬뜨기 B, 짧은뜨기로 뜹니다. 마무리하는 법을 참고해 칼라를 목둘레 안면에 겹쳐 놓고 감칩니다.

짧은 뒤걸어뜨기

※ 일본어 사이트

짧은 앞걸어뜨기

※ 일본어 사이트

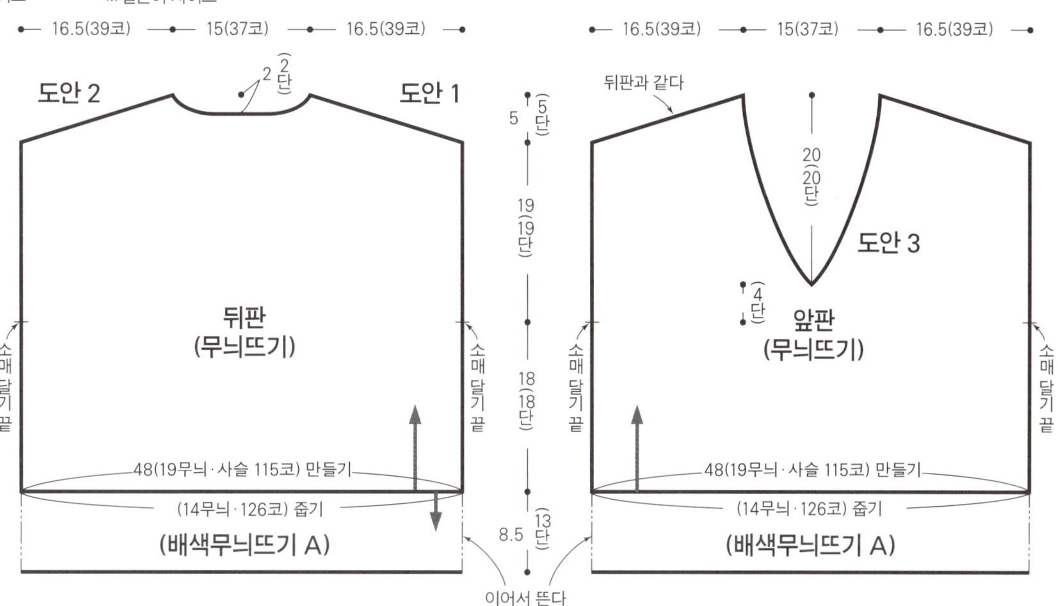

목둘레
(줄무늬 테두리뜨기)

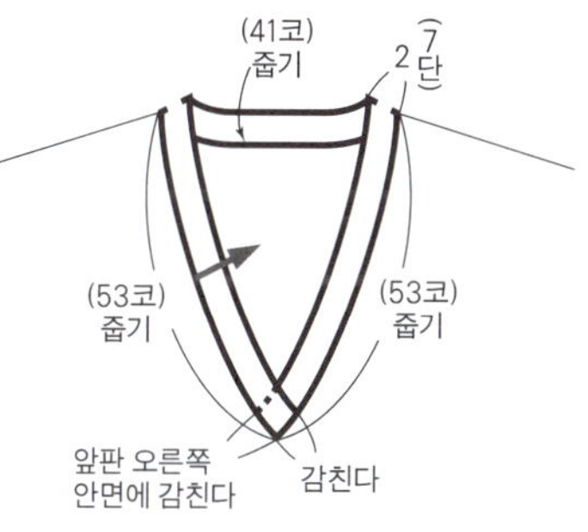

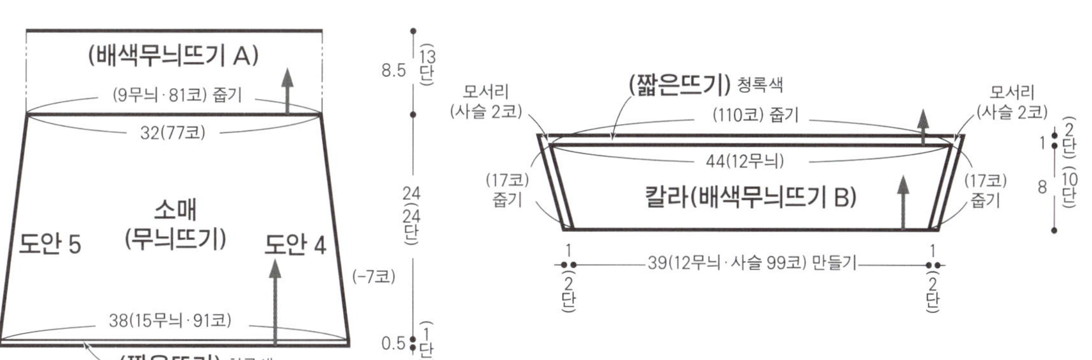

줄무늬 테두리뜨기

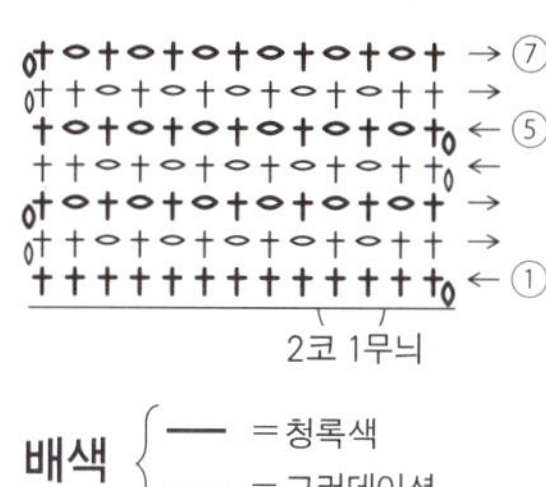

마무리하는 법

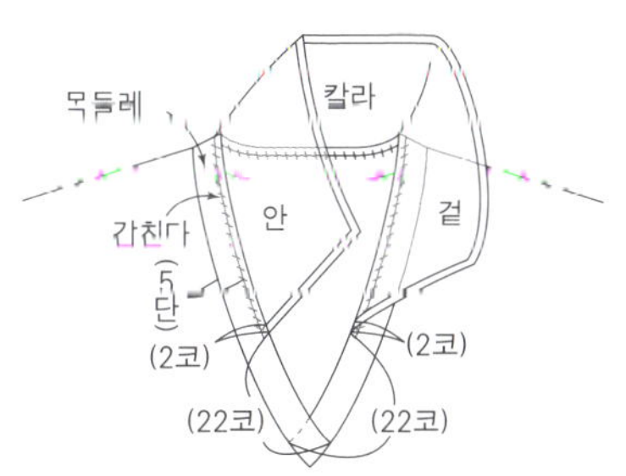

※ 칼라를 목둘레 안면에 겹쳐 놓고, 본체 안면을 보면서 목둘레 5단의 짧은뜨기 머리와 칼라의 기초코를 청록색으로 감친다.

무늬뜨기

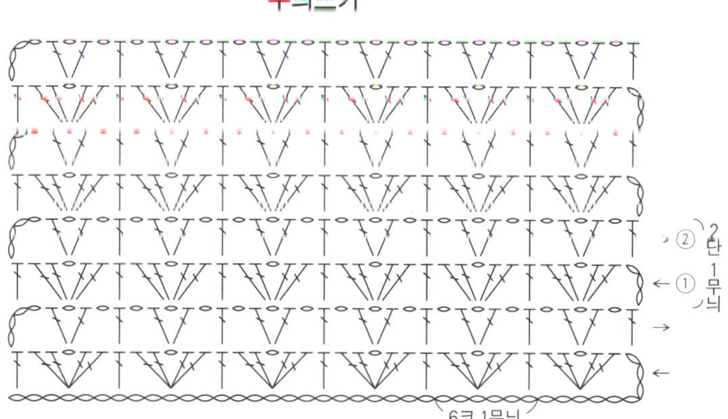

148페이지로 이어집니다. ▶

▶ 147페이지에서 이어집니다.

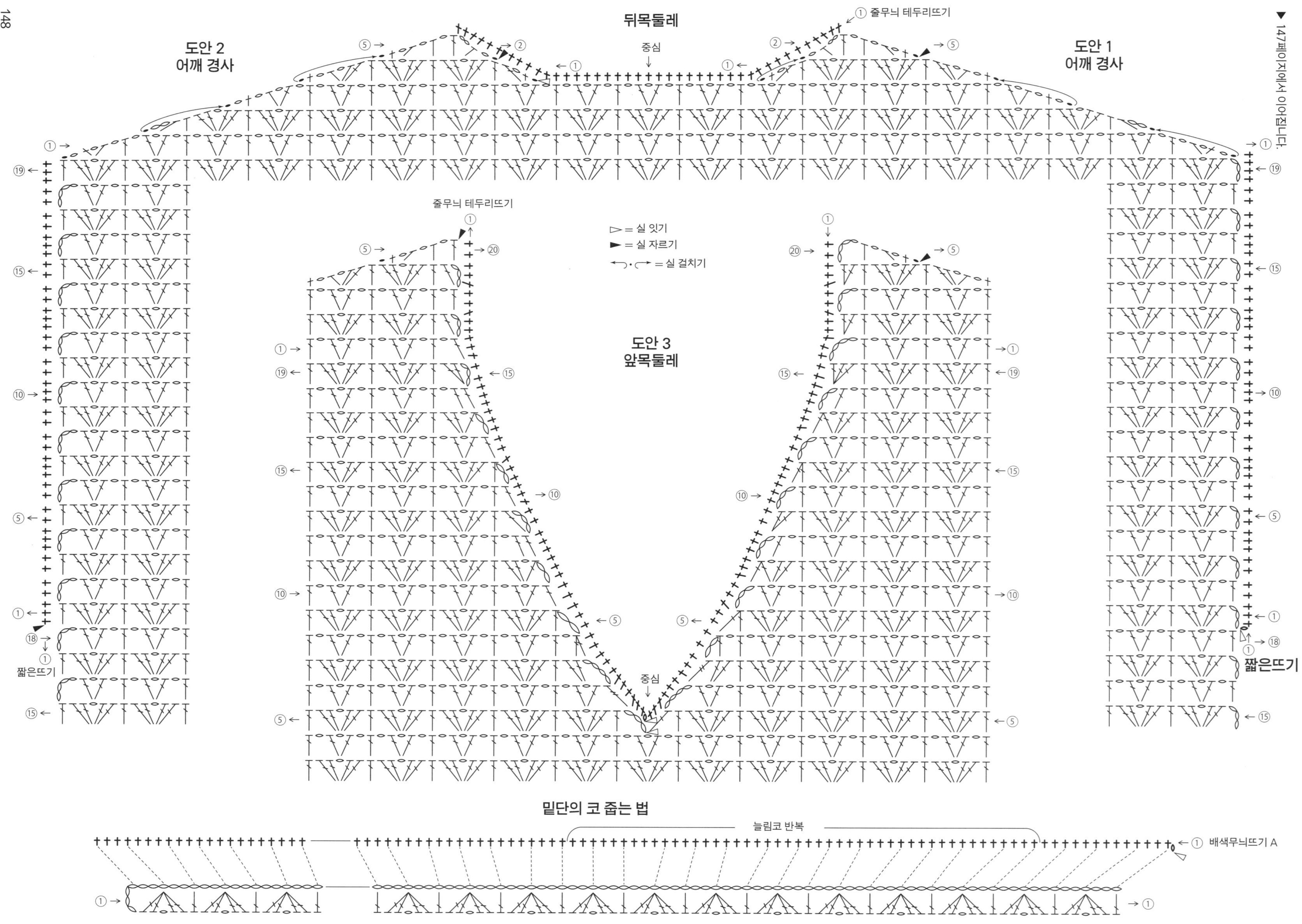

소맷부리의 코 줍는 법

중심

① 배색무늬뜨기 A

24

도안 5
소매 밑선

도안 4
소매 밑선

▷ = 실 잇기
► = 실 자르기

① 짧은뜨기

배색무늬뜨기 A (밑단·소맷부리)

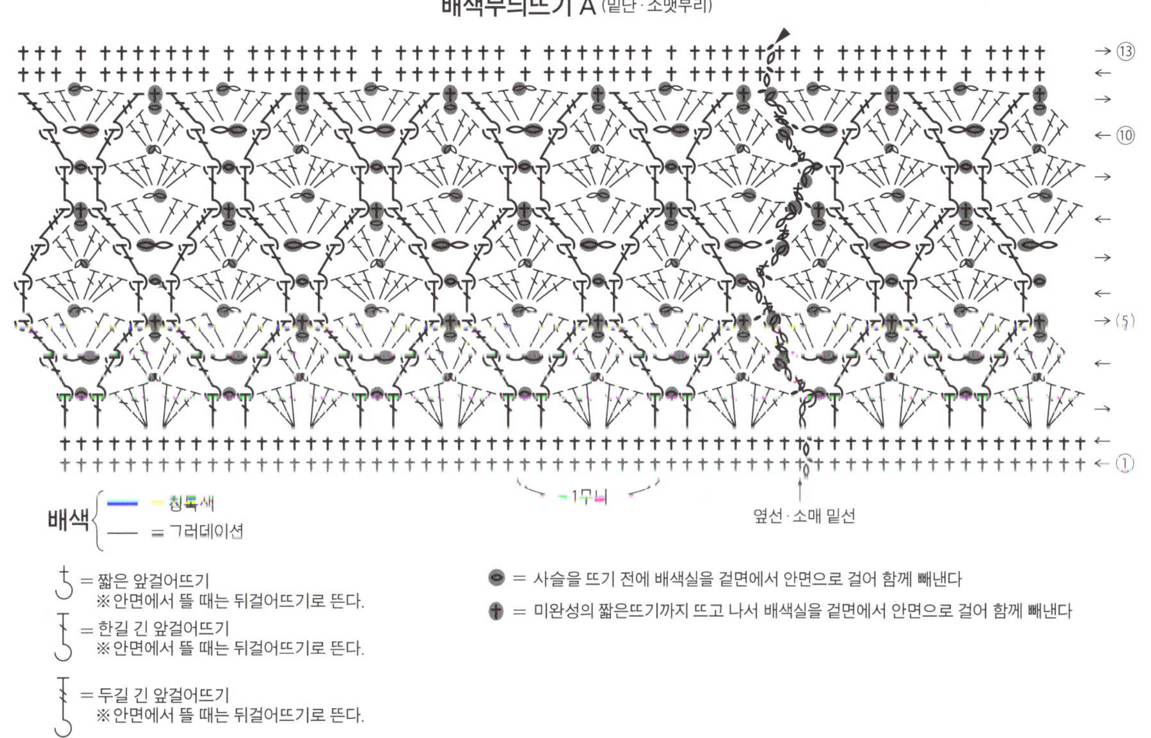

배색 { ━ = 청록색 ━ = 그러데이션

$\dagger$ = 짧은 앞걸어뜨기
※ 안면에서 뜰 때는 뒤걸어뜨기로 뜬다.

$\dagger$ = 한길 긴 앞걸어뜨기
※ 안면에서 뜰 때는 뒤걸어뜨기로 뜬다.

$\dagger$ = 두길 긴 앞걸어뜨기
※ 안면에서 뜰 때는 뒤걸어뜨기로 뜬다.

● = 사슬을 뜨기 전에 배색실을 겉면에서 안면으로 걸어 함께 빼낸다

● = 미완성의 짧은뜨기까지 뜨고 나서 배색실을 겉면에서 안면으로 걸어 함께 빼낸다

150페이지로 이어집니다. ▶

▶ 149페이지에서 이어집니다.

배색무늬뜨기 B (칼라)

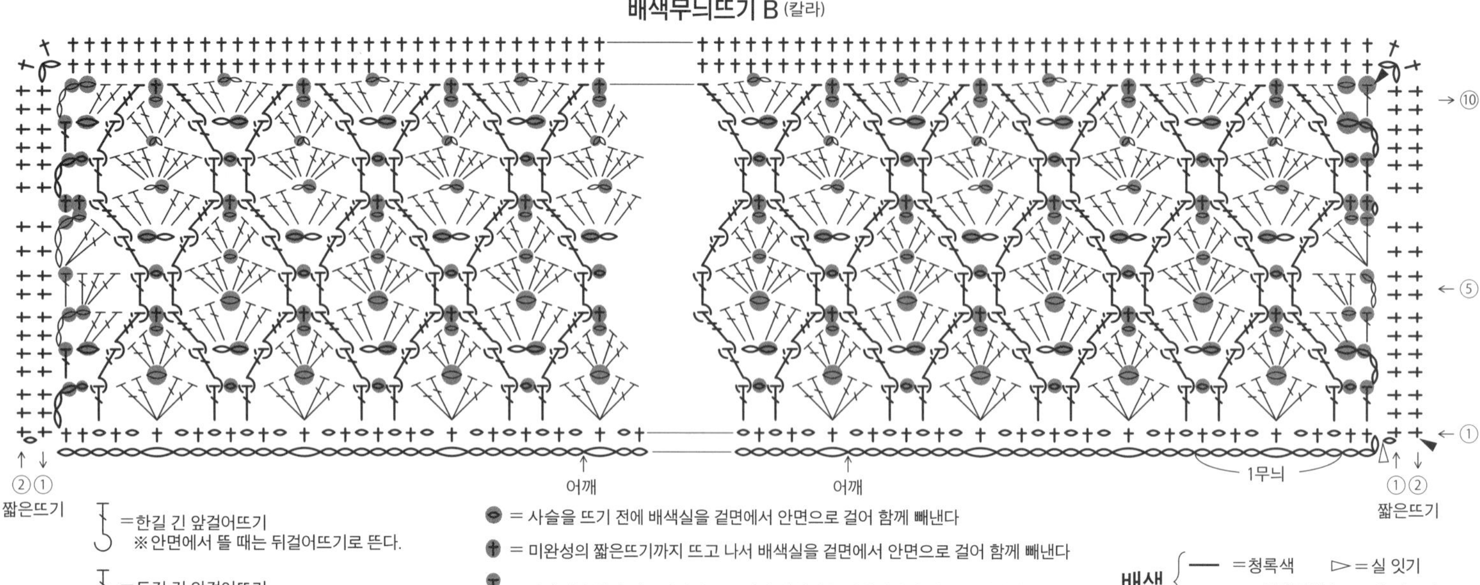

$\big\}$ =한길 긴 앞걸어뜨기
　※안면에서 뜰 때는 뒤걸어뜨기로 뜬다.

$\big\}$ =두길 긴 앞걸어뜨기
　※안면에서 뜰 때는 뒤걸어뜨기로 뜬다.

● = 사슬을 뜨기 전에 배색실을 겉면에서 안면으로 걸어 함께 빼낸다

✚ = 미완성의 짧은뜨기까지 뜨고 나서 배색실을 겉면에서 안면으로 걸어 함께 빼낸다

♦ = 미완성의 한길 긴뜨기까지 뜨고 나서 배색실을 겉면에서 안면으로 걸어 함께 빼낸다

배색 $\Big\{$ — =청록색　▷ =실 잇기
　　　　 — =그러데이션　▶ =실 자르기

151페이지에서 이어집니다. ◀

모티브 잇는 법

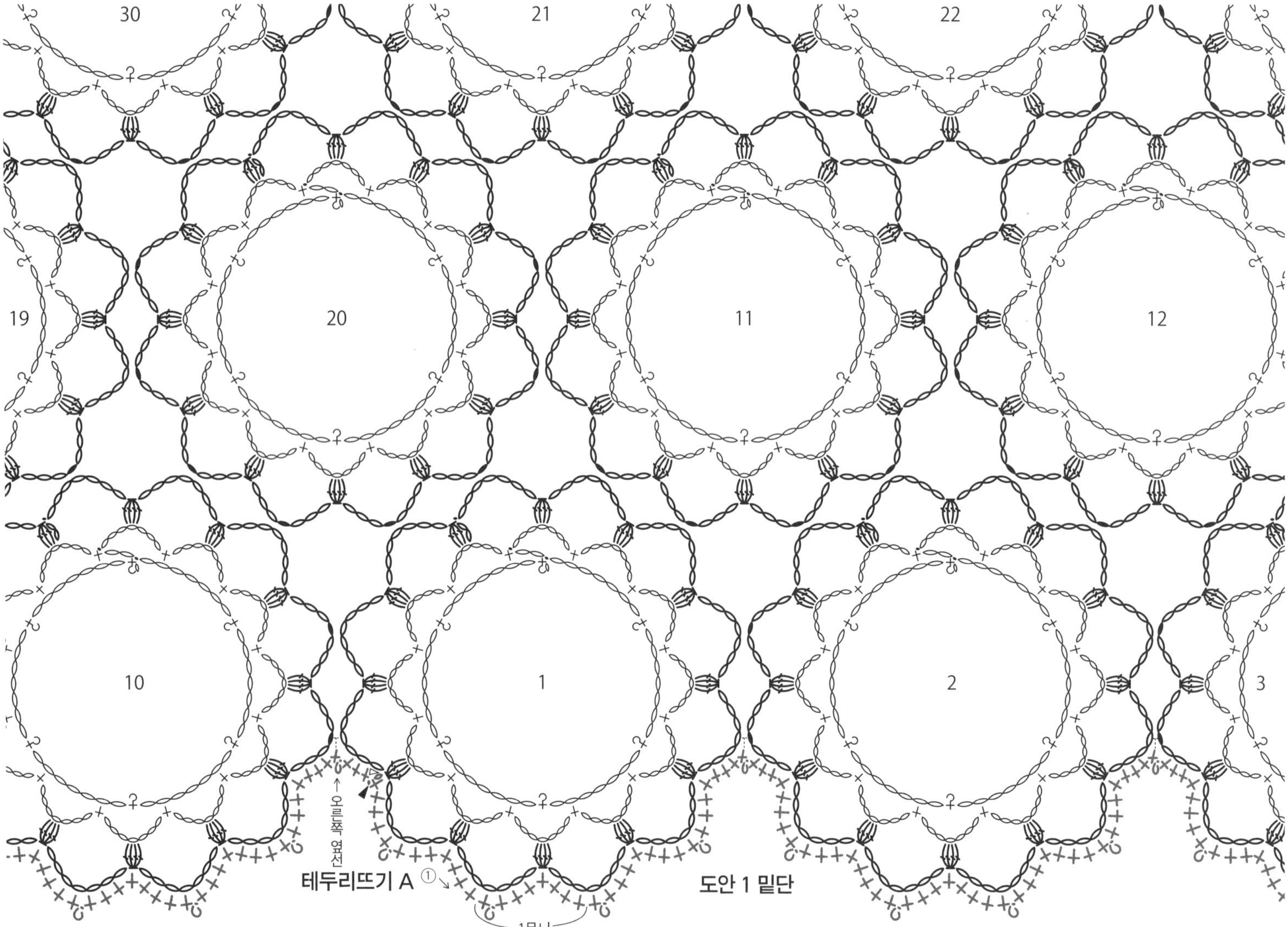

30　21　22

19　20　11　12

10　1　2　3

오른쪽 옆선

테두리뜨기 A ①　　도안 1 밑단

1무늬

$\substack{?\\+}$ = $\substack{?\\+}$ 빼뜨기의 피코뜨기

▷ = 실 잇기
▶ = 실 자르기

배색 $\Big\{$ — =파란색·노란색·핑크·초록색 계열 그러데이션
　　　 —·— =황록색

스키 리넨 실크

짧은 뒤걸어뜨기

※ 일본어 사이트

한길 긴 5코 구슬뜨기
(코 아래에서 떠넣기)
※ 일본어 사이트

재료

M…스키 얀 스키 스위미 파란색·노란색·핑크·초록색 계열 그러데이션(1613) 110g 3볼, 스키 리넨 실크 황록색(1424) 70g 3볼
L…스키 얀 스키 스위미 파란색·노란색·핑크·초록색 계열 그러데이션(1613) 125g 4볼, 스키 리넨 실크 황록색(1424) 75g 3볼

도구

M…코바늘 4/0호
L…코바늘 5/0호

완성 크기

M…가슴둘레 95㎝, 기장 46.5㎝, 화장 29㎝
L…가슴둘레 100㎝, 기장 49㎝, 화장 30.5㎝

게이지

M…모티브 A · B 지름 9.5㎝
L…모티브 A · B 지름 10㎝

POINT

●몸판…모티브 잇기로 뜹니다. 2번째 장부터는 마지막 단에서 옆 모티브와 연결하며 뜹니다.
●마무리…지정 콧수를 주워 밑단은 테두리뜨기 A, 목둘레는 테두리뜨기 B, 소맷부리는 테두리뜨기 C로 각각 원형으로 뜹니다.

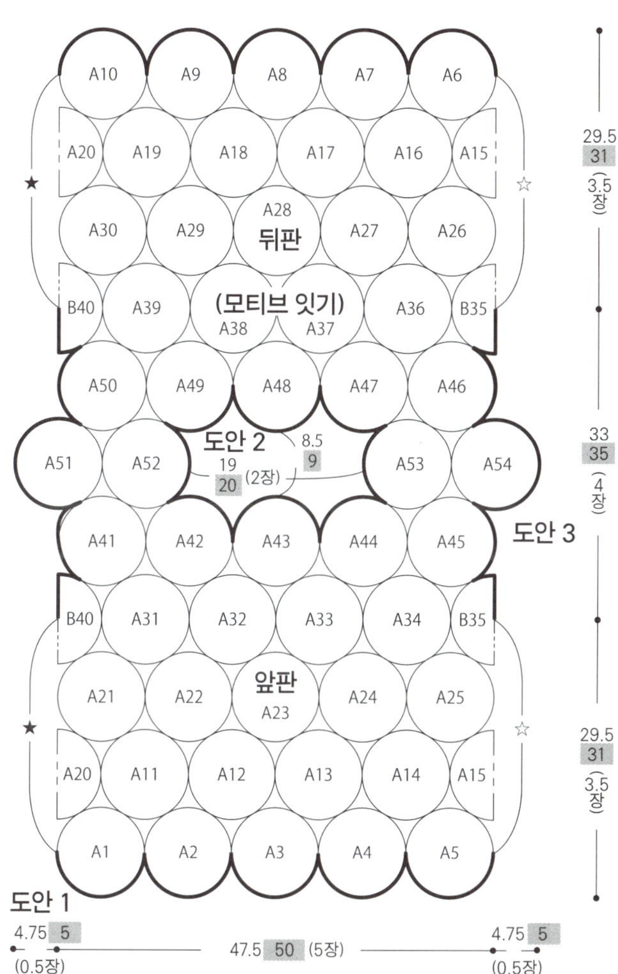

도안 1

배색표

	베스트	컬러 베리에이션
—	파란색·노란색·핑크·초록색 계열 그러데이션(1613)	파란색 계열 그러데이션(1614)
—	황록색(1424)	남색(1422)

모티브 A

모티브 B

※ 모두 4/0호 코바늘 5/0호 코바늘 로 뜬다.
※ 모티브 안의 숫자는 연결하는 순서다.
※ 　　　는 L, 그 외는 M 또는 공통.
※ 맞춤 표시끼리는 연결한다.

= 실 잇기
= 실 자르기
= 한길 긴 4코 구슬뜨기(코 아래에서 떠넣기)
= 짧은 뒤걸어뜨기
※안면에서 뜰 때는 앞걸어뜨기로 뜬다.

모티브 A 52장

모티브 B 2장

◀ 150페이지로 이어집니다.
152페이지로 이어집니다. ▶

▶ 151페이지에서 이어집니다.

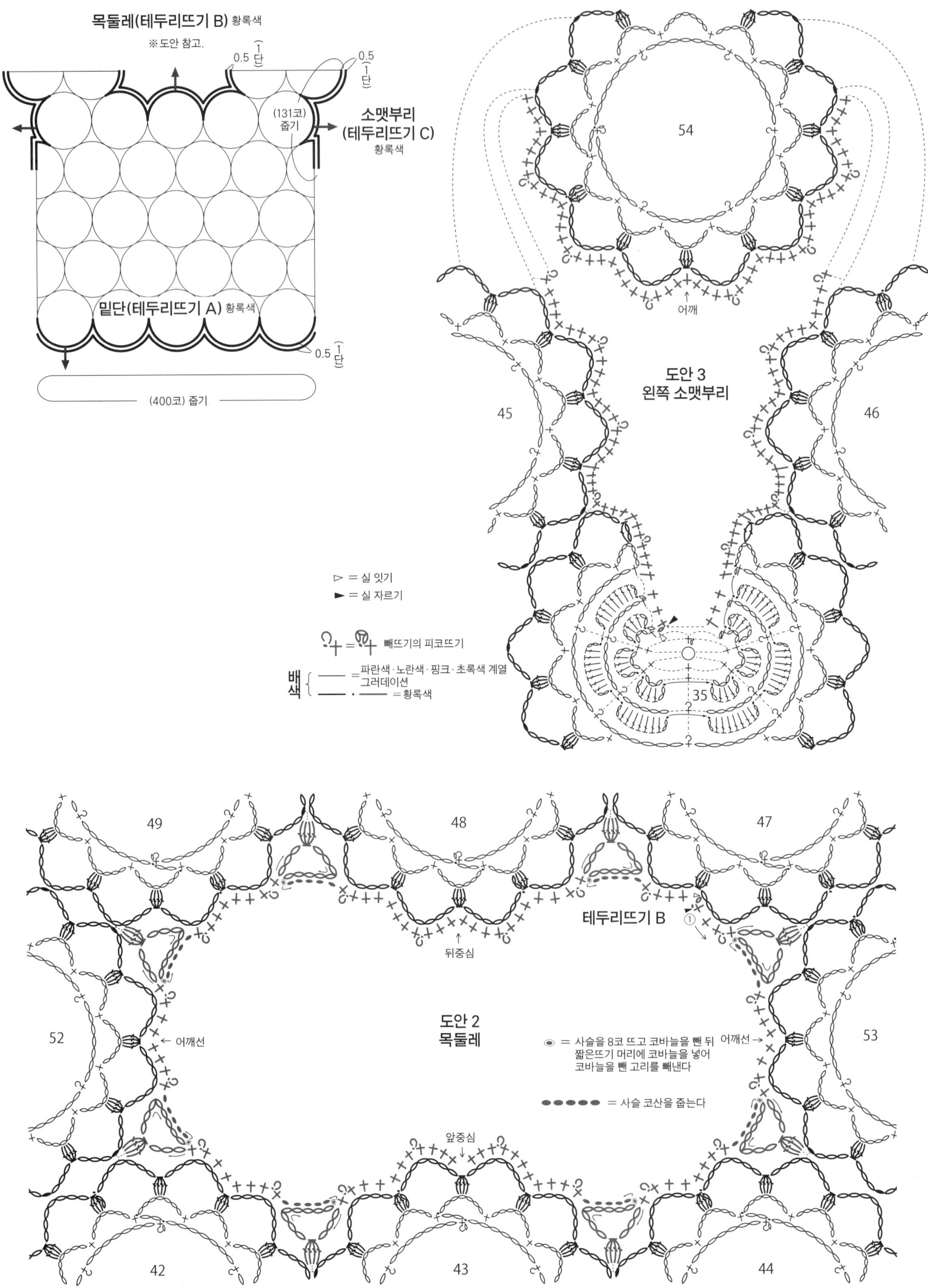

재료

올림푸스 시젠노 쓰무기 mofu 핫 핑크(209) 130g 5볼, 베이비 블루(203) 50g 2볼, 민트(207) 45g 2볼, 아이리스 퍼플(208) 30g 1볼, 베이비 핑크(206) 20g 1볼

도구

대바늘 9호·7호

완성 크기

가슴둘레 126cm, 어깨너비 56cm, 기장 59cm, 소매 길이 39.5cm

게이지(10×10cm)

줄무늬 무늬뜨기 B·B'·C·C' 14코×21.5단

POINT

●몸판·소매…손가락에 실을 걸어서 기초코를 만들어 뜨기 시작해 무늬뜨기 A로 뜹니다. 이어서 줄무늬 무늬뜨기 B·B'·C·C'를 배치해 뜹니다. 앞목둘레의 줄임코와 소맷부리의 늘림코는 도안을 참고하세요.

●마무리…어깨는 덮어씌워 잇기를 합니다. 칼라는 지정 콧수를 주워 줄무늬 무늬뜨기 A로 뜹니다. 뜨개 끝의 무늬를 이어서 뜨면서 덮어씌워 코막음하는데, 가장자리 1코는 줄임코를 하고 덮어씌워 코막음합니다. 거싯은 코와 단 잇기, 소매는 빼뜨기 꿰매기로 몸판과 연결합니다. 옆선·소매 밑선은 떠서 꿰매기를 합니다.

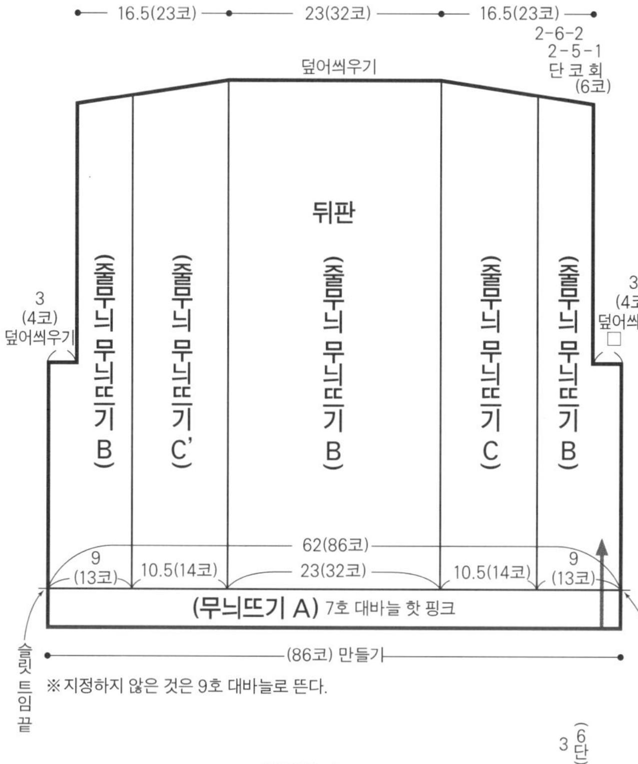

뒤판 도안

16.5(23코) · 23(32코) · 16.5(23코)

2-6-2 / 2-5-1 단 코 회 (6코)

덮어씌우기

3(4코) 덮어씌우기

뒤판 (줄무늬 무늬뜨기 B)

(줄무늬 무늬뜨기 B) / (줄무늬 무늬뜨기 C') / (줄무늬 무늬뜨기 B) / (줄무늬 무늬뜨기 C) / (줄무늬 무늬뜨기 B)

9(13코) · 10.5(14코) · 62(86코) / 23(32코) · 10.5(14코) · 9(13코)

(무늬뜨기 A) 7호 대바늘 핫 핑크

(86코) 만들기

슬릿 트임 끝

※지정하지 않은 것은 9호 대바늘로 뜬다.

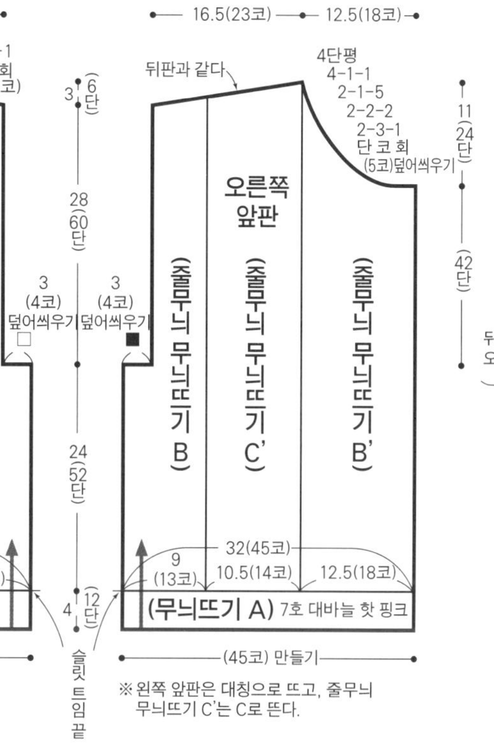

28(60단) / 24(52단) / 4(12단)

오른쪽 앞판 도안

16.5(23코) · 12.5(18코)

뒤판과 같다

4단평 / 4-1-1 / 2-1-5 / 2-2-2 / 2-3-1 단 코 회 (5코)덮어씌우기

3(6단)

3(4코) 덮어씌우기 / 3(4코) 덮어씌우기

오른쪽 앞판

(줄무늬 무늬뜨기 B) / (줄무늬 무늬뜨기 C') / (줄무늬 무늬뜨기 B')

9(13코) · 10.5(14코) · 32(45코) · 12.5(18코)

(무늬뜨기 A) 7호 대바늘 핫 핑크

(45코) 만들기

슬릿 트임 끝

11(24단) / 42(단)

※왼쪽 앞판은 대칭으로 뜨고, 줄무늬 무늬뜨기 C'는 C로 뜬다.

줄무늬 무늬뜨기 B

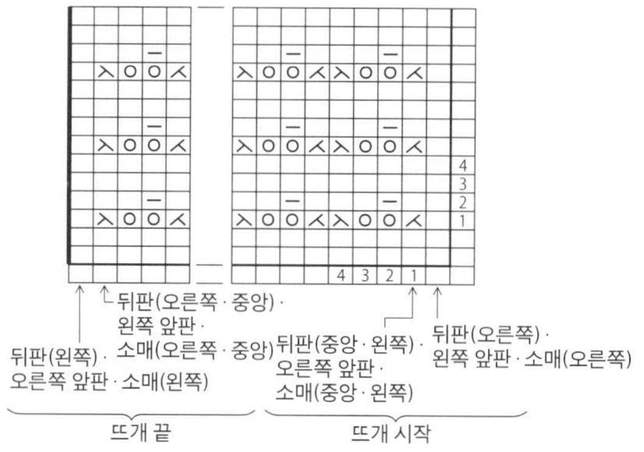

뒤판(오른쪽·중앙)·왼쪽 앞판·뒤판(왼쪽)·소매(오른쪽·중앙)

뒤판(중앙·왼쪽)·오른쪽 앞판·소매(중앙·왼쪽)

뒤판(오른쪽)·왼쪽 앞판·소매(오른쪽)

뜨개 끝 / 뜨개 시작

□=|

줄무늬 무늬뜨기 B'

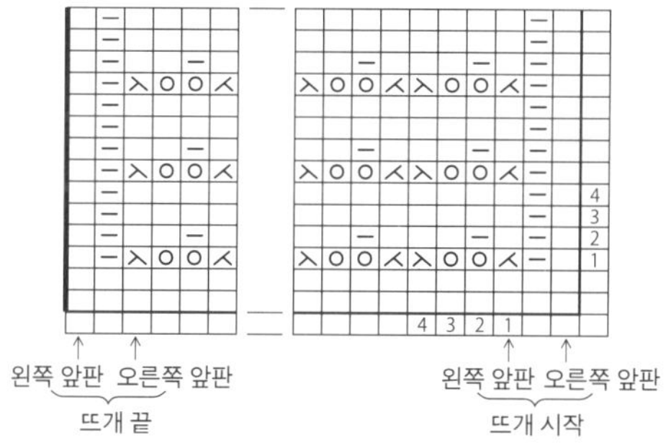

왼쪽 앞판 / 오른쪽 앞판 / 왼쪽 앞판 / 오른쪽 앞판

뜨개 끝 / 뜨개 시작

□=|

소매 도안

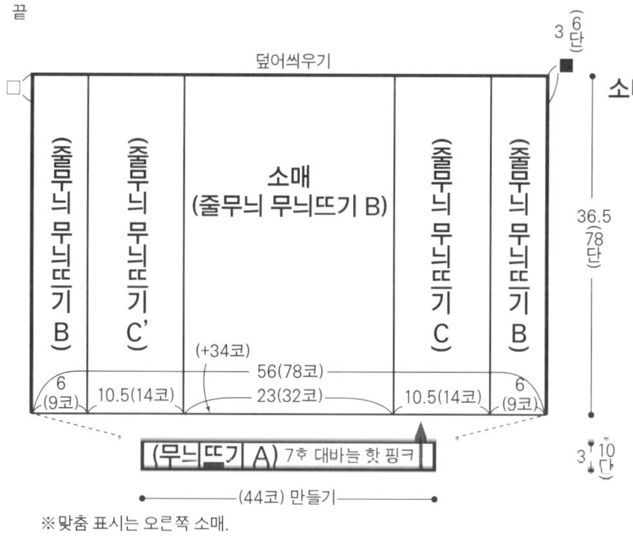

3(6단)

덮어씌우기

소매 (줄무늬 무늬뜨기 B)

(줄무늬 무늬뜨기 B) / (줄무늬 무늬뜨기 C') / (줄무늬 무늬뜨기 C) / (줄무늬 무늬뜨기 B)

(+34코)

6(9코) · 10.5(14코) · 56(78코) / 23(32코) · 10.5(14코) · 6(9코)

(무늬뜨기 A) 7호 대바늘 핫 핑크

(44코) 만들기

36.5(78단) / 3(10단)

※맞춤 표시는 오른쪽 소매.

무늬뜨기 A

왼쪽 앞판 / 뒤판·오른쪽 앞판·소매 / 뒤판·왼쪽 앞판·소매 / 오른쪽 앞판

뜨개 끝 / 뜨개 시작

□=|

소매 줄무늬 배색 / 몸판 줄무늬 배색

소매 줄무늬 배색		몸판 줄무늬 배색	
베이비 블루	16단	민트	24단
민트	8단	베이비 블루	8단
아이리스 퍼플	12단	베이비 핑크	12단
		베이비 블루	12단
핫 핑크	42단	민트	8단
		아이리스 퍼플	12단
		핫 핑크	42단

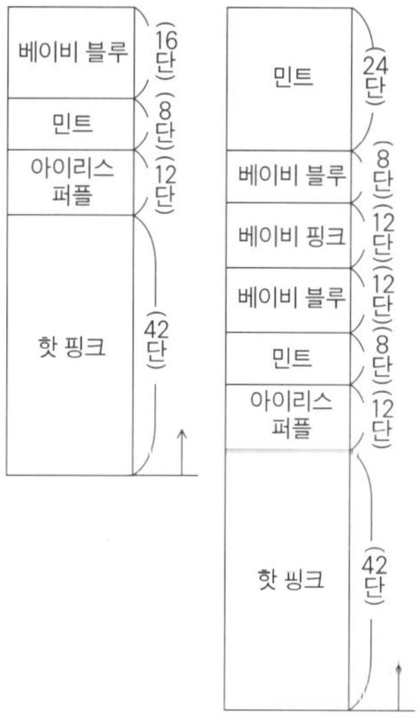

칼라(줄무늬 무늬뜨기 A) 7호 대바늘

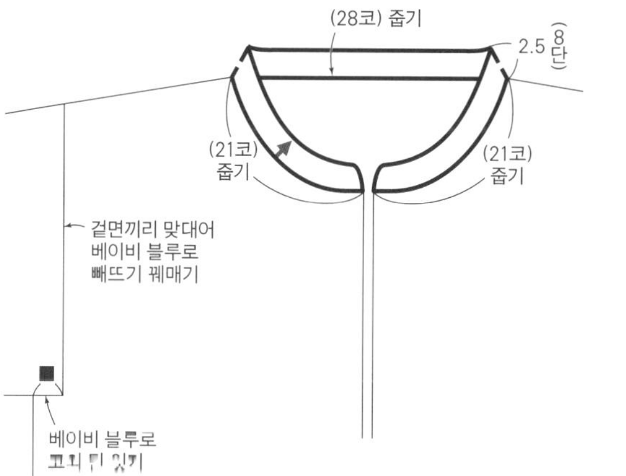

(28코) 줍기 / 2.5(8단)

(21코) 줍기 / (21코) 줍기

겉면끼리 맞대어 베이비 블루로 빼뜨기 꿰매기

베이비 블루로 코와 단 잇기

줄무늬 무늬뜨기 A

베이비 피크르 무늬를 이어서 뜨면서 덮어씌워 코막음

배색
□ = 민트
■ = 베이비 블루
■ = 베이비 핑크

□=|

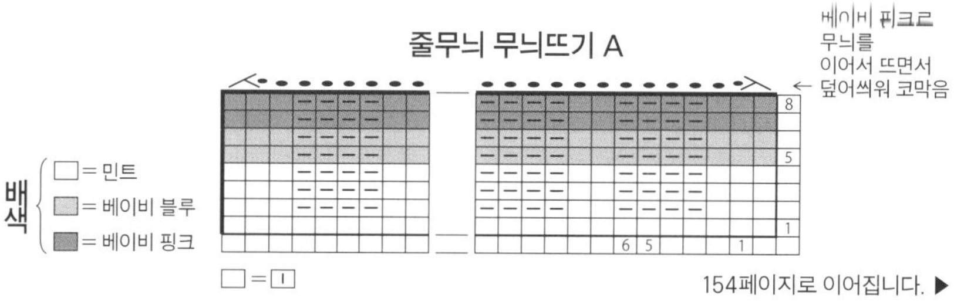

154페이지로 이어집니다. ▶

▶ 153페이지에서 이어집니다.

줄무늬 무늬뜨기 C

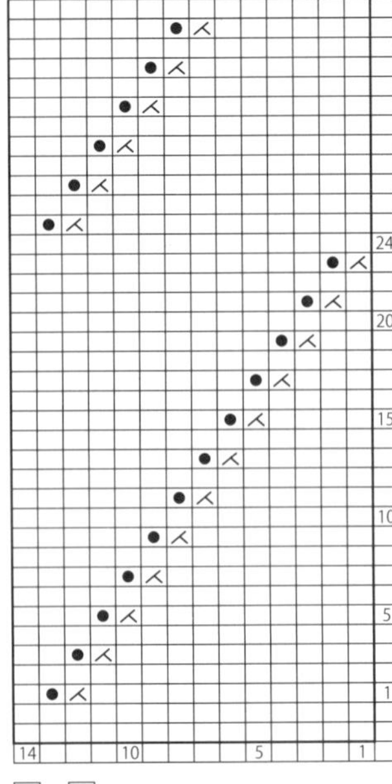

□ = Ⅰ
●= 걸기코(2회 감기)

줄무늬 무늬뜨기 C'

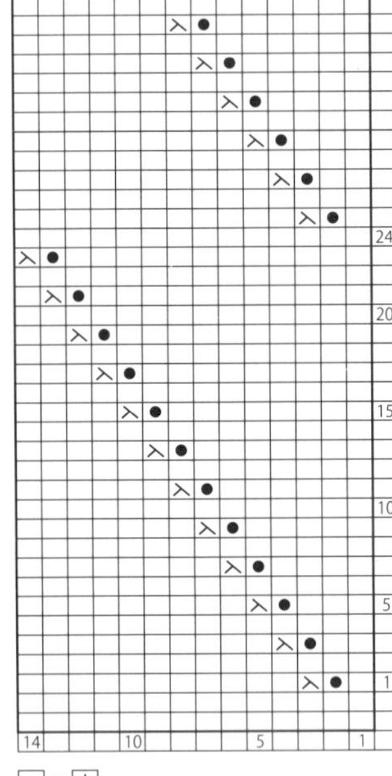

□ = Ⅰ
●= 걸기코(2회 감기)

오른쪽 앞목둘레의 줄임코

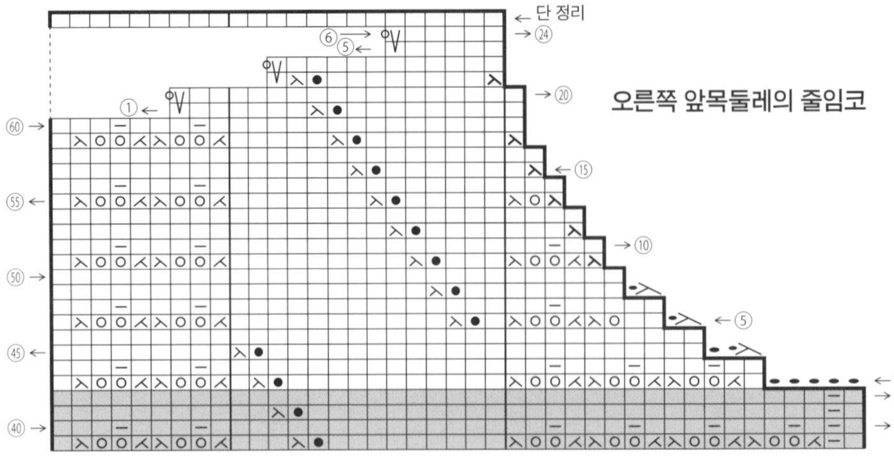

단 정리

□ = Ⅰ
●= 걸기코(2회 감기)
배색 { ▨ = 베이비 블루 / □ = 민트 }

왼쪽 앞목둘레의 줄임코

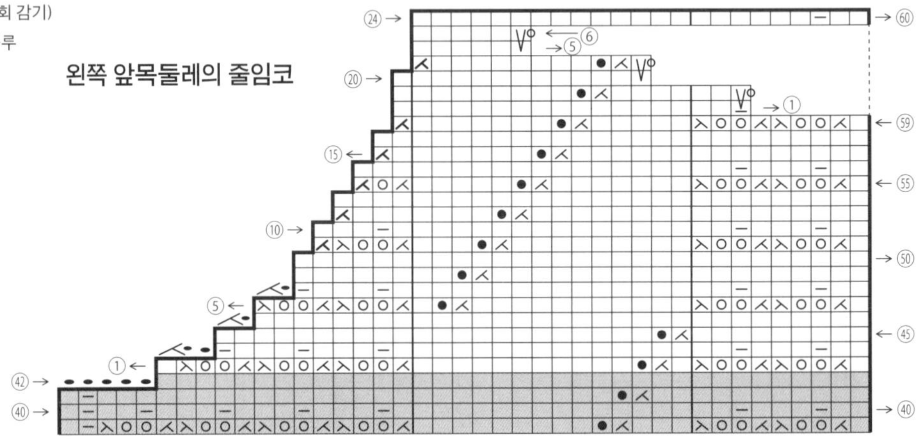

□ = Ⅰ

소맷부리의 늘림코

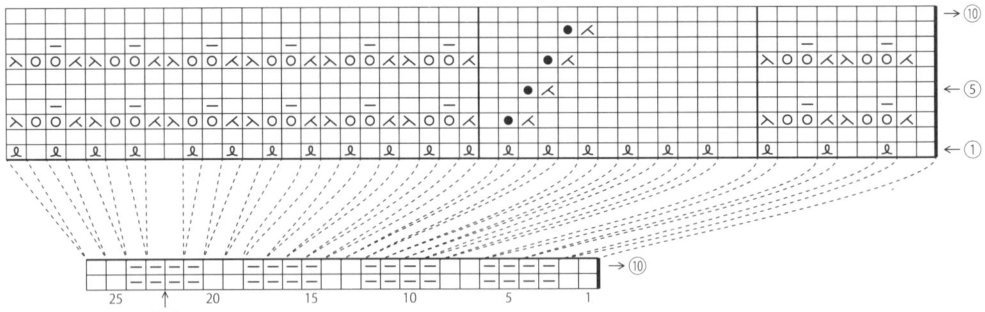

중심

□ = Ⅰ
ℓ = 돌려뜨기 늘림코
※중심을 경계로 대칭으로 코를 늘린다.

155페이지에서 이어집니다. ◀

뒤목둘레의 줄임코

중심   실 잇기

□ = －

앞목둘레의 줄임코

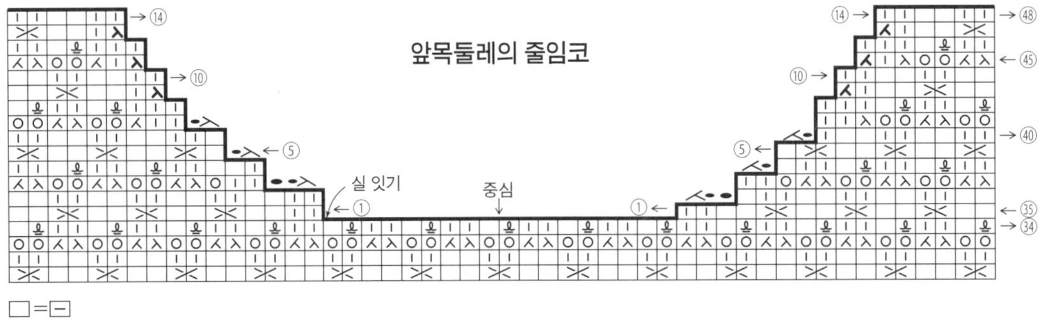

실 잇기   중심

□ = －

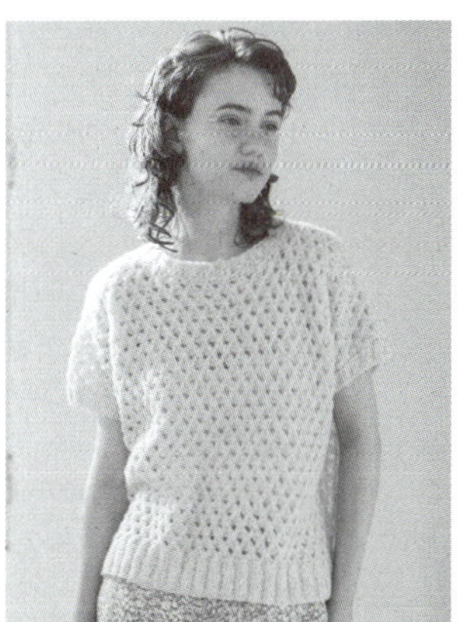

재료
올림푸스 시젠노 쓰무기 mofu 샤베트 라임(211)
180g 6볼

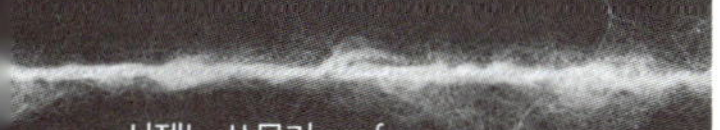

도구
대바늘 8호·6호

완성 크기
가슴둘레 108cm, 기장 50cm, 화장 33.5cm

게이지(10×10cm)
무늬뜨기 19코×24단

POINT
●몸판…손가락에 실을 걸어서 기초코를 만들어 뜨기 시작해 2코 고무뜨기, 무늬뜨기로 뜹니다. 증감코는 도안을 참고하세요.
●마무리…어깨는 덮어씌워 잇기를 합니다. 목둘레는 지정 콧수를 주워 테두리뜨기를 원형으로 뜹니다. 뜨개 끝은 무늬를 이어서 뜨면서 덮어씌워 코막음합니다. 소맷부리는 지정 콧수를 주워 테두리뜨기로 왕복해 뜹니다. 뜨개 끝은 목둘레와 같은 방법으로 합니다. 옆선·소매 밑선은 떠서 꿰매기를 합니다.

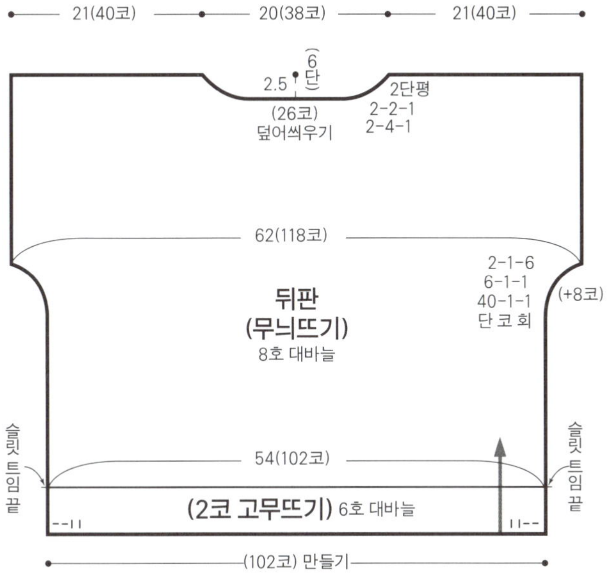

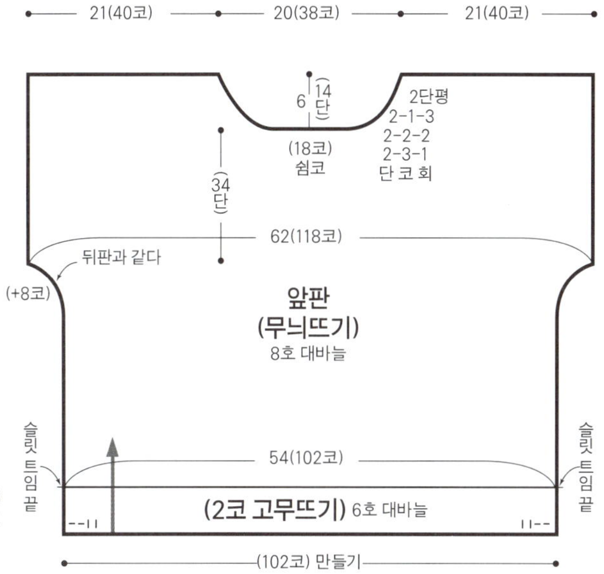

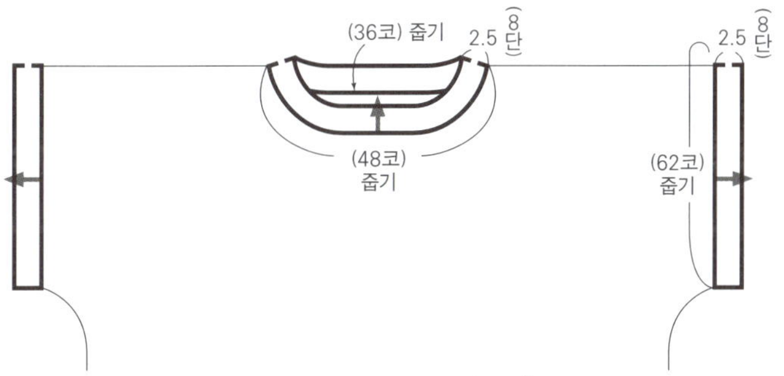

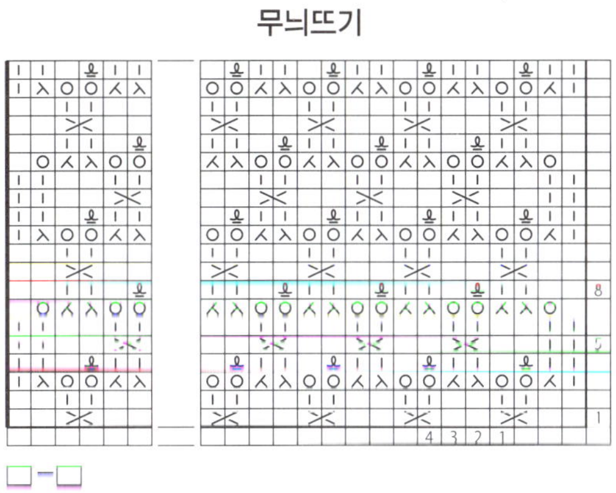

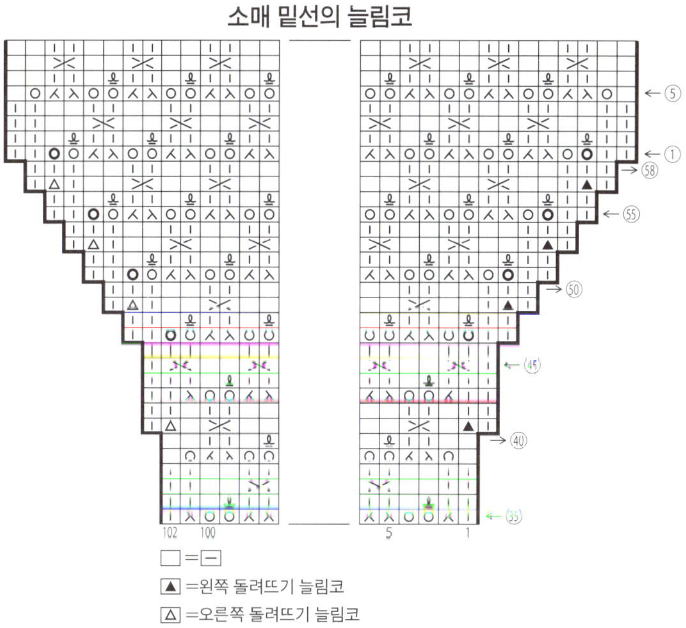

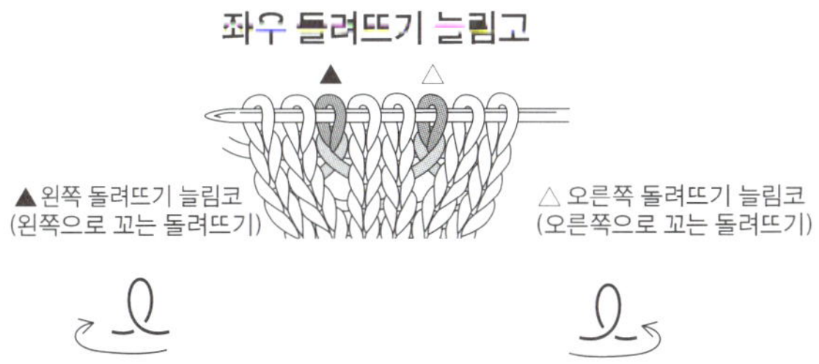

뒤판
(무늬뜨기)
8호 대바늘

앞판
(무늬뜨기)
8호 대바늘

(2코 고무뜨기) 6호 대바늘

목둘레·소맷부리(테두리뜨기) 6호 대바늘

테두리뜨기

무늬를 이어서 뜨면서 덮어씌워 코막음

2코 고무뜨기

무늬뜨기

소매 밑선의 늘림코

▲ =왼쪽 돌려뜨기 늘림코
△ =오른쪽 돌려뜨기 늘림코

좌우 돌려뜨기 늘림고

▲왼쪽 돌려뜨기 늘림코
(왼쪽으로 꼬는 돌려뜨기)

△오른쪽 돌려뜨기 늘림코
(오른쪽으로 꼬는 돌려뜨기)

◀154페이지로 이어집니다.

뜨면서
되돌아뜨기

※ 일본어 사이트

재료

sawada itto 리온 히마와리(S003) 65g 4볼, 레터스(S004) 60g 3볼

도구

대바늘 6호

완성 크기

가슴둘레 103㎝, 기장 50.5㎝, 화장 48.5㎝

게이지(10×10㎝)

메리야스뜨기 21코×30단, 무늬뜨기 21코×32단

POINT

●요크·몸판·소매…요크는 별도 사슬로 기초코를 만들어 뜨기 시작해 메리야스뜨기, 무늬뜨기를 원형으로 뜹니다. 메리야스뜨기 부분은 도안을 참고하면서 되돌아뜨기, 분산 늘림코를 합니다. 몸판은 왼쪽 옆선에서 뜨개를 시작합니다. 거싯은 감아코로 기초코를 만들고, 앞뒤 이어서 메리야스뜨기로 슬릿 트임 끝까지 원형으로 뜹니다. 슬릿부터는 왕복뜨기합니다. 마지막 단에서 줄임코를 하고, 뜨개 끝은 쉼코를 합니다. 소매는 거싯의 코와 요크의 쉼코에서 코를 주워 메리야스뜨기를 원형으로 뜹니다. 뜨개 끝은 몸판과 같은 방법으로 합니다.

●마무리…밑단·소맷부리·목둘레는 뜨는 법을 참고해 뜹니다.

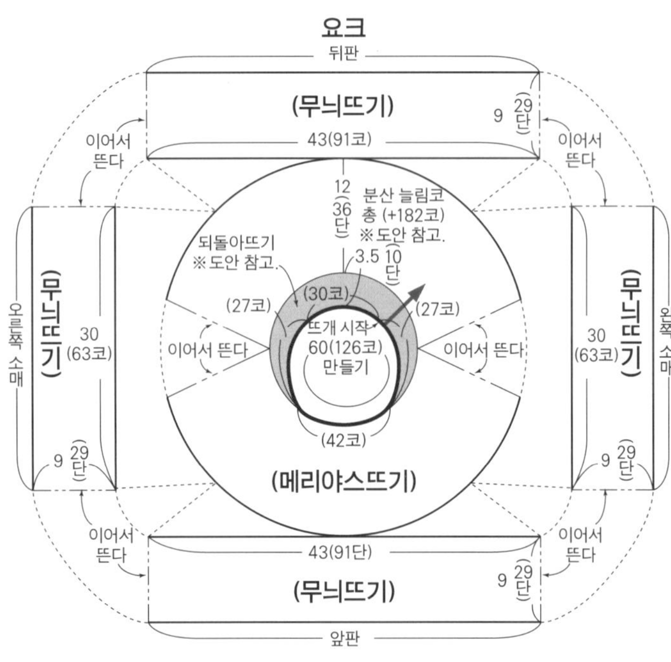

※ 모두 6호 대바늘로 뜬다.
※ 지정하지 않은 것은 히마와리 1가닥과 레터스 1가닥을 합사해서 뜬다.
※ 거싯은 감아코로 각 (17코) 만든다.

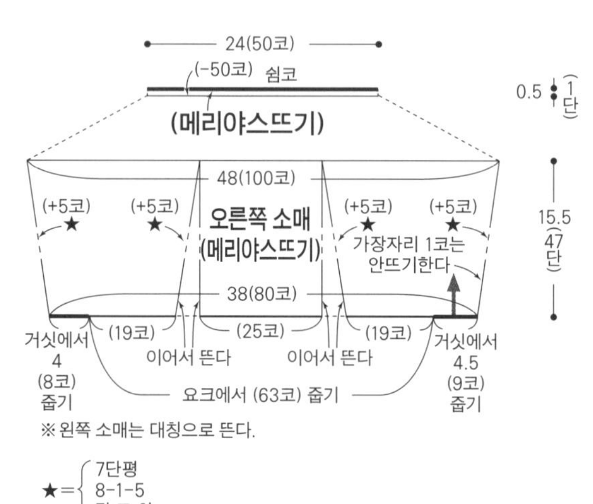

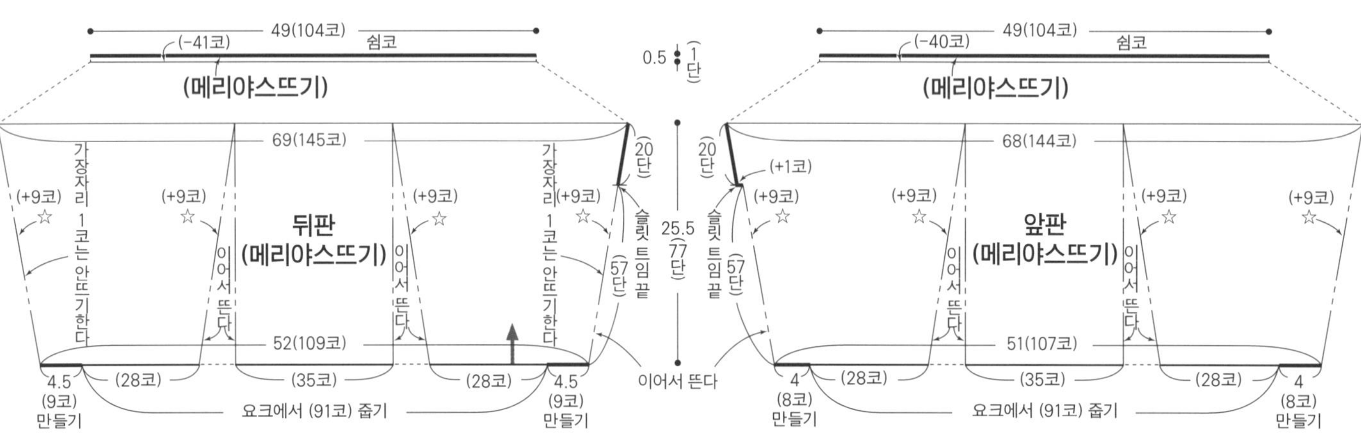

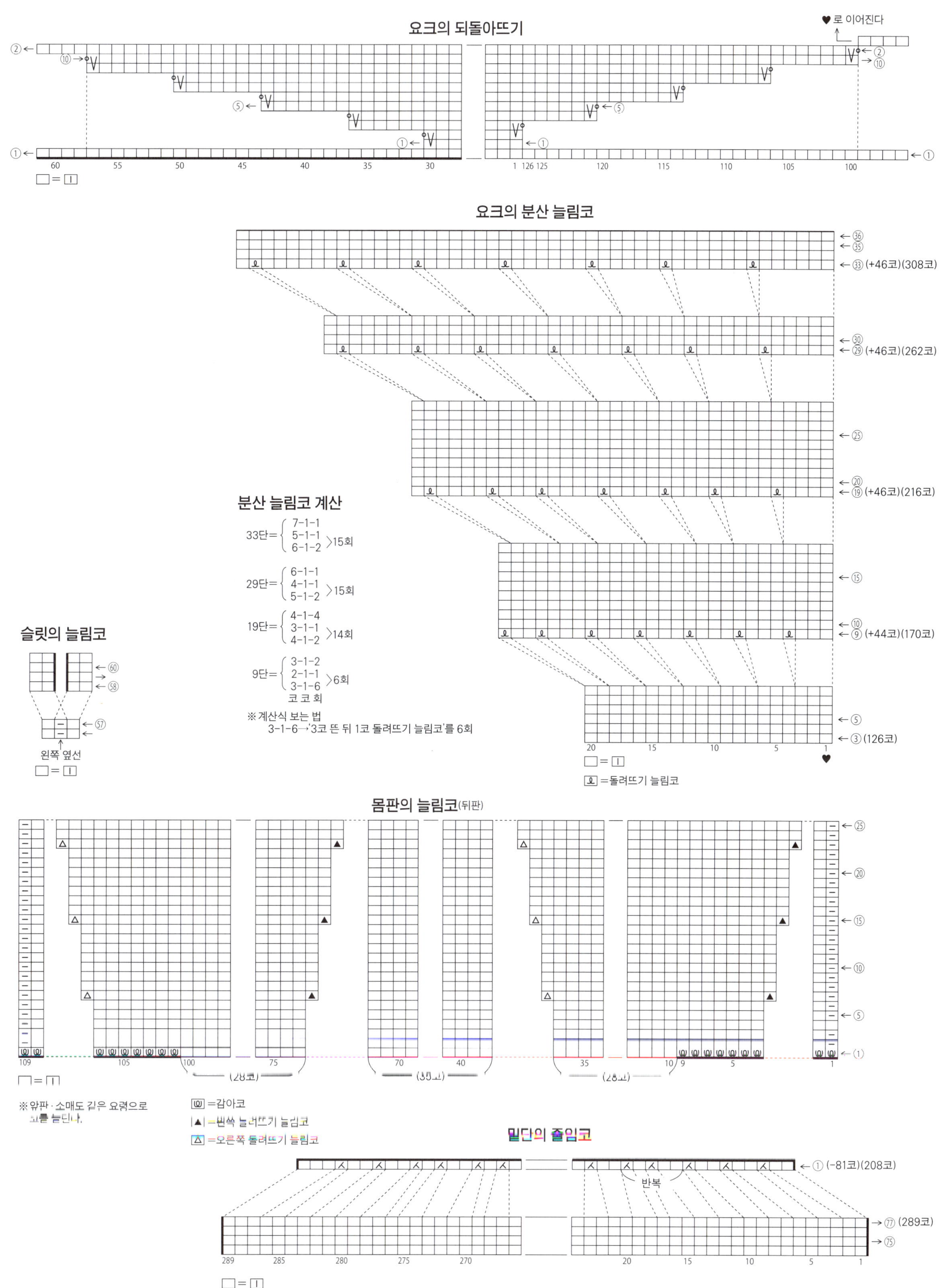

158페이지로 이어집니다. ▶

▶ 157페이지에서 이어집니다.

밑단·소맷부리·목둘레 (아이코드)
히마와리 2가닥+레터스 1가닥

20
0.5(3코)
만들기

126단

208단

86단 / 86단

0.5(3코)
만들기

50단

0.5(3코)
만들기

밑단 뜨는 법

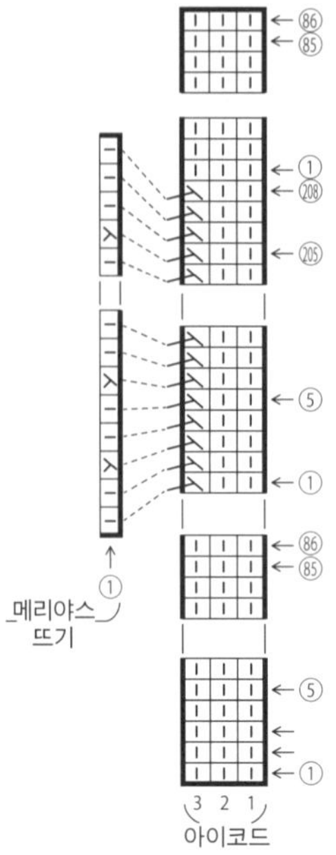

메리야스 뜨기

아이코드

소맷부리 뜨는 법

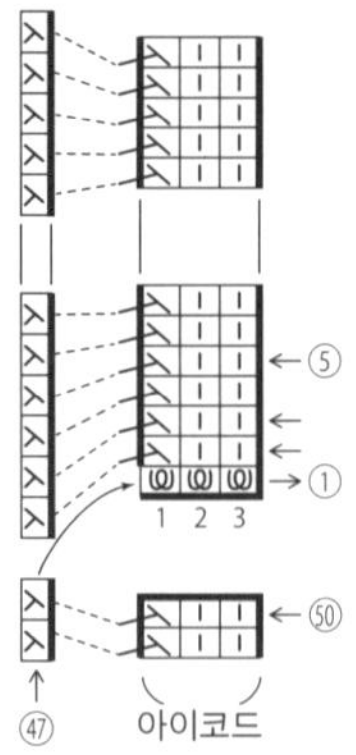

아이코드

밑단 뜨는 법
1. 손가락에 걸어서 만드는 기초코로 3코를 만든다
2. 아이코드로 86단까지 뜬다
3. 왼쪽 가장자리 코가 위로 가게 밑단의 쉼코를 겹쳐 놓고 함께 뜬다
4. 밑단의 쉼코가 없어지면 아이코드로 86단을 뜬다
5. 뜨개 끝은 마지막 단의 코에 실을 통과시켜 조인다

소맷부리 뜨는 법
1. 소매의 마지막 단에서 이어서 감아코로 3코를 만든다
2. 밑단의 3과 같은 방법으로 뜬다
3. 뜨개 끝은 뜨개 시작의 코와 메리야스 잇기를 한다

목둘레 뜨는 법
1. 기초코의 사슬을 풀어 코를 줍는다
2. 밑단과 같은 방법으로 뜨기 시작해 소맷부리와 같은 방법으로 뜬다

159페이지에서 이어집니다. ◀

소매 밑선의 늘림코

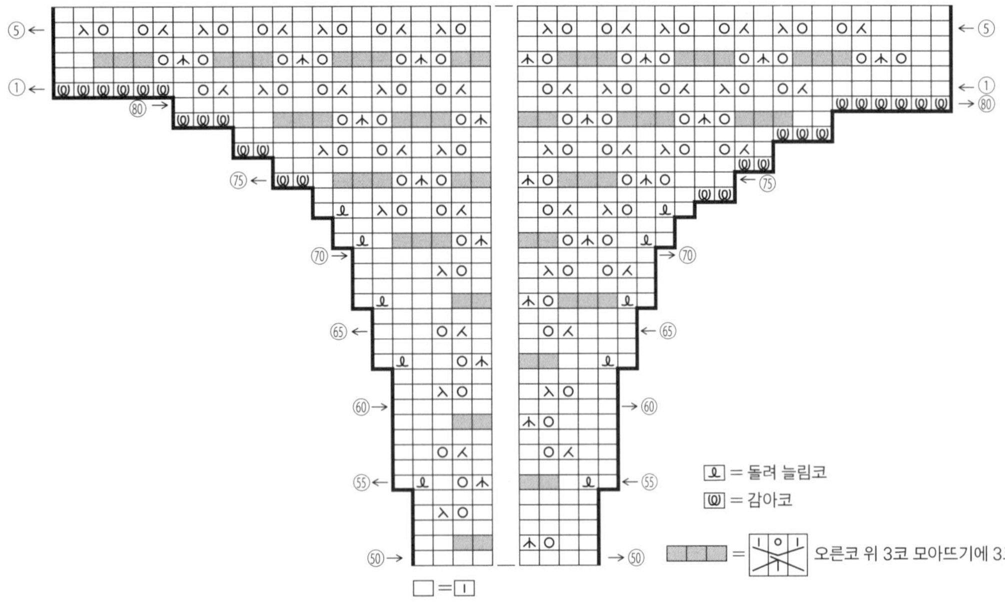

ℓ = 돌려 늘림코
◎ = 감아코

오른코 위 3코 모아뜨기에 3코를 뜨는 늘림코

□ = 凵

오른쪽 앞목둘레선의 줄임코

□ = 凵

왼쪽 앞목둘레선의 줄임코

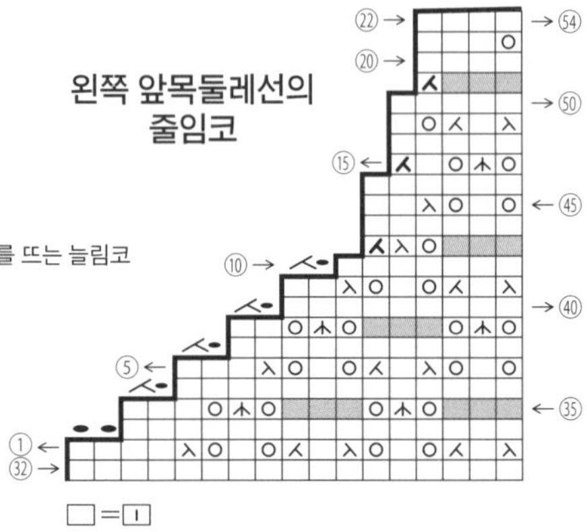

□ = 凵

뒤목둘레선의 줄임코

중심

실 잇기

□ = 凵

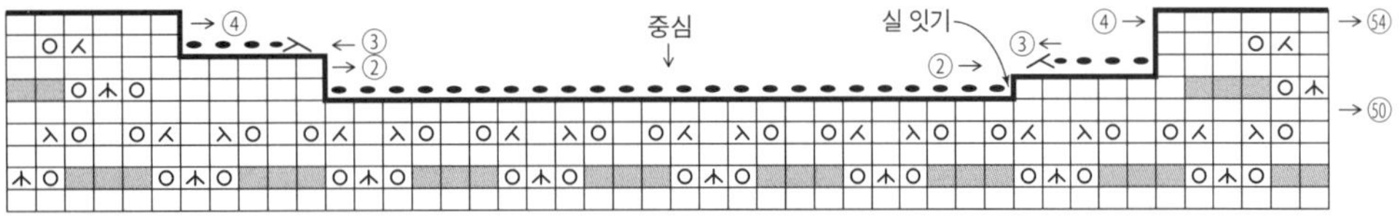

단춧구멍(오른쪽 앞여밈단)

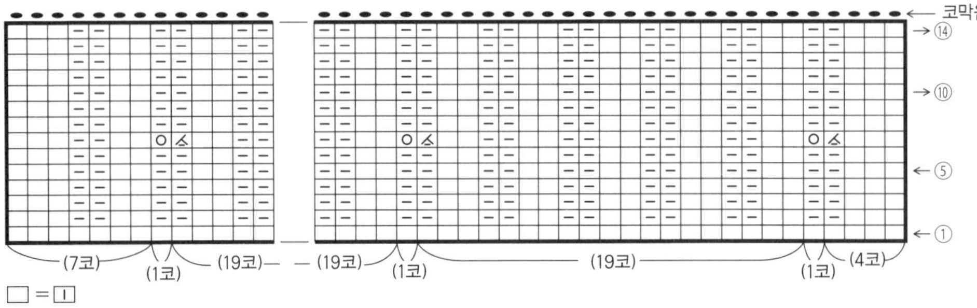

(7코) (1코) (19코) (19코) (1코) (19코) (1코) (4코)

□ = 凵

단춧구멍(목둘레)

무늬를 이어서 뜨면서 덮어씌워 코막음

(1코) (7코)

□ = 凵

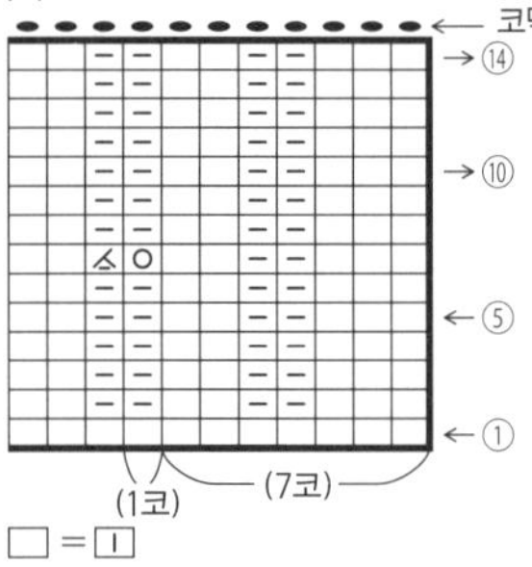

 ★ 개수는 작품을 선택하는 기준으로 참고해주세요. ★…초심자도 안심, ★★…자신이 조금 생겼다면, ★★★…끈기도 겸비한 중·상급자, ★★★★…솜씨에 자신 있음. 실은 실물 크기입니다.

재료

실…하마나카 케이폭 코튼 청록색(11) 335g 12볼
단추…지름 20㎜ 7개

도구

대바늘 6호·4호

완성 크기

가슴둘레 97.5㎝, 기장 57.5㎝, 화장 42.5㎝

게이지(10×10㎝)

무늬뜨기 18코×27단

POINT

●몸판…별도 사슬로 기초코를 만들어 뜨기 시작하고, 무늬뜨기로 뜹니다. 증감코는 도안을 참고하세요.

●마무리…어깨는 덮어씌워 잇기, 옆선·소매 밑선은 떠서 꿰매기와 메리야스 잇기를 합니다. 밑단은 기초코의 사슬을 풀어 코를 줍고, 앞뒤판을 연결해 2코 고무뜨기로 뜹니다. 뜨개 끝은 무늬를 이어서 뜨면서 덮어씌워 코막음합니다. 소맷부리는 지정 콧수를 주워 2코 고무뜨기로 원형으로 뜹니다. 뜨개 끝은 밑단과 같은 방법으로 합니다. 앞여밈단, 목둘레는 2코 고무뜨기로 뜹니다. 오른쪽 앞여밈단과 목둘레에는 단춧구멍을 만듭니다. 뜨개 끝은 밑단과 같은 방법으로 합니다. 단추를 달아 완성합니다.

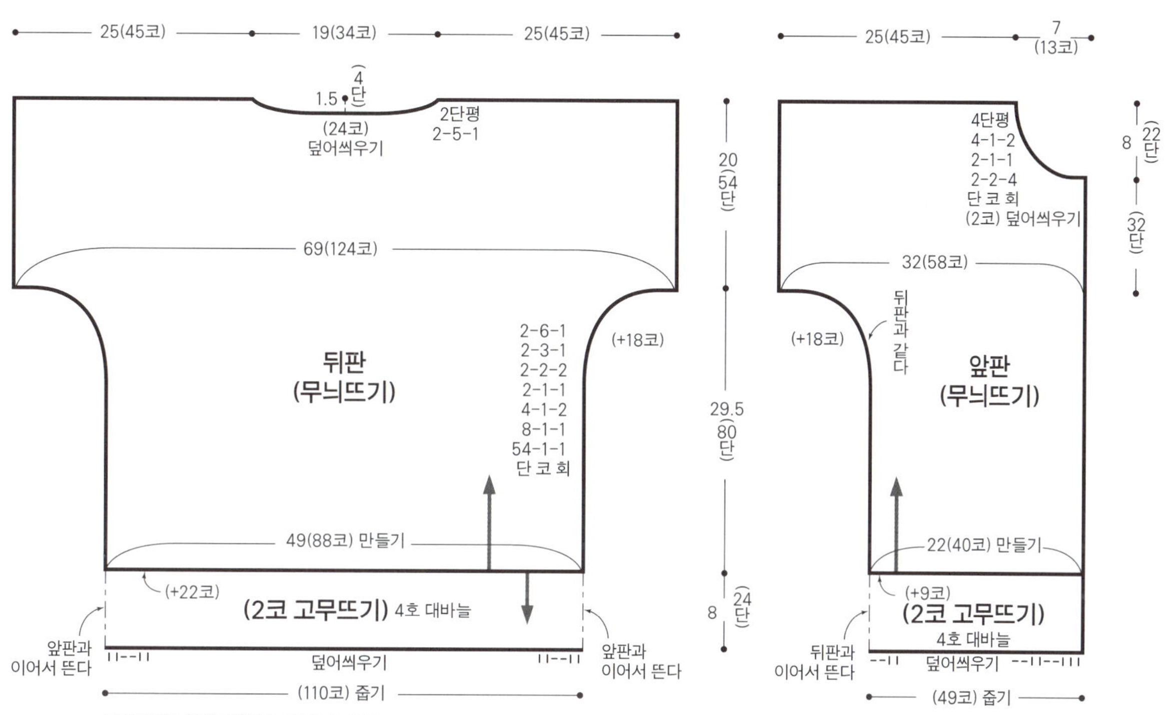

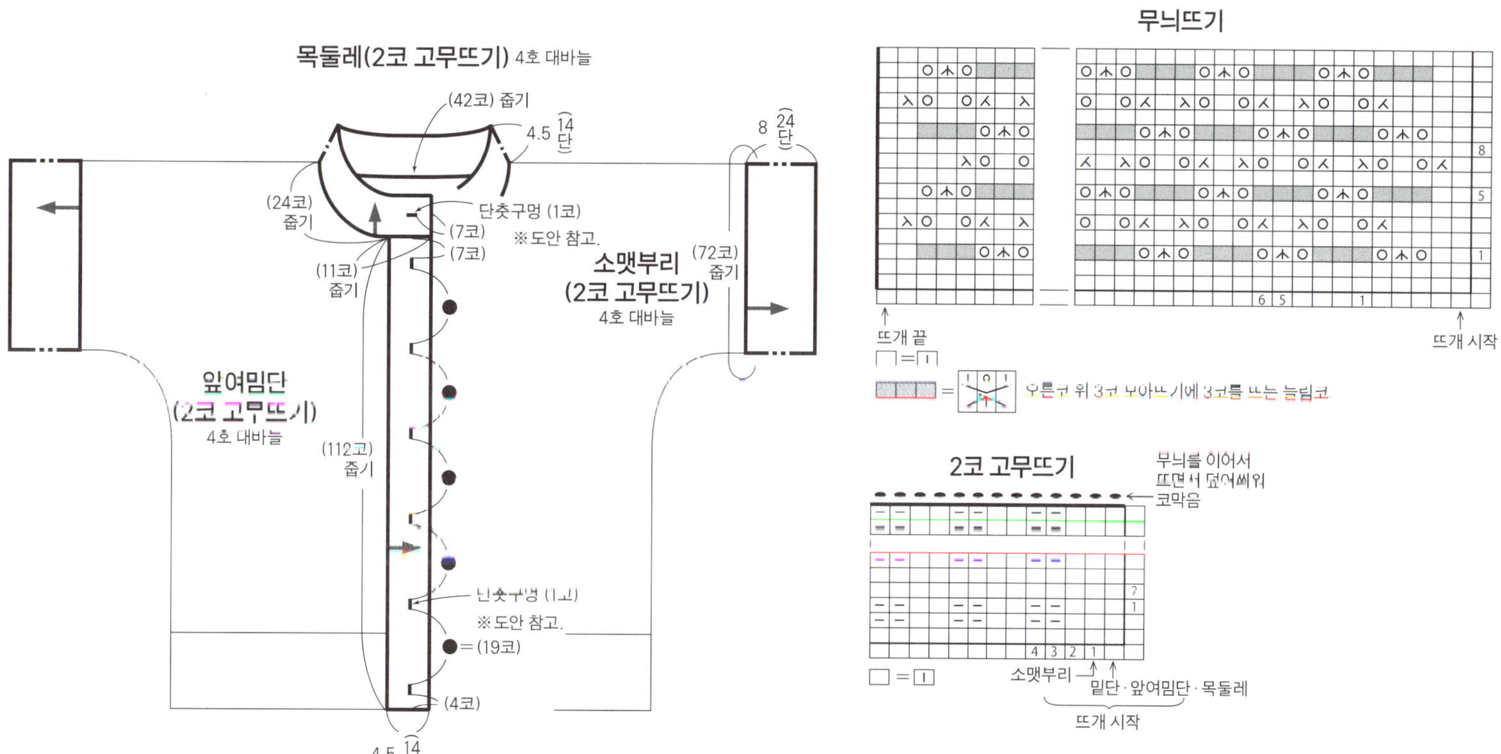

◀ 158페이지로 이어집니다.

드라이브뜨기

※ 일본어 사이트

재료

sawada itto 리온 스노 화이트(99B) 50g 3볼, 라벤더(214) 35g 2볼, 로잘린(S002) 30g 2볼, 베이비 핑크(S001) 25g 2볼

도구

대바늘 8호·7호·5호·4호

완성 크기

가슴둘레 92cm, 어깨너비 36cm, 기장 46cm, 소매길이 60cm

게이지(10×10cm)

줄무늬 메리야스뜨기 18코×26단, 줄무늬 무늬뜨기 23코×25.5단, 메리야스뜨기 23코×30단

POINT

●몸판·소매…손가락에 실을 걸어서 기초코를 만들어 뜨기 시작해 몸판은 가터뜨기, 줄무늬 메리야스뜨기, 소매는 가터뜨기, 줄무늬 무늬뜨기, 메리야스뜨기로 뜹니다. 줄임코는 2코 이상은 덮어씌우기, 1코는 가장자리 1코를 세우는 줄임코를 합니다. 늘림코는 1코 안쪽에서 돌려뜨기 늘림코를 합니다.

●마무리…어깨는 덮어씌워 잇기, 옆선·소매 밑선은 떠서 꿰매기를 합니다. 목둘레는 지정 콧수를 주워 가터뜨기를 원형으로 뜹니다. 뜨개 끝은 덮어씌워 코막음합니다. 소매는 빼뜨기 잇기로 몸판과 연결합니다.

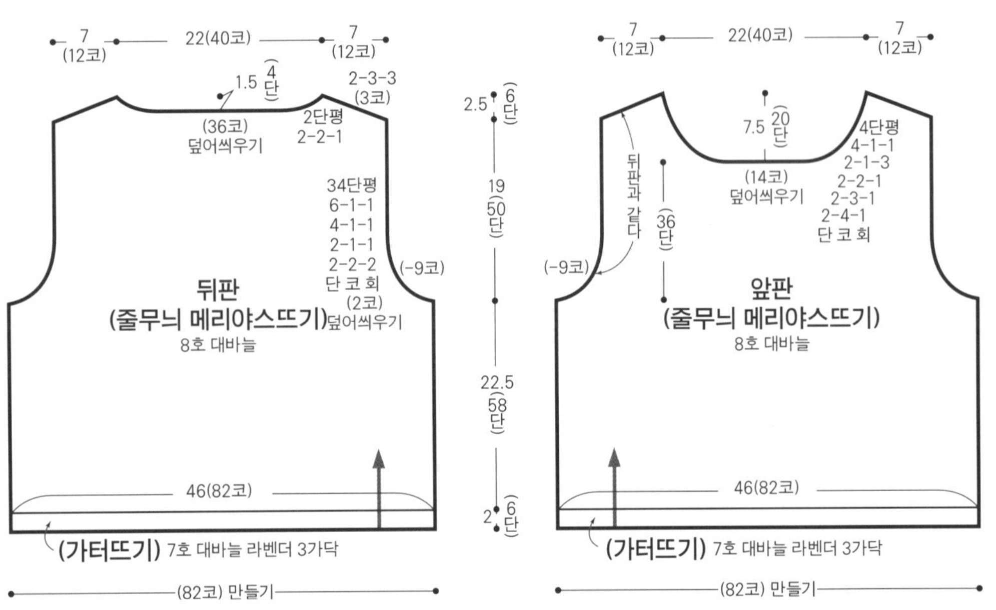

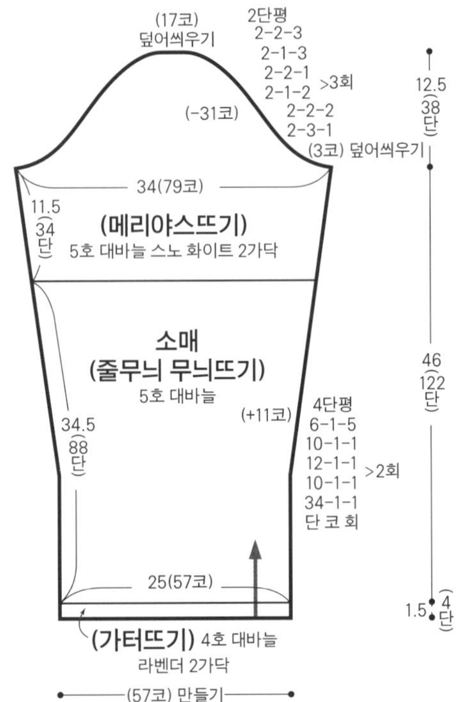

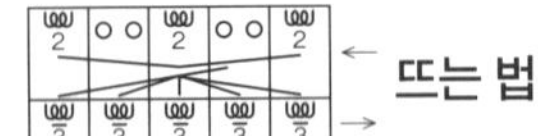

뜨는 법

1 안면에서 드라이브뜨기(3회 감기)로 뜬다.

2 앞단에서 뜬 드라이브뜨기 코에 화살표처럼 오른바늘을 넣어 코를 옮긴다.

3 오른바늘에 5코를 옮긴 뒤, 화살표처럼 왼바늘을 넣어 코를 되돌린다.

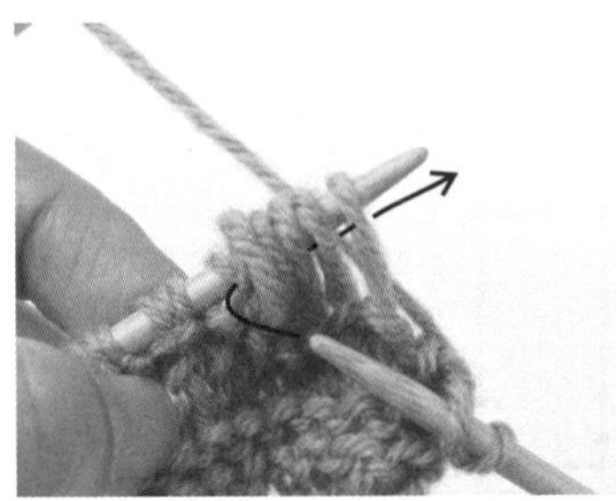

4 오른바늘을 왼쪽에서부터 5코 한꺼번에 넣고,

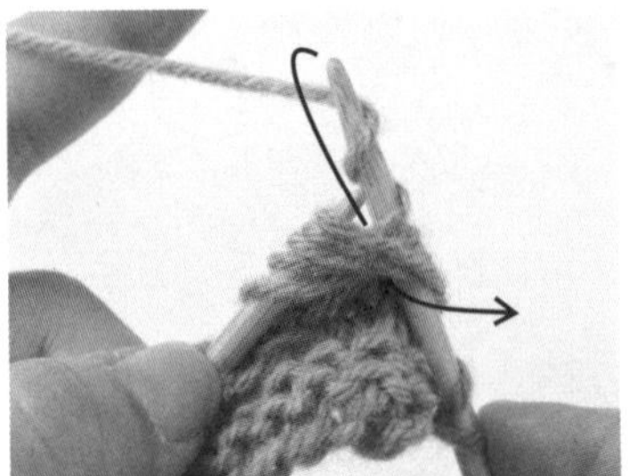

5 실을 2회 감아 빼낸 뒤, 2회 감기 드라이브뜨기를 한다.

6 왼바늘은 빼지 않고,

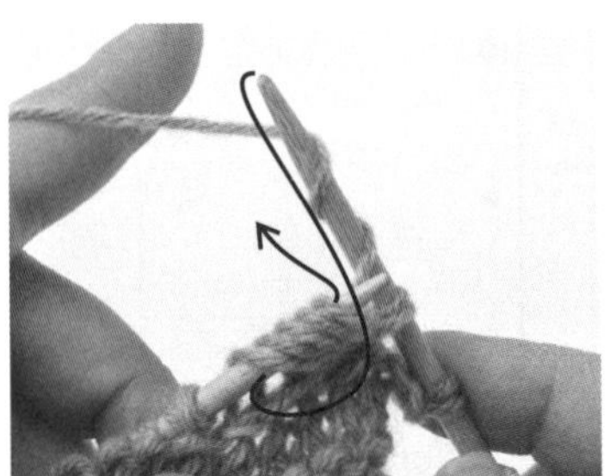

7 실을 2회 감아 2코 걸기코를 한 뒤, 그대로 화살표처럼 왼바늘의 5코에 오른바늘을 넣는다. 5~7을 반복한다.

8 1무늬를 뜬 모습.

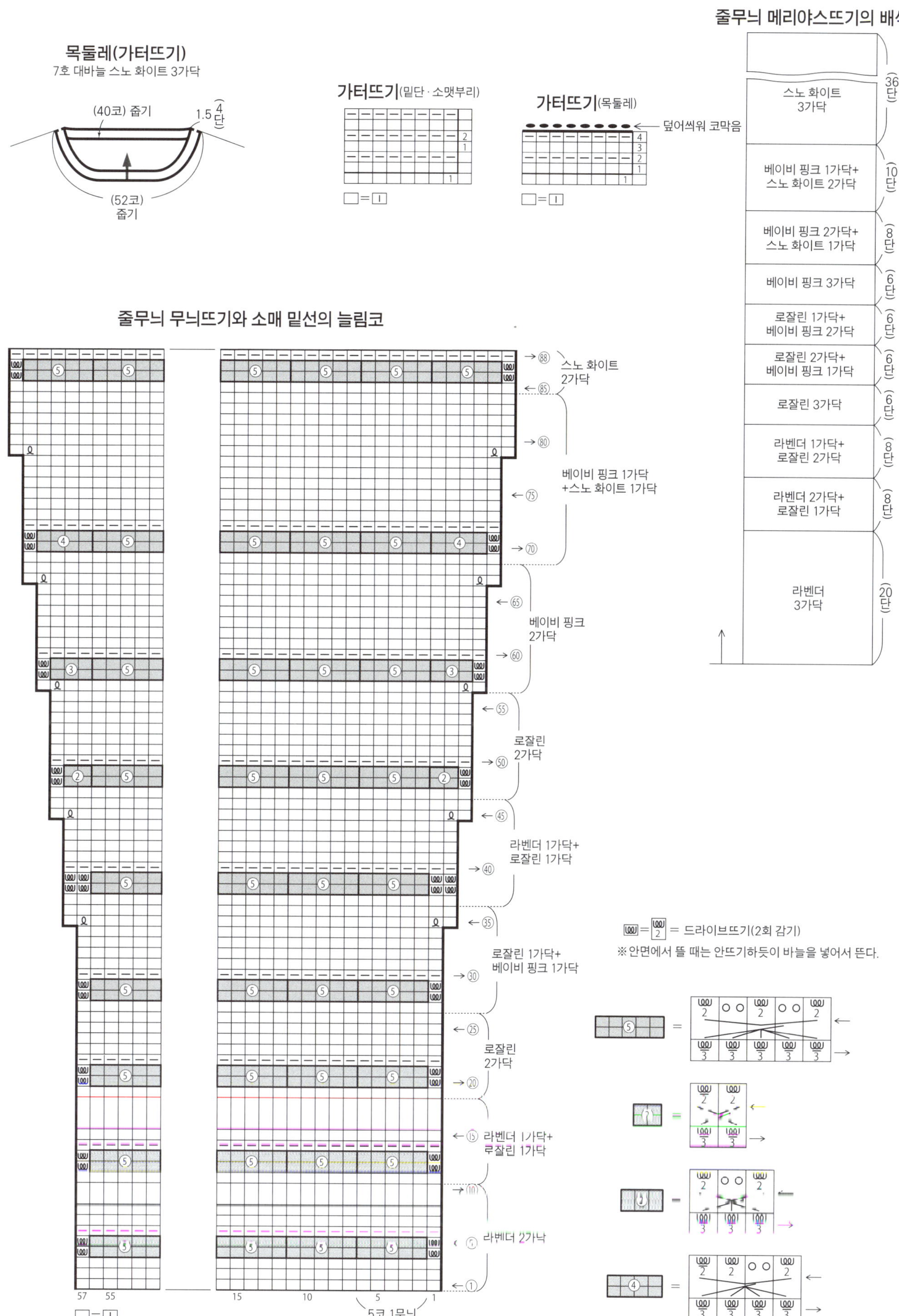

줄무늬 메리야스뜨기의 배색
스노 화이트 3가닥
(36단)
베이비 핑크 1가닥+ 스노 화이트 2가닥
(10단)
베이비 핑크 2가닥+ 스노 화이트 1가닥
(8단)
베이비 핑크 3가닥
(6단)
로잘린 1가닥+ 베이비 핑크 2가닥
(6단)
로잘린 2가닥+ 베이비 핑크 1가닥
(6단)
로잘린 3가닥
(6단)
라벤더 1가닥+ 로잘린 2가닥
(8단)
라벤더 2가닥+ 로잘린 1가닥
(8단)
라벤더 3가닥
(20단)
목둘레(가터뜨기)
7호 대바늘 스노 화이트 3가닥
(40코) 줍기
1.5 (4단)
(52코) 줍기
가터뜨기(밑단·소맷부리)
가터뜨기(목둘레)
덮어씌워 코막음
□=[]
줄무늬 무늬뜨기와 소매 밑선의 늘림코
스노 화이트 2가닥
베이비 핑크 1가닥 +스노 화이트 1가닥
베이비 핑크 2가닥
로잘린 2가닥
라벤더 1가닥+ 로잘린 1가닥
로잘린 1가닥+ 베이비 핑크 1가닥
로잘린 2가닥
라벤더 1가닥+ 로잘린 1가닥
라벤더 2가닥
57 55
15 10 5 1
5코 1무늬
□=[]
= 드라이브뜨기(2회 감기)
※안면에서 뜰 때는 안뜨기하듯이 바늘을 넣어서 뜬다.

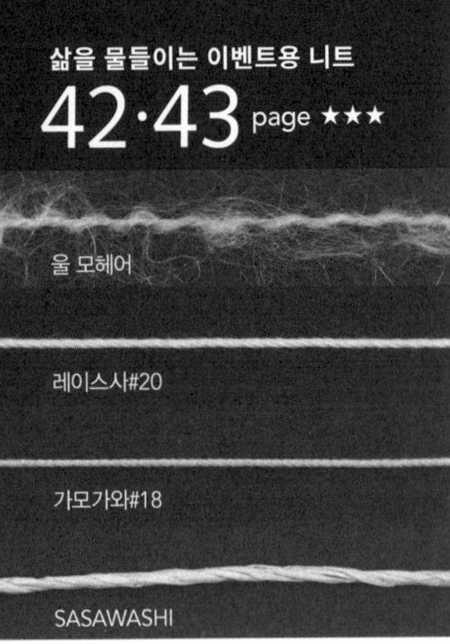

재료

DARUMA 울 모헤어, 레이스사#20, 가모가와#18, SASAWASHI. 실의 색이름·색번호·사용량, 부자재는 도안의 표를 참고하세요.

도구

코바늘 2/0호·5/0호

완성 크기

도안 참고.

POINT

●도안을 참고해서 각 파트를 뜹니다. 마무리하는 법을 참고해서 완성합니다.

실 사용량과 부자재 ※지정하지 않은 것은 2/0호 코바늘로 뜬다.

		사용실	색이름(색번호)	사용량	부자재
리스	미모사(10개)	울 모헤어	레몬(13)	25g 2볼	플라워 와이어#28 36cm 80개 낚싯줄 3호 2m 수예용 본드 적당량 장식용 마 끈 적당량 지름 18cm의 리스 토대
		레이스사#20	올리브(11)	20g 1볼	
	유칼립투스(10개)	가모가와#18	회녹색(107)	17g 1볼	
	꿀벌(1마리)	레이스사#20	레몬(12)	1.5m 1볼	
			검정색(15)	1.5m 1볼	
미니 바구니	미니 바구니 본체	SASAWASHI	라이트브라운(2)	25g 1타래	플라워 와이어#28 36cm 8개 낚싯줄 3호 1.5m 수예용 본드 적당량
	미모사(1개)	울 모헤어	레몬(13)	3g 1볼	
		레이스사#20	올리브(11)	2g 1볼	
	유칼립투스(2개)	가모가와#18	회녹색(107)	4g 1볼	
	꿀벌(1마리)	레이스사#20	레몬(12)	1.5m 1볼	
			검정색(15)	1.5m 1볼	

꽃 마무리하는 법

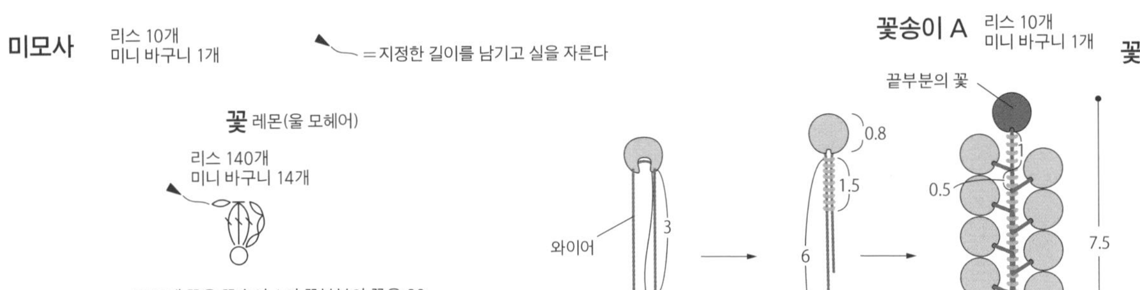

미모사 마무리하는 법

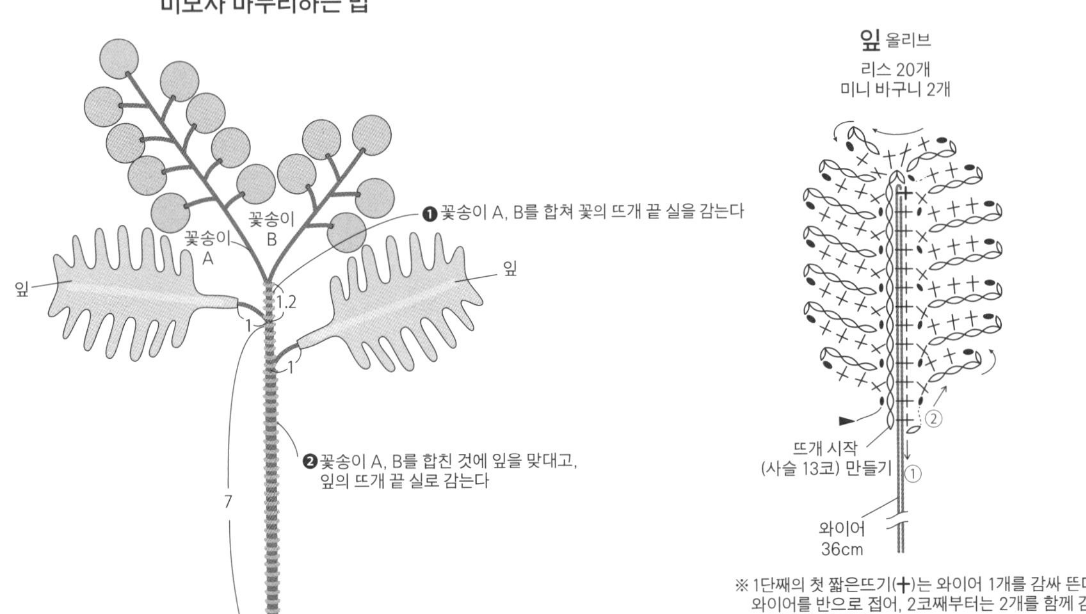

잎 마무리하는 법

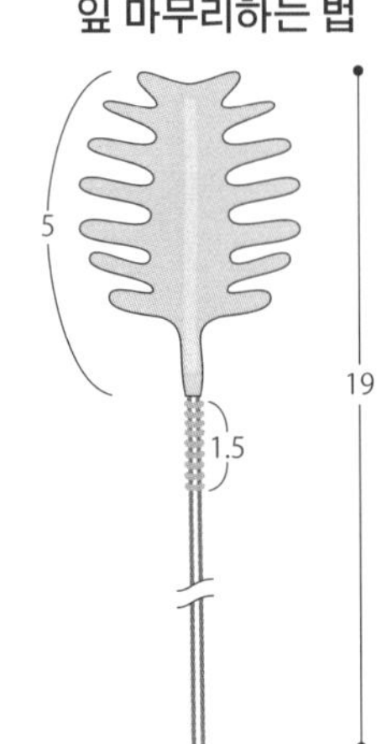

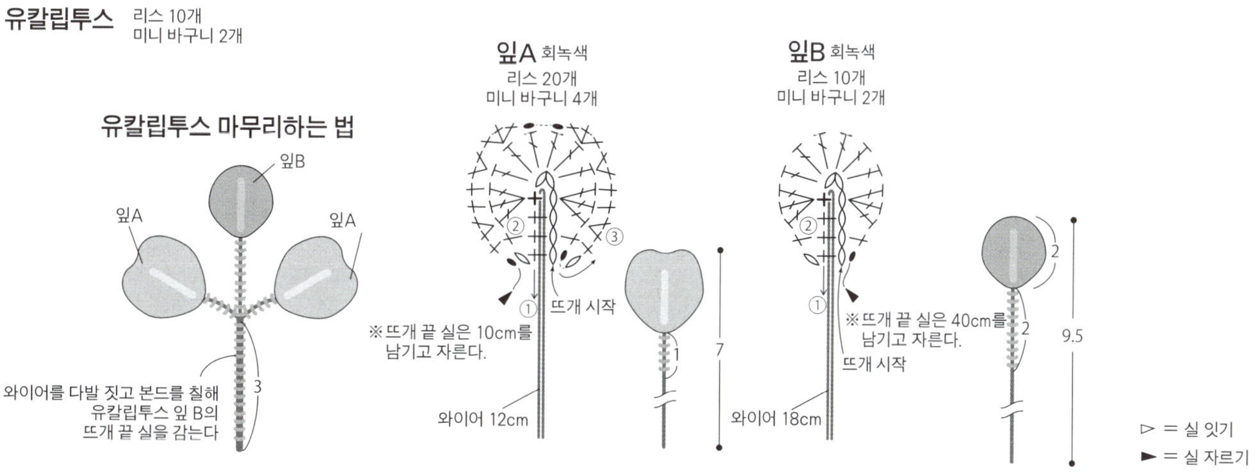

유칼립투스　리스 10개　미니 바구니 2개

유칼립투스 마무리하는 법

잎B

잎A　잎A

와이어를 다발 짓고 본드를 칠해
유칼립투스 잎 B의
뜨개 끝 실을 감는다

3

잎A 회녹색
리스 20개
미니 바구니 4개

잎B 회녹색
리스 10개
미니 바구니 2개

※뜨개 끝 실은 10cm를
남기고 자른다.

뜨개 시작

와이어 12cm

※뜨개 끝 실은 40cm를
남기고 자른다.

뜨개 시작

와이어 18cm

7　1

9.5　2

▷ = 실 잇기
► = 실 자르기

※1단째의 첫 짧은뜨기(十)는 와이어 1개를 감싸 뜬다.
와이어를 반으로 접어, 2코째부터는 2개를 함께 감싸 뜬다.

꿀벌 각 1마리

본체

날개 낚싯줄 3호

뜨개 시작

※리스용은 뜨개 시작과 뜨개
끝에서 10cm를 남겨둔다.

배색 { ━=검정색　━=레몬(레이스사#20) }

꿀벌 마무리하는 법

검정색으로
꿰매 고정한다

2

본체에 실 끝을 채우고,
마지막 단의 코에 실을 통과시켜 조인다

리스용은 남겨둔
낚싯줄을 묶어
고리를 만든다

미니 바구니 5/0호 코바늘 라이트브라운

반복한다

바닥의 늘림코

단	콧수	
9단	60코	(+4코)
8단	56코	(+7코)
7단	49코	(+7코)
6단	42코	(+7코)
5단	35코	(+7코)
4단	28코	(+7코)
3단	21코	(+7코)
2단	14코	(+7코)
1단	7코	

十=앞단의 코 뒤쪽 반코를 주워서 뜬다

미니 바구니 마무리하는 법

❸ 미모사 꽃송이 A와 꿀벌을
라이트브라운으로 꿰매 붙인다

12

❶ 마지막 단을 안쪽으로 접고, 16단째의 머리와 14단째의 남은 반코를 감아 꿰맨다
❷ 접은 부분에 미모사와 유칼립투스 뿌리를 꽂는다

리스 마무리하는 법

장식용 마 끈은 리스 토대에 통과시키고,
아래쪽에서 묶는다

리스 토대

낚싯줄

고리로 만든 낚싯줄을
장식용 마 끈에 건다

미모사와 유칼립투스는 뿌리를
리스 토대 틀 사이에 균형감 있게 꽂는다.
미모사는 꽃송이 A를 와이어 1개로 토대에 고정한다

18

재료

실···DMC 에코 비타 388 리사이클 코튼 하얀색 (001) 390g 4볼

단추···지름 15mm 6개

도구

코바늘 7/0호·6/0호

완성 크기

가슴둘레 122.5cm, 어깨너비 50cm, 기장 55.5cm, 소매길이 26cm

게이지(10×10cm)

무늬뜨기 B·C 24.5코×10.5단

POINT

●몸판·소매···밑단은 사슬뜨기 기초코를 만들어 뜨기 시작하고, 무늬뜨기 A로 뜹니다. 뒤판, 앞판 은 밑단에서 코를 줍고 도안을 참고해 무늬뜨기 B

로 뜹니다. 소매는 밑단과 같은 방법으로 기초코를 만들어 뜨기 시작하고, 무늬뜨기 C로 뜹니다.

●마무리···어깨와 옆선의 무늬뜨기 A는 빼뜨기 사 슬 잇기, 옆선의 무늬뜨기 B와 소매 밑선은 빼뜨기 사슬 꿰매기를 합니다. 밑단 둘레는 앞뒤판을 연결 해 짧은뜨기로 1단 뜹니다. 소맷부리는 테두리뜨 기 A로 원형으로 뜹니다. 앞여밈단은 지정 콧수를 주워, 테두리뜨기 B로 뜹니다. 오른쪽 앞여밈단에 는 단춧구멍을 만듭니다. 칼라는 밑단과 같은 방법 으로 기초코를 만들어 뜨기 시작하고, 짧은뜨기로 뜹니다. 분산 늘림코는 도안을 참고하세요. 칼라 둘레에 테두리뜨기 C를 뜹니다. 소매는 빼뜨기 사 슬 잇기, 칼라는 몸판의 겉면과 칼라의 안면을 맞 대고, 몸판의 가장자리 코와 칼라의 기초코를 감 침질합니다. 단추를 달아 완성합니다.

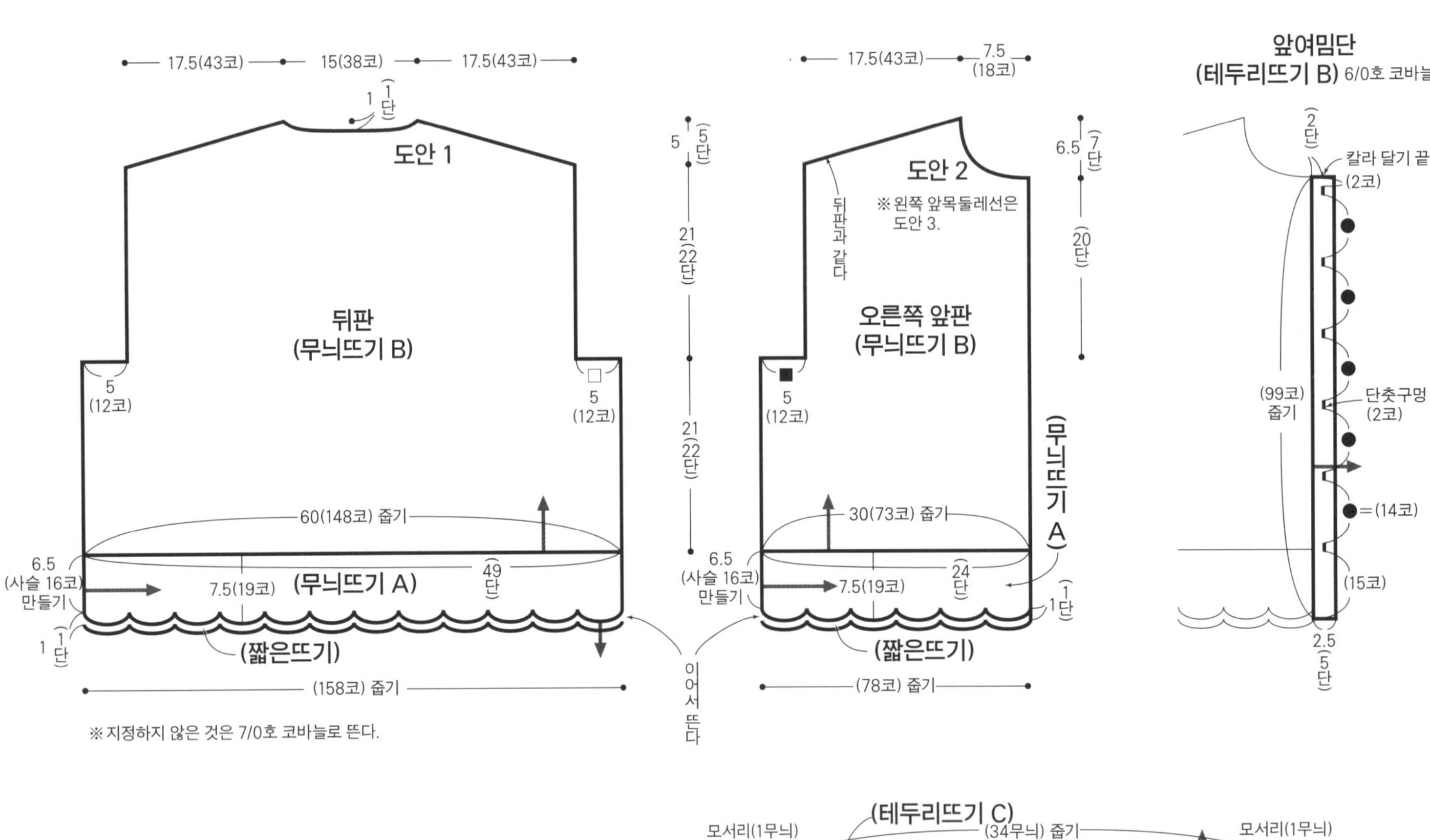

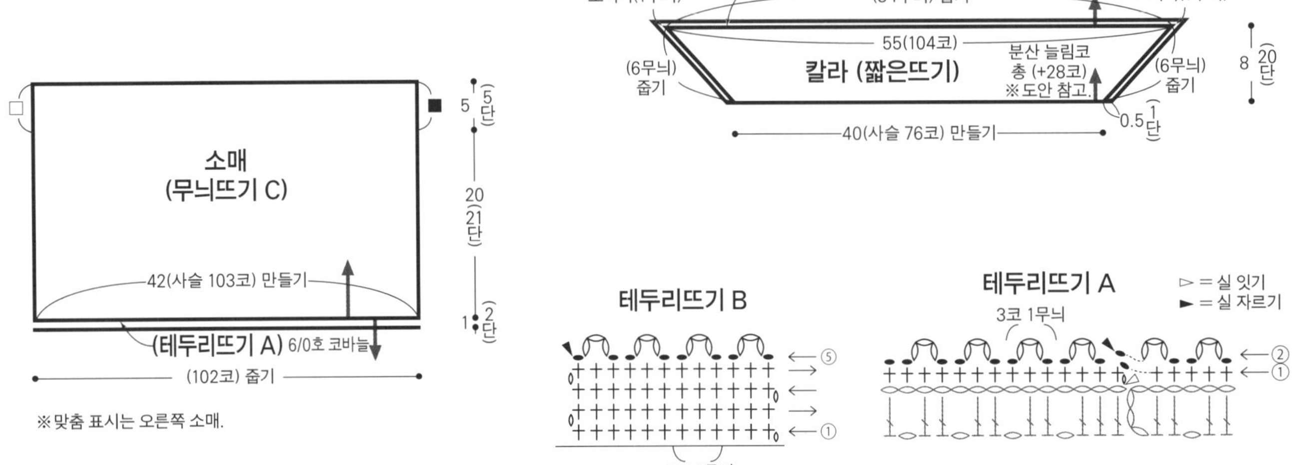

무늬뜨기 C

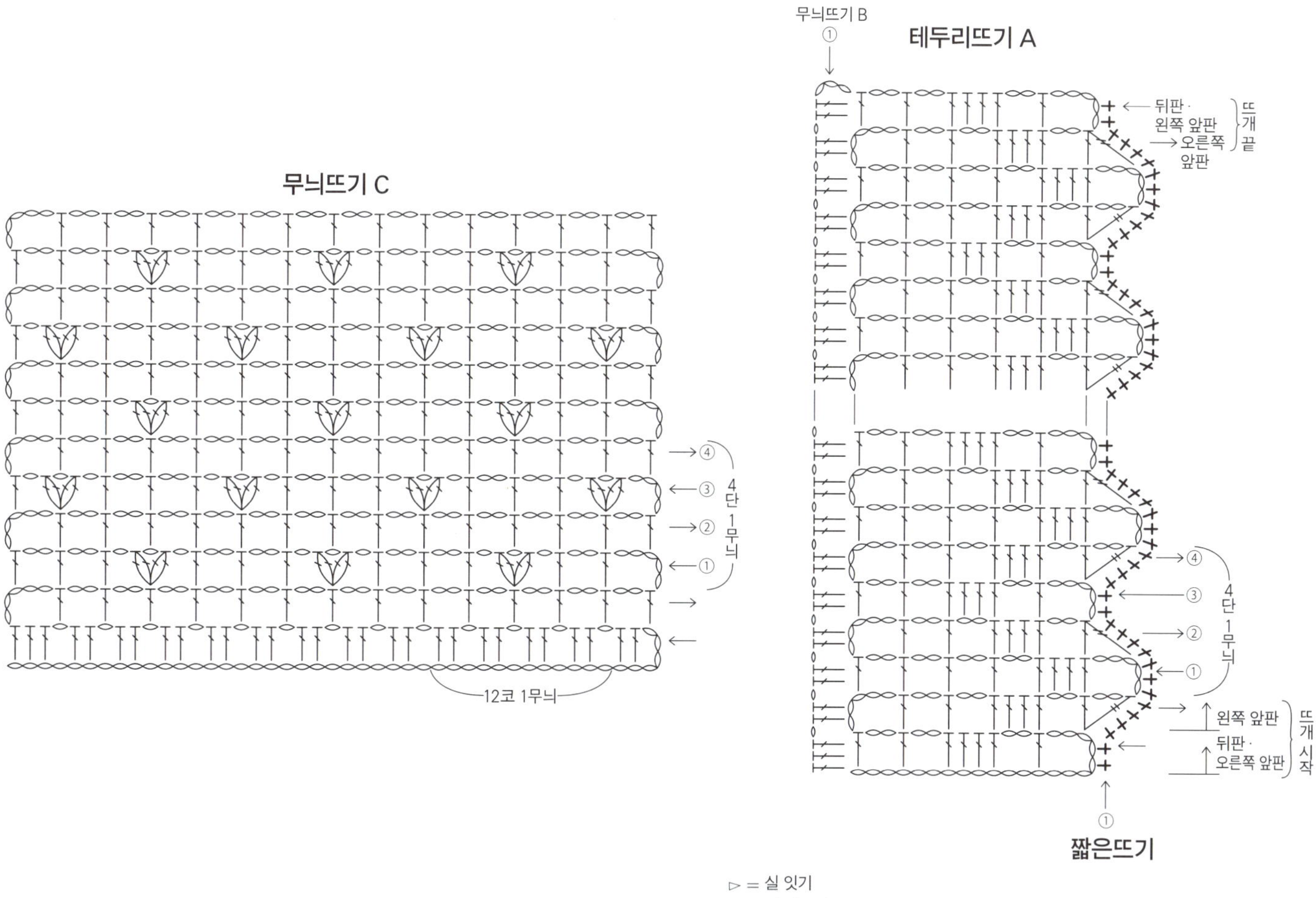

칼라의 분산 늘림코

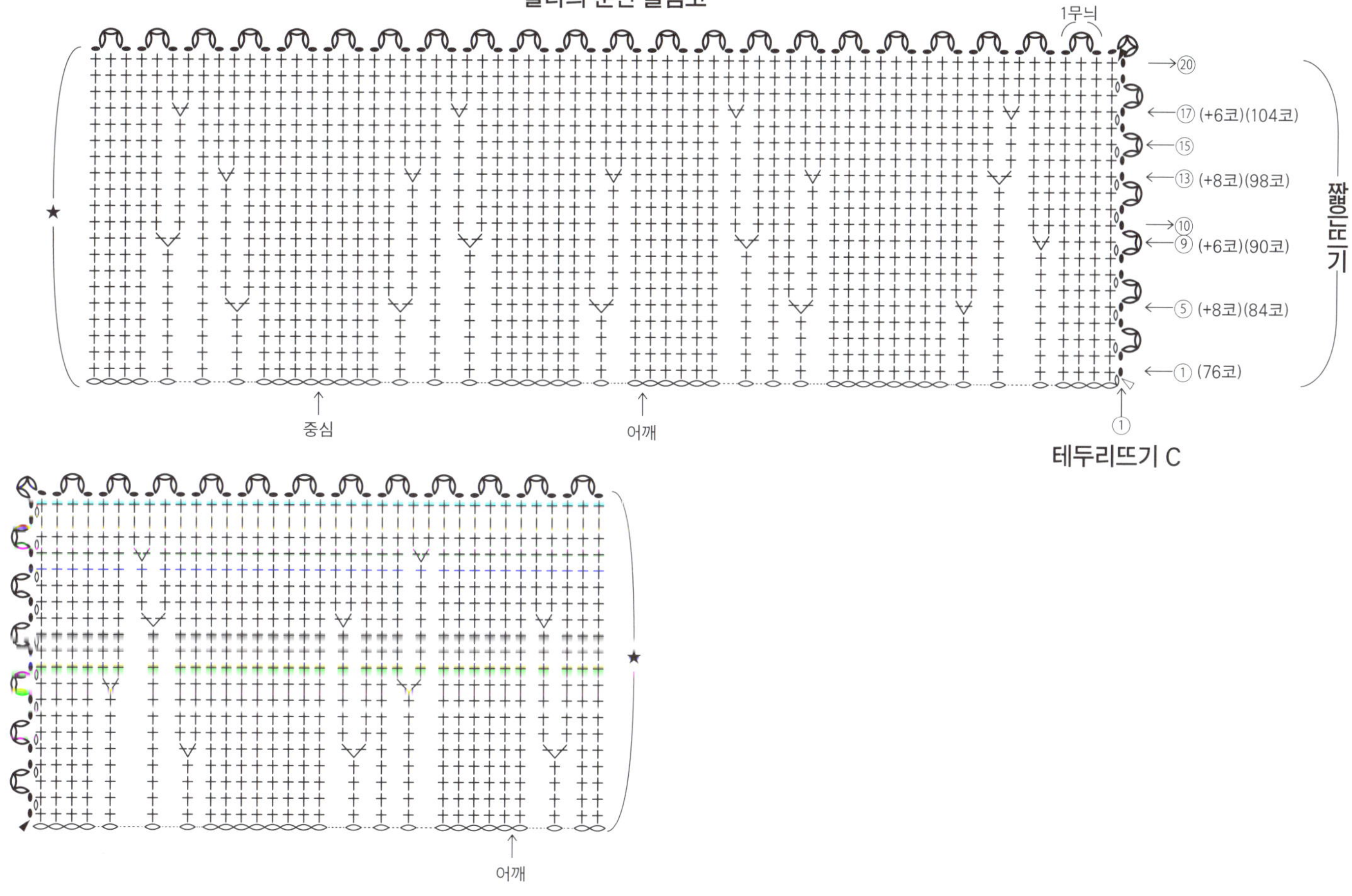

166페이지로 이어집니다. ▶

▶ 165페이지에서 이어집니다.

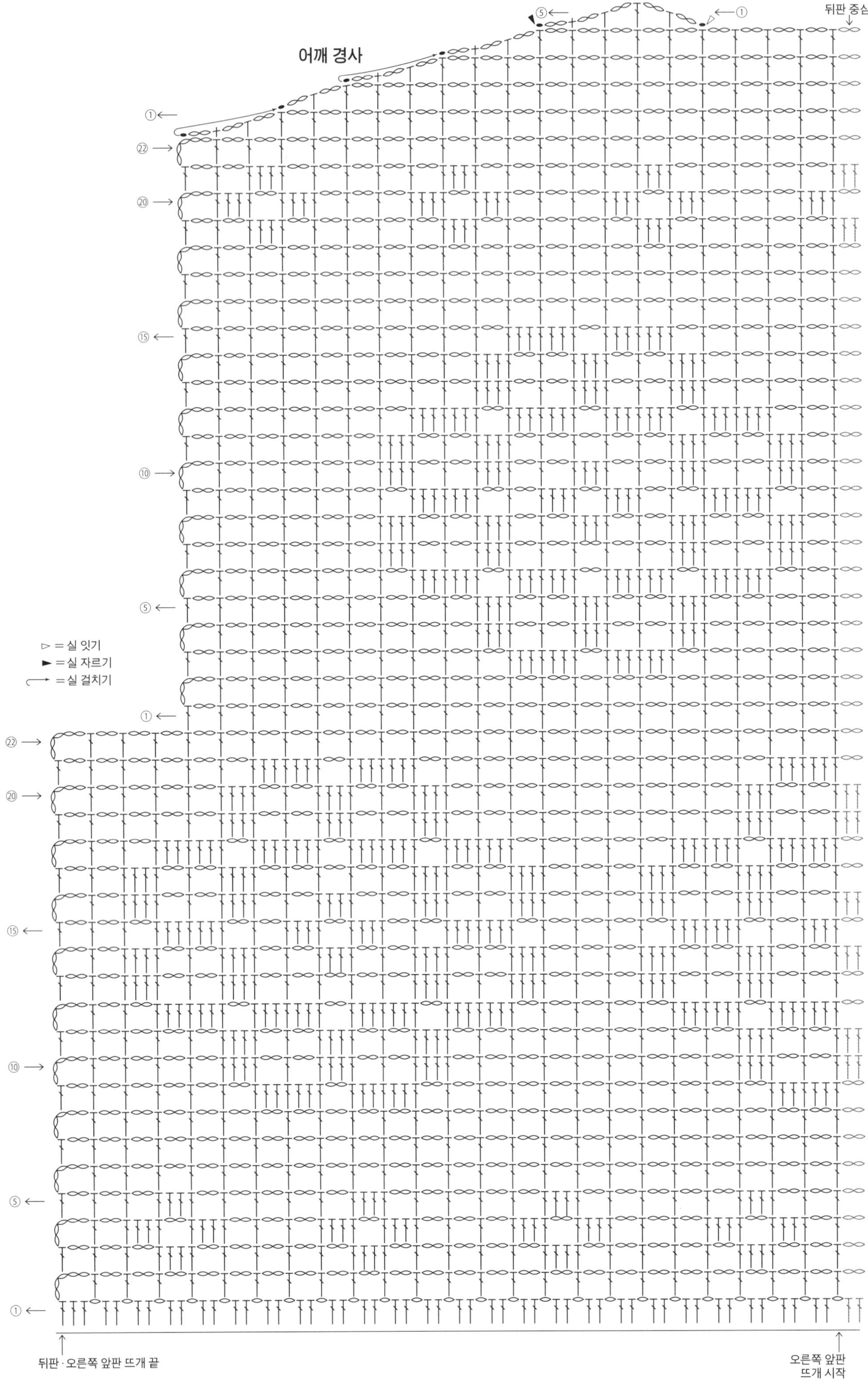

166

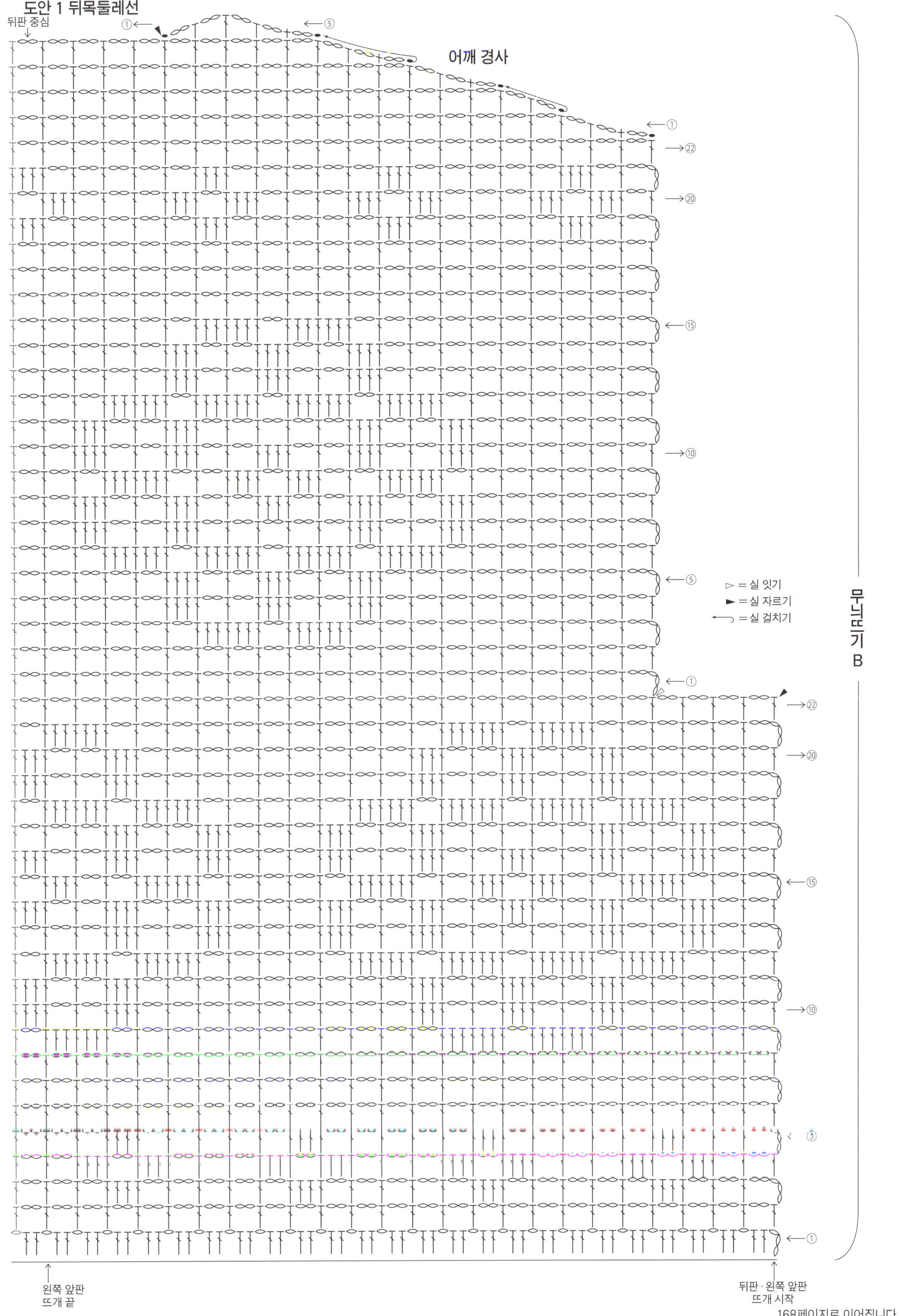

168페이지로 이어집니다. ▶

▶ 167페이지에서 이어집니다.

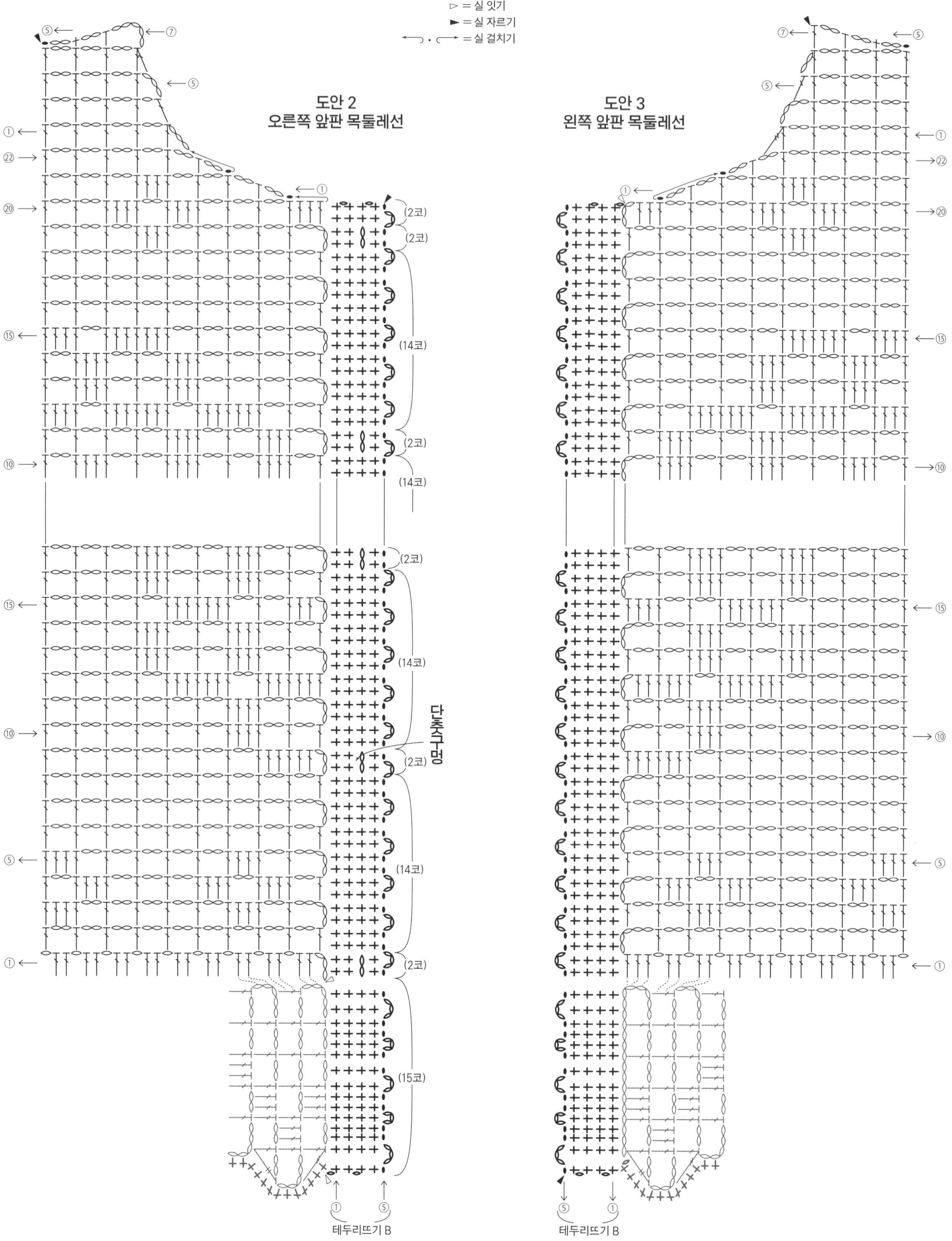

실을 세로로 걸치는
배색무늬뜨기

※ 일본어 사이트

재료
실…DMC 에코 비타 388 리사이클 코튼 하늘색
(137) 370g 4볼, 그레이(110) 20g 1볼
단추…지름 12㎜ 6개

도구
대바늘 6호

완성 크기
가슴둘레 105.5㎝, 기장 54㎝, 화장 63.5㎝

게이지(10×10㎝)
메리야스뜨기 20코×29단

POINT
●몸판·소매…몸판은 손가락에 실을 걸어서 만드는 기초코로 뜨기 시작하고, 1코 고무뜨기, 메리야스뜨기, 줄무늬 메리야스뜨기로 뜹니다. 줄무늬 메리야스뜨기는 실을 세로로 걸치는 배색무늬뜨기의 요령으로 뜹니다. 오른쪽 앞판에는 단춧구멍을 만듭니다. 앞판의 호주머니 위치에는 별도의 실을 떠넣어둡니다. 뒤목둘레선의 줄임코는 덮어씌우기, 앞목둘레선의 줄임코는 도안을 참고해 메리야스뜨기의 가장자리 코를 세워 줄임코합니다. 오른쪽 앞판은 계속해서 뒤목둘레를 뜹니다. 뜨개 끝은 쉼코를 합니다. 소매는 몸판과 같은 방법으로 뜨기 시작하고, 1코 고무뜨기, 줄무늬 메리야스뜨기로 뜹니다. 소매 밑선의 늘림코는 1코 안쪽에서 돌려 늘림코를 합니다. 별도의 실을 풀어 코를 줍고, 호주머니 안과 주머니 입구를 뜹니다. 주머니 입구의 뜨개 끝은 무늬를 이어서 뜨면서 덮어씌워 코막음합니다.

●마무리…어깨는 덮어씌워 잇기를 합니다. 뒤목둘레는 마무리하는 법을 참고해 코와 단 잇기와 메리야스 잇기로 연결합니다. 소매는 코와 단 잇기로 몸판과 연결합니다. 옆선·소매 밑선은 떠서 꿰매기를 합니다. 단추를 달아 완성합니다.

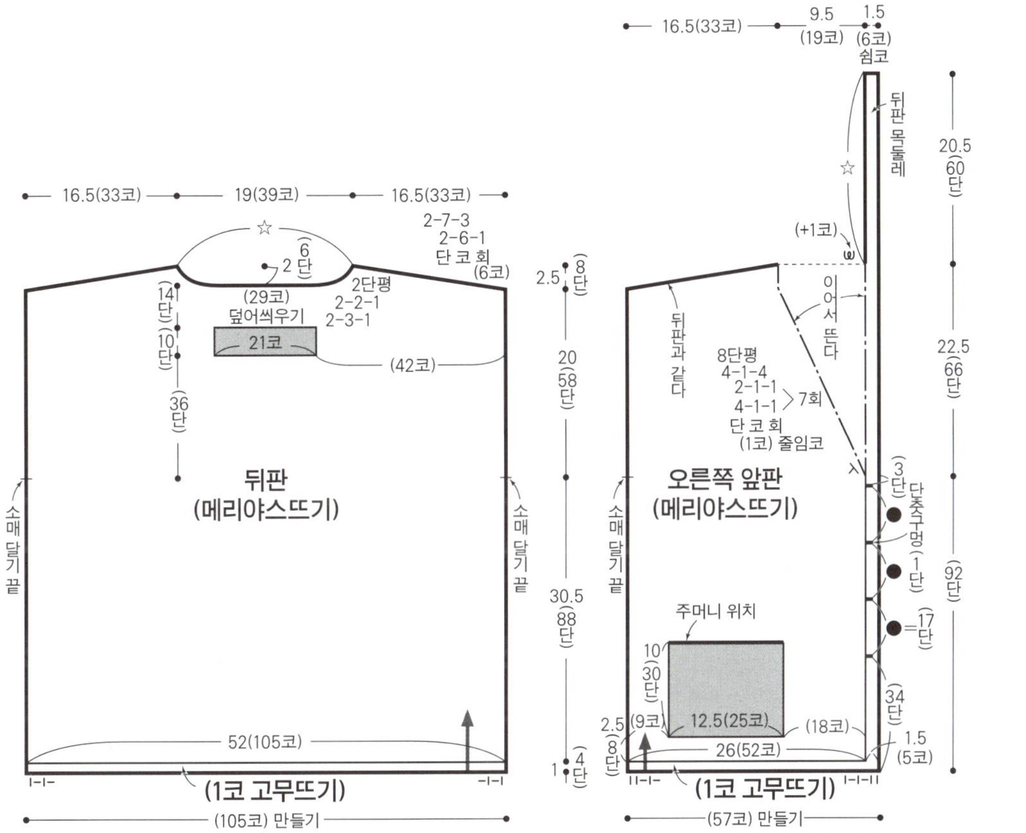

※ 모두 6호 대바늘로 뜬다.
※ 지정하지 않은 것은 하늘색으로 뜬다.
※ ▨ 는 줄무늬 메리야스뜨기(실을 세로로 걸치는 배색무늬뜨기의 요령으로 뜬다).
※ 왼쪽 앞판은 단춧구멍, 뒤판 목둘레는 뜨지 않고 대칭으로 뜬다.

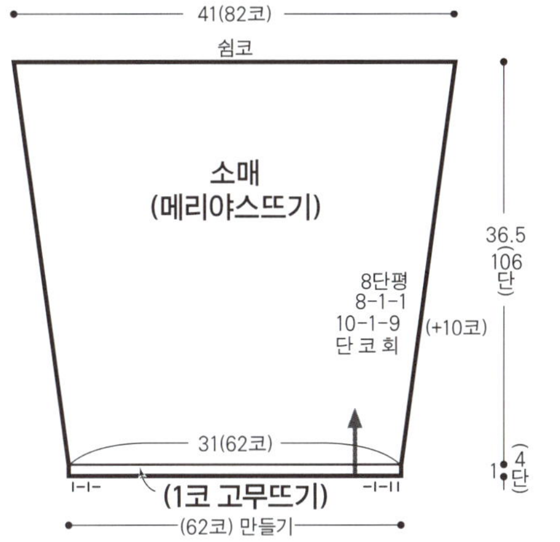

단춧구멍과 앞목둘레의 줄임코 (오른쪽 앞판)

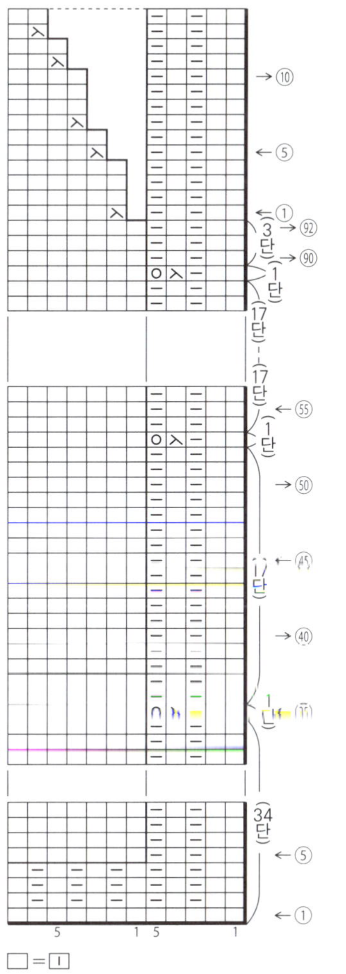

주머니 안 2장
(메리야스뜨기) 그레이

주머니 입구 2장
(1코 고무뜨기)
※ 양 끝은 몸판에 떠서 꿰매기.

줄무늬 메리야스뜨기의 배색

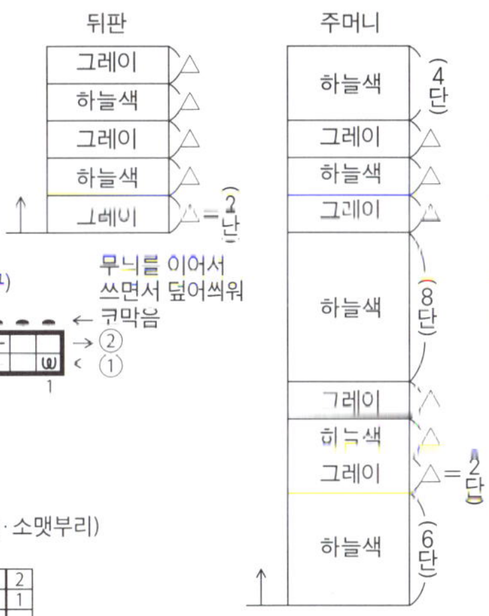

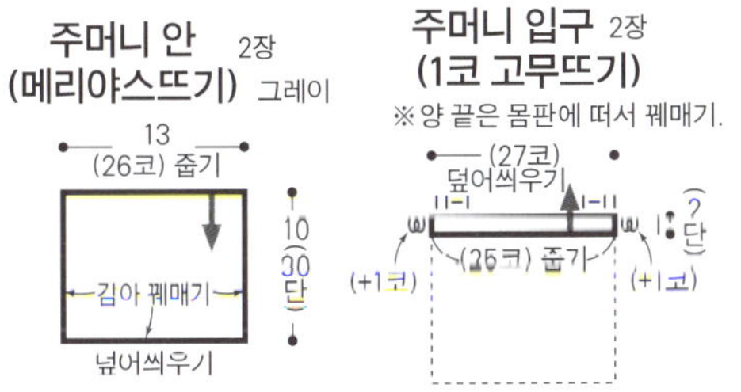

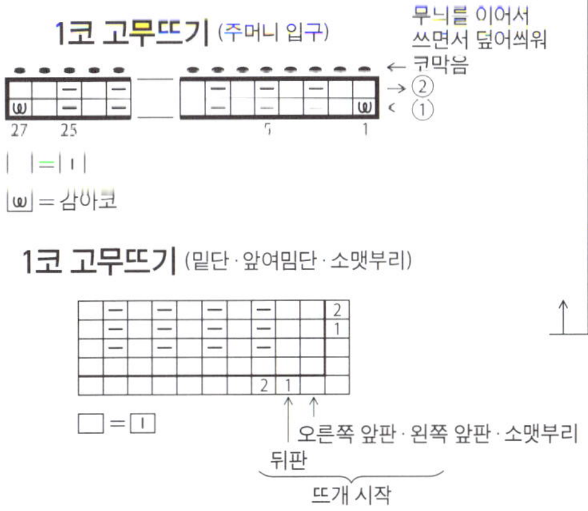

뒤판		주머니	
그레이 △		하늘색	4단
하늘색 △		그레이	
그레이 △		하늘색	
하늘색 △		그레이	
그레이 △ = 2단		하늘색	8단
		그레이	
		하늘색	
		그레이 = 2단	
		하늘색	6단

무늬를 이어서 쓰면서 덮어씌워 코막음

1코 고무뜨기 (주머니 입구)

1코 고무뜨기 (밑단·앞여밈단·소맷부리)

마무리하는 법

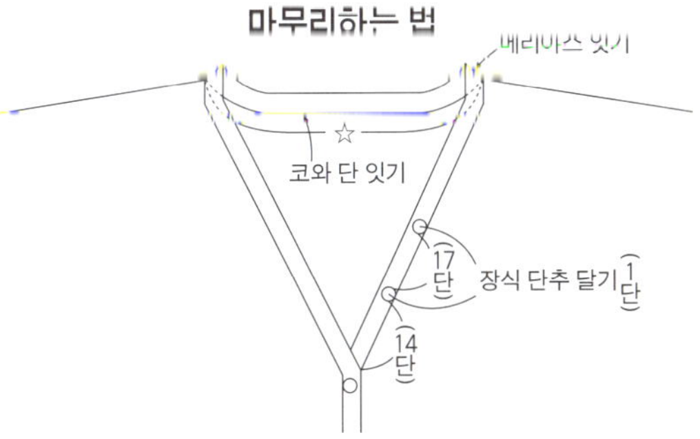

재료

실…하마나카 케이폭 코튼 보라색(12) 430g 15
볼, 하얀색(1) 20g 1볼

단추…지름 15mm 4개

도구

코바늘 5/0호, 대바늘 4호

완성 크기

가슴둘레 110cm, 기장 53cm, 화장 54cm

게이지(10×10cm)

무늬뜨기 20.5코×10단

POINT

●몸판…뒤판 '아래', 오른쪽 앞판 '아래', 왼쪽 앞판
'아래'는 사슬 기초코를 만들어 뜨기 시작하고, 무
늬뜨기로 뜹니다. 20단을 뜬 뒤 보라색으로 뜬 사
슬 기초코와 뒤판 '아래', 오른쪽 앞판 '아래', 왼쪽

앞판 '아래'의 코를 줍고, 앞뒤판을 연결해서 뜹니
다. 6단을 뜬 뒤 오른쪽 앞판 '위', 오른쪽 어깨, 뒤
판 '위', 왼쪽 어깨, 왼쪽 앞판 '위'를 각각 뜹니다. 줄
임코는 도안을 참고하세요. 밑단은 지정 콧수를 줍
고, 1코 돌려 고무뜨기로 뜹니다. 뜨개 끝은 1코
돌려 고무뜨기 코막음합니다.

●마무리…옆선과 어깨의 맞춤 표시는 떠서 꿰매
기를 합니다. 소맷부리는 기초코의 사슬과 거싯에
서 지정 콧수를 줍고, 1코 돌려 고무뜨기로 원형
뜨기합니다. 뜨개 끝은 밑단과 같은 방법으로 합니
다. 앞여밈단·목둘레는 1코 고무뜨기 기초코를 만
들어 뜨기 시작하고, 1코 돌려 줄무늬 고무뜨기로
뜹니다. 오른쪽 앞여밈단에는 단춧구멍을 만듭니
다. 뜨개 끝은 밑단과 같은 방법으로 하고, 떠서 꿰
매기의 요령으로 몸판과 연결합니다. 단추를 달아
완성합니다.

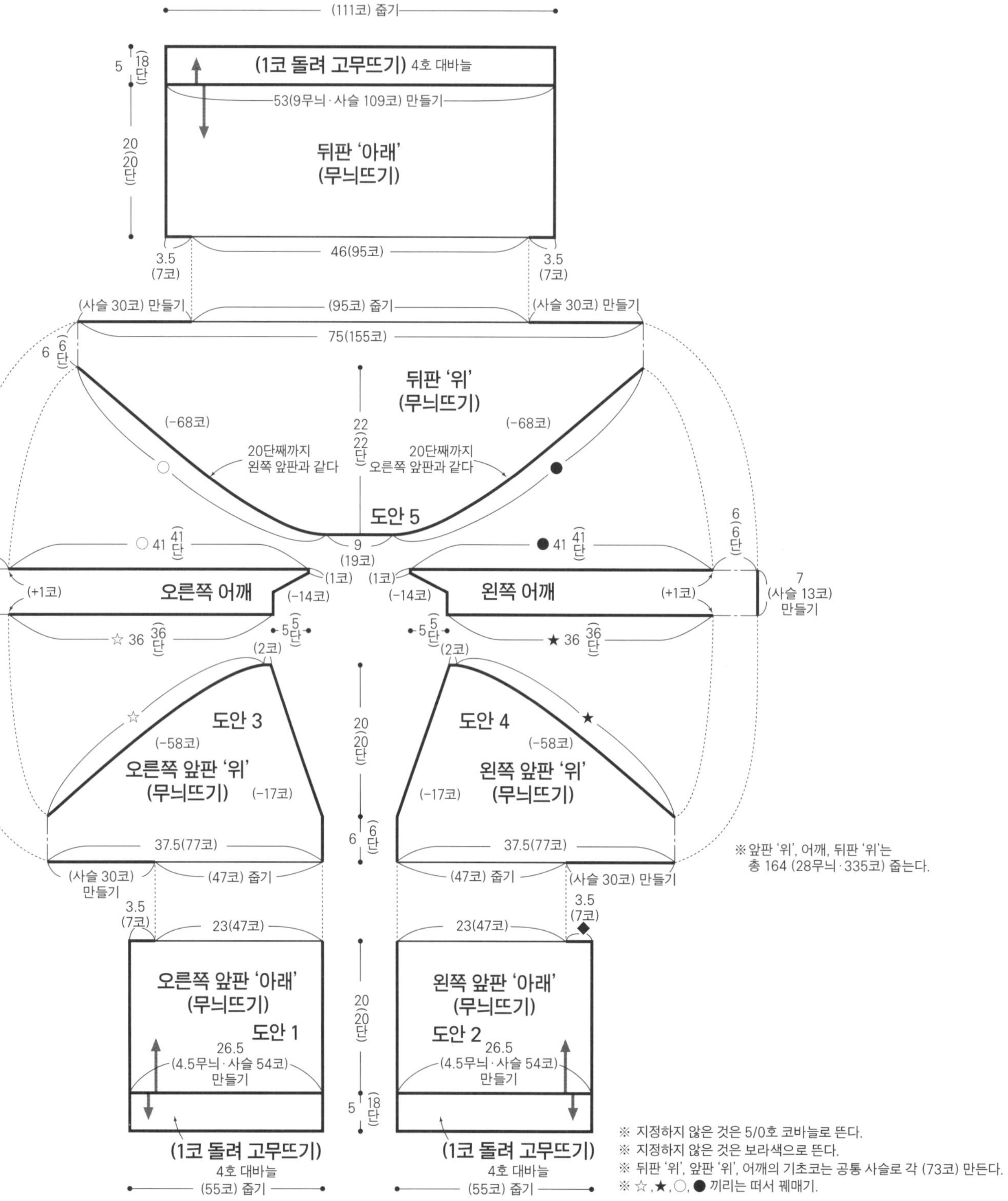

1코 돌려 고무뜨기

※ 지정하지 않은 것은 5/0호 코바늘로 뜬다.
※ 지정하지 않은 것은 보라색으로 뜬다.
※ 뒤판 '위', 앞판 '위', 어깨의 기초코는 공통 사슬로 각 (73코) 만든다.
※ ☆, ★, ○, ● 끼리는 떠서 꿰매기.

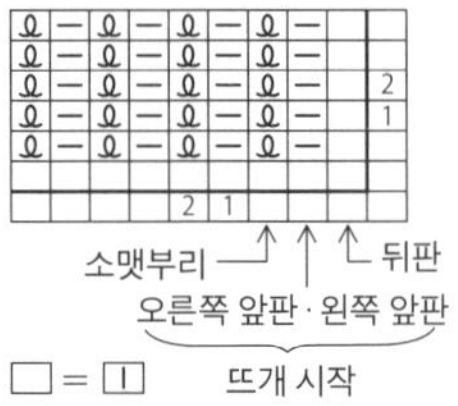

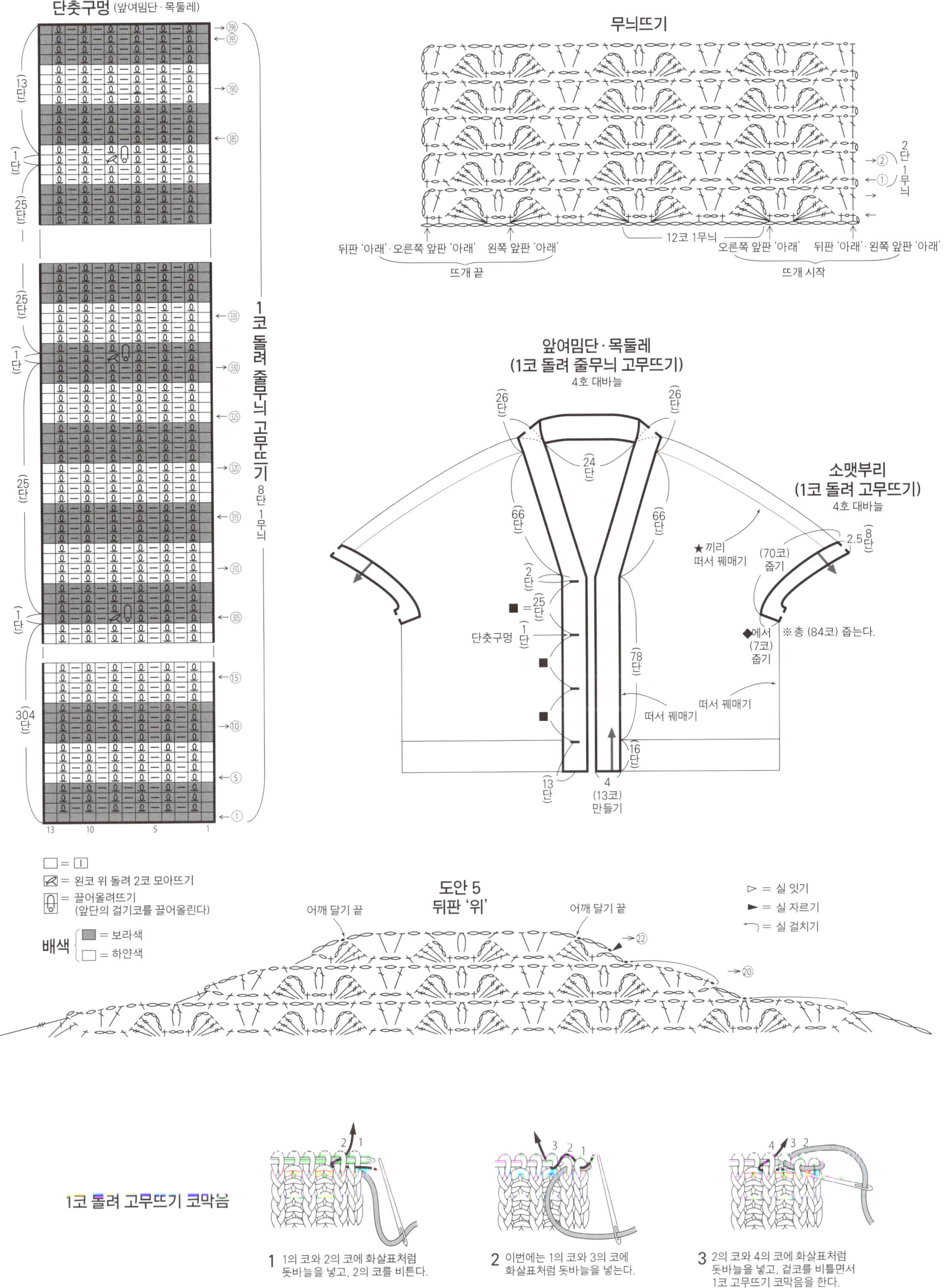

172페이지로 이어집니다. ▶

▶ 171페이지에서 이어집니다.

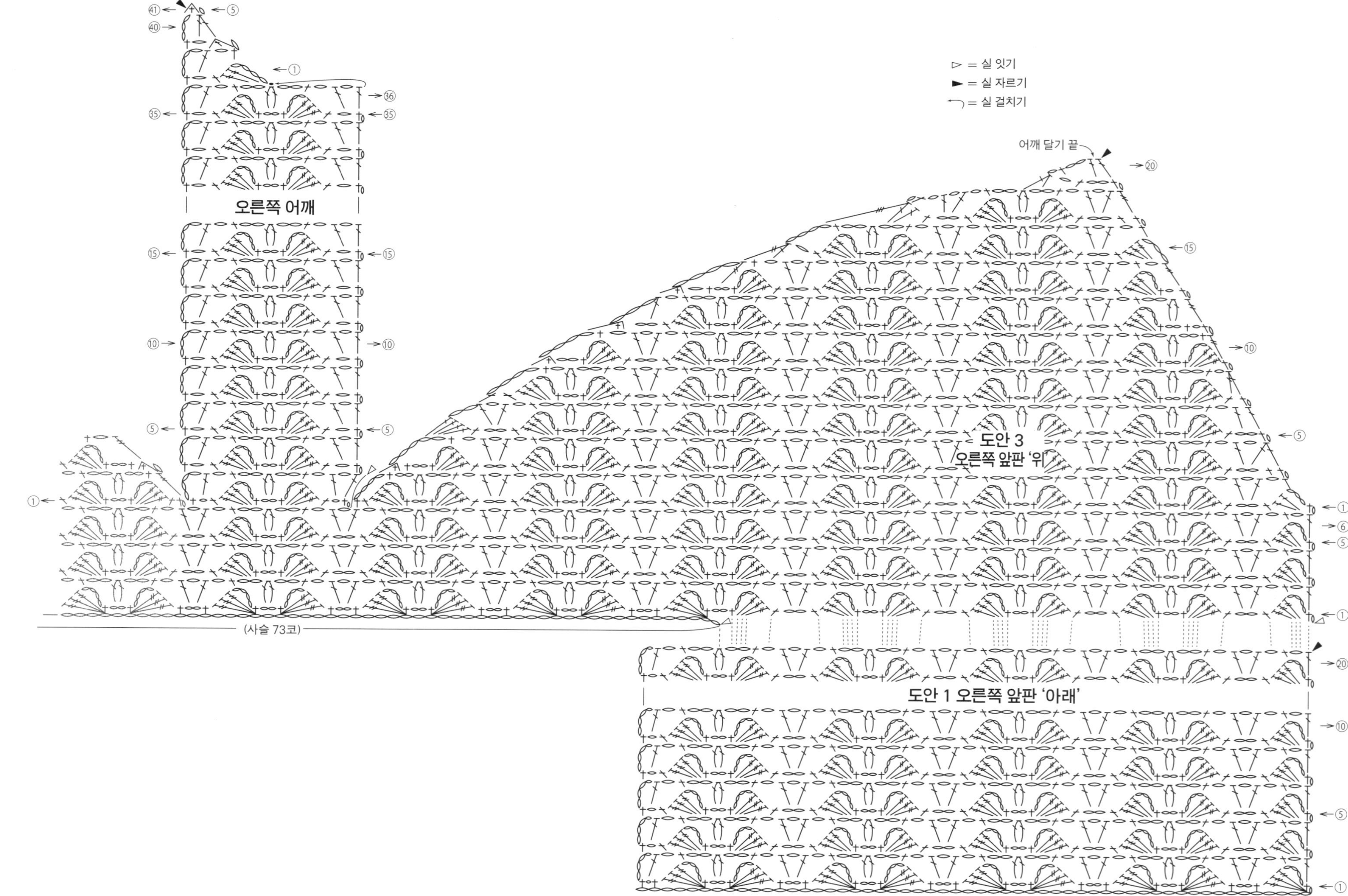

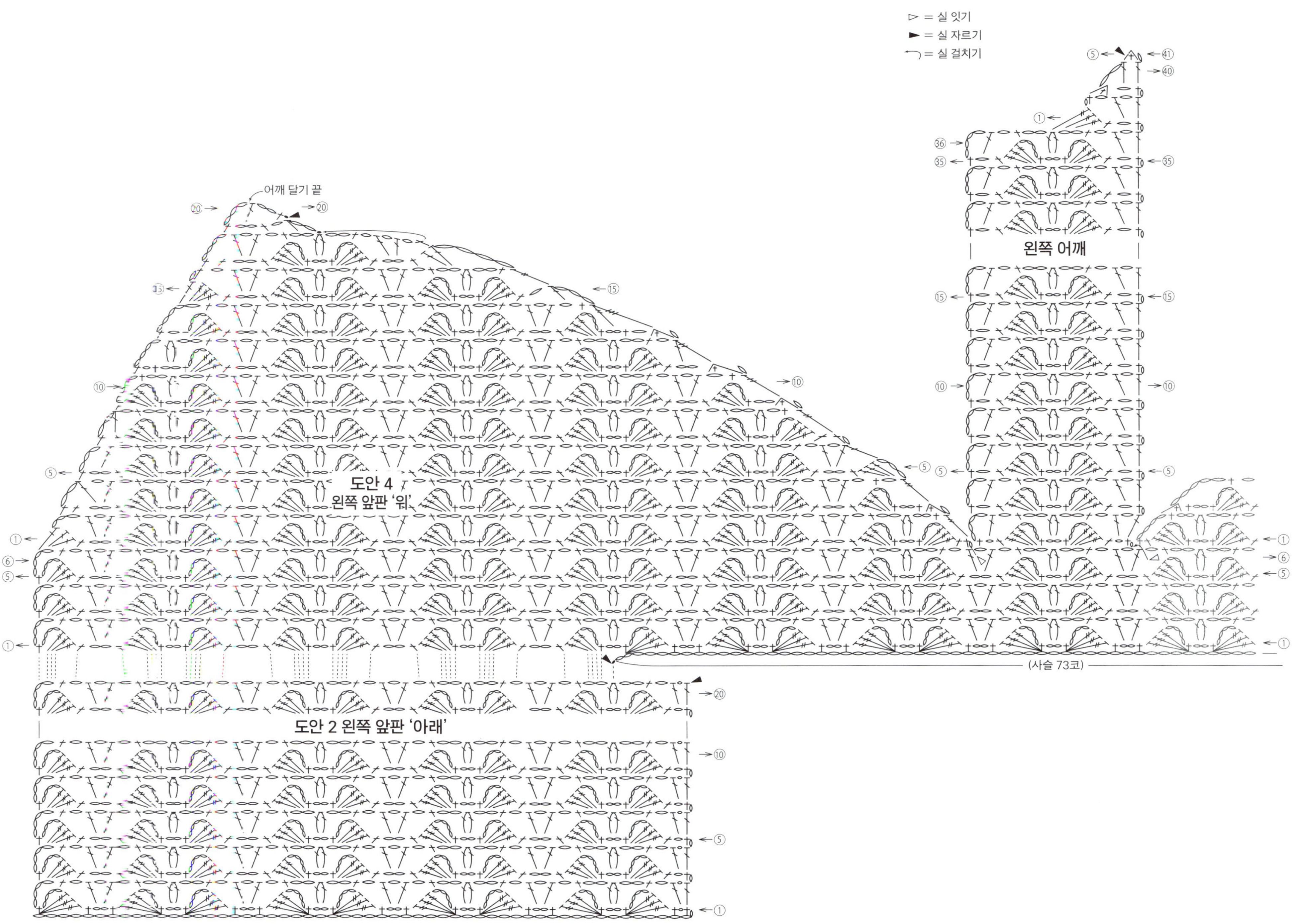

▷ = 실 잇기
► = 실 자르기
⌐ = 실 걸치기
왼쪽 어깨
어깨 달기 끝
도안 4
왼쪽 앞판 '위'
도안 2 왼쪽 앞판 '아래'
(사슬 73코)

재료
퍼피 피마 베이직 회색(604) 210g 6볼, 코튼코너
파인 노란색(328) 45g 2볼, 주황색(344) 45g 2볼
도구
코바늘 5/0호
완성 크기
가슴둘레 98㎝, 기장 47㎝, 화장 35.5㎝
게이지(10×10㎝)
줄무늬 무늬뜨기 19코×10.5단

POINT
●뒤판·앞판 '위'는 사슬뜨기 기초코로 뜨개를 시
작해서 줄무늬 무늬뜨기를 합니다. 25단까지 뜨면
기초코 사슬에서 코를 주워서 짧은뜨기를 1단 합
니다. 중심과 옆선은 뒤 반 코끼리 감아잇기합니다.
뒤판·앞판 '아래'는 지정된 콧수만큼 주워서 무늬
뜨기를 원형으로 왕복뜨기합니다. 분산 늘림코는
도안을 참고하세요.

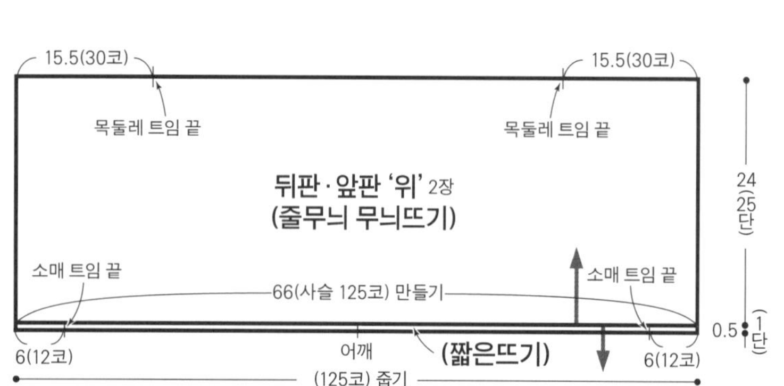

※ 모두 5/0호 코바늘로 뜬다.
※ 지정하지 않은 것은 모두 회색 1가닥으로 뜬다.

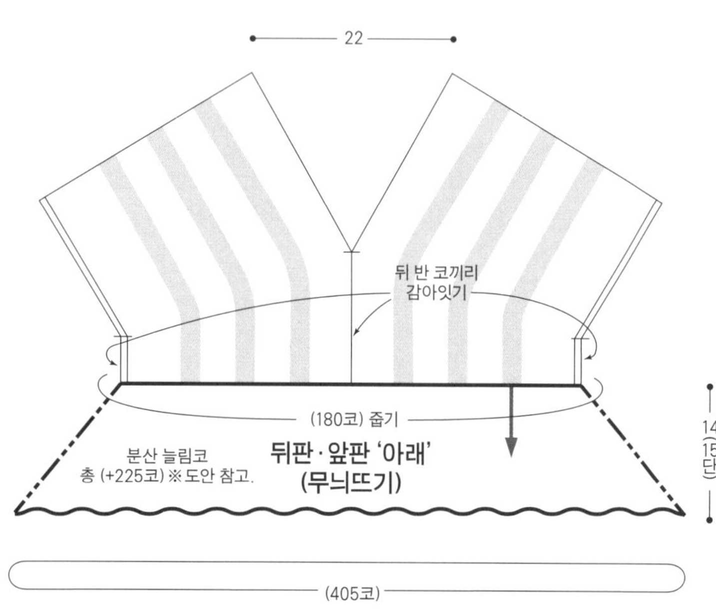

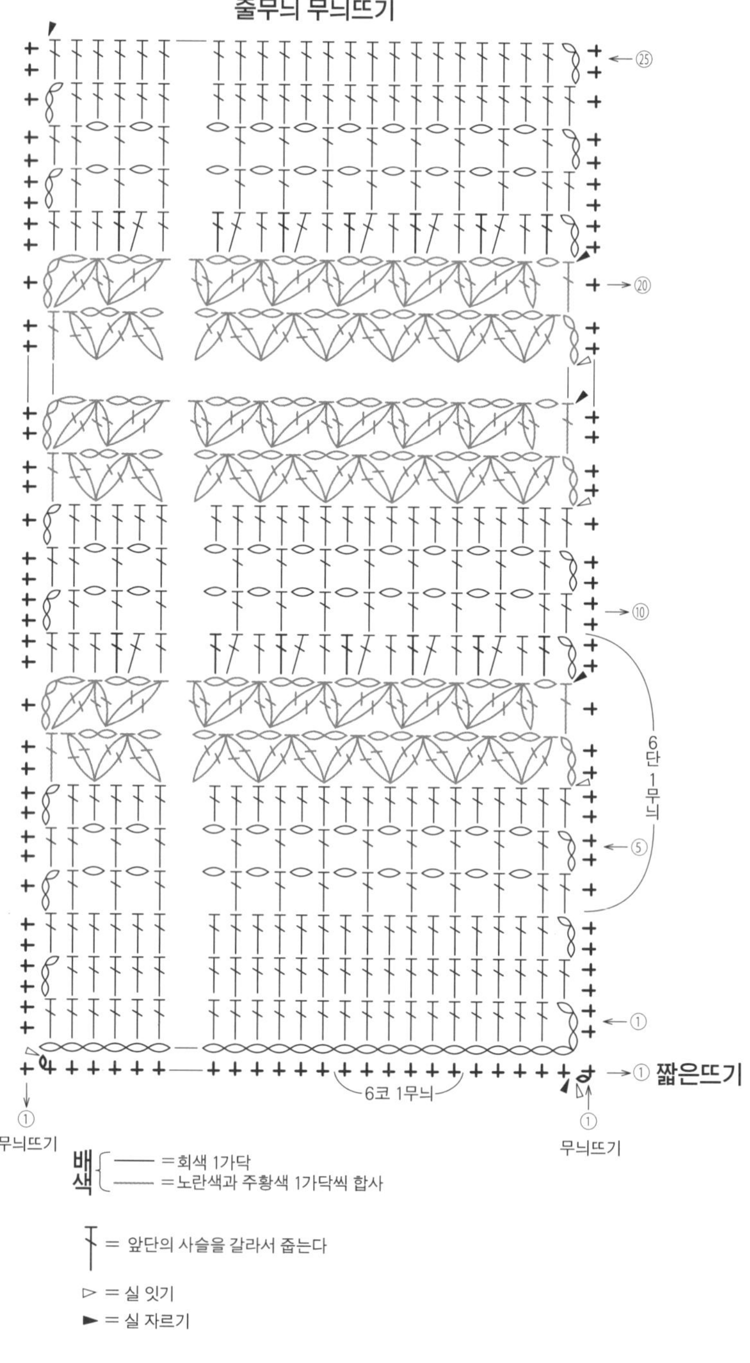

무늬뜨기와 분산 늘림코

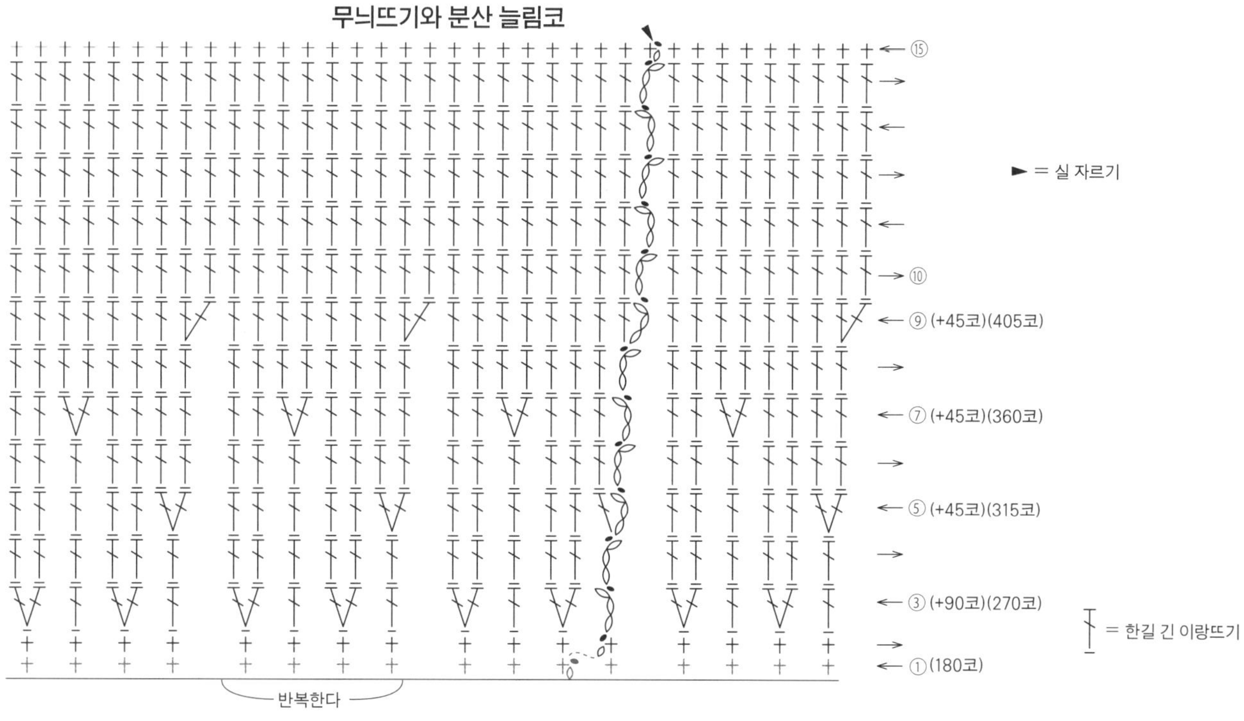

176페이지에서 이어집니다. ◀

뒤판 목둘레 줄임코

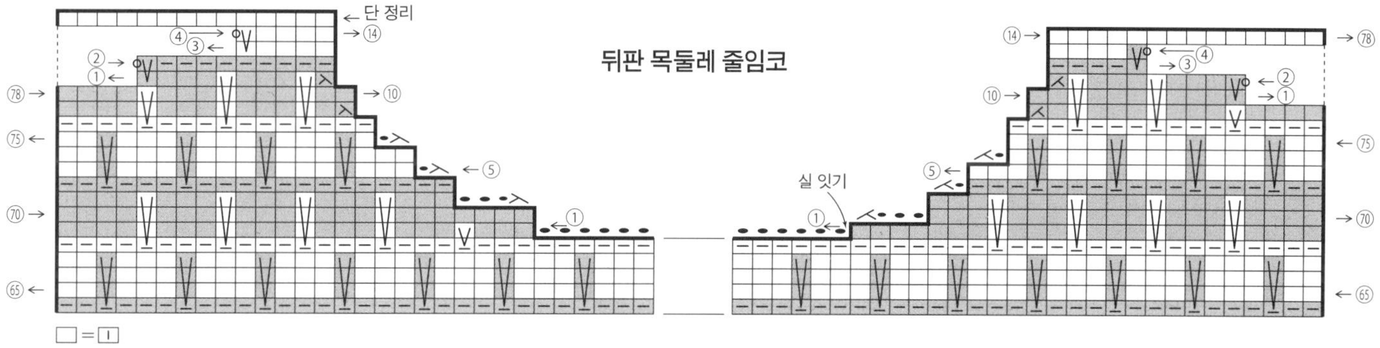

앞판 목둘레 줄임코

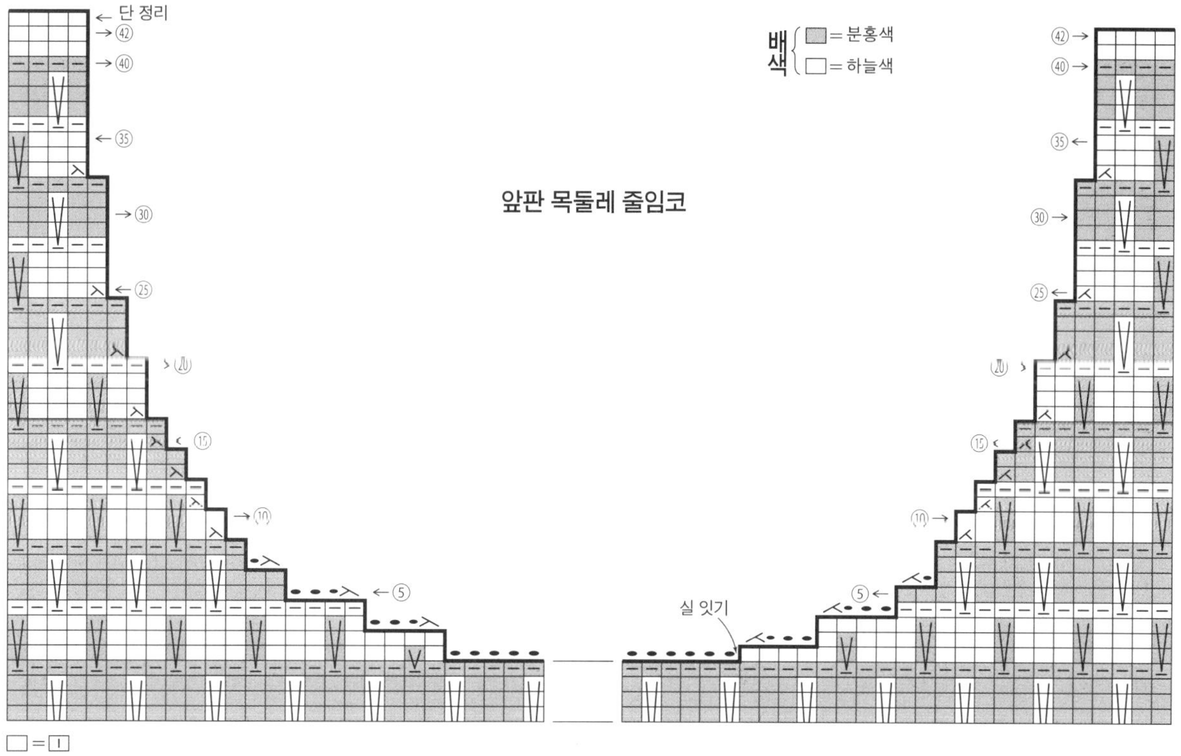

안걸러뜨기(2단)

※ 일본어 사이트

재료
퍼피 산파도스 하늘색(506) 190g 5볼, 분홍색
(504) 130g 4볼

도구
대바늘 5호·3호·4호·6호·7호

완성 크기
가슴둘레 90cm, 기장 54cm, 화장 23.5cm

게이지(10×10cm)
줄무늬 무늬뜨기 A 25.5코×44단

POINT
●몸판…손가락에 걸어서 만드는 기초코로 뜨개
를 시작해서 줄무늬 2코 고무뜨기, 줄무늬 무늬뜨

기 A를 합니다. 줄임코는 도안을 참고하세요.
●마무리…어깨는 덮어씌워 잇기, 옆선은 떠서 꿰
매기합니다. 목둘레는 지정된 콧수만큼 주워서 줄
무늬 가터뜨기를 원형뜨기합니다. 뜨개 끝은 안뜨
기하면서 덮어씌워 코막음합니다. 소매 장식은 지
정된 콧수만큼 주워서, 게이지를 조정하고, 7단에
서 늘림코하면서 줄무늬 무늬뜨기 B를 합니다. 뜨
개 끝은 무늬를 이어 뜨면서 덮어씌워 코막음합니
다.

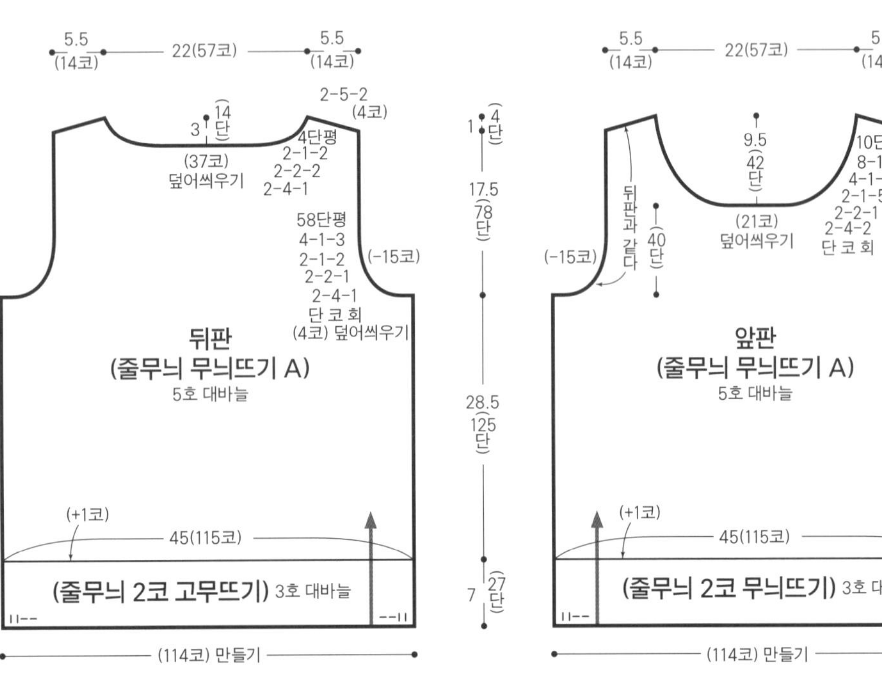

줄무늬 무늬뜨기 A

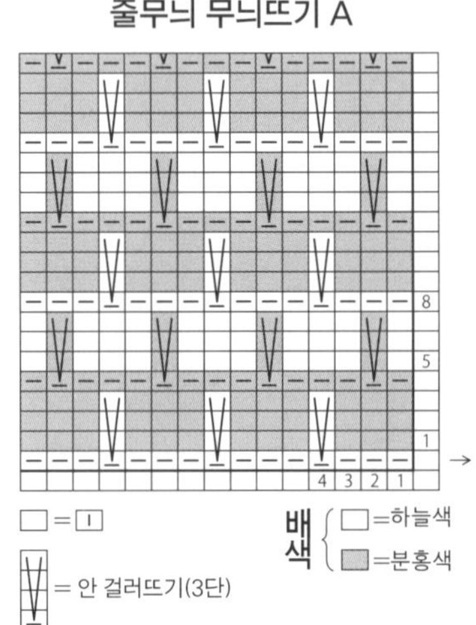

줄무늬 2코 고무뜨기

목둘레(줄무늬 가터뜨기)

줄무늬 가터뜨기

소매 장식
(줄무늬 무늬뜨기 B)

진동둘레 줄임코

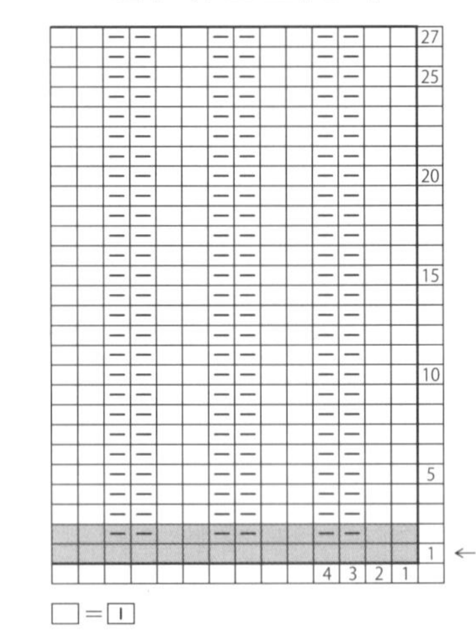

줄무늬 무늬뜨기 B

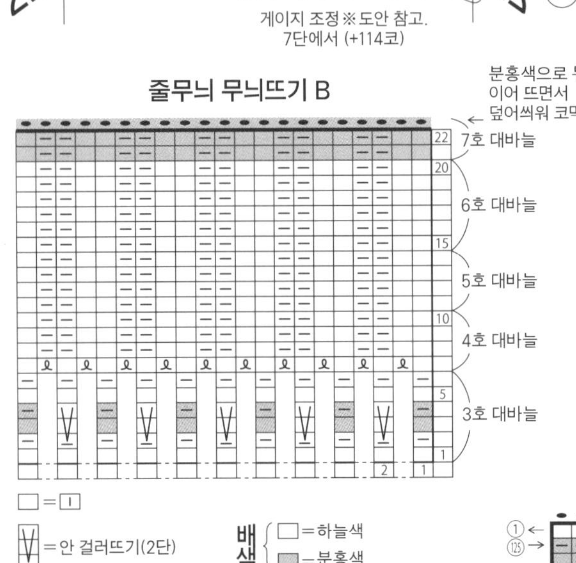

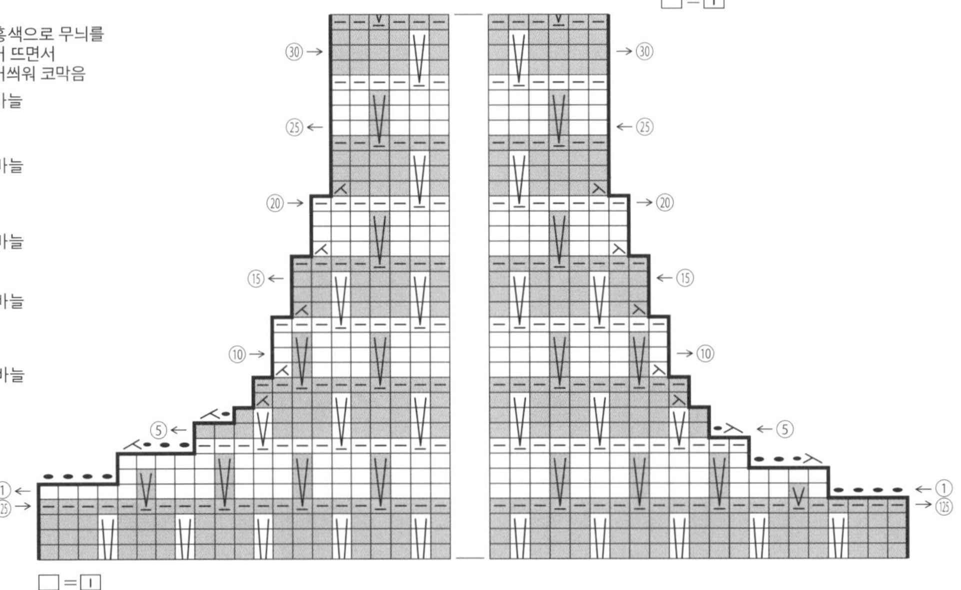

◀ 175페이지로 이어집니다.

실을 가로로 걸치는
배색무늬뜨기

※ 일본어 사이트

재료

실…올림포스 시젠노 쓰무기 SEN 카나리아 옐로
(308) 140g 4볼, 라이트 베이지(302) 40g 1볼,
버블검 핑크(307) 30g 1볼
단추…지름 20mm 5개

도구

대바늘 4호

완성 크기

가슴둘레 105.5cm, 어깨너비 35cm, 기장 51.5cm

게이지

메리야스뜨기(10×10cm) 23코×35단, 무늬뜨기 A
1무늬 18코=6cm, 10cm=35단

POINT

●몸판…별도 사슬 기초코로 뜨개를 시작해서 배
색무늬 1코 고무뜨기 A를 합니다. 이어서 뒤판은
메리야스뜨기, 무늬뜨기 A, 앞판은 메리야스뜨기,
무늬뜨기 A, B, B'를 배치해 뜹니다. 옆선 줄임코는

가장자리에서 3코와 4코를 모아뜨기합니다. 진동
둘레, 목둘레 줄임코는 2코부터는 덮어씌우기, 첫
코는 가장자리 2코를 세워서 줄임코합니다. 뜨개
끝은 쉼코합니다. 앞단은 지정된 콧수만큼 주워서
배색무늬 1코 고무뜨기 B를 합니다. 오른쪽 앞단
은 단춧구멍을 냅니다. 뜨개 끝은 덮어씌워 코막음
합니다.

●마무리…어깨는 덮어씌워 잇기, 옆선은 떠서 꿰
매기합니다. 밑단은 기코초 사슬을 풀어서 코를 줍
고, 테두리뜨기합니다. 분산 늘림코는 도안을 참고
하세요. 뜨개 끝은 무늬를 이어 뜨면서 덮어씌워
코막음합니다. 지정된 콧수만큼 주워서 목둘레는
왕복뜨기, 소맷부리는 줄무늬 1코 고무뜨기를 원
형뜨기합니다. 오른쪽 앞판 목둘레에는 단춧구멍
을 냅니다. 뜨개 끝은 덮어씌워 코막음합니다. 단추
를 달아서 완성합니다.

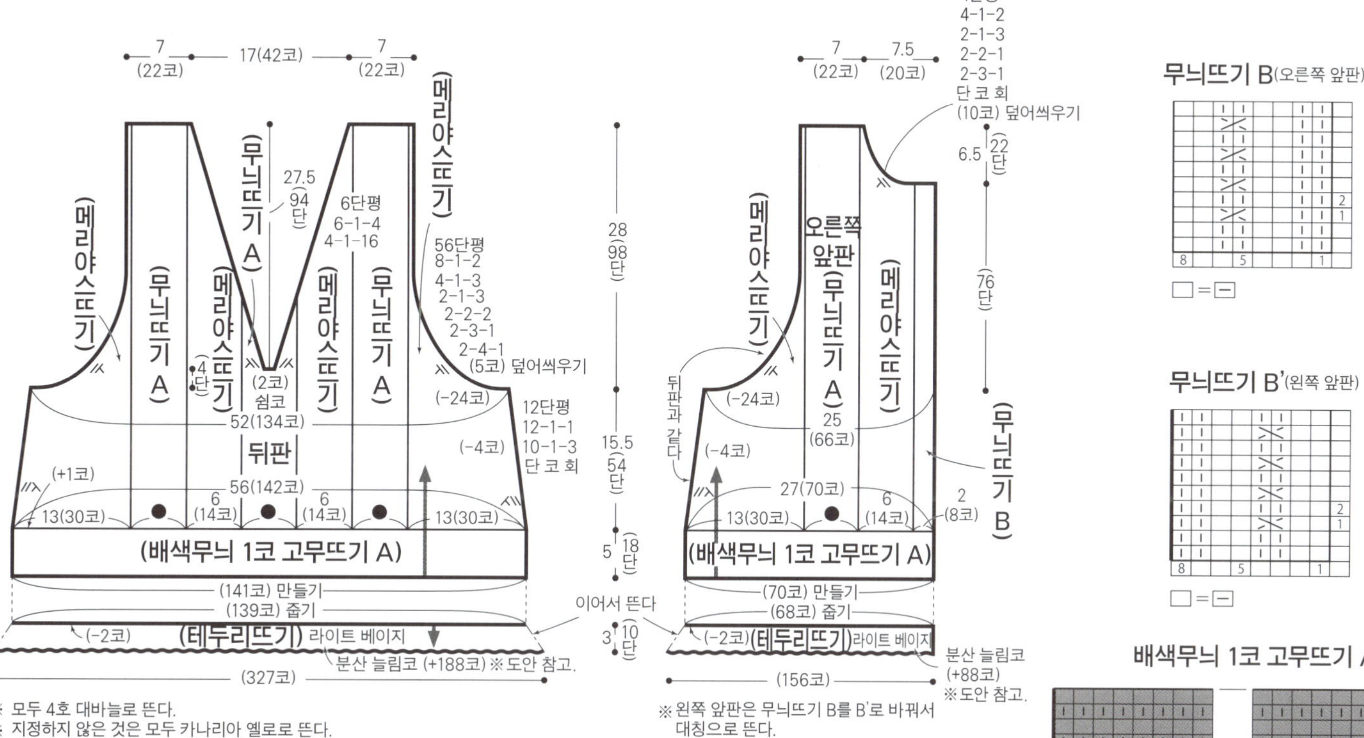

※ 모두 4호 대바늘로 뜬다.
※ 지정하지 않은 것은 모두 카나리아 옐로로 뜬다.
※ ●＝6(18코)

※ 왼쪽 앞판은 무늬뜨기 B를 B'로 바꿔서
대칭으로 뜬다.

무늬뜨기 B(오른쪽 앞판)

무늬뜨기 B'(왼쪽 앞판)

배색무늬 1코 고무뜨기 A

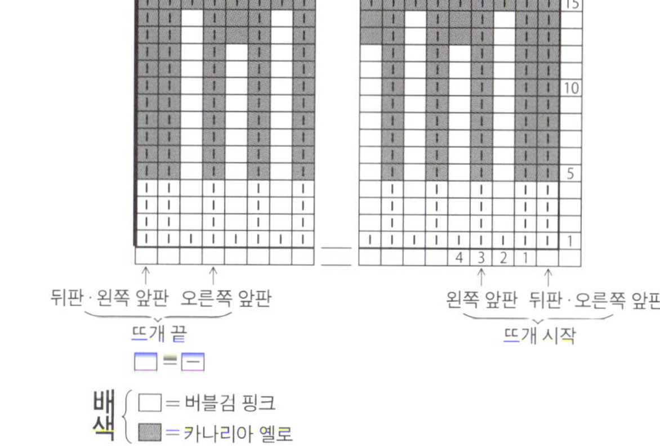

배
색 {
□＝버블검 핑크
■＝카나리아 옐로

무늬뜨기 A

뒤판 목둘레 줄임코

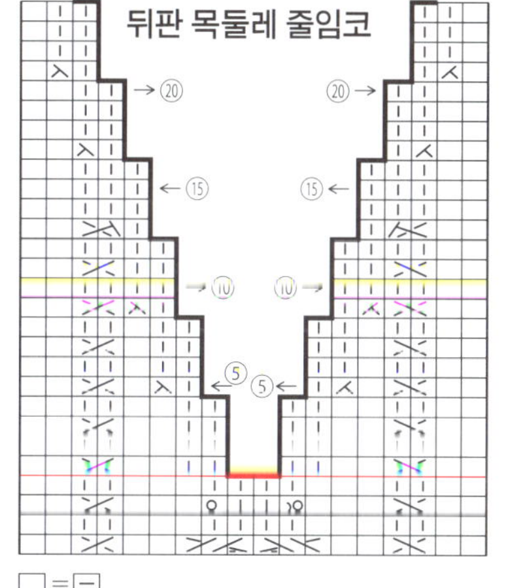

□＝□

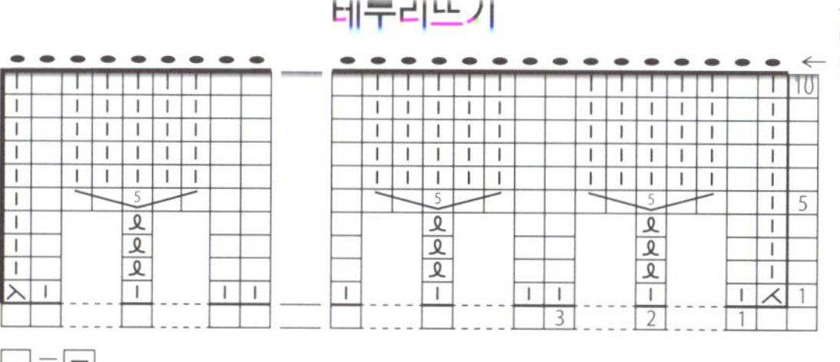

테두리뜨기

□＝□

178페이지로 이어집니다. ▶

▶ 177페이지에서 이어집니다.

목둘레(줄무늬 1코 고무뜨기)

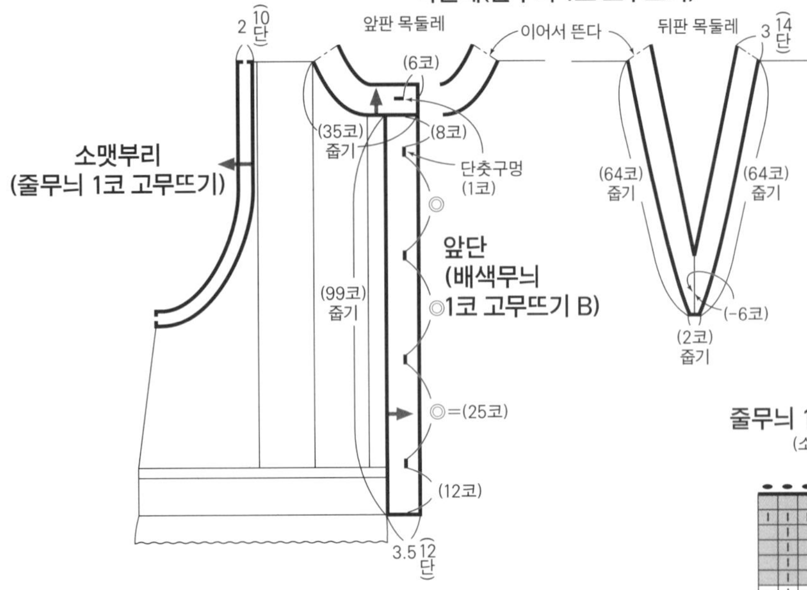

2 10단

앞판 목둘레 · 이어서 뜬다 · 뒤판 목둘레 · 3 14단

소맷부리
(줄무늬 1코 고무뜨기)

(6코)
(35코) 줄기 · (8코)
단춧구멍(1코)
앞단
(배색무늬
1코 고무뜨기 B)
(99코) 줄기
◎ =(25코)
(12코)
3.5 12단

(64코) 줄기 · (64코) 줄기
(-6코)
(2코) 줄기

V넥 끝쪽 줄임코

라이트 베이지로 덮어씌워 코막음

(14) (10) (5) (1)

(64코) · (64코)

(2코)

배색 { □ = 버블검 핑크 · ▨ = 라이트 베이지 }

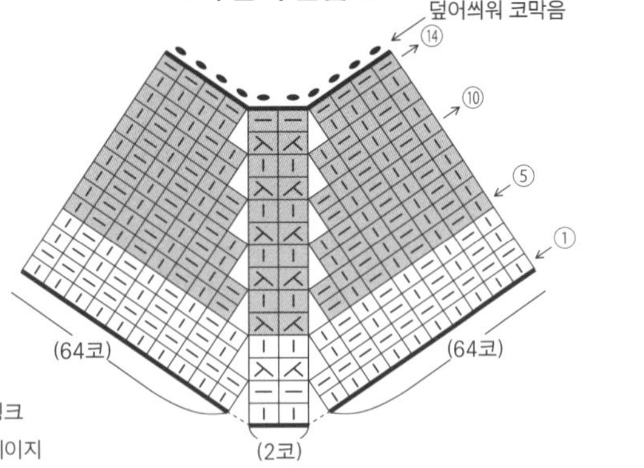

줄무늬 1코 고무뜨기
(소맷부리)

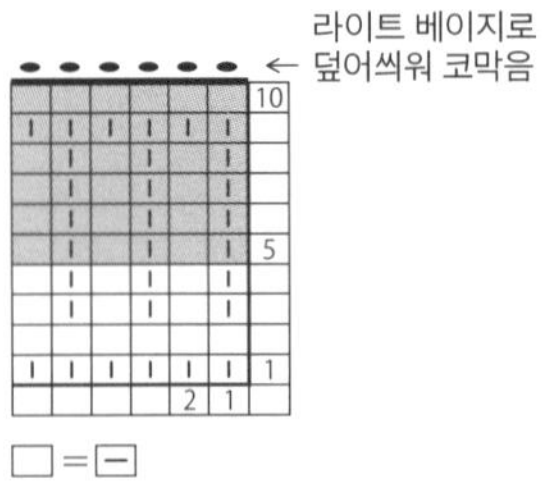

라이트 베이지로 덮어씌워 코막음
10 · 5
□ = −

단춧구멍(목둘레)

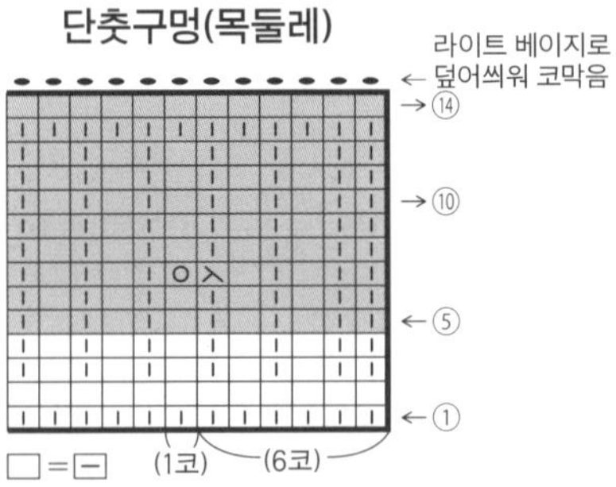

라이트 베이지로 덮어씌워 코막음
← 14 → 10 ← 5 ← 1
□ = −
(1코) (6코)

배색무늬 1코 고무뜨기 B

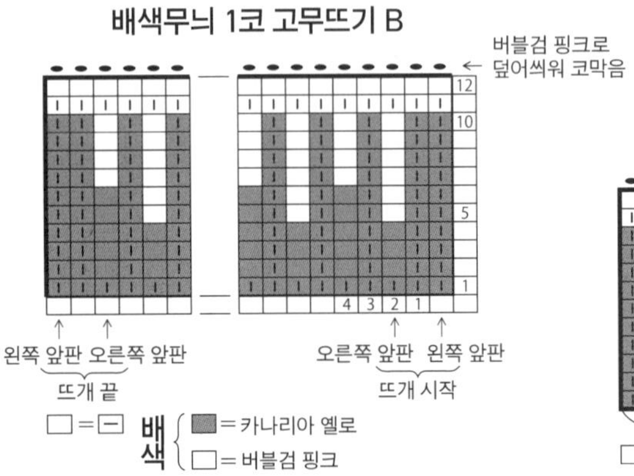

버블검 핑크로 덮어씌워 코막음
12 10 5 1

왼쪽 앞판 오른쪽 앞판
뜨개 끝

오른쪽 앞판 왼쪽 앞판
뜨개 시작

4 3 2 1

□ = − · 배색 { ▨ = 카나리아 옐로 · □ = 버블검 핑크 }

단춧구멍(오른쪽 앞단)

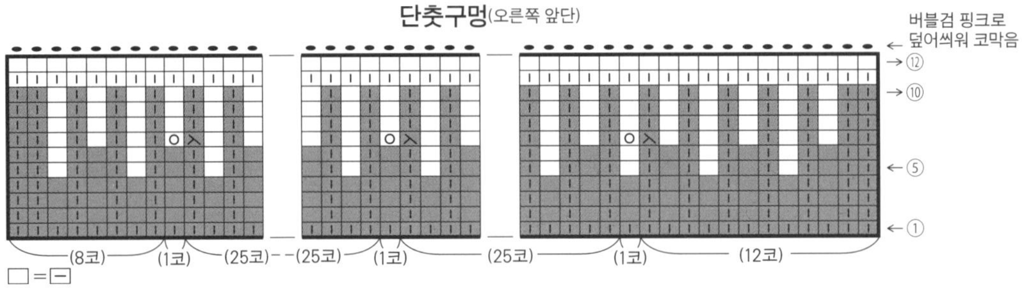

버블검 핑크로 덮어씌워 코막음
→ 12 → 10 ← 5 ← 1
□ = −

(8코) (1코) (25코) — (25코) (1코) (25코) (1코) (12코)

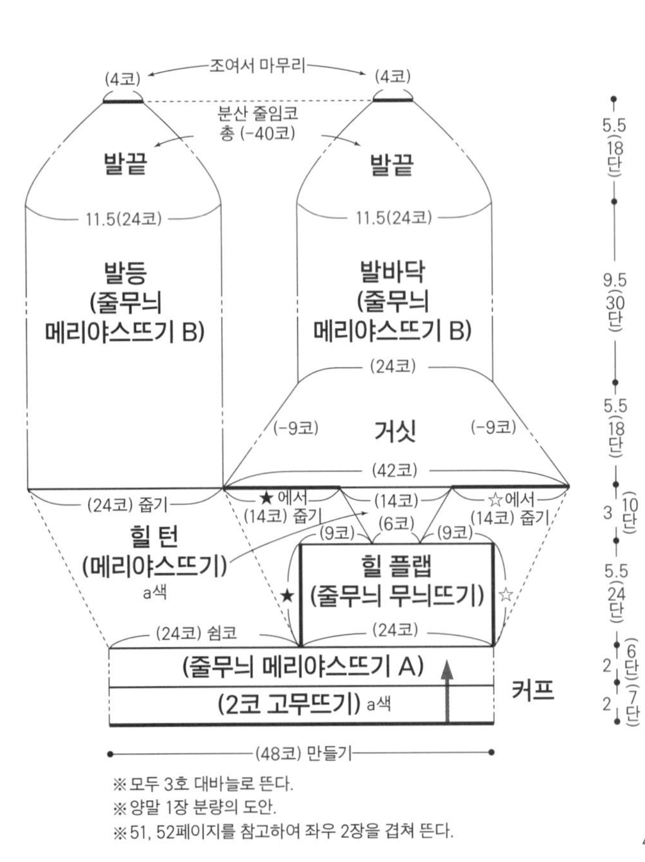

(4코) — 조여서 마무리 — (4코)
분산 줄임코 총 (−40코)

발끝 · 발끝
11.5(24코) · 11.5(24코)

발등
(줄무늬 메리야스뜨기 B)

발바닥
(줄무늬 메리야스뜨기 B)

(24코)
(−9코) 거싯 (−9코)
(42코)

(24코) 줄기
★에서 (14코) 줄기 · (14코) · ☆에서 (14코) 줄기
(9코) (6코) (9코)

힐 턴
(메리야스뜨기) a색

힐 플랩
(줄무늬 무늬뜨기)
★ ☆

(24코) 쉼코 · (24코)

(줄무늬 메리야스뜨기 A)
(2코 고무뜨기) a색 · 커프

(48코) 만들기

※ 모두 3호 대바늘로 뜬다.
※ 양말 1장 분량의 도안.
※ 51, 52페이지를 참고하여 좌우 2장을 겹쳐 뜬다.

줄무늬 메리야스뜨기 B의 배색

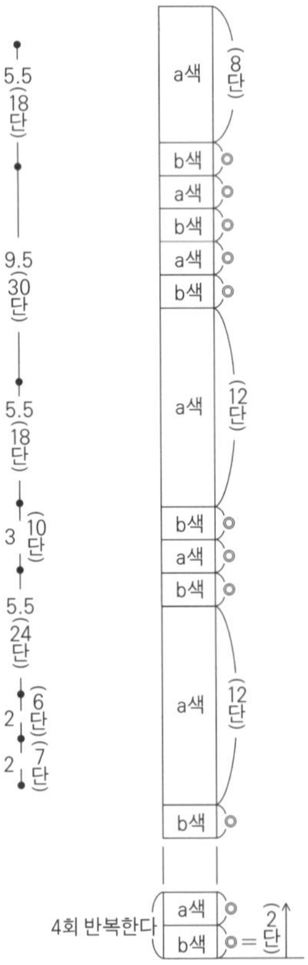

a색 8 18단
b색 · a색 · b색 · a색 · b색
a색 (12단)
5.5 18단
b색 · a색 · b색
5.5 24단
a색 (12단)
b색
4회 반복한다
a색 · b색 2단
□ = −

179페이지에서 이어집니다. ◀

코바늘로 만드는 기초코

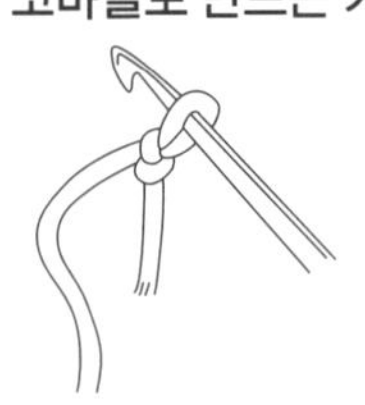
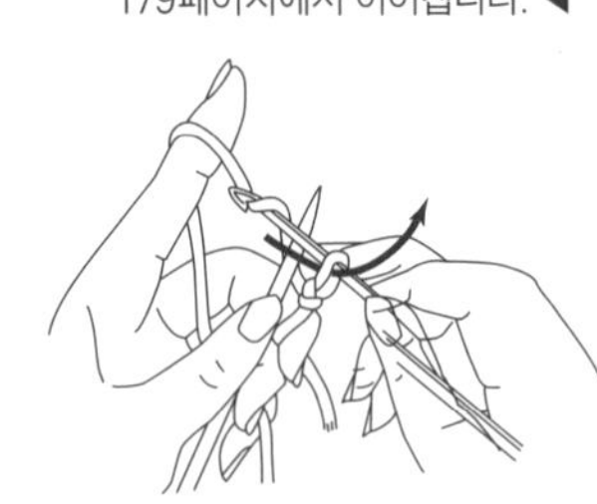

1 코바늘로 첫 사슬코를 뜬다.

2 대바늘 1개를 실 앞쪽에 오도록 쥐고, 그대로 사슬뜨기를 한다.

3 1코째 완성.

4 실을 대바늘 뒤쪽으로 보내고,

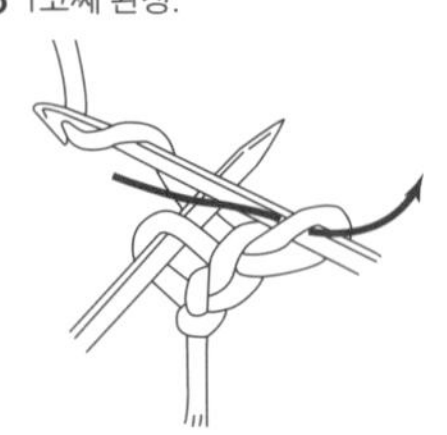
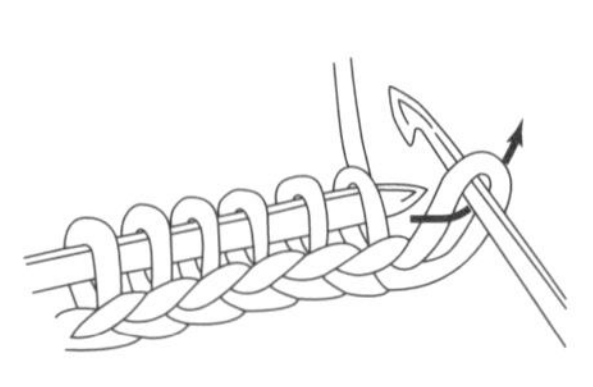

5 실을 걸어 빼낸다. 2코째 완성. 4, 5를 반복한다.

6 필요한 콧수보다 1코 적게 만들고, 마지막 코는 코바늘의 코를 대바늘에 옮긴다.

셰틀랜드

B
A

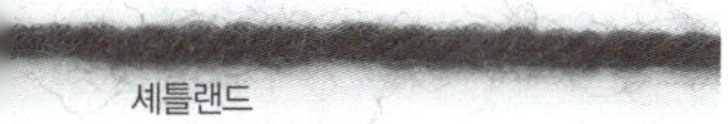

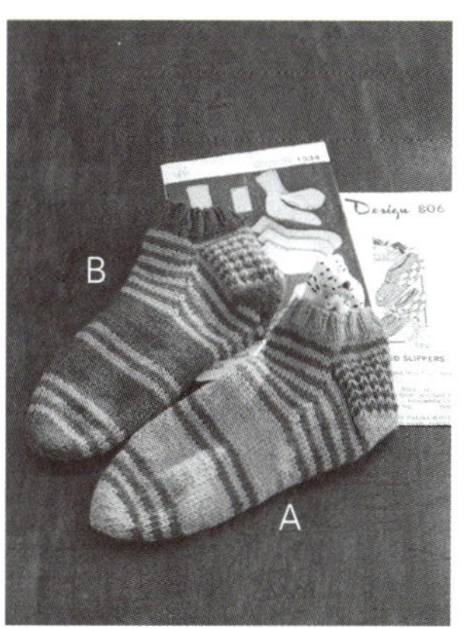

재료

퍼피 셰틀랜드 녹색(14)·청록색(52) 각 35g 각 1볼

도구

대바늘 3호

완성 크기

바닥 길이 23.5㎝, 기장 9.5㎝

게이지(10×10㎝)

줄무늬 메리야스뜨기 B 22.5코×32단

POINT

●코바늘로 뜨는 기초코를 만들어 뜨기 시작하고, 2코 고무뜨기로 원형뜨기합니다. 2짝 분량을 뜬 뒤 51페이지를 참고해서 2짝을 겉면이 서로 마주 보도록 합치고, A는 겉을 보면서, B는 안을 보면서 각각의 실이 엇갈리지 않도록 주의하며 줄무늬 메리야스뜨기 A로 원형으로 뜹니다. 계속해서 힐 플랩을 줄무늬 무늬뜨기, 힐 턴을 메리야스뜨기로 왕복으로 뜹니다. 계속해서 ★, ☆, 쉼코에서 코를 주워, 거싯에서 발끝까지 줄무늬 메리야스뜨기 B로 원형으로 뜹니다. 줄임코와 분산 줄임코는 도안을 참고하세요. 뜨개 끝은 조여서 마무리합니다.

양말 뜨는 법

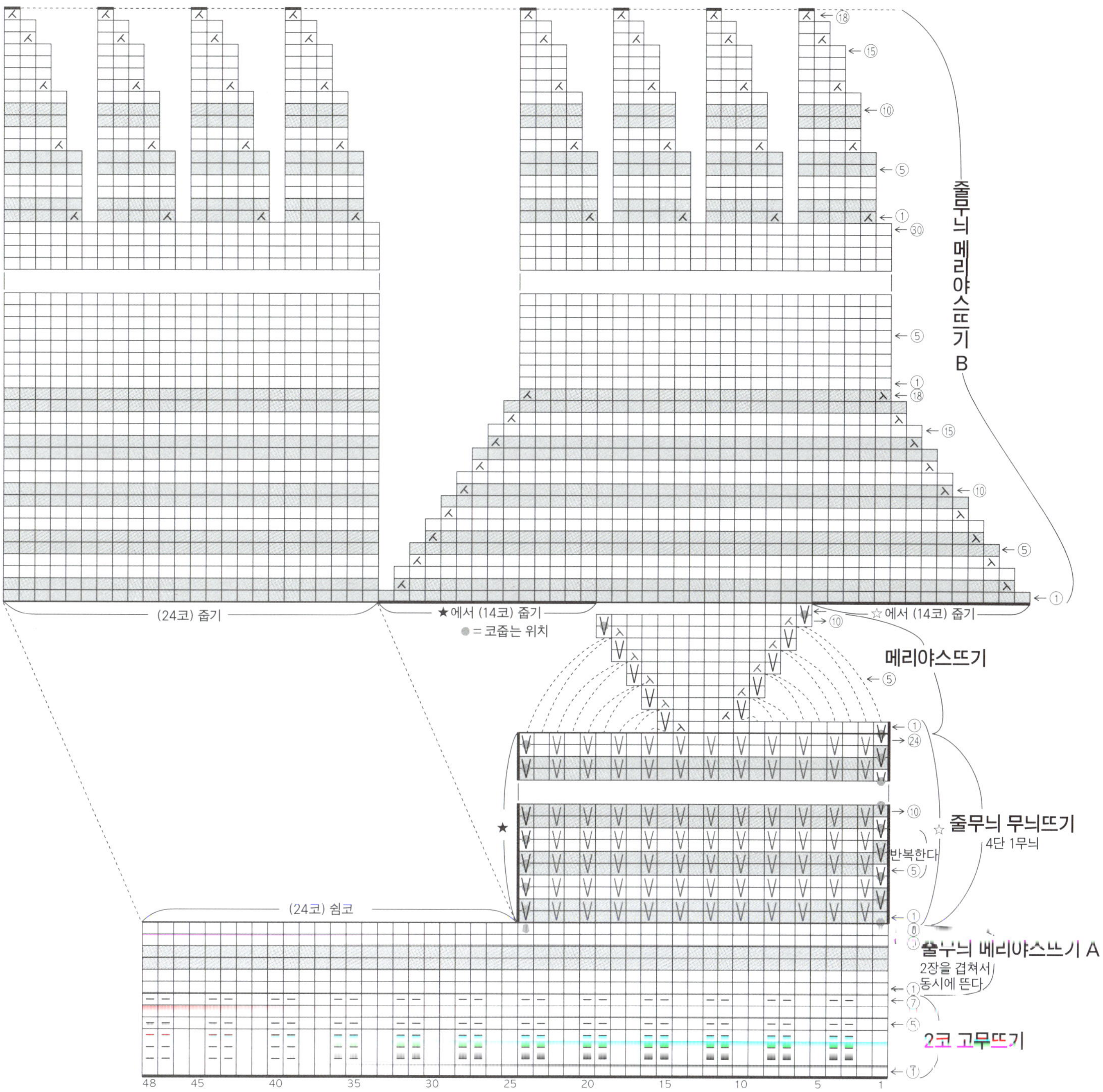

줄무늬 메리야스뜨기 B
(24코) 줍기
★에서 (14코) 줍기
● = 코줍는 위치
☆에서 (14코) 줍기
메리야스뜨기
줄무늬 무늬뜨기
4단 1무늬
반복한다
★
☆
(24코) 쉼코
줄무늬 메리야스뜨기 A
2장을 겹쳐서
동시에 뜬다
2코 고무뜨기
48 45 40 35 30 25 20 15 10 5 1

□ = Ⅰ

Ⅴ = 걸러뜨기(1단)

배색 □ = a색, ▨ = b색

배색

	a색	b색
A	청록색	녹색
B	녹색	청록색

※이 도안은 겉면을 보고 뜨는 a의 도안.

B는 □ = ㅡ, ㅡ = Ⅰ, Ⅴ = Ⅴ̶

⋏ = ⋏̲, ⋋ = ⋋̲ } 겹쳐 있으므로 ⋋의 위치에서는 ⋏̲, ⋏의 위치에서는 ⋋̲

◀ 178페이지로 이어집니다.

재료
고쇼산업 게이토피에로 산뜻한 코튼 병태 블루 그린(05) 100g 3볼, 흰색(01) 20g 1볼

도구
대바늘 8호

완성 크기
가슴둘레 90cm, 기장 37cm

게이지(10×10cm)
줄무늬 무늬뜨기 16코×28.5단, 메리야스뜨기 16.5코×22단

POINT
●몸판…손가락에 걸어서 만드는 기초코로 뜨개를 시작해서 줄무늬 무늬뜨기, 메리야스뜨기를 합니다. 앞판 목둘레 줄임코는 2코부터는 덮어씌우기, 첫 코는 가장자리 1코를 세워서 줄임코합니다. 이어서 줄무늬 가터뜨기 A를 합니다. 뜨개 끝은 안면에서 덮어씌워 코막음합니다. 앞판 진동둘레는 지정된 콧수만큼 주워서 줄무늬 가터뜨기 A를 합니다. 뜨개 끝은 뒤판과 같은 요령으로 뜹니다.
●마무리…옆선은 떠서 꿰매기합니다. 어깨 끈은 사슬뜨기 기초코로 뜨개를 시작해서 줄무늬 가터뜨기 B를 2줄 뜨고 마무리하는 법을 참고해서 몸판과 꿰맵니다.

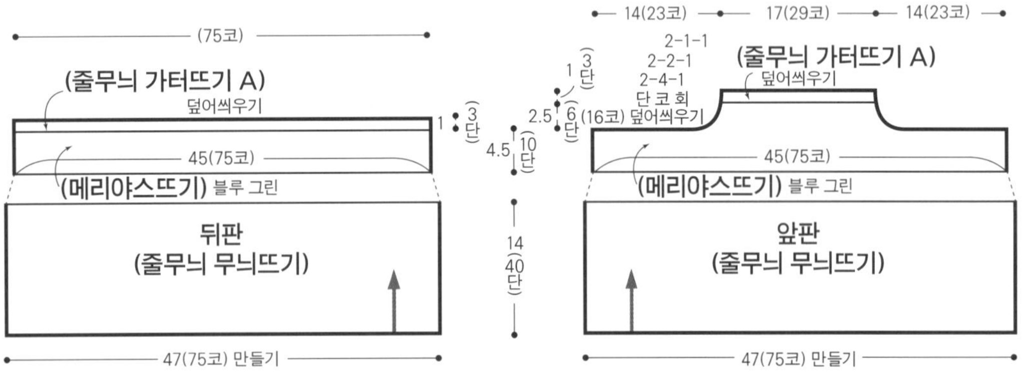

(75코)

(줄무늬 가터뜨기 A) 덮어씌우기

45(75코)

(메리야스뜨기) 블루 그린

뒤판 (줄무늬 무늬뜨기)

47(75코) 만들기

※모두 8호 대바늘로 뜬다.

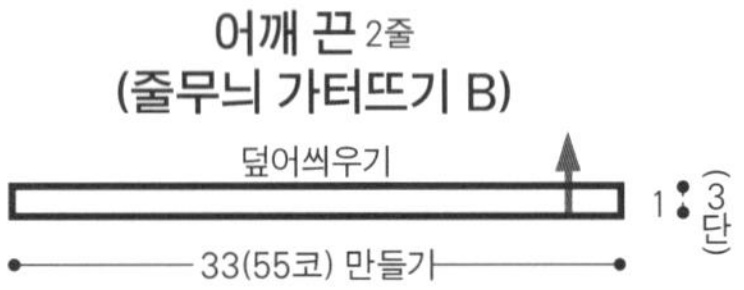

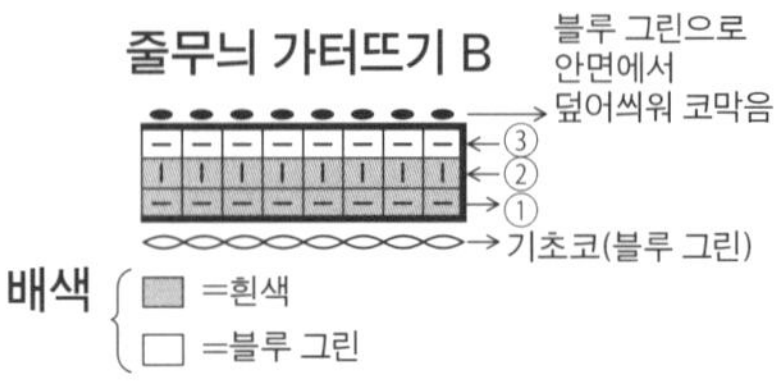

14(23코) — 17(29코) — 14(23코)

2-1-1
2-2-1
2-4-1
단 코 회
(16코) 덮어씌우기

(줄무늬 가터뜨기 A) 덮어씌우기

45(75코)

(메리야스뜨기) 블루 그린

앞판 (줄무늬 무늬뜨기)

47(75코) 만들기

1 · 3단
2.5 · 6단
4.5 · 10단
14 · 40단

어깨 끈 2줄
(줄무늬 가터뜨기 B)
덮어씌우기
33(55코) 만들가
1 · 3단

줄무늬 가터뜨기 B
블루 그린으로 안면에서 덮어씌워 코막음
기초코(블루 그린)

배색
☐ =흰색
☐ =블루 그린

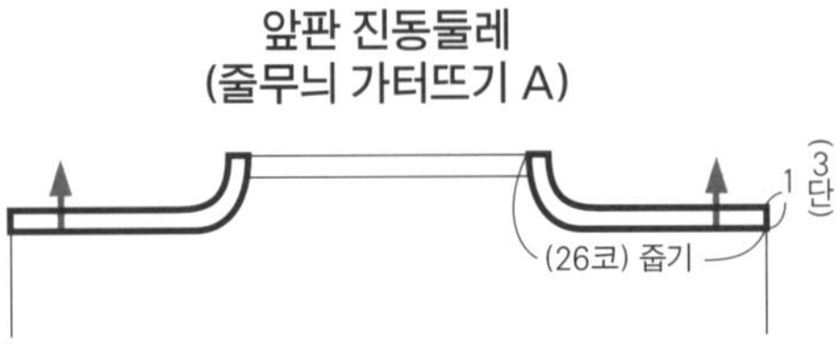

앞판 진동둘레 (줄무늬 가터뜨기 A)
(26코) 줍기
1 · 3단

줄무늬 가터뜨기 A
블루 그린으로 안면에서 덮어씌워 코막음

배색
☐ =블루 그린
☐ =흰색

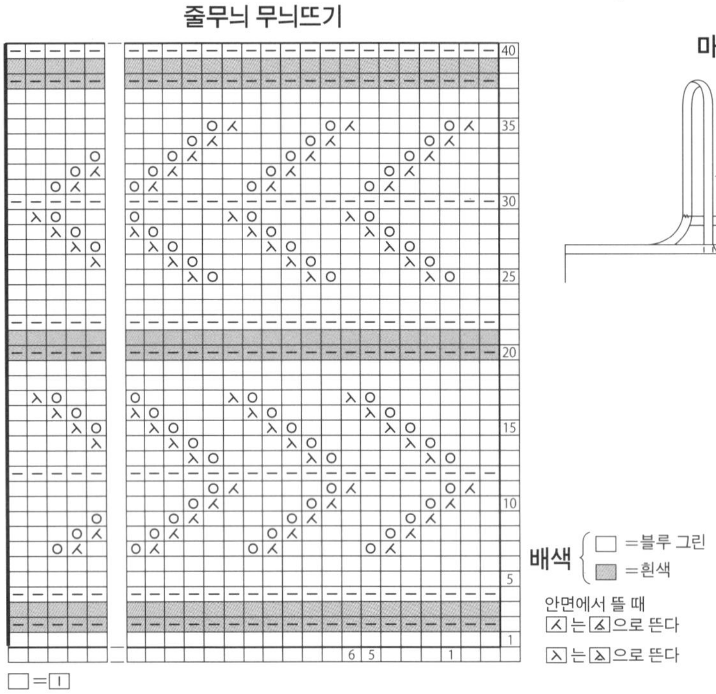

줄무늬 무늬뜨기

마무리하는 법
기초코 쪽
감아 꿰매기
(21코)
안면에 1cm 겹쳐서 꿰맨다

배색
☐ =블루 그린
☐ =흰색

안면에서 뜰 때
☐ 는 ☐ 으로 뜬다
☐ 는 ☐ 으로 뜬다

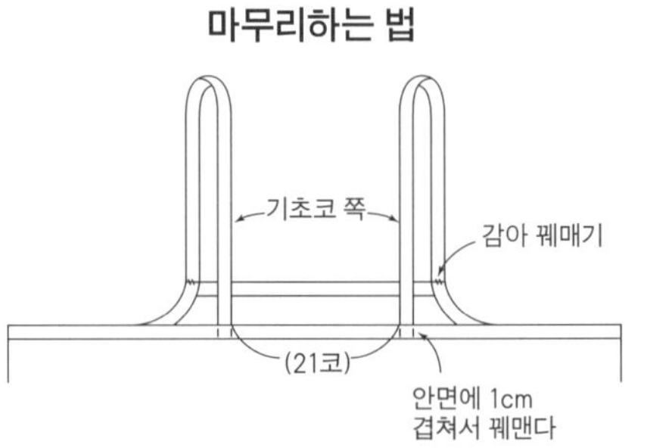

☐ = ☐

181페이지에서 이어집니다. ◀

테두리뜨기 B

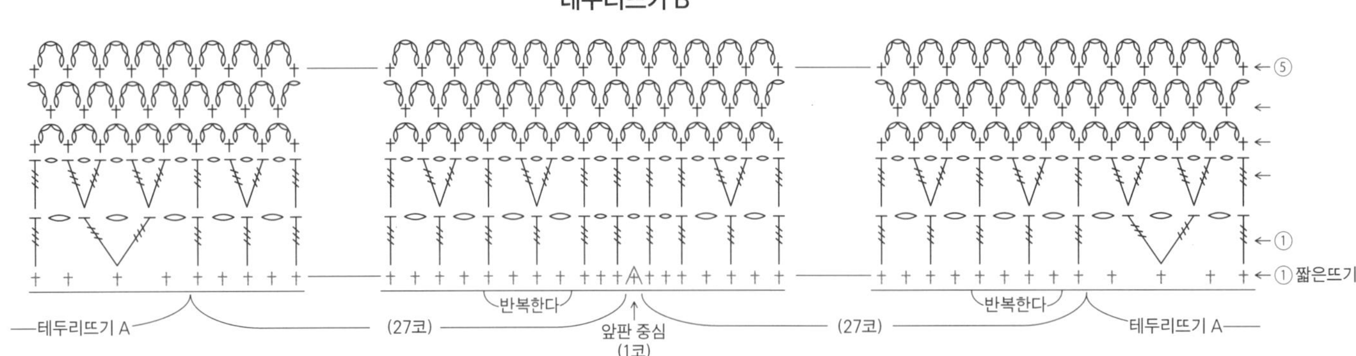

테두리뜨기 A — (27코) — 반복한다 — 앞판 중심 (1코) — (27코) — 반복한다 — 테두리뜨기 A

짧은뜨기

재료
고쇼산업 게이토피에로 와타보시 라메·코튼 하늘
색(03) 200g 5볼

도구
코바늘 5/0호

완성 크기
가슴둘레 94cm, 어깨너비 35cm, 기장 40.5cm

게이지
1무늬 8코=3.6cm, 10cm=8단

POINT
●몸판…사슬뜨기 기초코로 뜨개를 시작해서 무

뇌뜨기를 합니다. 증감코는 도안을 참고하세요. 앞
판은 오른쪽 앞판을 진동둘레 첫 단까지 뜨고 코
를 쉬어둡니다. 이어서 왼쪽 앞판을 진동둘레 1단
까지 떠서 오른쪽 앞판에 빼뜨기한 뒤에 실을 자
릅니다. 진동둘레 2단은 쉬어 둔 실로 좌우를 이어
서 뜨고, 3단부터는 좌우를 나눠서 뜹니다.
●마무리…어깨는 빼뜨기 사슬 잇기, 옆선은 빼뜨
기 사슬 꿰매기합니다. 밑단은 도안을 참고해서 짧
은뜨기를 1단 뜨고, 이어서 테두리뜨기 A, B를 원
형뜨기합니다. 목둘레, 진동둘레는 지정된 콧수만
큼 주워서 테두리뜨기 C를 원형뜨기합니다.

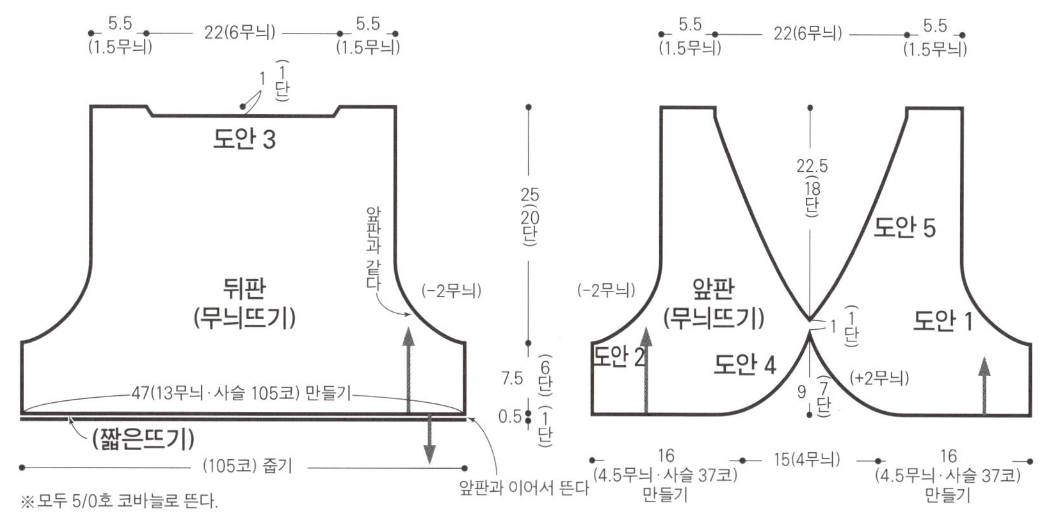

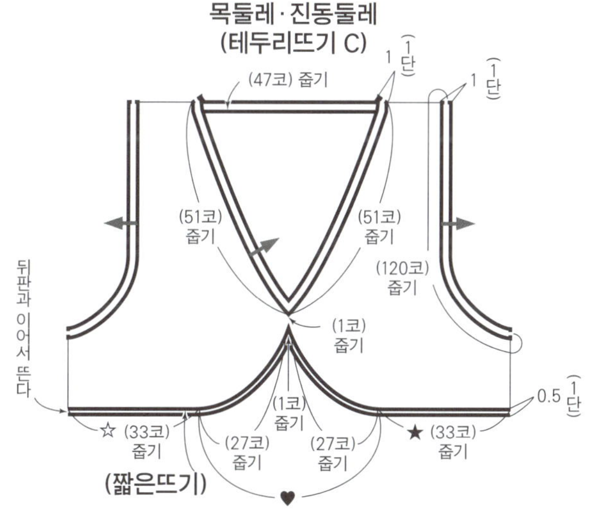

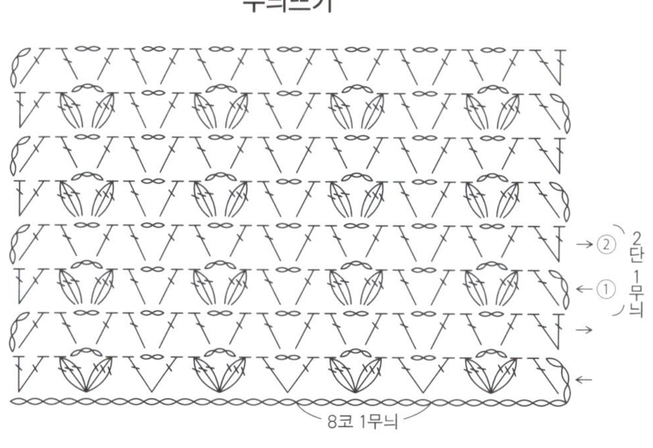

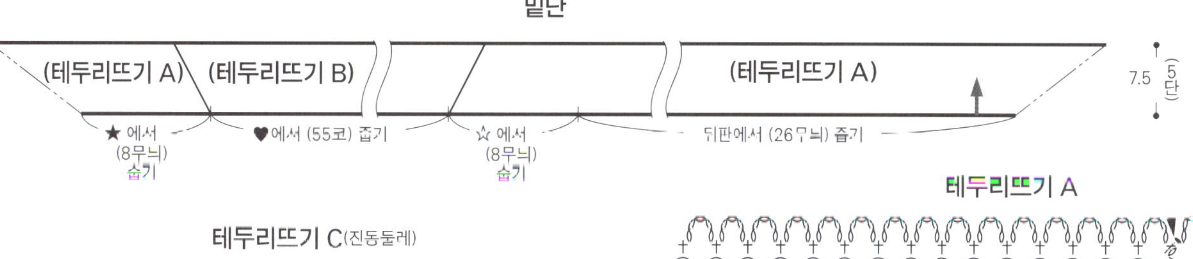

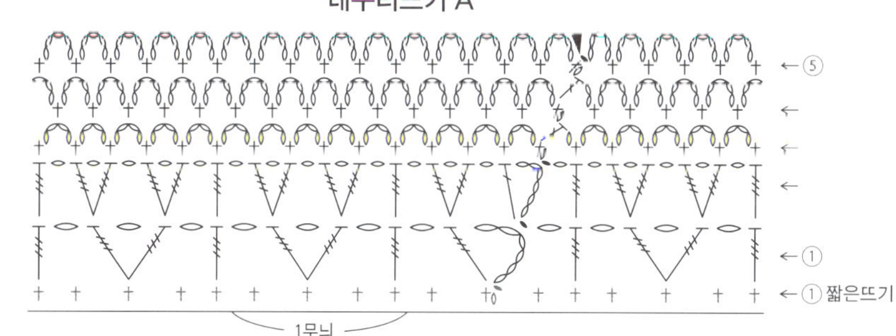

◀ 180페이지로 이어집니다.

182페이지로 이어집니다. ▶

▶ 181페이지에서 이어집니다.

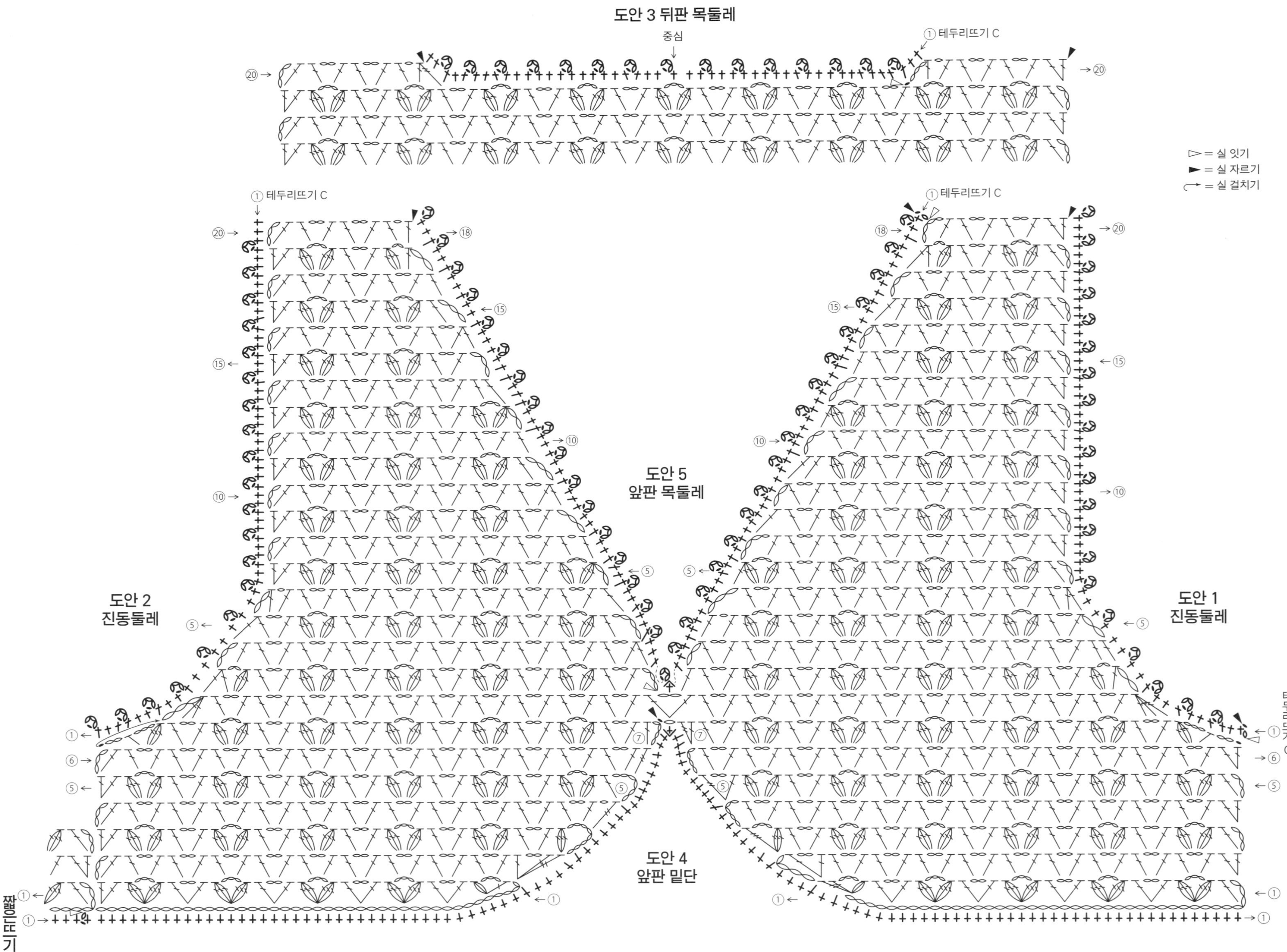

76 page 작품 ★★

시젠노 쓰무기 SEN

한길 긴 앞걸어뜨기

※ 일본어 사이트

재료
올림포스 시젠노 쓰무기 SEN 버블검 핑크(307) 110g 3볼
도구
코바늘 5/0호
완성 크기
기장 35.5cm
게이지
무늬뜨기 B 1무늬=5.2cm, 10cm=12.5단

POINT
●몸판…끈·밑단은 사슬뜨기 기초코로 뜨개를 시작해서 무늬뜨기 A를 합니다. 왼쪽 뒤판·앞판·오른쪽 뒤판·어깨끈은 밑단에서 지정된 콧수만큼 주워서 무늬뜨기 B, C, 짧은뜨기, 테두리뜨기를 각각 합니다. 줄임코는 도안을 참고하세요.
●마무리…도안을 참고해서 맞춤기호끼리 맞춰서 감침질로 연결합니다.

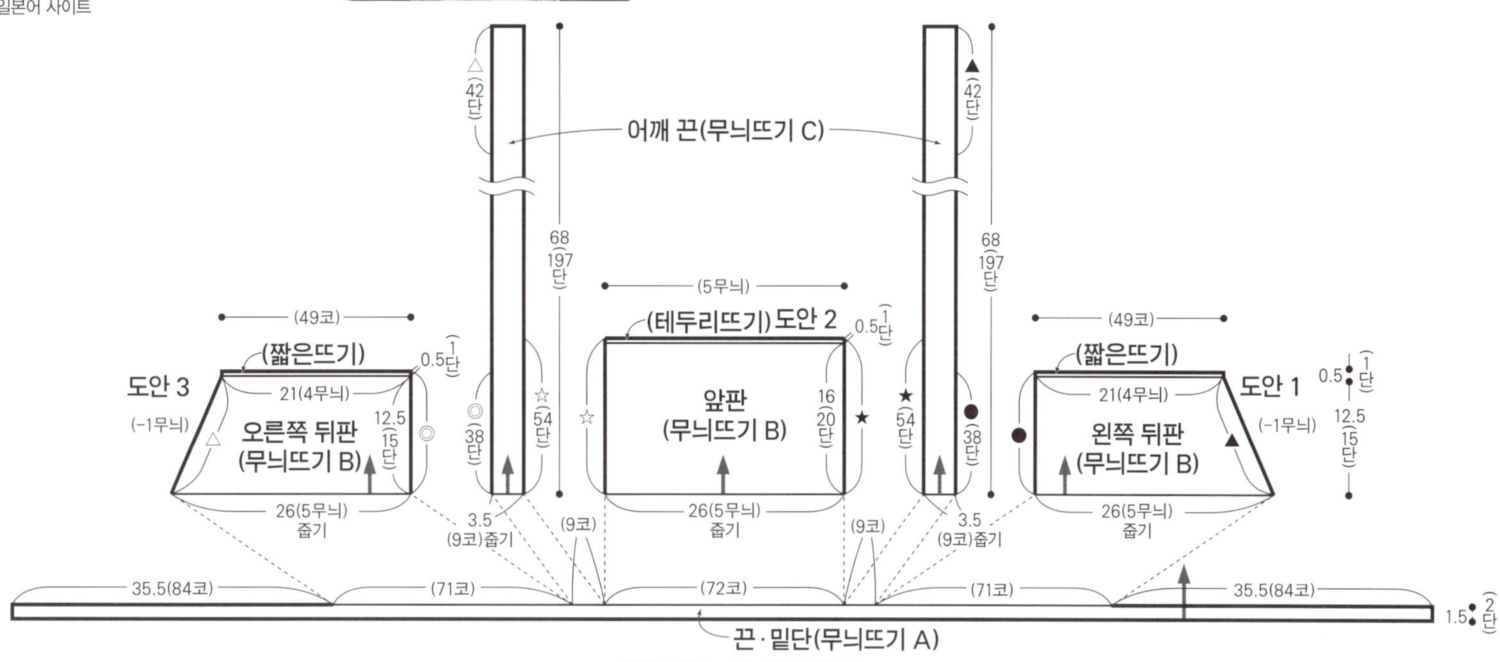

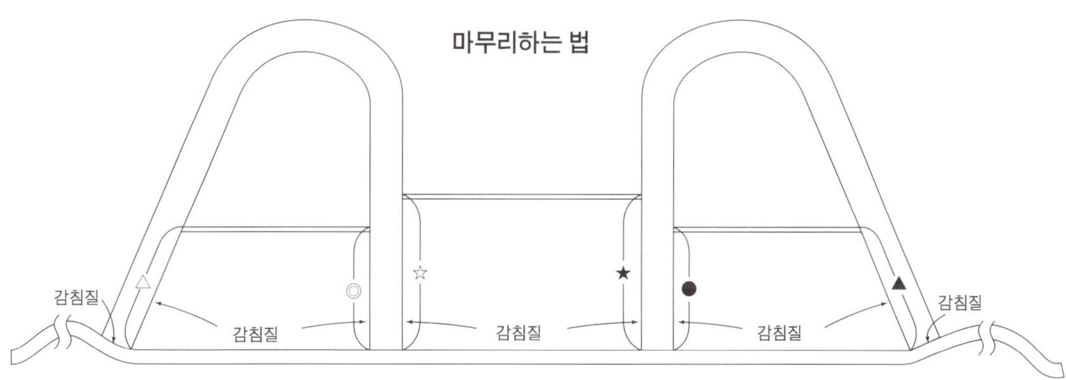

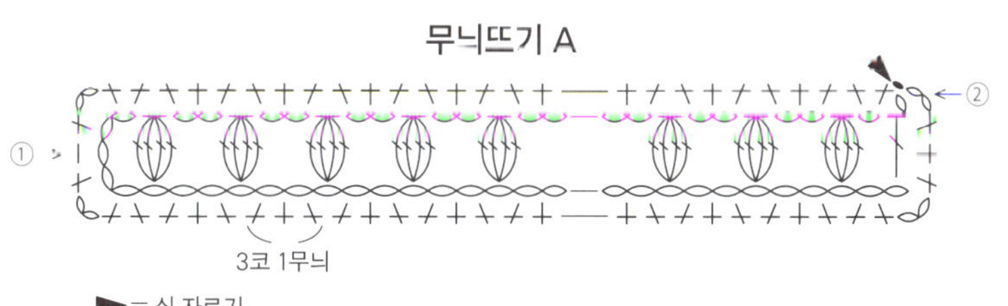

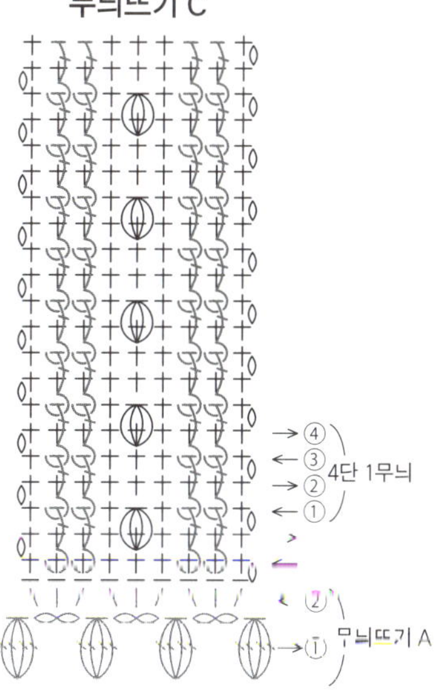

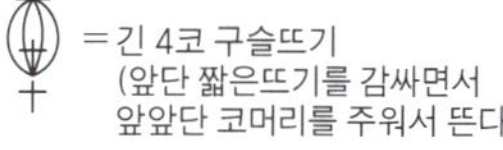

184페이지로 이어집니다. ▶

▶ 183페이지에서 이어집니다.

무늬뜨기B

▷ =실 잇기
► =실 자르기

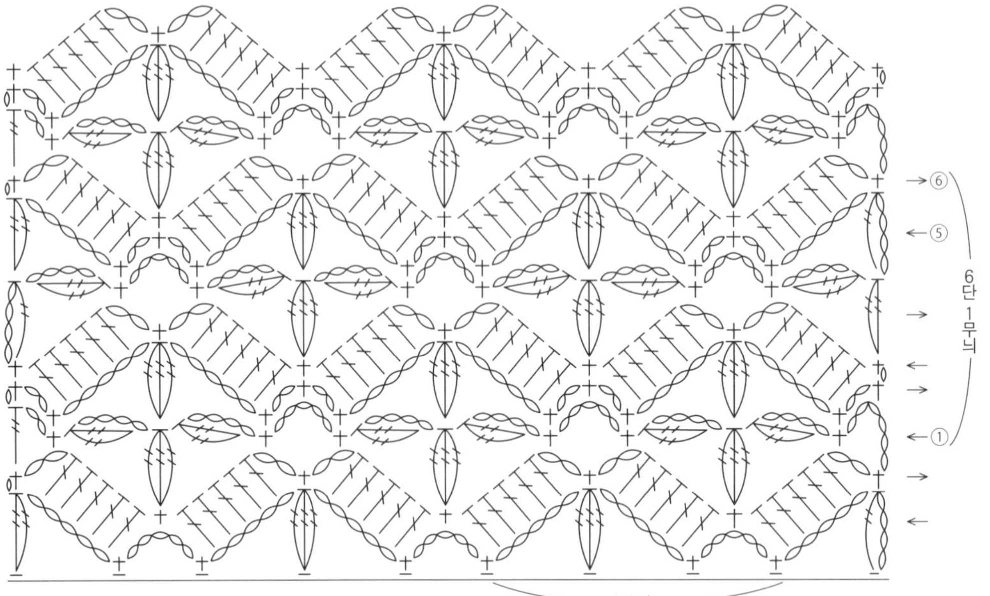

※ 첫 단은 무늬뜨기 A의 2째단 뒤 반 코를 주워서 뜬다.

= 두길 긴 2코 구슬뜨기는 사슬 첫 코를 주워서 뜬다

= 짧은 3코 모아뜨기(중앙 1코를 건너뛴다)

도안 2 앞판

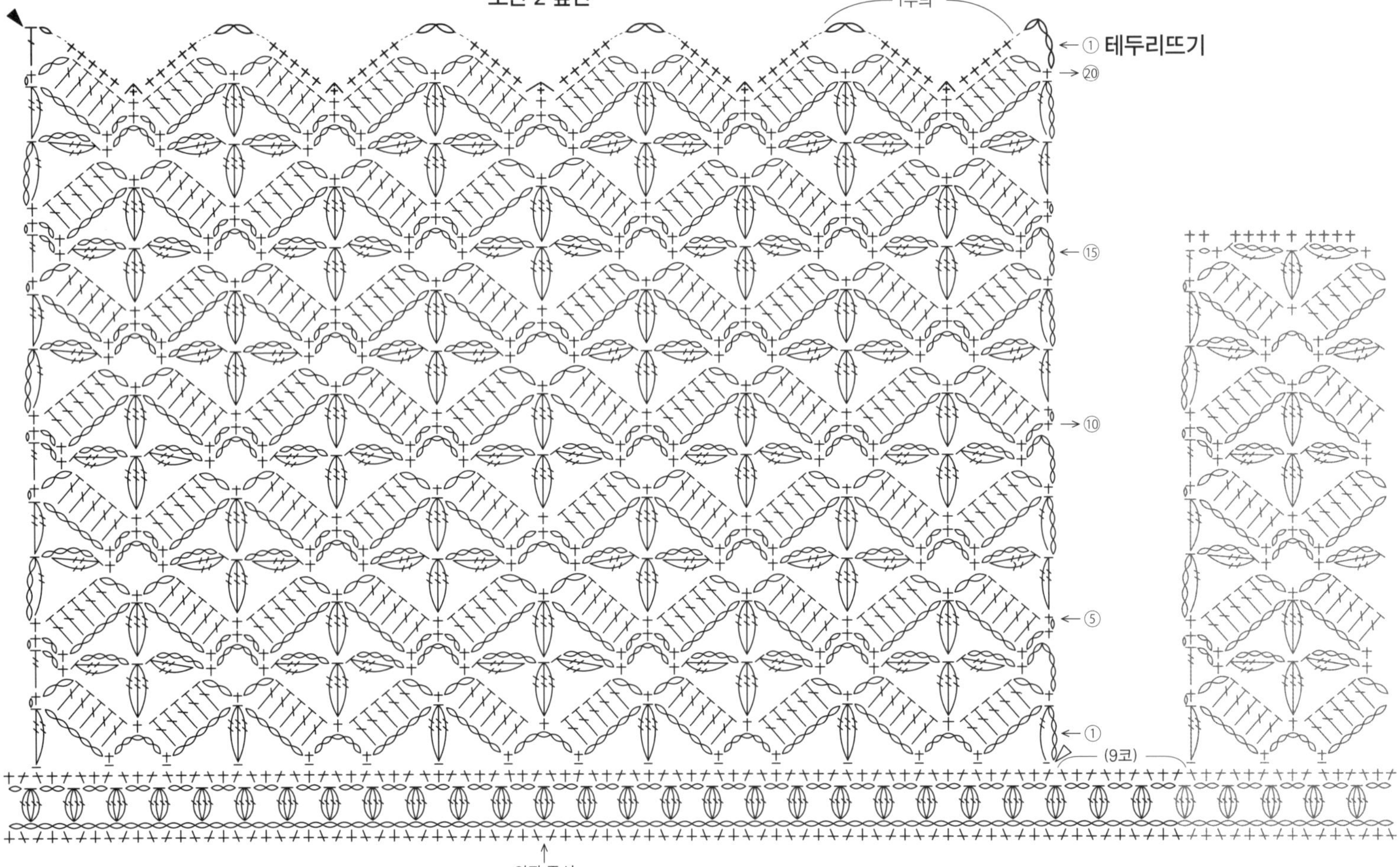

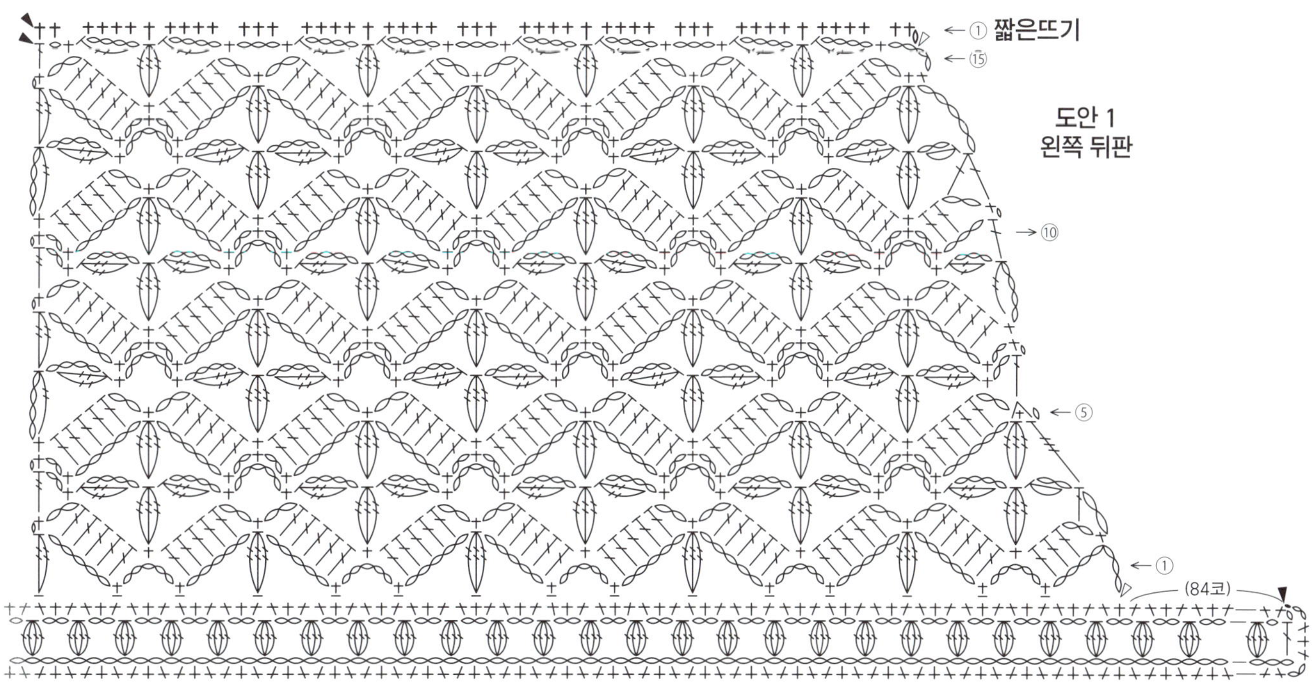

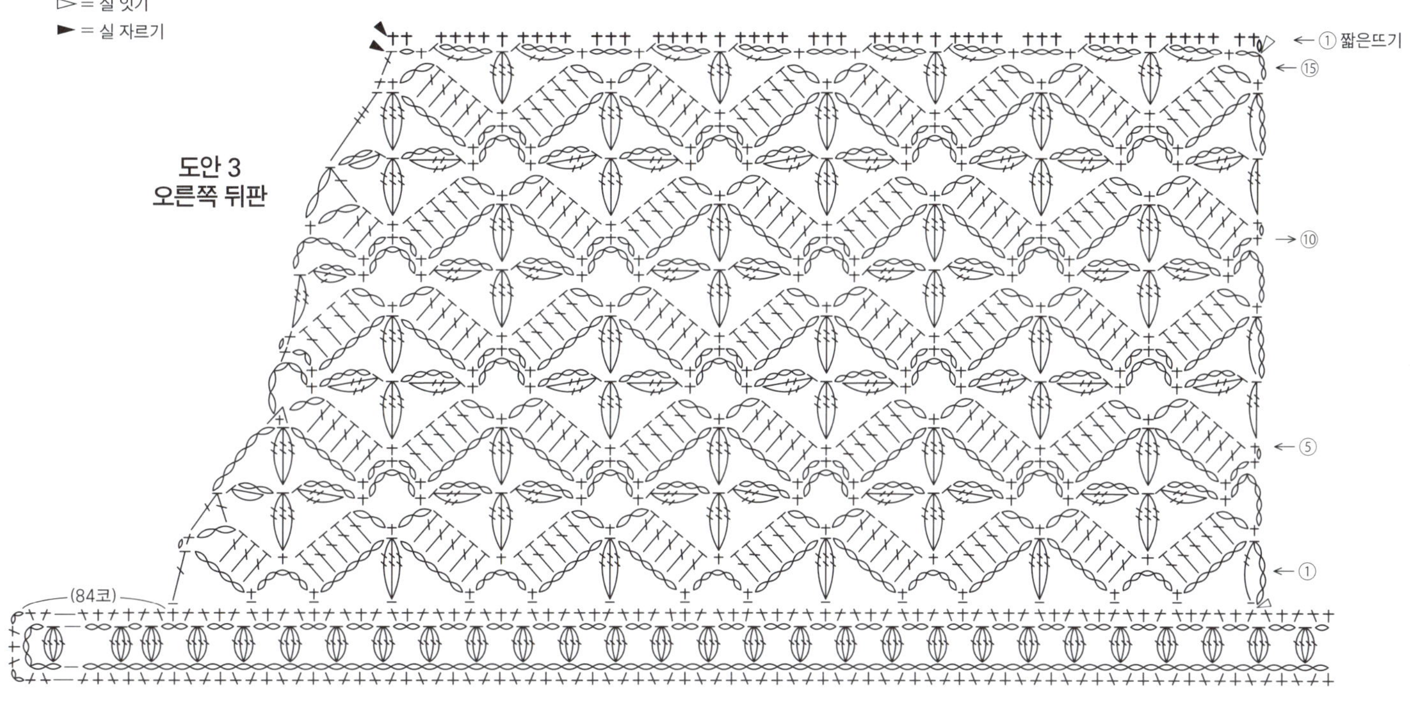

186페이지에서 이어집니다. ◄

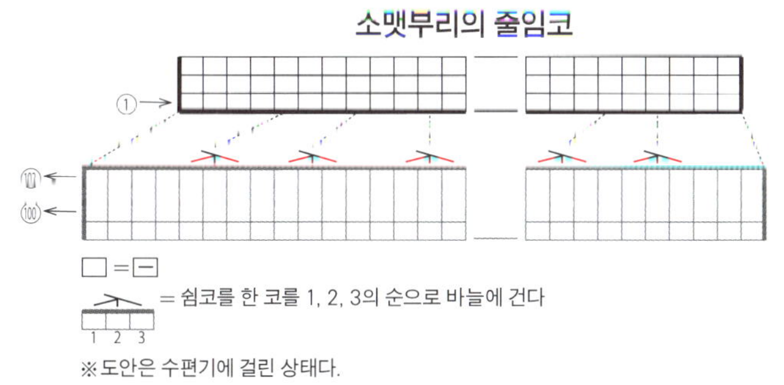

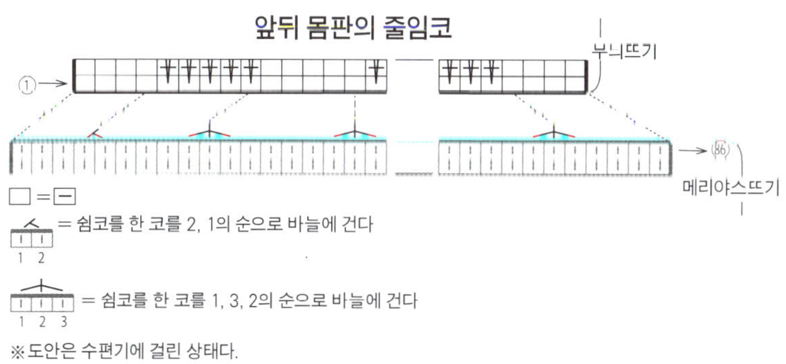

피노

재료
올림푸스 피노 베이지(6) 220g 9볼
도구
아미무메모(6.5㎜)
완성 크기
가슴둘레 86㎝, 어깨너비 43㎝, 기장 57.5㎝, 소매길이 44.5㎝
게이지(10×10cm)
메리야스뜨기 17코×24단(D=7), 무늬뜨기 17코×29.5단
POINT
●몸판·소매…뒤판 '아래', 앞판 '아래'는 버림뜨기 기초코를 만들어 뜨기 시작합니다. 메리야스뜨기로 10단을 뜬 뒤, 뜨기 시작 쪽의 싱커 루프를 바늘에 걸고 두 겹으로 만들어 1단을 뜹니다. 이어서 메리야스뜨기로 뜹니다. 뜨개 끝은 버림뜨기를 합니다. 뒤판 '위', 앞판 '위'는 뒤판 '아래', 앞판 '아래'의 편물을 겉면으로 돌리고 줄임코를 하면서 바늘에 걸어 무늬뜨기로 뜹니다. 앞목둘레는 2코 이상은 덮어씌우기, 1코는 가장자리에서 줄임코를 해서 뜹니다. 뜨개 끝은 버림뜨기를 합니다. 오른쪽 어깨는 기계잇기를 합니다. 목둘레는 지정 콧수를 주워 메리야스뜨기로 뜹니다. 뜨개 끝은 감아 코막음을 합니다. 왼쪽 어깨는 오른쪽 어깨와 같은 방법으로 합니다.
●마무리…소매는 지정 위치에서 코를 주워 메리야스뜨기로 뜹니다. 102단을 뜬 뒤 버림뜨기를 하고, 소맷부리는 도안을 참고해 줄임코를 하면서 바늘에 걸어 뜹니다. 뜨개 끝은 목둘레와 같은 방법으로 합니다. 옆선·소매 밑선·목둘레 옆선은 떠서 꿰매기를 합니다. 목둘레와 소맷부리는 둥글게 말린 상태 그대로 각각 어깨선과 소매 밑선에 꿰매 붙입니다.

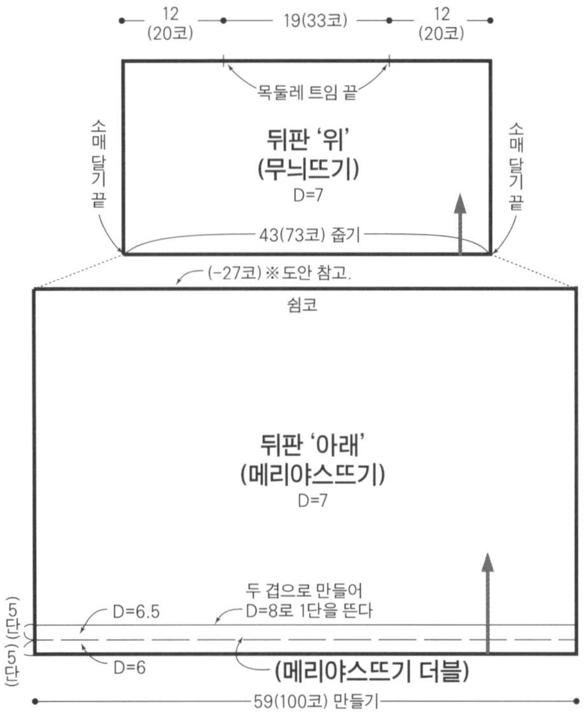

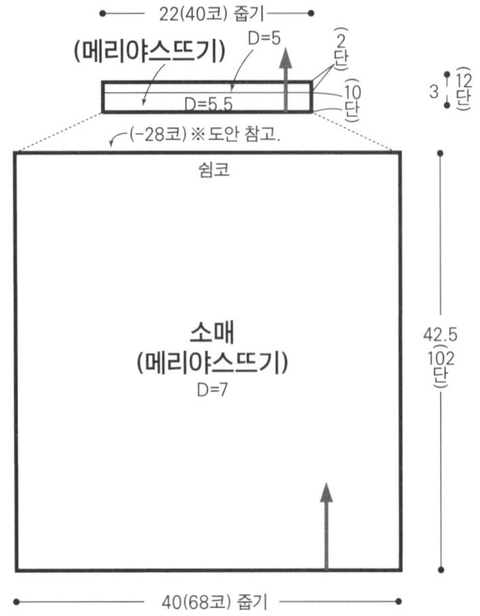

---

12 (20코)　19(33코)　12 (20코)

목둘레 트임 끝

뒤판 '위' (무늬뜨기) D=7

소매 달기 끝　소매 달기 끝

43(73코) 줄기

(−27코) ※도안 참고.

쉼코

뒤판 '아래' (메리야스뜨기) D=7

20 (59단)

36 (86단)

D=6.5
두 겹으로 만들어 D=8로 1단을 뜬다
D=6
5 (5단)
(메리야스뜨기 더블)
3 (11단)

59(100코) 만들기

---

12 (20코)　19(33코)　12 (20코)

2단평
3-1-2
2-1-6
2-2-2
단 코 회

8 (24단)
(9코)

앞판 '위' (무늬뜨기) D=7

35 (35코)

소매 달기 끝　소매 달기 끝

43(73코) 줄기

(−27코) ※도안 참고.

쉼코

앞판 '아래' (메리야스뜨기) D=7

D=6.5
두 겹으로 만들어 D=8로 1단을 뜬다
D=6
5 (5단)
(메리야스뜨기 더블)

59(100코) 만들기

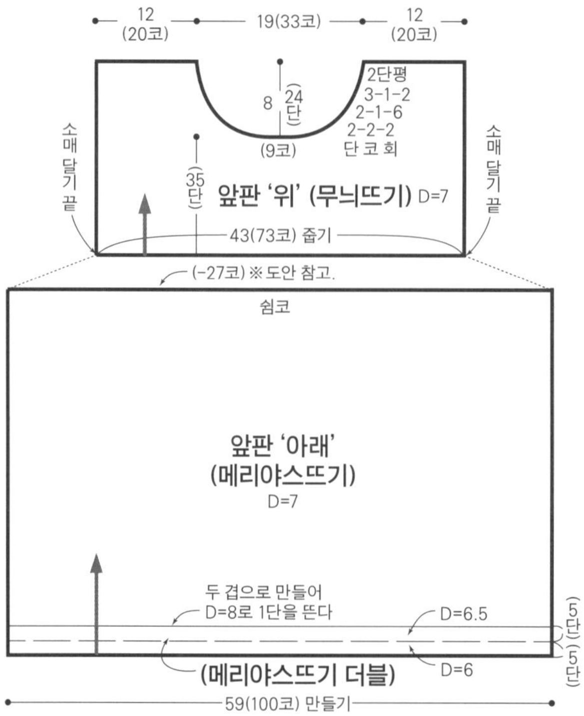

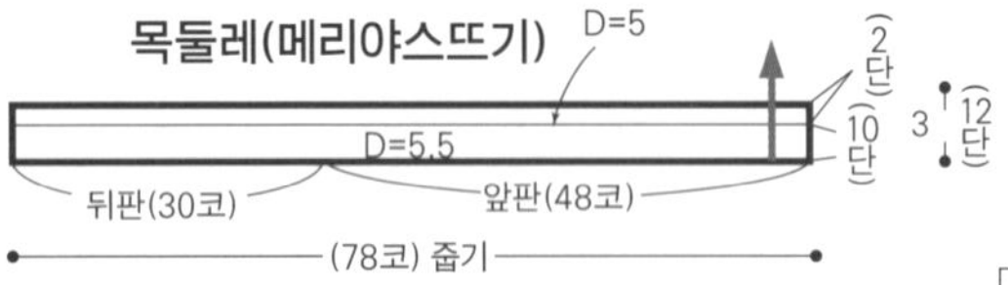

목둘레(메리야스뜨기) D=5

D=5.5
2단
10단
3 (12단)

뒤판(30코)　앞판(48코)

(78코) 줄기

22(40코) 줄기

(메리야스뜨기) D=5

D=5.5
2단
10단
3 (12단)

(−28코) ※도안 참고.

쉼코

소매 (메리야스뜨기) D=7

42.5 (102단)

40(68코) 줄기

무늬뜨기

24　20　15　10　5　1

1　10

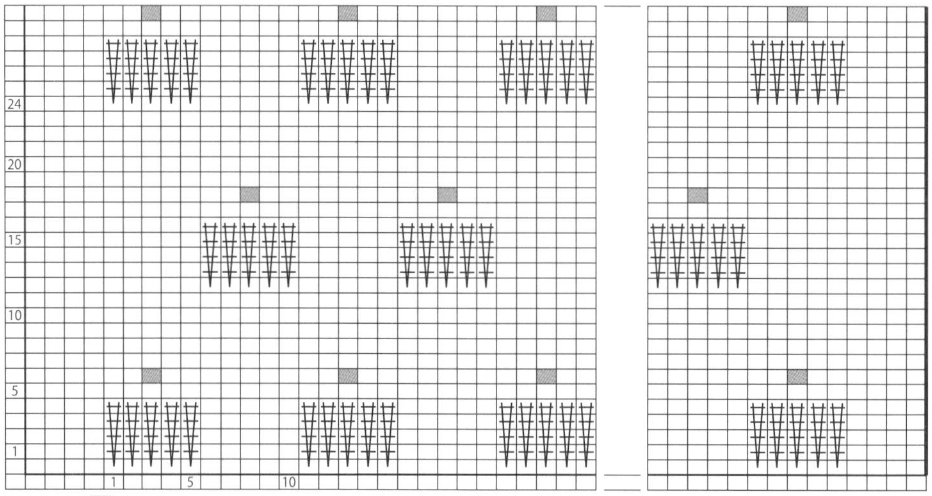

□ =[−]　=걸러뜨기(4단)　■ =걸러뜨기의 걸친 실 4가닥을 옮김바늘로 떠서 건다

※도안은 수편기에 걸린 상태다.
※수편기에 걸린 상태를 겉면으로 사용한다.

◀ 185페이지로 이어집니다.

다이아 시칠리

다이아 풀리아

재료
다이아몬드케이토 다이아 시칠리 황록색(4103) 160g 6볼, 회색(4102) 105g 4볼. 다이아 풀리아 남색 계열 믹스(4208)·빨간색 계열 믹스(4207) 각 10g 1볼, 초록색 계열 믹스(4206) 5g 1볼

도구
아미무메모(6.5mm)

완성 크기
가슴둘레 98cm, 기장 53.5cm, 화장 61cm

게이지(10×10cm)
안메리야스뜨기 25코×27단

POINT
●몸판·소매…몸판은 1코 고무뜨기 기초코를 만들어 뜨기 시작해 1코 고무뜨기, 안메리야스뜨기, 줄무늬 무늬뜨기로 뜹니다. 앞목둘레는 2코 이상은 되돌아뜨기, 1코는 줄임코를 합니다. 어깨는 되돌아뜨기를 합니다. 소매는 몸판과 같은 방법으로 뜨기 시작해 오른쪽 소매는 1코 고무뜨기, 안메리야스뜨기, 줄무늬 무늬뜨기, 왼쪽 소매는 1코 고무뜨기, 안메리야스뜨기로 뜹니다. 뜨개 끝은 빼뜨기 코막음을 합니다. 뒤판 오른쪽과 뒤판 왼쪽, 앞판 오른쪽과 앞판 왼쪽을 떠서 꿰매기로 연결하고, 오른쪽 어깨는 기계잇기를 합니다. 목둘레는 몸판과 같은 방법으로 뜨기 시작해 1코 고무뜨기로 뜨고, 기계잇기로 몸판과 연결합니다. 왼쪽 어깨는 기계잇기를 합니다.

●마무리…옆선·소매 밑선·목둘레 옆선은 떠서 꿰매기를 합니다. 소매는 몸판과 빼뜨기 잇기로 연결합니다.

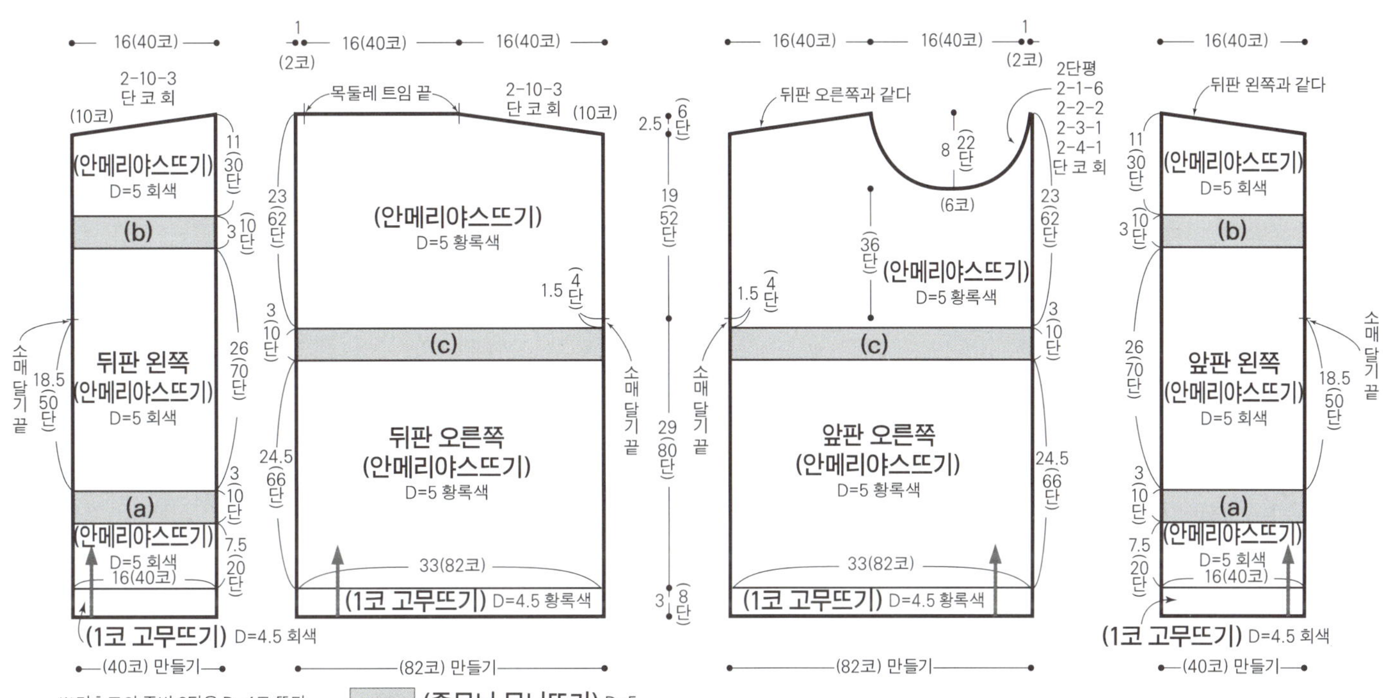

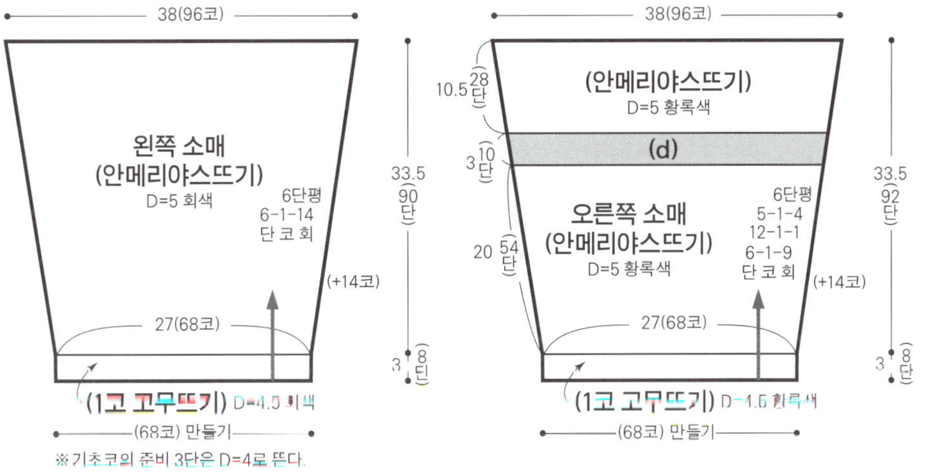

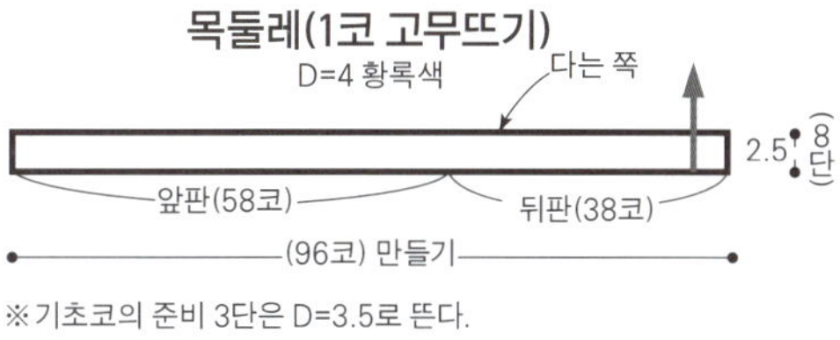

줄무늬 무늬뜨기의 배색

		회색
a	초록색 계열 믹스 2가닥	회색
b	빨간색 계열 믹스 2가닥	회색
c	남색 계열 믹스 2가닥	황록색
d	빨간색 계열 믹스 2가닥	황록색

1코 고무뜨기

줄무늬 무늬뜨기

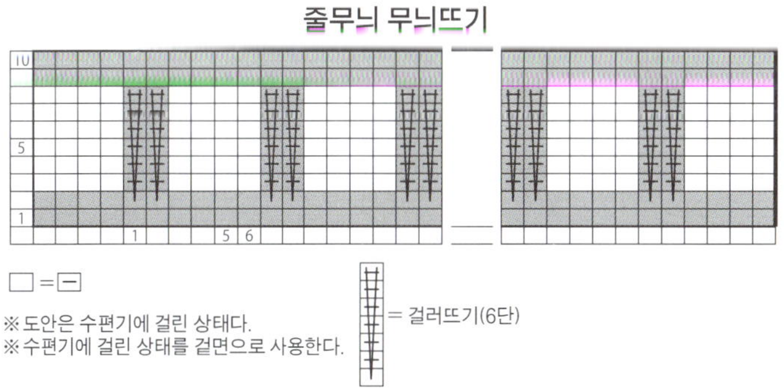

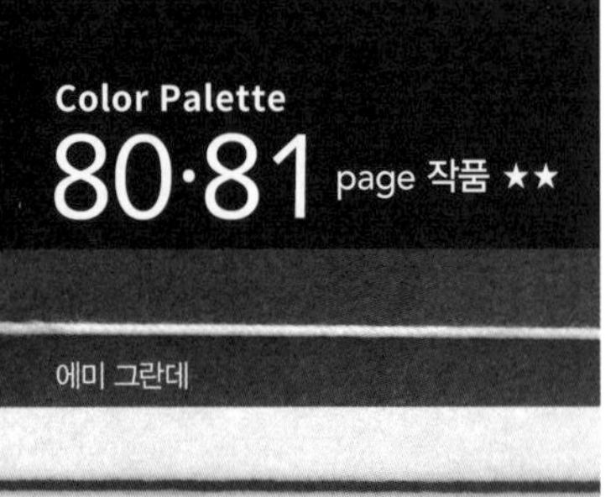

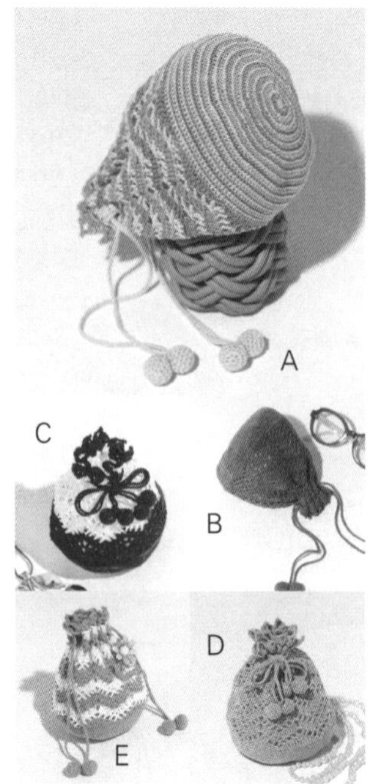

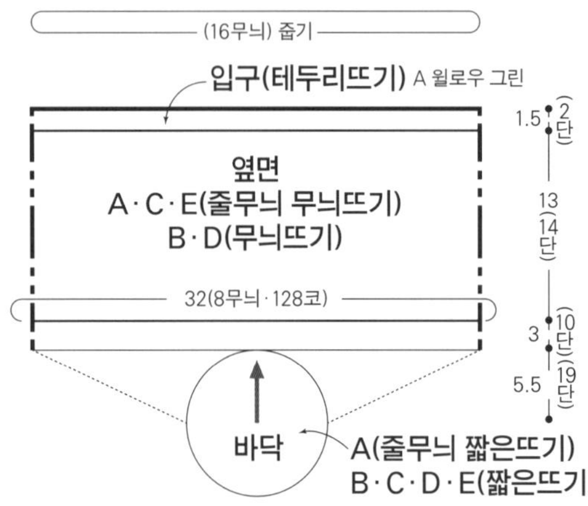

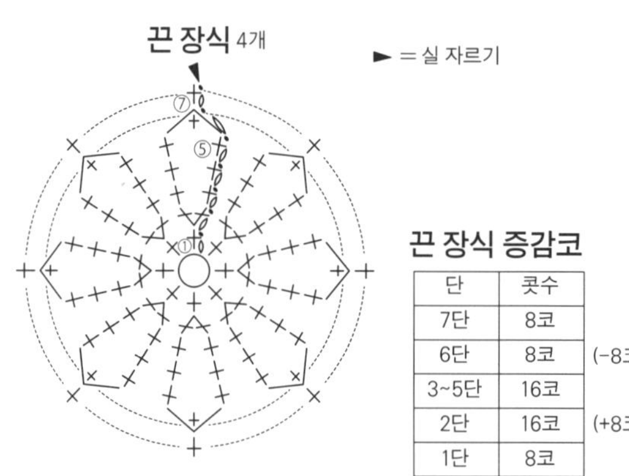

재료

올림포스

[A] 에미 그란데 〈컬러스〉 아이보리 화이트(732) 20g 2볼, 윌로우 그린(273) 10g 1볼, 라이트 스트로베리(119) 5g 1볼, 오일 옐로(582) 5g 1볼, 아스터 바이올렛(623) 5g 1볼

[B] 에미 그란데 〈컬러스〉 그레이시 블루(316) 40g 4볼

[C] 에미 그란데 〈컬러스〉 검은색(901) 30g 3볼, 흰색(801) 15g 2볼

[D] 에미 그란데 앤티크 로즈(165) 40g 1볼

[E] 에미 그란데 〈컬러스〉 패럿 그린(229) 30g 3볼, 흰색(801) 10g 1볼

[공통] 수예용 솜 적당량

도구

레이스 바늘 0호

완성 크기

폭 16cm, 깊이 17.5cm

게이지(10×10cm)

줄무늬 짧은뜨기, 짧은뜨기 모두 40코×34단, 줄무늬 무늬뜨기, 무늬뜨기 모두 40코×11단

POINT

●바닥은 매직링 기초코로 뜨개를 시작해서 A는 줄무늬 무늬뜨기, B~E는 짧은뜨기를 원형으로 뜹니다. 늘림코는 도안을 참고하세요. 이어서 A·C·E는 줄무늬 무늬뜨기, B·D는 무늬뜨기를 원형으로 뜹니다. 배색은 표를 참고하세요. 입구는 지정된 콧수만큼 주워서 테두리뜨기를 합니다.

●마무리…끈 장식은 도안을 참고해서 짧은뜨기를 합니다. 끈은 스레드 코드로 뜹니다. 끈을 지정된 위치에 통과시키고, 마무리하는 법을 참고해서 끈 장식을 꿰맵니다.

끈 장식 4개

► = 실 자르기

끈 장식 증감코

단	콧수	
7단	8코	
6단	8코	(−8코)
3~5단	16코	
2단	16코	(+8코)
1단	8코	

(16무늬) 줍기

입구(테두리뜨기) A 윌로우 그린

옆면
A·C·E(줄무늬 무늬뜨기)
B·D(무늬뜨기)

32(8무늬·128코)

1.5 / 2단
13(14단)
3 / 10단(19단)
5.5

바닥

A(줄무늬 짧은뜨기)
B·C·D·E(짧은뜨기)

※ 모두 레이스 바늘 0호로 뜬다.
※ 지정하지 않은 것은 A는 아이보리 화이트, C는 검은색, E는 패럿 그린으로 뜬다.

끈 2줄 (스레드 코드)

42(160코)

마무리하는 법

끈 장식

끈

①가운데 솜을 채우고, 뜨개 끝 코에 실을 통과시켜 조인다.

②끈과 끈 장식을 꿰맨다.

줄무늬 짧은뜨기 배색(A)

단	색이름
29단	아이보리 화이트
28단	윌로우 그린
27단	아이보리 화이트
26단	아스터 바이올렛
～	～
12단	윌로우 그린
11단	아이보리 화이트
10단	아스터 바이올렛
9단	아이보리 화이트
8단	오일 옐로
7단	아이보리 화이트
6단	라이트 스트로베리
5단	아이보리 화이트
4단	윌로우 그린
3단	아이보리 화이트
2단	아스터 바이올렛
1단	아이보리 화이트

(8단~1단 반복한다)

줄무늬 무늬뜨기 배색

단	A	C	E
14단	아이보리 화이트	흰색	흰색
13단	아스터 바이올렛		패럿 그린
12단	아이보리 화이트		
11단	오일 옐로		흰색
10단	아이보리 화이트		
9단	라이트 스트로베리		패럿 그린
8단	아이보리 화이트		
7단	윌로우 그린		흰색
6단	아이보리 화이트		
5단	아스터 바이올렛	검은색	패럿 그린
4단	아이보리 화이트		
3단	오일 옐로		흰색
2단	아이보리 화이트		
1단	라이트 스트로베리		패럿 그린

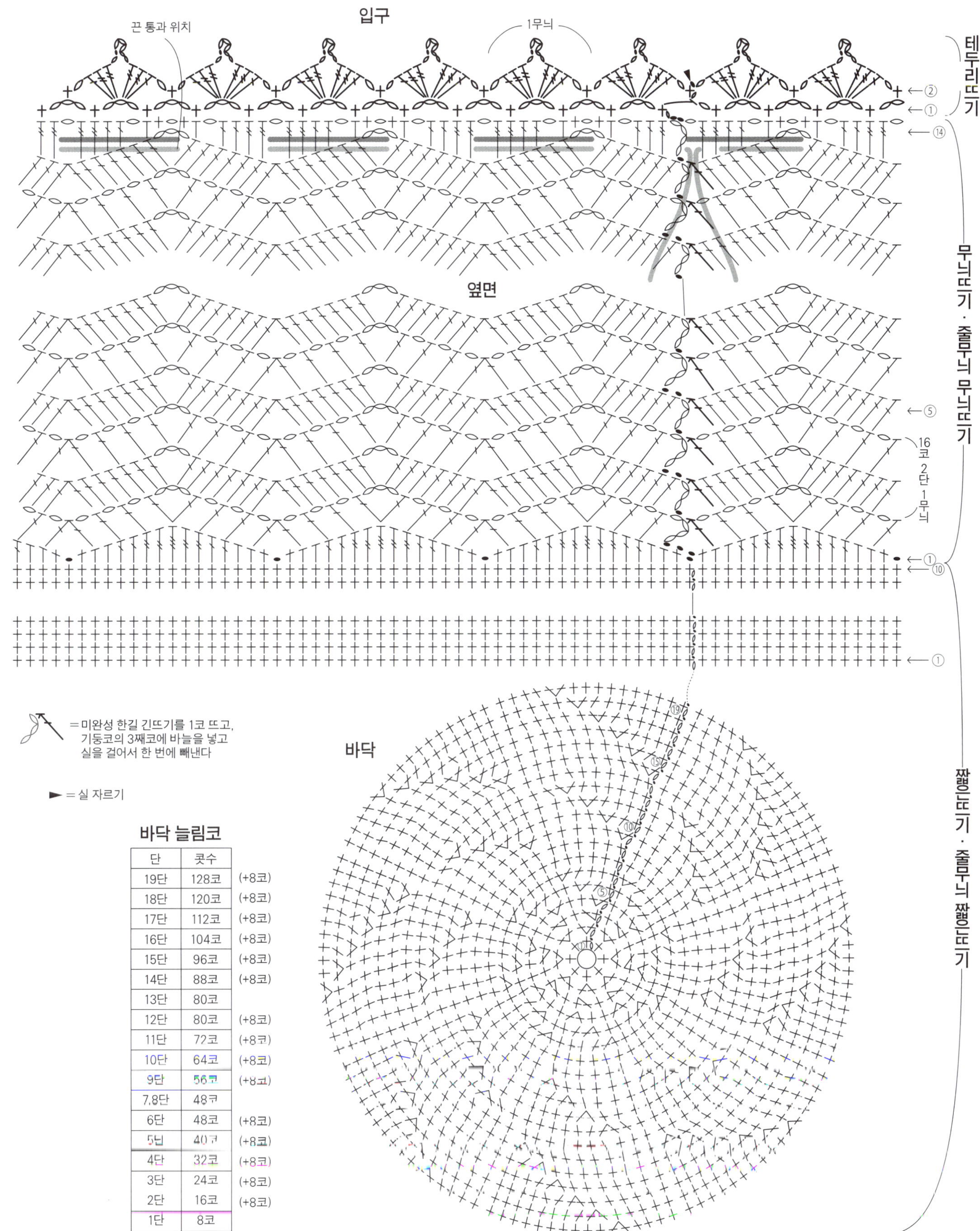

=미완성 한길 긴뜨기를 1코 뜨고,
기둥코의 3째코에 바늘을 넣고
실을 걸어서 한 번에 빼낸다

► =실 자르기

바닥 늘림코

단	콧수	
19단	128코	(+8코)
18단	120코	(+8코)
17단	112코	(+8코)
16단	104코	(+8코)
15단	96코	(+8코)
14단	88코	(+8코)
13단	80코	
12단	80코	(+8코)
11단	72코	(+8코)
10단	64코	(+8코)
9단	56코	(+8코)
7,8단	48코	
6단	48코	(+8코)
5단	40코	(+8코)
4단	32코	(+8코)
3단	24코	(+8코)
2단	16코	(+8코)
1단	8코	

재료
다이아몬드케이토 다이아 코스타 루나 연분홍색
(9211) 340g 10볼

도구
대바늘 6호·4호

완성 크기
가슴둘레 104cm, 기장 57cm, 화장 62cm

게이지(10×10cm)
무늬뜨기 A 24코×29단, 무늬뜨기 B 24코×27단

POINT
●몸판·소매…별도 사슬 기초코로 뜨개를 시작해서 몸판은 무늬뜨기 A, 소매는 무늬뜨기 B와 안메리야스뜨기를 합니다. 목둘레 줄임코는 도안을 참고하세요. 소매 밑선의 늘림코는 1코 안쪽에서 돌려뜨기 늘림코를 합니다. 밑단·소맷부리는 기초코 사슬을 풀어서 코를 줍고, 가터뜨기를 합니다. 뜨개 끝은 안뜨기하면서 덮어씌워 코막음합니다.
●마무리…어깨는 덮어씌워 잇기합니다. 목둘레는 지정된 콧수만큼 주워서 테두리뜨기를 원형으로 뜹니다. 뜨개 끝은 1코 돌려 고무뜨기 코막음합니다. 소매는 코와 단 잇기로 몸판과 연결합니다. 옆선·소매 밑선은 떠서 꿰매기합니다.

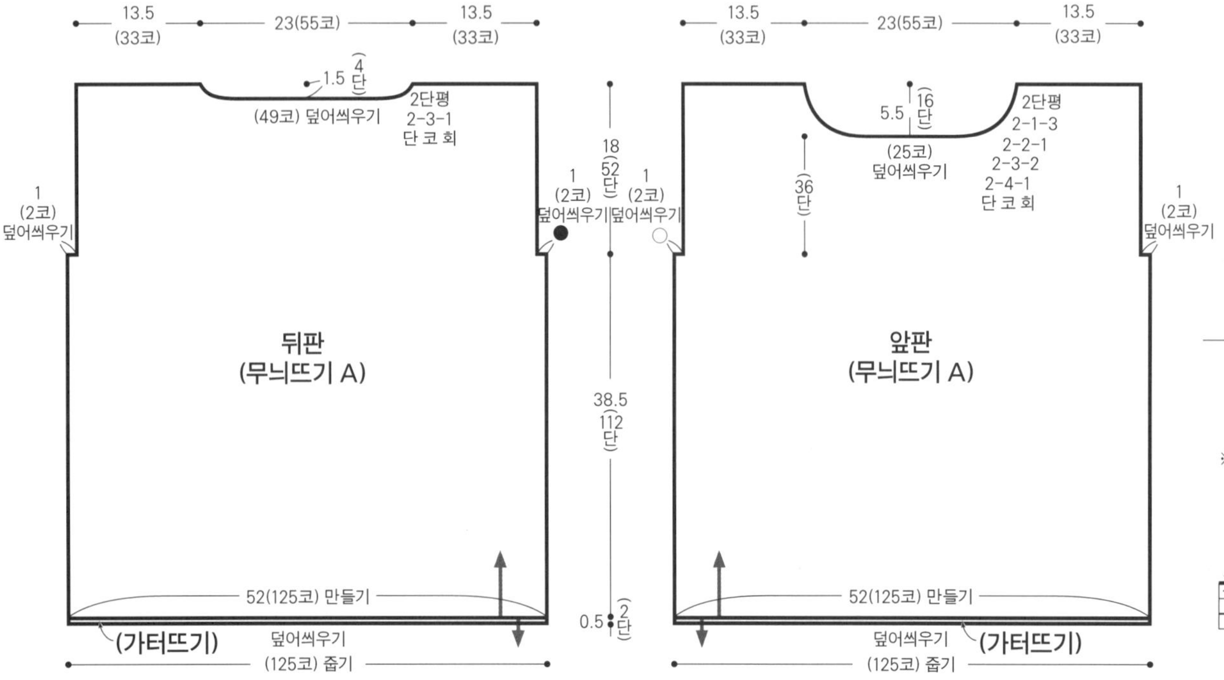

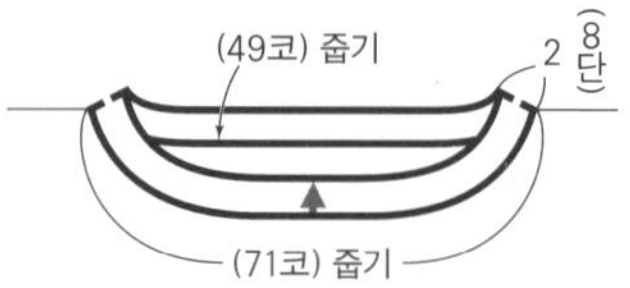

뒤판 (무늬뜨기 A)

13.5 (33코)　23(55코)　13.5 (33코)

1.5 / 4단　(49코) 덮어씌우기
2단평 2-3-1 단 코 회

1 (2코) 덮어씌우기

52(125코) 만들기
(가터뜨기)
덮어씌우기
(125코) 줍기

18 / 52단　1 (2코) 덮어씌우기

앞판 (무늬뜨기 A)

13.5 (33코)　23(55코)　13.5 (33코)

5.5 / 16단　(25코) 덮어씌우기
2단평 2-1-3 2-2-1 2-3-2 2-4-1 단 코 회

36단

1 (2코) 덮어씌우기

52(125코) 만들기
(가터뜨기)
덮어씌우기
(125코) 줍기

38.5 / 112단
0.5 / 2단

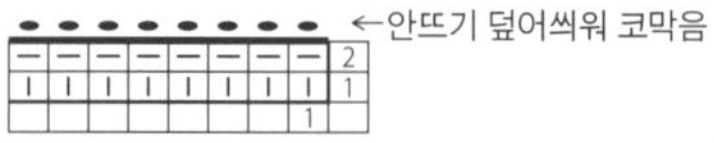

※지정하지 않은 것은 모두 6호 대바늘로 뜬다.

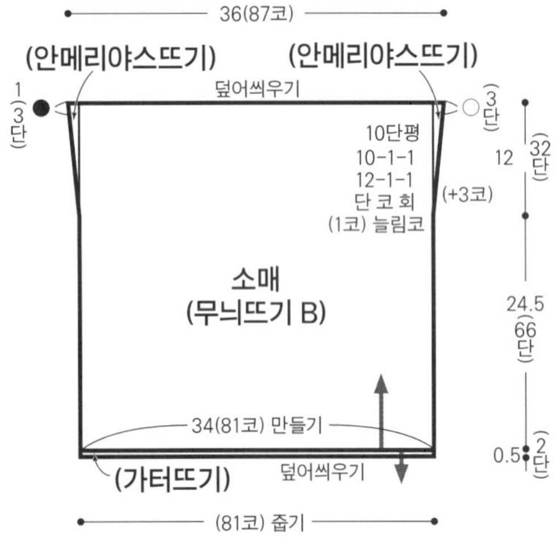

소매 (무늬뜨기 B)

36(87코)

(안메리야스뜨기)　(안메리야스뜨기)
덮어씌우기

1 / 3단　　3단

10단평 10-1-1 12-1-1 단 코 회 (1코) 늘림코 (+3코)

12 / 32단
24.5 / 66단
0.5 / 2단

34(81코) 만들기
(가터뜨기)
덮어씌우기
(81코) 줍기

※맞춤기호는 오른쪽 소매.

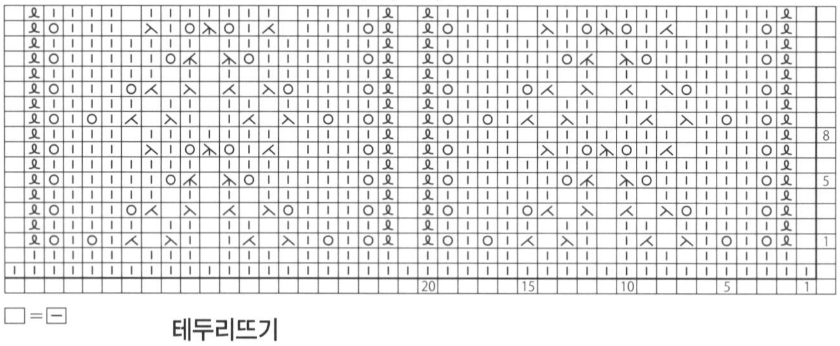

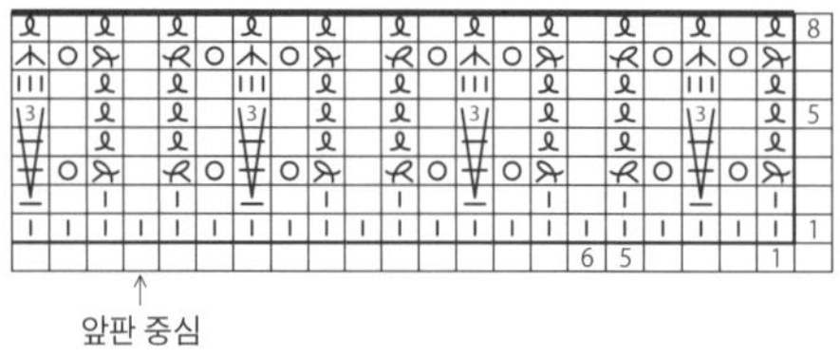

목둘레(테두리뜨기) 4호 대바늘

(49코) 줍기　2 / 8단
(71코) 줍기

※1코 돌려 고무뜨기 코막음→P.171

가터뜨기

←안뜨기 덮어씌워 코막음

무늬뜨기 B

테두리뜨기

앞판 중심

□ = ⊡

=3단 걸러뜨기의 3코 버블

3단 걸러뜨기의 5코 버블

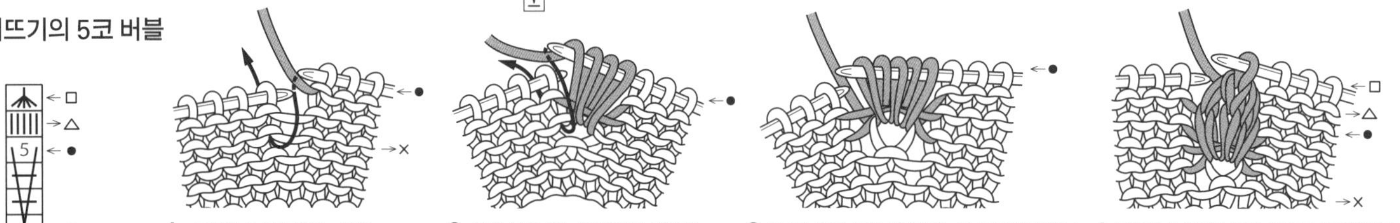

1 ●단에서 3단 아래 ×코에 화살표처럼 오른쪽 바늘을 넣는다.

2 같은 코에 바늘을 넣어서, 겉뜨기, 걸기코, 겉뜨기를 높이 맞춰서 뜬다.

3 5코를 만든 뒤에 왼쪽 바늘의 코를 빼서 풀고, 다음 단은 안면에서 안뜨기한다.

4 □단에서 5코를 중심 위 5코 모아뜨기하면 완성.

무늬뜨기 A

뒤판 목둘레 줄임코
앞판 목둘레 줄임코
실 잇기
중심
□ = −
= 코가 없는 부분
= 오른코 위 3코 돌려 모아뜨기
= 왼코 위 3코 돌려 모아뜨기
= 3단 걸러뜨기의 버블
= 오른코 위 1코 돌려 교차뜨기(중심에 겉뜨기 1코 넣기)
= 왼코 위 1코와 2코 돌려 교차뜨기(아랫부분이 안뜨기)
= 오른코 위 1코와 2코 돌려 교차뜨기(아랫부분이 안뜨기)

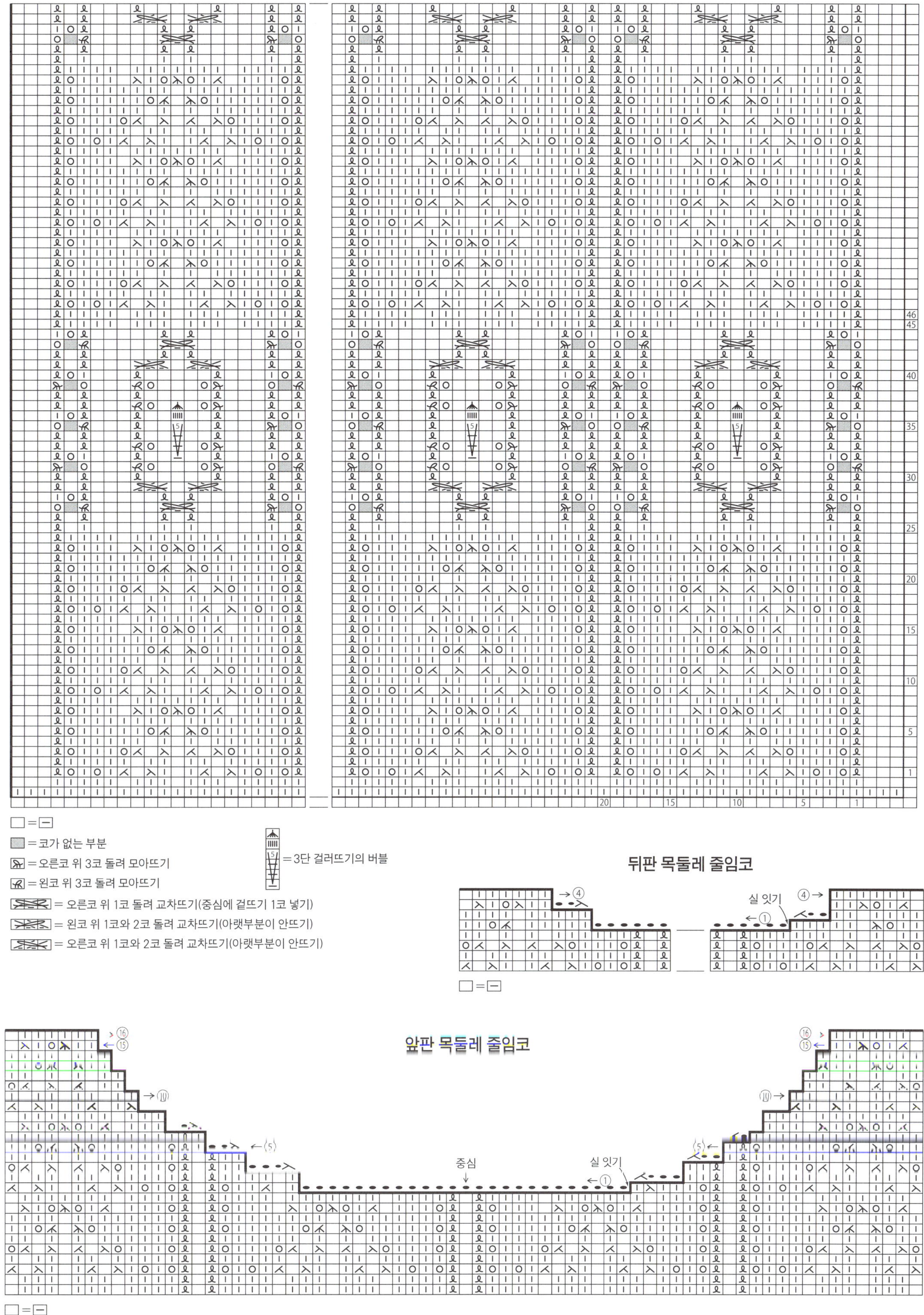

Knit+1

86 page ★★★★

꼬또네 노빌레

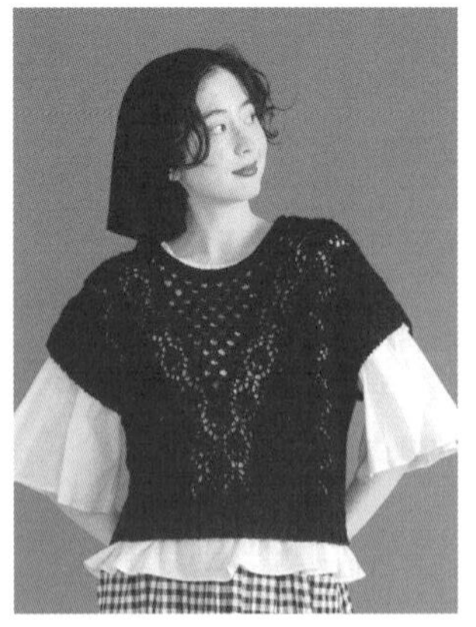

재료

K'sK 꼬또네 노빌레 검은색(2) 285g 8볼

도구

대바늘 8호·6호

완성 크기

가슴둘레 100㎝, 기장 52㎝, 화장 32.5㎝

게이지(10×10㎝)

멍석뜨기 17코×25단, 무늬뜨기 D 17.5코×25단, 무늬뜨기 B 1무늬 14코=7㎝, 10㎝=25단

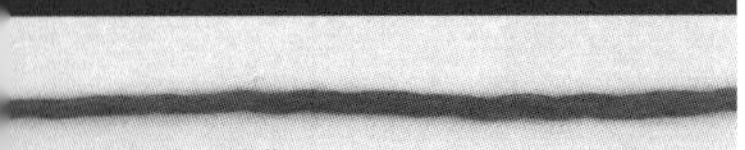

POINT

●몸판…2코 고무뜨기 기초코로 뜨개를 시작해서 앞뒤판을 이어서 무늬뜨기 A를 원형뜨기합니다. 계속해서 멍석뜨기, 무늬뜨기 B·C·C'·D를 배치해 뜹니다. 44단은 겨드랑이 코를 교차해서 뜨고, 다음 단부터는 앞뒤판을 나눠서 왕복뜨기합니다. 소맷부리는 무늬뜨기 E를 뜹니다. 증감코는 도안을 참고하세요.

●마무리…어깨는 덮어씌워 잇기합니다. 목둘레는 지정된 콧수만큼 주워서 테두리뜨기를 원형으로 뜹니다. 뜨개 끝은 덮어씌워 코막음합니다.

※지정하지 않은 것은 8호 대바늘로 뜬다.

테두리뜨기

□=Ｉ

Ⅴ=걸기코하고 다음 단에서 그 코를 걸러뜨기

무늬뜨기 A

□=Ｉ

= 오른코 위 2코 교차뜨기 (중앙에 안뜨기 2코 넣기)

무늬뜨기 B

□=Ｉ

무늬뜨기 C

□=Ｉ

무늬뜨기 D

□=Ｉ

Ⅴ=걸기코하고 다음 단에서 그 코를 걸러뜨기

무늬뜨기 E

□=Ｉ

뒤판 첫 단 줄임코

□=Ｉ

멍석뜨기

□=Ｉ

※앞판→P.193

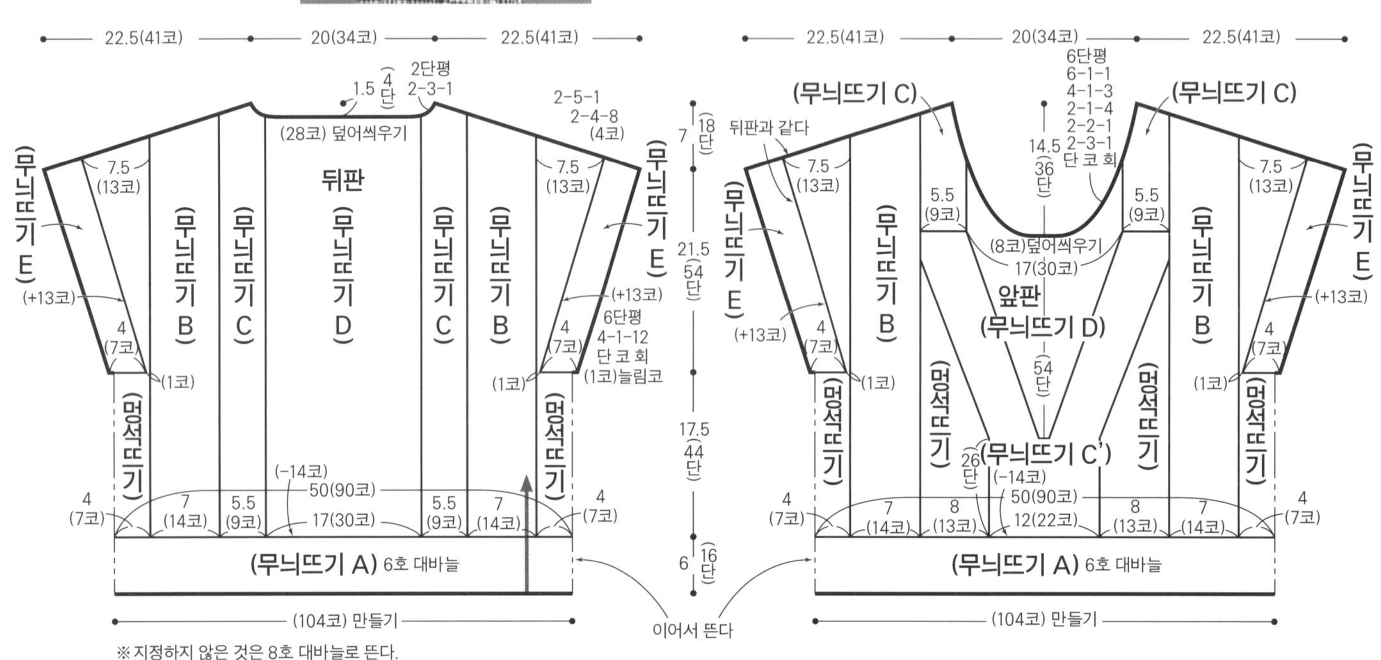

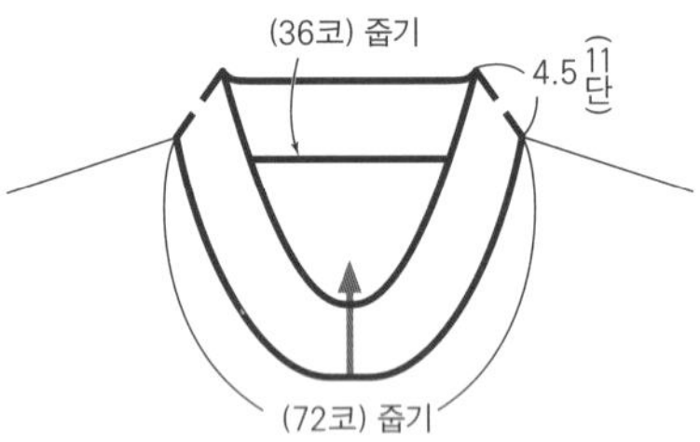

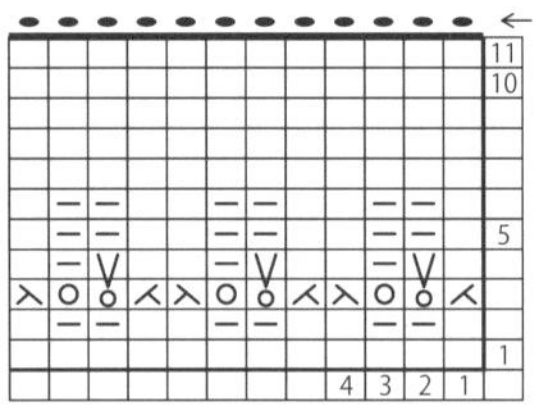

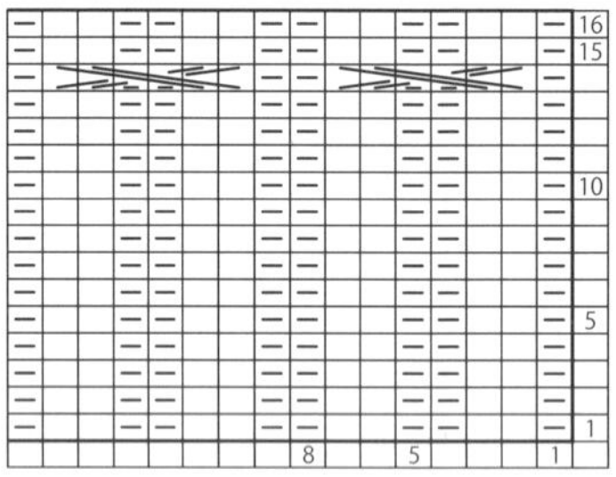

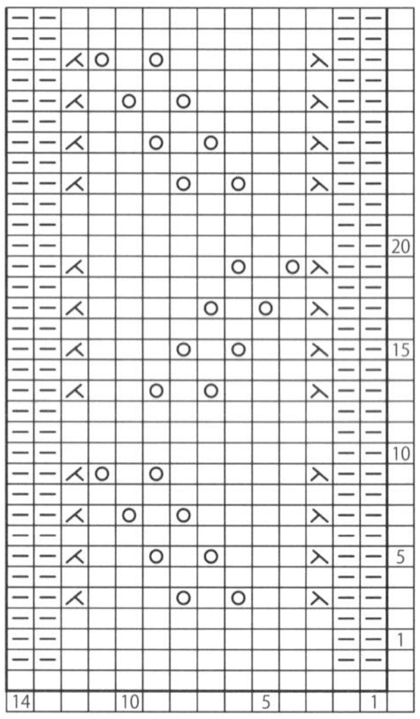

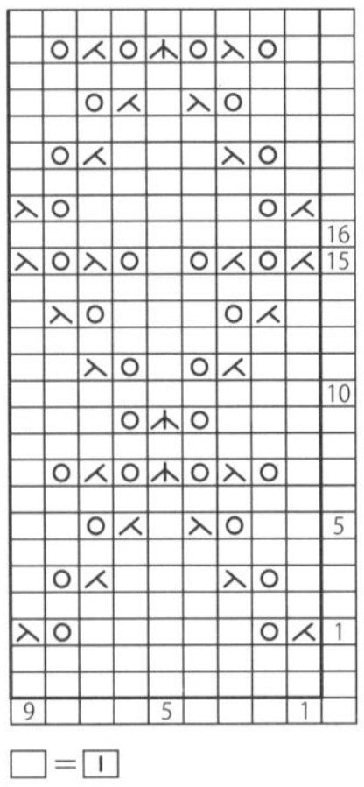

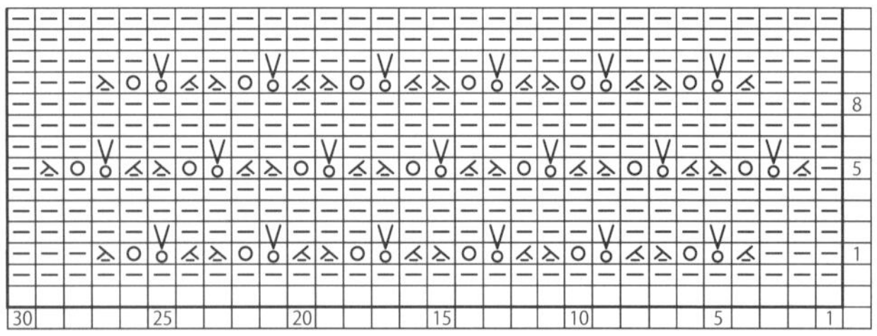

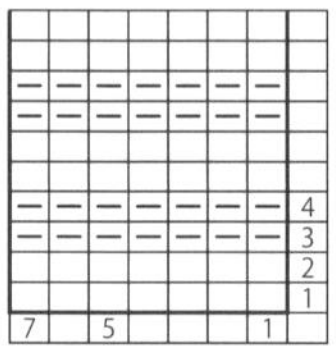

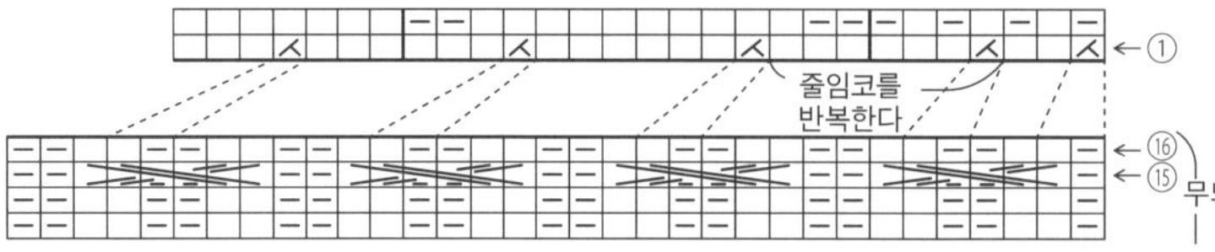

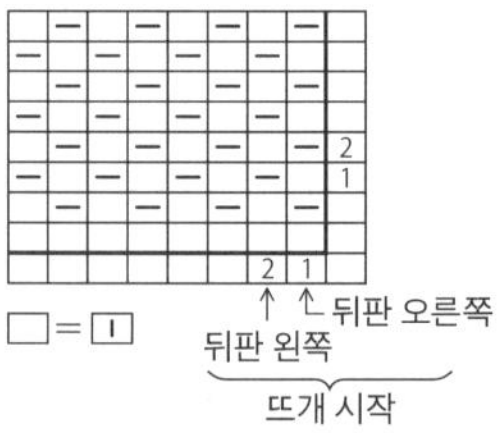

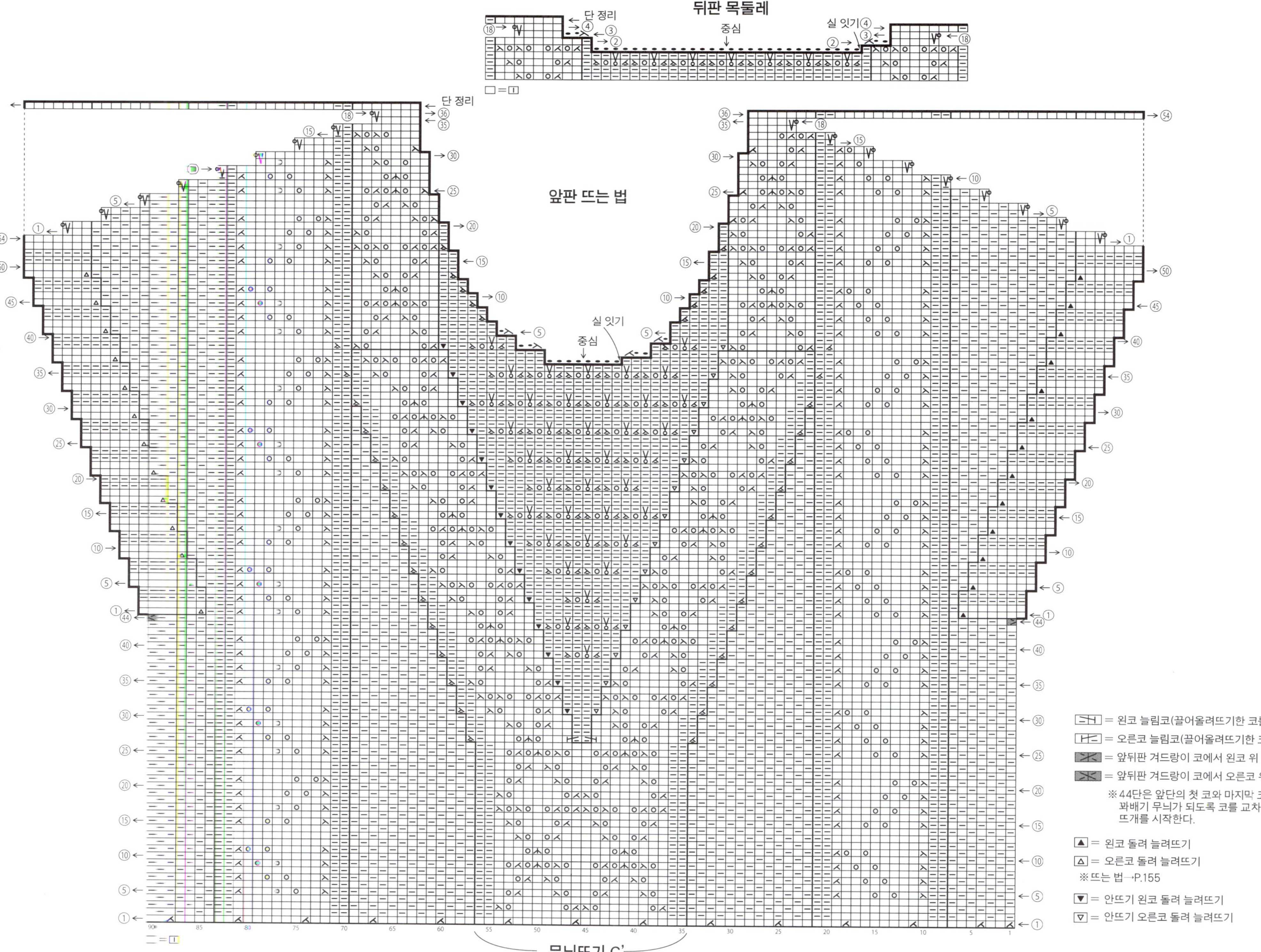

뒤판 목둘레
단 정리
중심
실 잇기
단 정리
앞판 뜨는 법
실 잇기
중심
무늬뜨기 C'
= 왼코 늘림코(끌어올려뜨기한 코를 안뜨기한다)
= 오른코 늘림코(끌어올려뜨기한 코를 안뜨기한다)
= 앞뒤판 겨드랑이 코에서 왼코 위 1코 교차뜨기
= 앞뒤판 겨드랑이 코에서 오른코 위 1코 교차뜨기
※ 44단은 앞단의 첫 코와 마지막 코를 꽈배기 무늬가 되도록 코를 교차한 후에 뜨개를 시작한다.
▲ = 왼코 돌려 늘려뜨기
△ = 오른코 돌려 늘려뜨기
※ 뜨는 법 →P.155
▼ = 안뜨기 왼코 돌려 늘려뜨기
▽ = 안뜨기 오른코 돌려 늘려뜨기

재료

K'sK 꼬또네 노빌레 차콜 그레이(10) 175g 5볼,
회색(8) 135g 4볼, 흰색(4) 40g 1볼

도구

코바늘 6/0호, 대바늘 4호

완성 크기

가슴둘레 96cm, 기장 41.5cm, 화장 65.5cm

게이지(10×10cm)

줄무늬 무늬뜨기 18.5코×5.5단

POINT

●몸판·소매…뒤판은 차콜 그레이로 사슬뜨기 기
초코로 뜨개를 시작해서 줄무늬 무늬뜨기, 무늬
뜨기, 1코 돌려 고무뜨기를 합니다. 뜨개 끝은 1코
고무뜨기 코막음을 합니다. 앞판은 뒤판의 오른쪽

어깨에서 코를 주워서 줄무늬 무늬뜨기로 2단을
뜨고 쉼코해 둡니다. 왼쪽 어깨에서도 같은 방법으
로 코를 주워 2단의 뜨개 끝에서 기초코를 만들고
실을 자릅니다. 3단부터는 좌우 연결해서 뒤판과
같은 방법으로 뜹니다. 소매는 몸판과 같은 요령으
로 소매 중심부터 줄무늬 무늬뜨기를 합니다. 소매
밑선은 도안을 참고하세요. 소맷부리는 가장자리
코를 갈라서 코를 주워, 1코 돌려 고무뜨기합니다.
뜨개 끝은 밑단과 같은 요령으로 뜹니다.

●마무리…목둘레는 지정된 콧수만큼 주워서 테
두리뜨기를 원형으로 뜹니다. 소매는 떠서 꿰매기
로 몸판과 연결합니다. 옆선은 떠서 꿰매기하고 소
매 밑선은 반 코 떠서 잇기하고 소맷부리는 떠서
꿰매기합니다.

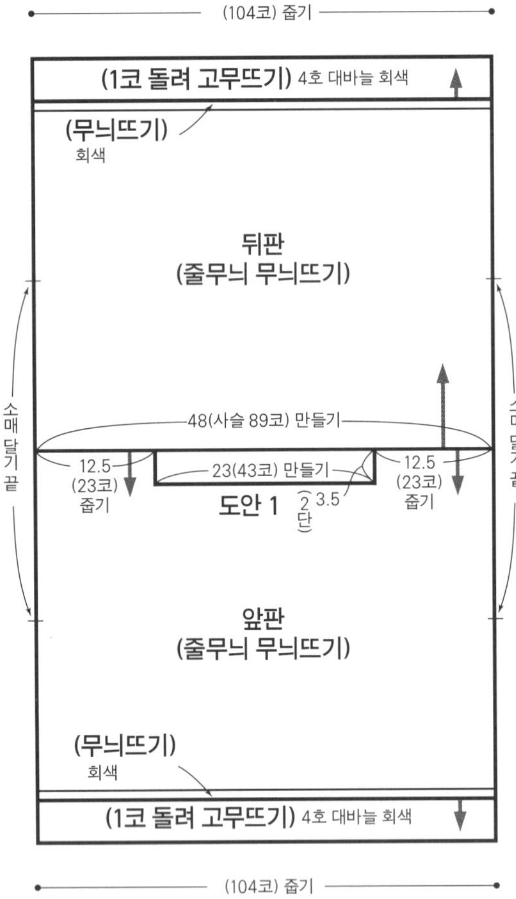

줄무늬 무늬뜨기(몸판)

(104코) 줍기

(1코 돌려 고무뜨기) 4호 대바늘 회색
4.5 / 16단 / 1 / 2단

(무늬뜨기) 회색 / 18(10단)

뒤판 (줄무늬 무늬뜨기) / 18(10단)

소매 달기 끝

48(사슬 89코) 만들기
12.5(23코) 줍기 — 23(43코) 만들기 — 12.5(23코) 줍기
도안 1 / 2단 / 3.5 / 18(10단)

앞판 (줄무늬 무늬뜨기) / 18(10단)

(무늬뜨기) 회색 / 2단 / 1 / 4.5 / 16단

(1코 돌려 고무뜨기) 4호 대바늘 회색

(104코) 줍기

※ 지정하지 않은 것은 6/0호 코바늘로 뜬다.

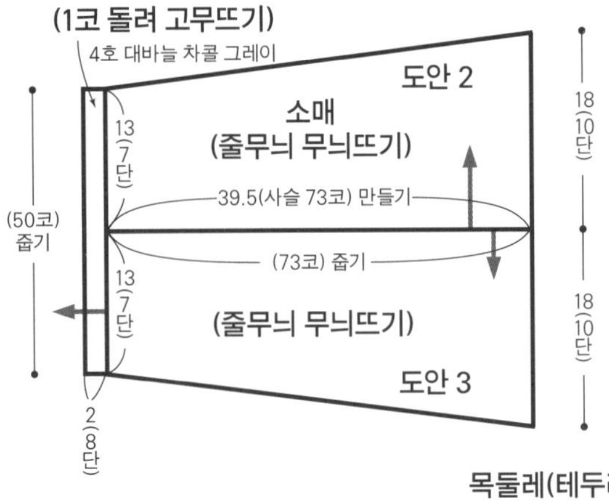

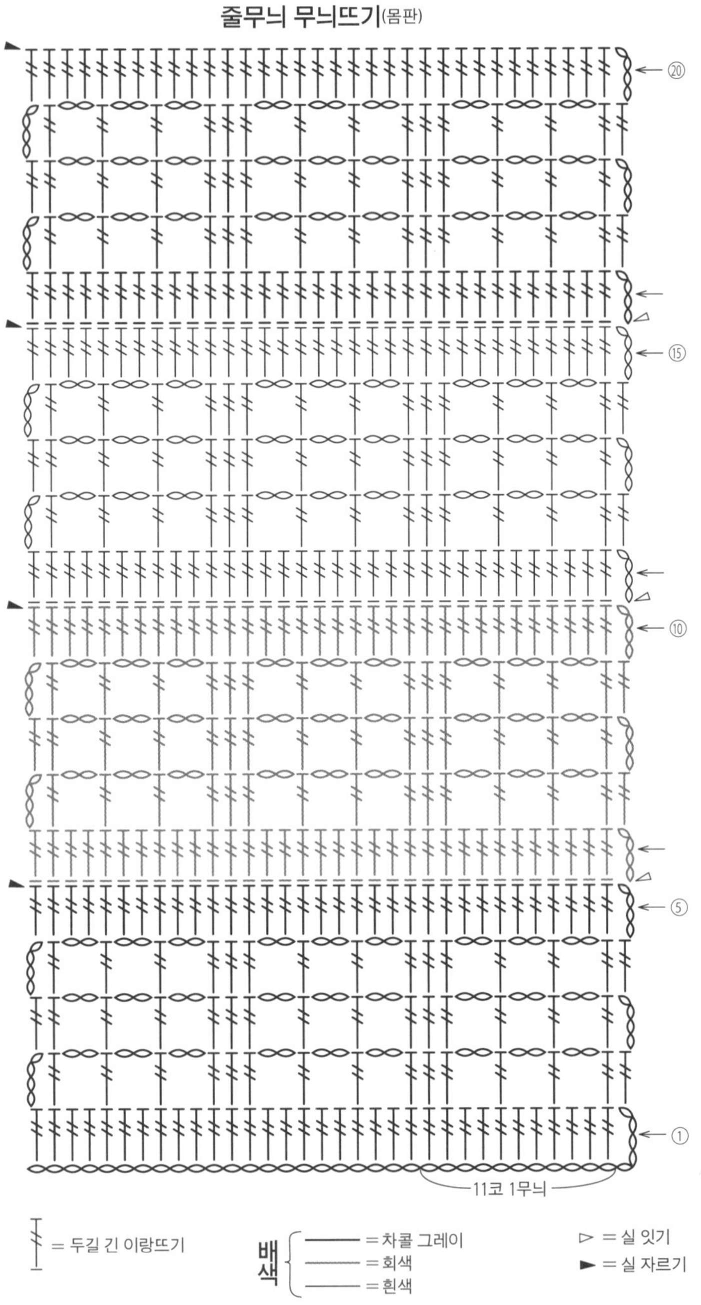

(1코 돌려 고무뜨기)
4호 대바늘 차콜 그레이
도안 2
13(7단)
(50코) 줍기
소매 (줄무늬 무늬뜨기)
39.5(사슬 73코) 만들기
(73코) 줍기
18(10단)
13(7단)
(줄무늬 무늬뜨기)
도안 3
18(10단)
2(8단)

⑳ / ⑮ / ⑩ / ⑤ / ①

11코 1무늬

= 두길 긴 이랑뜨기

배색
━ =차콜 그레이
━ =회색
━ =흰색

▷ =실 잇기
► =실 자르기

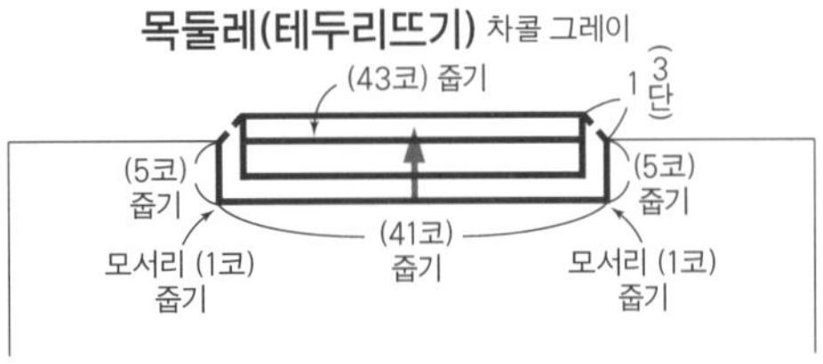

목둘레(테두리뜨기) 차콜 그레이

(43코) 줍기 / 1 / 3단
(5코) 줍기 / (41코) 줍기 / (5코) 줍기
모서리 (1코) 줍기 / 모서리 (1코) 줍기

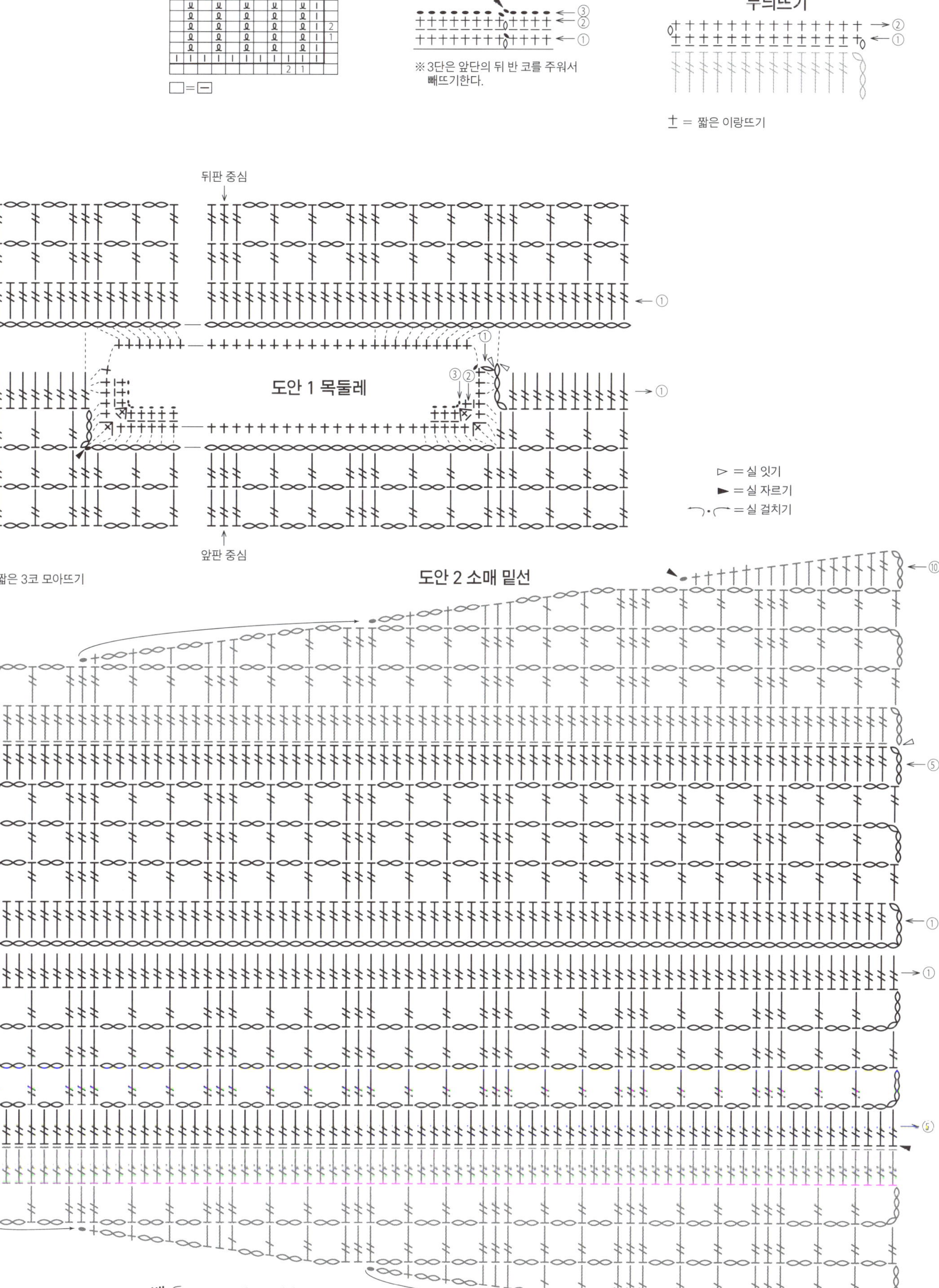
1코 돌려 고무뜨기
□ = —
테두리뜨기
③ ② ①
※ 3단은 앞단의 뒤 반 코를 주워서 빼뜨기한다.
무늬뜨기
② ①
± = 짧은 이랑뜨기
뒤판 중심
도안 1 목둘레
앞판 중심
① ② ③
▷ = 실 잇기
► = 실 자르기
⌒•⌒ = 실 걸치기
= 짧은 3코 모아뜨기
도안 2 소매 밑선
⑩ ⑦ ⑤ ①
도안 3 소매 밑선
= 두길 긴 이랑뜨기
배색 = 차콜 그레이
= 회색

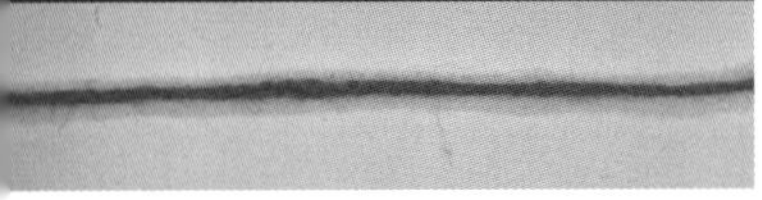

재료
랑 야크 no.3 딥그레이 100g 2볼, no.6 딥블루 50g 1볼, no.11 브라운 50g 1볼, no.26 베이지 150g 3볼, no.94 아이보리 100g 2볼, 지름 18㎜ 단추 5개, 지름 15㎜ 단추 2개

도구
대바늘 3.5㎜, 4.0㎜, 모사용 코바늘 5/0호

완성 크기
가슴둘레 90cm, 어깨너비 40cm, 기장 53cm

게이지(10×10cm)
메리야스뜨기(3.5㎜) 27코×27단
무늬뜨기(4.0㎜) 패턴 A기준 23코×28단

POINT
●몸판…각 패턴을 참고하여 뜹니다. 패턴 C, Q, H, L, S는 3.5㎜ 대바늘로, 나머지 패턴은 4.0㎜ 대바늘로 뜹니다. 패턴 A와 패턴 A-1은 각각 따로 뜨고 겉면에서 A가 위, A-1이 아래에 오게 두고 4단을 겹쳐 코를 잡습니다. 편물 안쪽에서 229코를 잡아 패턴 B부터 뜹니다.

●마무리…어깨를 잇고 진동둘레는 코를 잡아 1코 고무뜨기로 뜨고 돗바늘로 마무리합니다. 목둘레는 앞, 뒤판에서 코를 잡아 1코 고무뜨기와 돌려 메리야스뜨기로 뜨고 돗바늘로 마무리합니다. 앞단은 패턴 A를 제외하고 나머지 패턴의 앞, 뒤에서 71코씩 잡아 메리야스뜨기로 겹단 2단, 돌려 1코 고무뜨기로 6단 뜨고 돗바늘로 마무리합니다. 착용기준 오른쪽 앞단의 돌려 1코 고무뜨기 4번째 단에서 단춧구멍을 만듭니다.

기호

기호	설명
(교차 기호)	오른코 위 돌려 교차뜨기
(교차 기호)	왼코 위 돌려 교차뜨기
⊠ △1·3	3코 3단 구슬뜨기
◆ △1·3	3코 3단 구슬뜨기
● (코바늘 기호)	코바늘 구슬뜨기

3코 3단 구슬뜨기   긴뜨기 3코 구슬뜨기   경사뜨기 오른쪽   경사뜨기 왼쪽   1코 고무뜨기 돗바늘 마무리   겹단 코잡기

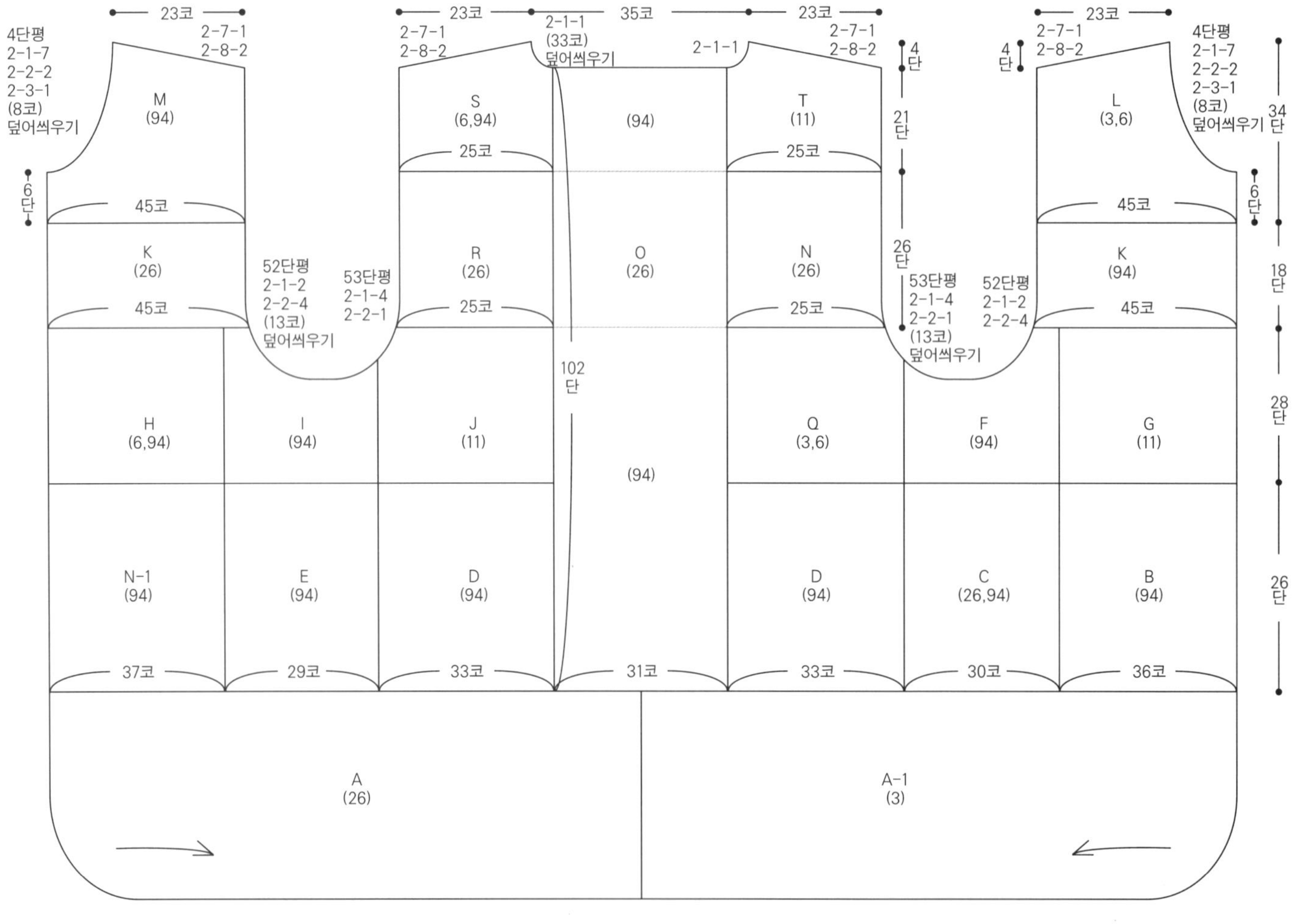

몸판

먼저 A와 A-1을 각각 뜨고 4단이 겹치게 잇는다.

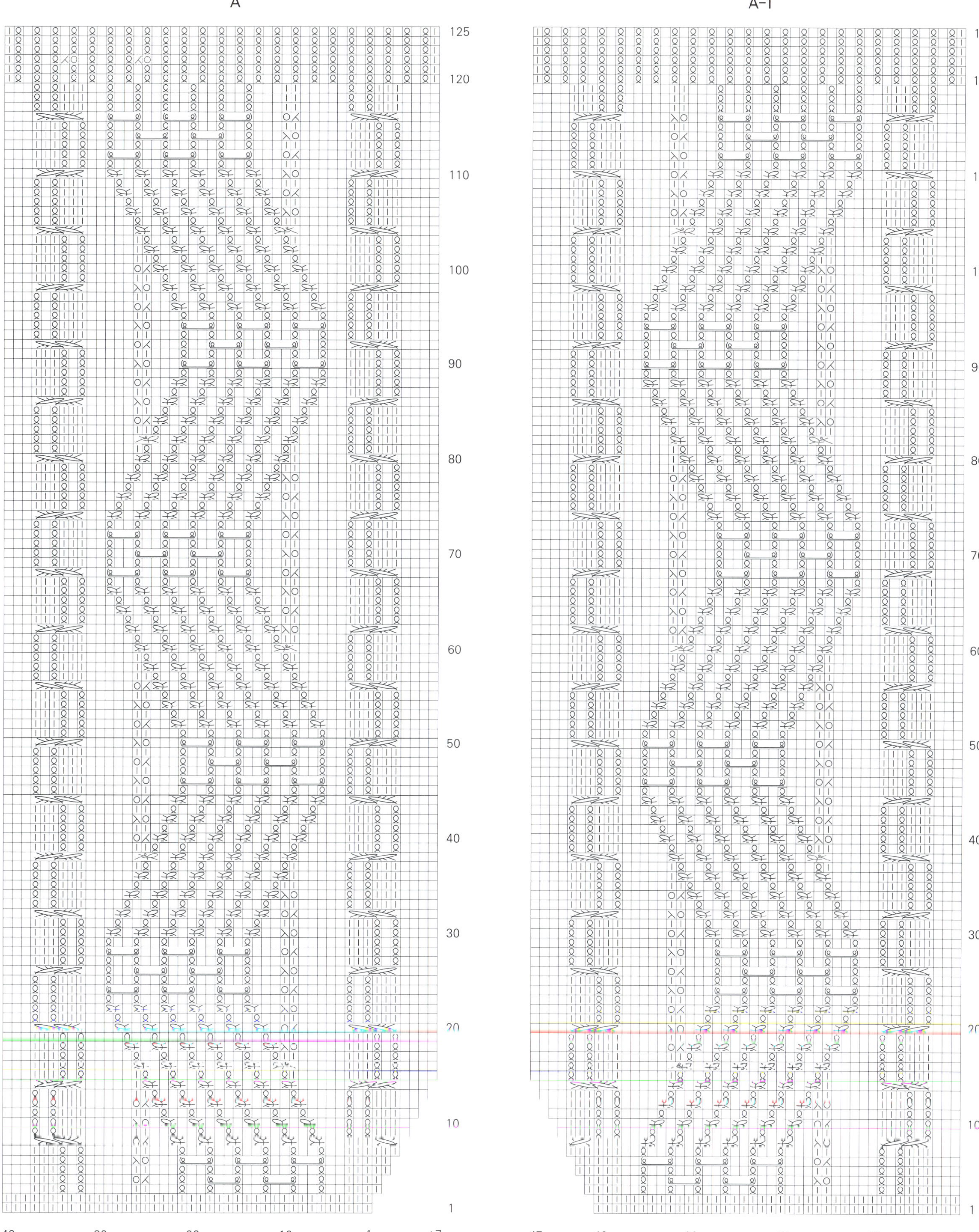

안면에서 229코를 잡고 전개도 기준 오른쪽(B)부터 떠 올라간다. G와 F 일부를 마치고 오른쪽 앞판(K, L)부터 뜬다.
등판(N, O, R, T, S)을 완성하고 왼쪽 앞판(K, M)도 뜬다.

전개도상 왼쪽 앞, 뒤판

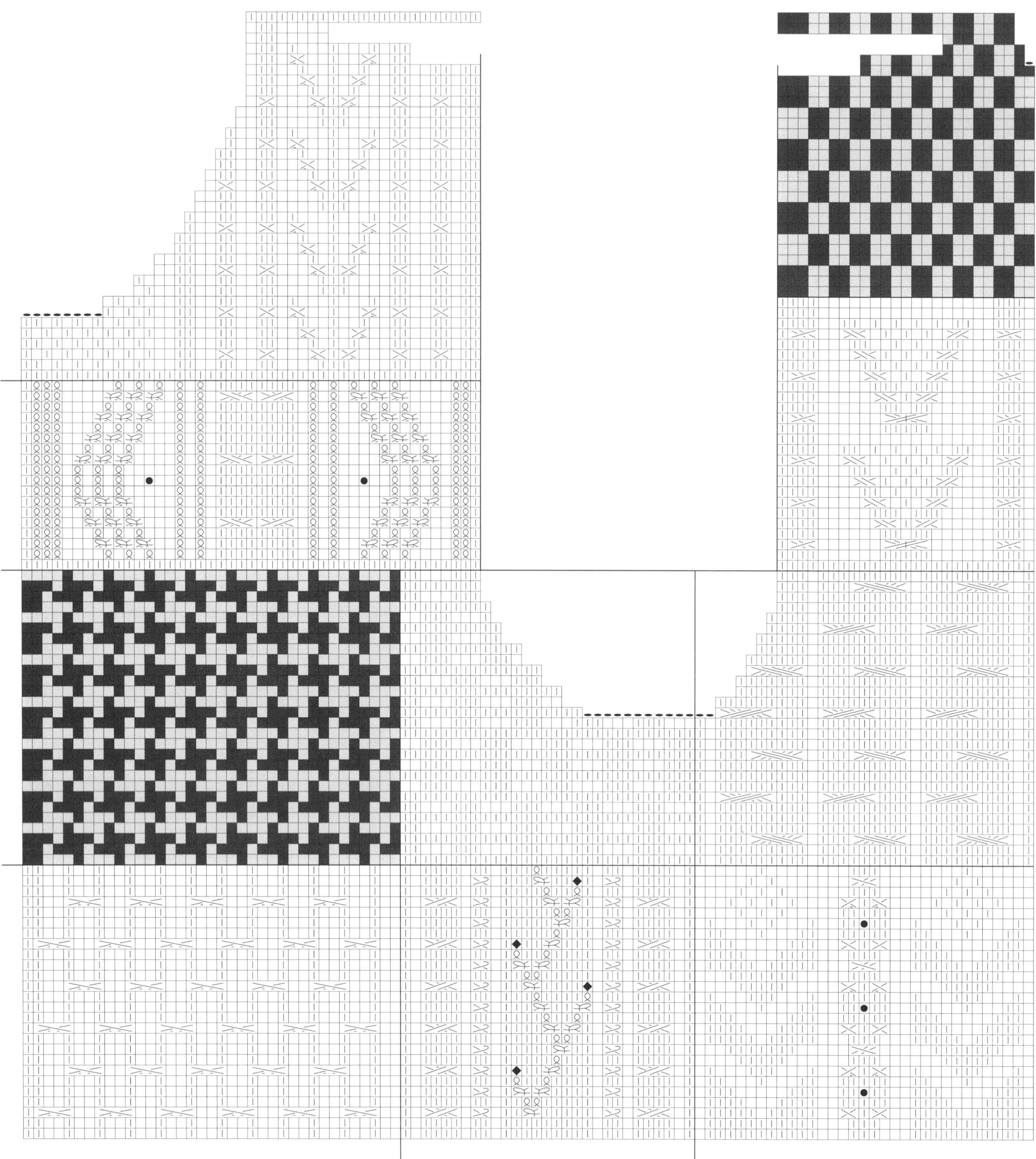

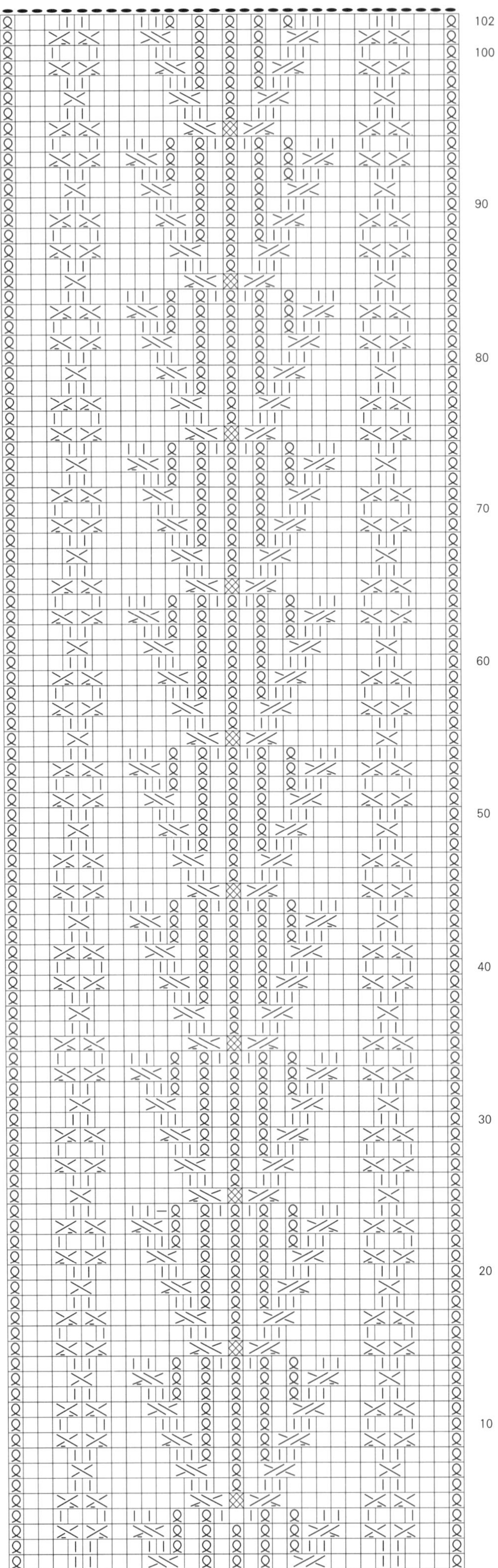

마무리

어깨를 덮어씌워 잇고 양쪽 진동둘레에서 124코씩 잡아 1코 고무뜨기를 6단 뜨고 돗바늘로 마무리한다.

목둘레는 앞판, 뒤판에서 106코씩 잡아 메리야스뜨기로 겹단 2단을 뜨고 합쳐서 돌려 1코 고무뜨기로 14단을 뜬다. 돗바늘로 마무리한다.

1코 고무뜨기

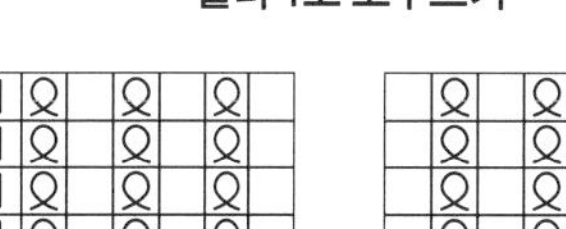

$\square = \boxminus$

돌려 1코 고무뜨기

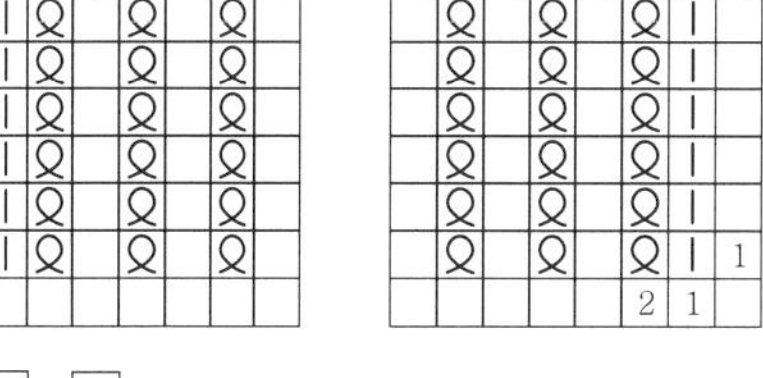

$\square = \boxminus$

앞단은 A를 제외한 나머지 패턴에서 앞, 뒷면에서 71코씩 잡아 메리야쓰뜨기로 겹단 2단을 뜨고 합쳐서 돌려 1코 고무뜨기로 6단을 뜬다. 돗바늘로 마무리한다.

이 과정에서 착용했을 때 오른쪽 앞판에서 돌려 1코 고무뜨기 4번째 단에 단춧구멍을 만든다.

단춧구멍단

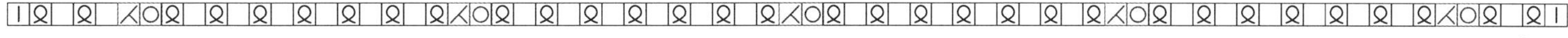

알파링구

어뮤즈 모헤어

램스울

재료
뜰안 뜨개공방
메인A, 주머니-알파링구, 메인B-어뮤즈 모헤어,
에지-램스울
실의 색이름·사용량은 도안의 표를 참고하세요.

도구
Kids…대바늘 4.0mm, 모사용 코바늘 5/0호
Adult…대바늘 6.0mm, 모사용 코바늘 5/0호

완성 크기
Kids 1…가슴둘레 72cm, 기장 37cm
Kids 2…가슴둘레 86cm, 기장 45cm
Adult 1…가슴둘레 102cm, 기장 50cm
Adult 2…가슴둘레 112cm, 기장 54cm
Adult 3…가슴둘레 122cm, 기장 58cm

게이지(10×10cm)
Kids…메리야스뜨기 14코 22단
Adult…메리야스뜨기 12코 19단

POINT
●뒤판…양떼목장 베스트는 톱다운 방식으로 제작
됩니다. 어깨 길이만큼의 코를 잡아 독일식 경사뜨

기로 뒤판 상단까지 뜬 후 실을 끊고 별실 혹은 여
분의 케이블에 쉬어둡니다.
●앞판…앞판은 뒤판 어깨의 코를 주워 늘림으로
네크라인을 만들고, 평단뜨기와 암홀 늘림으로 형
태를 완성합니다. 작업은 착용 기준 오른쪽 앞판부
터 진행하며, 실을 끊고 별실 혹은 여분의 케이블
에 쉬어둔 뒤 왼쪽 앞판도 동일한 방식으로 작업합
니다.
●몸통…모든 앞판이 완성되면 감아코를 만들어
몸통을 연결합니다. 몸통 작업 중 단춧구멍을 만들
고, 밑단은 줄임으로 둥근 에지를 만든 뒤 덮어씌
워 코막음 합니다.
●에지 마감…코바늘을 사용해 팔(소매)의 에지를
먼저 마감한 후, 뒷목, 네크라인, 앞섶, 밑단의 에지
를 마감합니다.
●주머니…주머니는 별도로 떠 몸통 하단에 부착
합니다.
●도안에서는 kids 1 (kids 2) / Adult 1 (Adult 2)
Adult 3 순으로 표기합니다. 뜨고자 하는 크기에
맞는 콧수를 찾아 작업을 진행하세요.

약어

DS	더블스티치 (DS코)
Turn	편물 돌리기
M1L	왼코 늘리기
M1R	오른코 늘리기
YO	바늘 비우기
K2tog	왼코 모아뜨기
SSK	오른코 모아뜨기

사이즈	Kids 1	(Kids 2)	Adult 1	(Adult 2)	Adult 3
메인A	2 그레인베이지 3볼 105g	2 그레인베이지 4볼 155g	6 애쉬브라운 4볼 200g	6 애쉬브라운 5볼 225g	6 애쉬브라운 5볼 250g
메인B	모헤어 미사용		448 코지브라운 2볼 50g	448 코지브라운 3볼 60g	448 코지브라운 3볼 70g
주머니	5 모카라떼 1볼 10g		2 그레인베이지 1볼 40g	2 그레인베이지 1볼 40g	2 그레인베이지 1볼 45g
에지	152 모카크림브라운 1볼 20g	152 모카크림브라운 1볼 25g	140 하이베이지 1볼 30g	140 하이베이지 1볼 30g	140 하이베이지 1볼 35g

뒤판

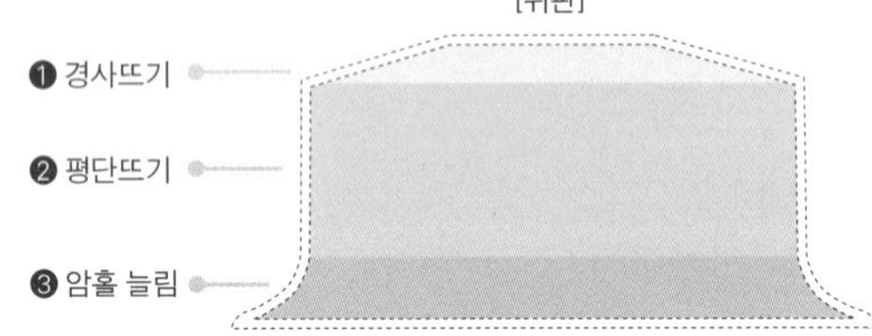

뒤판은 경사뜨기로 어깨 경사를 만든 뒤, 암홀까지 뜨고 실을 끊는다.
[Kids] (메인A) 알파링구 1겹을 잡고 4.0mm 대바늘로 36 (46) 코를 만든다.
[Adult] (메인A) 알파링구 1겹과 (메인B) 어뮤즈 모헤어 1겹을 함께 잡고 6.0mm 대바늘로 48
(50) 56 코를 만든다.

코를 만든 후, 어깨 코를 구분하기 위해 아래의 콧수에 맞게 개폐형 마커를 건다.

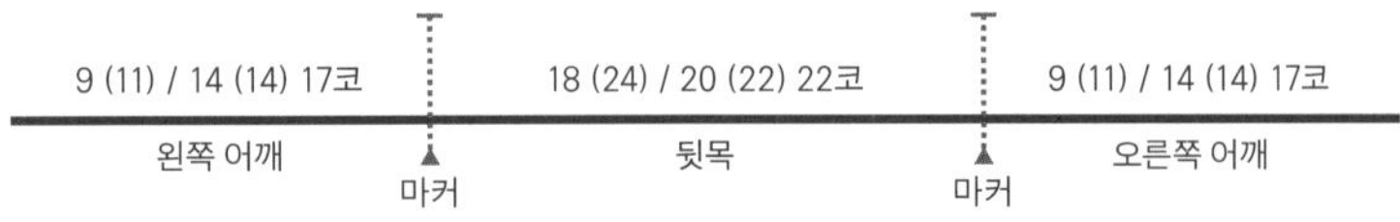

주의! 바늘이 아닌 실에 마커를 건다. 마커를 기준으로 어깨를 구분하며, 앞판 코를 주운 수 제
거한다.

1. 뒤판 경사뜨기
독일식 경사뜨기(German Short Rows)를 하며 어깨 경사를 만든다.
- 1단(안면): 단 끝까지 안뜨기
- 2단(겉면): 30 (38) / 37 (39) 43 코 겉뜨기, turn
- 3단(안면): DS코 만들기, 23 (29) / 25 (27) 29 코 안뜨기, turn
- 4단(겉면): DS코 만들기, 이전의 DS코 전까지 겉뜨기, DS코 겉뜨기, 3 (4) / 3 (3) 4 코 겉뜨
기, turn
- 5단(안면): DS코 만들기, 이전의 DS코 전까지 안뜨기, DS코 안뜨기, 3 (4) / 3 (3) 4 코 안뜨
기, turn

[Kids]
- 6단(겉면): DS코 만들기, 이전의 DS코 전까지 겉뜨기, DS코 겉뜨기, 단 끝까지 겉뜨기, turn
- 7단(안면): 경사 뜨기가 끝났다. DS코를 안뜨기로 정리하며 단 끝까지 뜬다.

[Adult]
- 6단(겉면): DS코 만들기, 이전의 DS코 전까지 겉뜨기, DS코 겉뜨기, 4 (4) 4 코 겉뜨기, turn
- 7단(안면): DS코 만들기, 이전의 DS코 전까지 안뜨기, DS코 안뜨기, 4 (4) 4 코 안뜨기, turn
- 8단(겉면): DS코 만들기, 이전의 DS코 전까지 겉뜨기, DS코 겉뜨기, 단 끝까지 겉뜨기, turn
- 9단(안면): 경사 뜨기가 끝났다. DS코를 안뜨기로 정리하며 단 끝까지 뜬다.

2. 뒤판 평단뜨기
Tip. 단수 확인을 위해 마지막 경사뜨기 단에 마커를 건다.
경사뜨기 단을 포함한 총 27 (31) / 29 (31) 35 단(안면)이 될 때까지 메리야스뜨기(겉면에서
겉뜨기, 안면에서 안뜨기)를 한다. → 코를 만든 부분부터 길이를 쟀을 때 약 12 (14) / 16 (17)
18.5 cm (단수는 게이지에 따라 달라질 수 있으니 길이에 맞춰 조절한다.)

3. 뒤판 암홀 늘림
아래의 1단과 2단을 1세트로 보고 총 4 (4) / 2 (3) 3 세트 반복한다. → 총 44 (54) / 52 (56)
62 코
- 1단(겉면): 겉2, M1L, 마지막 2코 전까지 겉뜨기, M1R, 겉2
- 2단(안면): 단 끝까지 안뜨기

아래의 1단과 2단을 1세트로 보고 **총 1 (1) / 2 (2) 2 세트** 반복한다. → **총 48 (58) / 60 (64) 70 코**
- 1단(겉면): 겉2, M1L, 겉1, M1L, 마지막 3코 전까지 겉뜨기, M1R, 겉1, M1R, 겉2
- 2단(안면): 단 끝까지 안뜨기

뒤판 암홀 늘림이 끝났다. 실을 끊고 여분의 실이나 케이블에 코를 쉬어둔다.

오른쪽 앞판

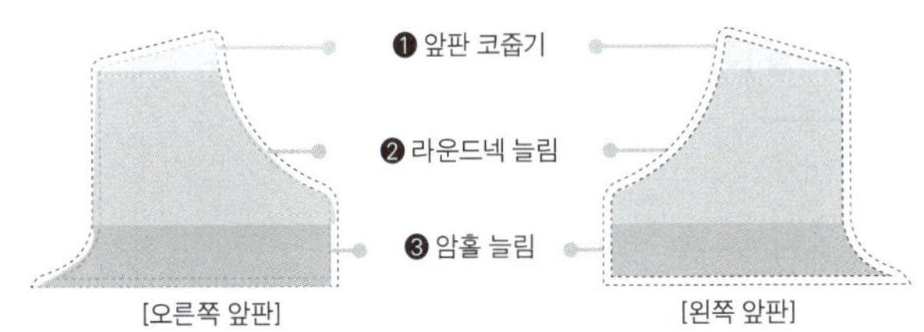

오른쪽 앞판은 뒤판의 겉면에서 코를 주워 작업하며, 라운드넥 늘림과 단춧구멍을 만든 후 암홀 늘림까지 뜬다.

1. 오른쪽 앞판 코 줍기
Tip. 왼쪽/오른쪽 앞판은 입었을 때가 기준.
편물을 뒤판의 겉면이 보이도록 놓고 오른쪽 끝 코부터 마커까지 오른쪽 어깨의 **9 (11) / 14 (14) 17 코**를 줍는다. 이 부분은 입었을 때 오른쪽 앞판이다.

아래의 1단과 2단을 1세트로 보고 **총 6 (6) / 3 (5) 6 세트** 반복한다.
- 1단(안면): 단 끝까지 안뜨기
- 2단(겉면): 단 끝까지 겉뜨기

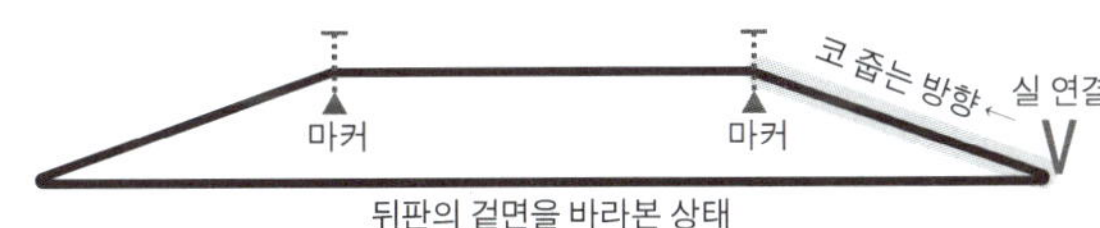

2. 오른쪽 앞판 라운드넥 늘림
아래의 1단을 뜬 후 2단과 3단을 1세트로 보고 **총 3 (4) / 8 (7) 7 세트** 반복한다. → **총 12 (15) / 22 (21) 24 코**
- 1단(안면): 단 끝까지 안뜨기
- 2단(겉면): 마지막 2코 전까지 겉뜨기, M1R, 겉2
- 3단(안면): 단 끝까지 안뜨기

아래의 1단과 2단을 1세트로 보고 **총 4 (5) / 2 (3) 3 세트** 반복한다. → **총 20 (25) / 26 (27) 30 코**
- 1단(겉면): 마지막 3코 전까지 겉뜨기, M1R, 겉1, M1R, 겉2
- 2단(안면): 단 끝까지 안뜨기

아래의 1단과 2단을 1세트로 보고 **총 2 (3) / 2 (1) 2 세트** 반복한다.
- 1단(겉면): 단 끝까지 겉뜨기
- 2단(안면): 단 끝까지 안뜨기

오른쪽 앞판 라운드넥 늘림이 끝났다. 이어서 난수 1번 구멍을 만든다.

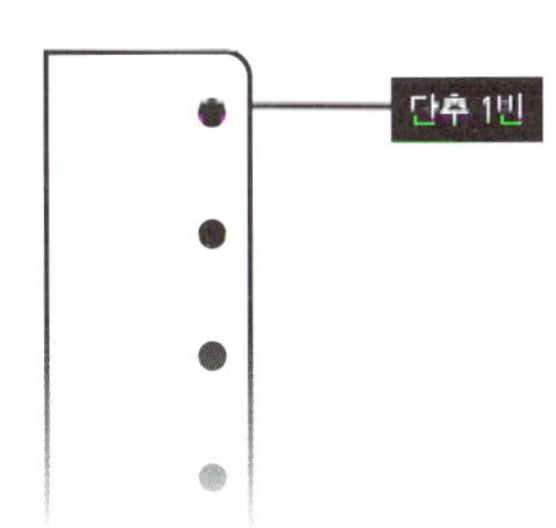

- 난추 1번단(겉면): 마지막 4코 전까지 겉뜨기, K2tog, YO, 겉2
- 2단(안면): 단 끝까지 안뜨기 (직전 단에서 만들어진 바늘비우기 코도 안뜨기)

아래의 1단과 2단을 1세트로 보고 **총 1 (0) / 2 (2) 2 세트** 반복한다.
- 1단(겉면): 단 끝까지 겉뜨기
- 2단(안면): 단 끝까지 안뜨기

3. 오른쪽 앞판 암홀 늘림
아래의 1단과 2단을 1세트로 보고 **총 4 (4) / 2 (3) 3 세트** 반복한다. → **총 24 (29) / 28 (30) 33 코**
- 1단(겉면): 겉2, M1L, 단 끝까지 겉뜨기
- 2단(안면): 단 끝까지 안뜨기

아래의 1단과 2단을 1세트로 보고 **총 1 (1) / 2 (2) 2 세트** 반복한다. → **총 26 (31) / 32 (34) 37 코**
- 1단(겉면): 겉2, M1L, 겉1, M1L, 단 끝까지 겉뜨기
- 2단(안면): 단 끝까지 안뜨기

오른쪽 앞판 암홀 늘림이 끝났다. 실을 끊고 여분의 실이나 케이블에 코를 쉬어둔다.

왼쪽 앞판
왼쪽 앞판은 뒤판의 겉면에서 코를 주워 작업하며, 라운드넥 늘림을 한 후 암홀 늘림까지 뜬다.

1. 왼쪽 앞판 코 줍기
Tip. 왼쪽/오른쪽 앞판은 입었을 때가 기준.
편물을 뒤판의 겉면이 보이도록 놓고 왼쪽 어깨의 마커부터 왼쪽 끝코까지 **9 (11) / 14 (14) 17 코**를 줍는다. 이 부분은 입었을 때 왼쪽 앞판이 되며, 코를 만들며 걸어두었던 개폐형 마커는 모두 제거한다.

아래의 1단과 2단을 1세트로 보고 **총 6 (6) / 3 (5) 6 세트** 반복한다.
- 1단(안면): 단 끝까지 안뜨기
- 2단(겉면): 단 끝까지 겉뜨기

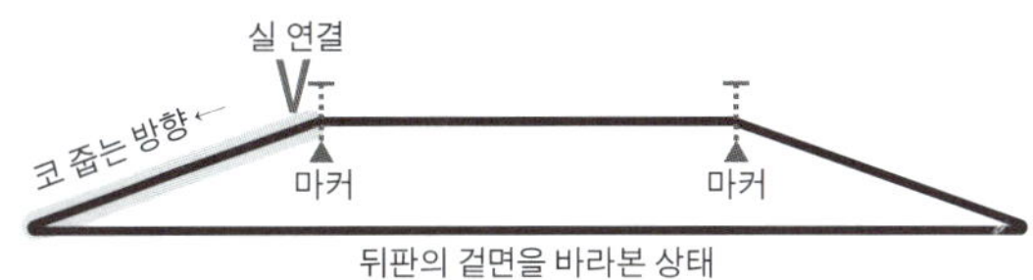

2. 왼쪽 앞판 라운드넥 늘림
아래의 1단을 뜬 후 2단과 3단을 1세트로 보고 **총 3 (4) / 8 (7) 7 세트** 반복한다. → **총 12 (15) / 22 (21) 24 코**
- 1단(안면): 단 끝까지 안뜨기
- 2단(겉면): 겉2, M1L, 단 끝까지 겉뜨기
- 3단(안면): 단 끝까지 안뜨기

아래의 1단과 2단을 1세트로 보고 **총 4 (5) / 2 (3) 3 세트** 반복한다. → **총 20 (25) / 26 (27) 30 코**
- 1단(겉면): 겉2, M1L, 겉1, M1L, 단 끝까지 겉뜨기
- 2단(안면): 단 끝까지 안뜨기

아래의 1단과 2단을 1세트로 보고 **총 4 (4) / 5 (4) 5 세트** 반복한다.
- 1단(겉면): 단 끝까지 겉뜨기
- 2단(안면): 단 끝까지 안뜨기

3. 왼쪽 앞판 암홀 늘림
아래의 1단과 2단을 1세트로 보고 **총 4 (4) / 2 (3) 3 세트** 반복한다. → **총 24 (29) / 28 (30) 33 코**
- 1단(겉면): 마지막 2코 전까지 겉뜨기, M1R, 겉2
- 2단(안면): 단 끝까지 안뜨기

아래의 1단과 2단을 1세트로 보고 **총 1 (1) / 2 (2) 2 세트** 반복한다. → **총 26 (31) / 32 (34) 37 코**
- 1단(겉면): 마지막 3코 전까지 겉뜨기, M1R, 겉1, M1R, 겉2
- 2단(안면): 단 끝까지 안뜨기

왼쪽 앞판 암홀 늘림이 끝났다. 실을 끊지 않고 몸통 파트로 넘어간다.

	Kids 1	(Kids 2)	Adult 1	(Adult 2)	Adult 3
오른쪽 앞판	26코	31코	32코	34코	37코
뒤판	48코	58코	60코	64코	70코
왼쪽 앞판	26코	31코	32코	34코	37코

몸통을 연결하기 전에 표를 참고해 콧수가 맞는지 확인한다.

몸통

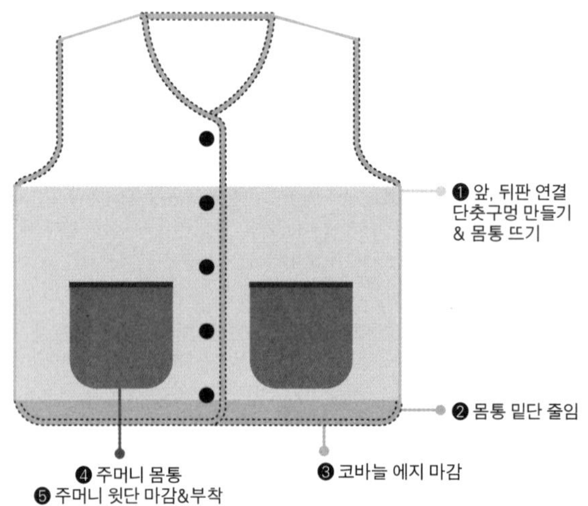

몸통은 실이 연결되어 있는 왼쪽 앞판부터 시작해 감아코로 뒤판과 앞판을 연결한 후 단춧구멍을 만들며 뜬다.

1. 몸통 연결 & 단추 2번 만들기
주의! 각 사이즈마다 도안이 분리되어 있으니 작업 시 해당 사이즈의 설명을 따라 진행한다.
[Kids 1 (Kids 2) / Adult 3] 몸통 연결 후 **총** 106 (126) / 152 코
 • 몸통 연결단(겉면): 왼쪽 앞판의 단 끝까지 겉뜨기, **감아코** 3 (3) / 4, 쉬어 두었던 뒤판의 코를 왼쪽 바늘에 옮기고 단 끝까지 겉뜨기, **감아코** 3 (3) / 4, 쉬어 두었던 오른쪽 앞판의 코를 왼쪽 바늘에 옮기고 단 끝까지 겉뜨기
 • 정리단(안면): 단 끝까지 안뜨기

아래의 1단과 2단을 1세트로 보고 **총** 1 (3) / 0 세트 반복한다.
 • 1단(겉면): 단 끝까지 겉뜨기
 • 2단(안면): 단 끝까지 안뜨기
 • 단추 2번단(겉면): 마지막 4코 전까지 겉뜨기, K2tog, YO, 겉2

[Adult 1 (Adult 2)] 몸통 연결 후 **총** 128 (140) 코
 • 몸통 연결 & 단추 2번단(겉면): 왼쪽 앞판의 단 끝까지 겉뜨기, **감아코** 2 (4), 쉬어두었던 뒤판의 코를 왼쪽 바늘에 옮기고 단 끝까지 겉뜨기, **감아코** 2 (4), 쉬어두었던 오른쪽 앞판의 코를 왼쪽 바늘에 옮기고 마지막 4코 전까지 겉뜨기, K2tog, YO, 겉2

***단추 2번 단에 마커 걸기**
단춧구멍 단 확인을 위해 **단추 2번단(겉면)**을 뜬 후 개폐형 마커를 건다. 마커를 걸어둔 단이 1단이 되며, 이후 단춧구멍 단은 해당 단을 기준으로 표기된다.

2. 단춧구멍 만들기 & 몸통 뜨기
감아코를 만든 지점부터 약 17.5 (21) / 23 (26) 29 cm가 될 때까지 메리야스뜨기(겉면에서 겉뜨기, 안면에서 안뜨기)로 작업한다. 이때 **단춧구멍 단**을 확인하며, 해당 단에서 단춧구멍을 만든다.

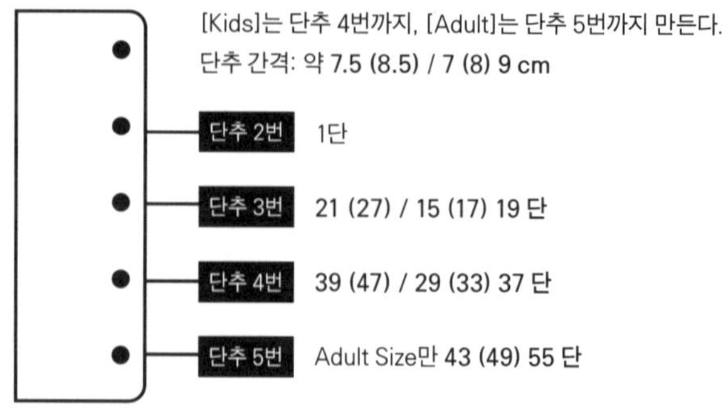

단춧구멍 만들기 단(겉면)
마지막 4코 전까지 겉뜨기, K2tog, YO, 겉2
Tip. 단춧구멍 단마다 **왼쪽 앞판에 마커**를 걸어두면 단추 부착 위치 확인이 편리하다.

3. 몸통 밑단 줄임
아래의 1단과 2단을 1세트로 보고 **총** 1 (2) / 2 (2) 2 **세트** 반복한다.
 • 1단(안면): 단 끝까지 안뜨기
 • 2단(겉면): 겉2, SSK, 마지막 4코 전까지 겉뜨기, K2tog, 겉2
아래의 3단을 뜨고 몸통 밑단 줄임을 마무리한다.
 • 1단(안면): 단 끝까지 안뜨기
 • 2단(겉면): 겉2, SSK, 겉1, SSK, 마지막 7코 전까지 겉뜨기, K2tog, 겉1, K2tog, 겉2
 • 3단(안면): 단 끝까지 안뜨기 → **총** 100 (118) / 120 (132) 144 코
몸통 뜨기가 끝났다. 덮어씌워 코막음하고 실을 정리한다.

에지 마감
에지는 팔과 몸통에서 코바늘로 코를 주워 작업한다.
[Kids, Adult] (에지) 램스울 1겹을 잡고 **5/0호 모사용 코바늘**로 작업한다.

1. 팔 에지 마감

- •1단: 겨드랑이 중심에 실을 연결하고 단 끝까지 모든 단과 코에 **짧은뜨기**, 첫 코에 빼뜨기
- •2단: 기둥코1, 단 끝까지 **뒤 이랑 빼뜨기**
- •3단: 기둥코1, 단 끝까지 **겹쳐진 뒷코에 빼뜨기**, 실을 끊고 마감한다.

팔 에지 마감이 끝났다. 양쪽 팔 모두 동일하게 작업한다.

2. 몸통 에지 마감

몸통 에지 마감은 각 위치마다 작업 규칙이 다르다. 아래의 그림과 서술을 함께 확인하며 작업한다.

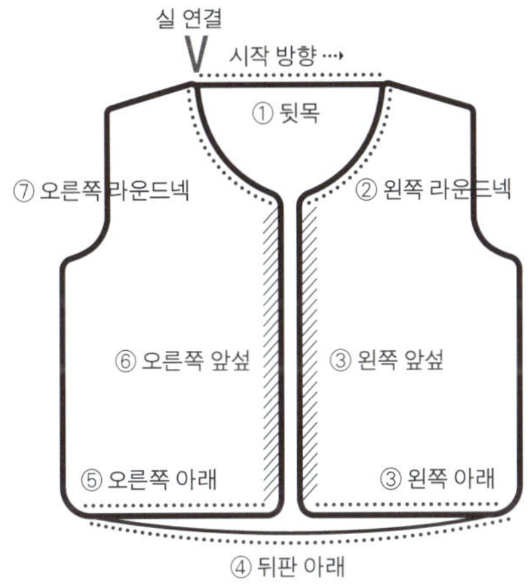

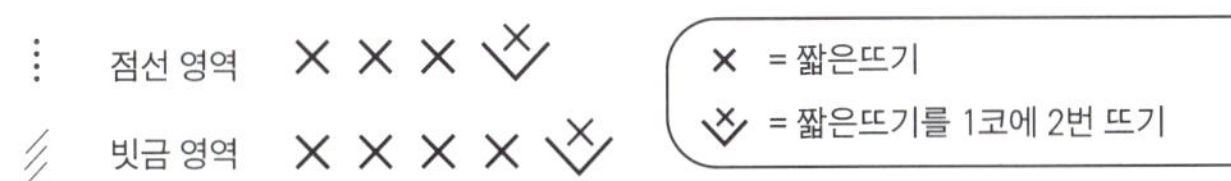

* 작업 규칙은 그림과 설명에 무늬로 구분했다. 참고해서 작업 진행한다.
- •1단: 뒷목부터 왼쪽 라운드넥까지 '**짧은뜨기 3코를 뜬 후 다음 코에 짧은뜨기 2코**' 반복, 왼쪽 앞섶까지 '**짧은뜨기 4코를 뜬 후 다음 코에 짧은뜨기 2코**' 반복, 왼쪽 아래부터 뒤판 아래-오른쪽 아래까지 '**짧은뜨기 3코를 뜬 후 다음 코에 짧은뜨기 2코**' 반복, 오른쪽 앞섶까지 '**짧은뜨기 4코를 뜬 후 다음 코에 짧은뜨기 2코**' 반복, 오른쪽 라운드넥부터 마지막 코까지 '**짧은뜨기 3코를 뜬 후 다음 코에 짧은뜨기 2코**' 반복, 첫 코에 빼뜨기
- •2단: 기둥코1, 단 끝까지 **뒤 이랑 빼뜨기**
- •3단: 기둥코1, 단 끝까지 **겹쳐진 뒷코에 빼뜨기**

주머니 몸통
[Kids] (주머니) 알파링구 1겹을 잡고 **4.0mm 대바늘**로 16 (18) 코를 만든다.
[Adult] (주머니) 알파링구 2겹을 잡고 **6.0mm 대바늘**로 18 (19) 20 코를 만든다. (2겹 게이지: 11코 18단)

1. 주머니 몸통
아래의 1단과 2단을 1세트로 보고 총 **9 (10) / 10 (10) 11 세트** 반복한다.
Tip. 주머니 위쪽 표시를 위해 1단을 뜬 후 마커를 걸어 주세요.
- •1단(안면): 단 끝까지 안뜨기
- •2단(겉면): 단 끝까지 겉뜨기

아래의 1단과 2단을 1세트로 보고 총 **2 (2) / 2 (2) 2 세트** 반복한다. → 총 **12 (14) / 14 (15) 16 코**
- •1단(안면): 단 끝까지 안뜨기
- •2단(겉면): 겉2, SSK, 마지막 4코 전까지 겉뜨기, K2tog, 겉2

주머니 몸통 뜨기가 끝났다. 덮어씌워 코막음하고 실을 정리한다.

2. 주머니 윗단 마감

[Kids] •1단: 5/0호 코바늘로 단 끝까지 '**짧은뜨기 3코를 뜬 후 다음 코에 짧은뜨기 2코**' 반복
[Adult] •1단: 5/0호 코바늘로 단 끝까지 '**짧은뜨기 2코를 뜬 후 다음 코에 짧은뜨기 2코**' 반복
- •2단: 편물을 돌려서 기둥코1, 단 끝까지 **앞 이랑 빼뜨기**
- •3단: 편물을 돌려서 기둥코1, 단 끝까지 **뒤 이랑 빼뜨기**

주머니 윗단 마감이 끝났다. 실을 끊고 정리한다. 같은 방식으로 주머니를 총 2개 만든다.

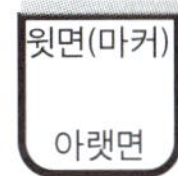

주의! 코를 만들었던 **위쪽(마커 위치)**에 마감한다. 코를 줄인 부분이 아래쪽이다.

3. 주머니 부착

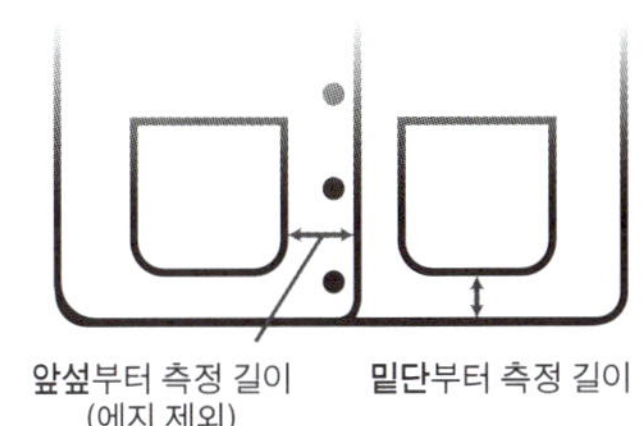

에지를 제외한 앞섶에서 3 (4) / 4.5 (5) 5 cm, 밑단에서 2.5 (3) / 3 (3) 4 cm 위치에 주머니를 부착한다. 주머니 몸통과 동일한 실로 부착하되 돗바늘 박음질, 코바늘 빼뜨기 등의 방식으로 자유롭게 작업한다.

마무리
1. 단추 부착
[Kids] 17mm 단추 4개, [Adult] 20mm 단추 5개를 왼쪽 앞판에 부착한다. 이때 오른쪽 앞판에서 만든 단춧구멍과 동일한 위치에 위치하도록 유의한다.

광고 및 제휴 문의
070-4678-7118
info@hansmedia.com

털실타래 Vol.15 2026년 봄호

1판 1쇄 인쇄 2026년 3월 20일
1판 1쇄 발행 2026년 3월 27일

지은이 (주)일본보그사
옮긴이 김보미, 김수연, 남가영, 배혜영
펴낸이 김기옥

라이프스타일팀장 이나리
편집 장윤선, 김민주
마케터 이지수
지원 고광현, 김형식

한국어판 도안 사진 촬영 김신정
한국어판 도안 수록 작가 에브리니팅, 코실니트

본문 디자인 책장점
표지 디자인 형태와내용사이
인쇄·제본 민언프린텍

펴낸곳 한스미디어(한즈미디어(주))
주소 04037 서울시 마포구 양화로 11길 13(서교동, 강원빌딩 5층)
전화 02-707-0337 | **팩스** 02-707-0198 | **홈페이지** www.hansmedia.com
출판신고번호 제 313-2003-227호 | **신고일자** 2003년 6월 25일

ISBN 979-11-24272-21-3 13590

책값은 뒤표지에 있습니다.
잘못 만들어진 책은 구입하신 서점에서 교환해 드립니다.